Die
Neueren Arzneimittel.

Für

Apotheker, Aerzte und Drogisten

bearbeitet

von

Dr. Bernhard Fischer,

Direktor des chemischen Untersuchungsamtes der Stadt Breslau.

Mit in den Text gedruckten Holzschnitten.

Sechste, vermehrte Auflage.

Berlin.

Verlag von Julius Springer.

1894.

ISBN-13:978-3-642-89676-7   e-ISBN-13:978-3-642-91533-8
DOI: 10.1007/978-3-642-91533-8

Softcover reprint of the hardcover 6th edition 1894

Dem Geheimen Medizinalrath

Herrn Professor Dr. O. Liebreich

ehrerbietigst zugeeignet

vom

Verfasser.

Vorwort zur sechsten Auflage.

Obgleich seit dem Erscheinen der 5. Auflage nur wenige Monate verflossen sind, so ist die vorliegende 6. Auflage keineswegs als ein blosser Abdruck der letzten Auflage aufzufassen.

Vielmehr ist das gesammte Material einer sorgfältigen Durcharbeitung unterzogen worden. Wo es nothwendig erschien, wurden Zusätze und Erweiterungen gemacht, wo es angängig erschien, wurden gelegentlich auch Streichungen vorgenommen. Hierdurch, ferner durch weitere Benutzung der Kleinschrift, sowie durch ökonomische Anordnung des Stoffes ist es erreicht worden, dass die vorliegende 6. Auflage die Bogenzahl der 5. Auflage nicht wesentlich überschritten hat, obgleich mehr als 30 neue Arzneimittel zur Aufnahme gelangten.

Möchte auch die 6. Auflage sich des Beifalles der betheiligten Kreise zu erfreuen haben.

Breslau, im Oktober 1893.

Dr. Bernhard Fischer.

Inhalts-Uebersicht.

Allgemeine Bemerkungen.

Seitdem die Arzneiwissenschaft mehr und mehr das Bestreben zeigt, chemische Individuen dem Arzneischatze einzuverleiben, hat sich für die practische Pharmacie das Bedürfniss ergeben, leicht und schnell ausführbare Operationen zu finden und anzuwenden, welche eine Beurtheilung des Reinheitsgrades einer gegebenen Substanz ermöglichen. Hierzu eignen sich in ganz hervorragender Weise die Bestimmungen des Schmelz- und des Siedepunktes, vorausgesetzt natürlich, dass eine Substanz überhaupt und ohne Zersetzung sich verflüssigen oder verflüchtigen lässt. Dieser Hilfsmittel haben sich die Chemiker seit langer Zeit schon als der wichtigsten Merkmale für Feststellung der Identität oder Reinheit eines Körpers bedient, und thatsächlich haben ihnen ja auch schon die Pharm. Germ. ed. II u. III gebührende Berücksichtigung zu Theil werden lassen, indem sie für eine Anzahl chemischer Verbindungen bestimmte Schmelz- und Siedepunkte festsetzten.

Wie jedoch diese Bestimmungen ausgeführt werden sollen, darüber enthalten diese Gesetzbücher keine Angaben. Aus der Uebereinstimmung allerdings, welche die aufgeführten Zahlen mit den durch die Chemiker ermittelten zeigen, lässt sich unschwer der Schluss ziehen, dass die Pharmacopöen die Anwendung der in den chemischen Laboratorien üblichen Methoden stillschweigend voraussetzen.

Bei der Wichtigkeit, welche diese Bestimmungen für die pharmaceutische Praxis nun einmal haben, die sich in Zukunft übrigens bestimmt noch steigern wird, erscheint es nicht unangebracht, in kurzen Zügen auseinanderzusetzen, in welcher Weise und von welchen Gesichtspunkten aus jene Operationen auszuführen sind. Dabei musste natürlich wesentlich darauf Rücksicht genommen werden, dass nur dann den Apothekern daraus ein Vortheil erwachsen könne, wenn sich die practische Ausführung an diejenigen Hilfsmittel anlehnt, deren Vorhandensein man zur Zeit in den Laboratorien der Apotheken voraussetzen kann.

Die Bestimmung des Schmelzpunktes ist eine im chemischen Laboratorium sich täglich wiederholende Operation, da sie bei aller Einfachheit der Ausführung in den meisten Fällen werthvolle Aufschlüsse über die Identität oder Reinheit eines Körpers zu geben vermag. Zu ihrer Ausführung zieht man aus einem Stück leicht schmelzbaren Glasrohres dünne Glasröhren (Capillaren) aus, welche an dem verjüngten Ende kurz abgeschmolzen werden. Die Dimensionen derselben werden am besten in der durch beistehende Fig. 1 *B* veranschaulichten natürlichen Grösse gehalten. Wichtig für die exacte Bestimmung des Schmelzpunktes einer Substanz ist nun, dass die Wandungen dieser Glasröhrchen möglichst dünn sind, ohne dass die Lumina dabei zu eng werden. Für ganz feine Bestimmungen zieht man zur Erreichung dieses Zweckes Reagircylinder zu Schmelzpunktröhrchen aus. —

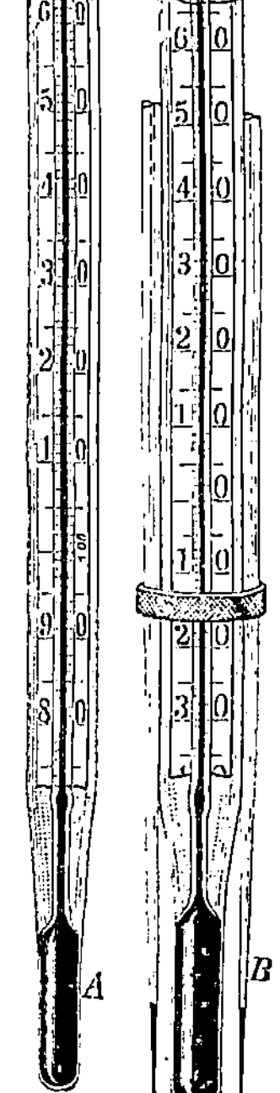

In solche Röhrchen füllt man die vorher bei 100° C. oder aber bei gewöhnlicher Temperatur über Schwefelsäure oder Chlorcalcium gut getrocknete, und zu einem feinen Pulver zerriebene Substanz so ein, dass sie das zugeschmolzene Ende des Röhrchens in etwa 1 cm hoher Schicht anfüllt. Das Einfüllen ist, namentlich bei specifisch leichten, oder in Folge des Zerreibens elektrisch gewordenen Substanzen, eine ziemlich mühevolle Arbeit. Indessen darf sich der Ungeübte durch solche Schwierigkeiten nicht abschrecken lassen; mit einiger Geduld erwirbt man sich auch hier sehr bald die nöthige Uebung. Durch sanftes Klopfen mit dem Finger und Aufstossen des Röhrchens auf den Tisch kann man die Substanz trotz aller Schwierigkeiten nach ihrem Ziele befördern. Ein oder zwei solcher Röhrchen befestigt man nun mit Hilfe eines Stückchens Gummischlauch in der Fig. 1 *B* angegebenen Weise an ein Thermometer, und zwar so, dass die Substanz in gleicher Höhe mit dem Quecksilbergefässe des

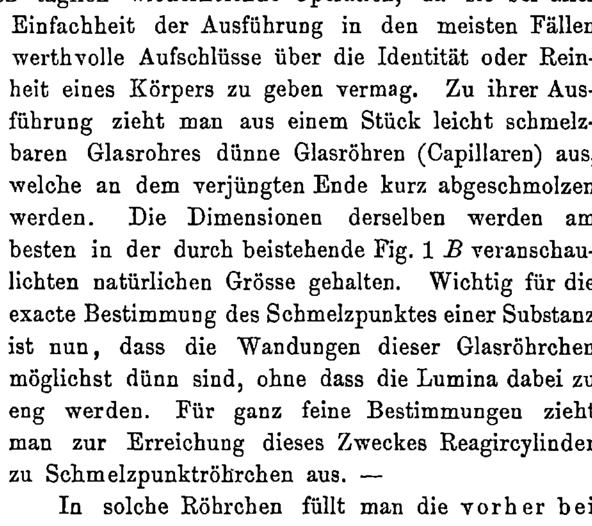
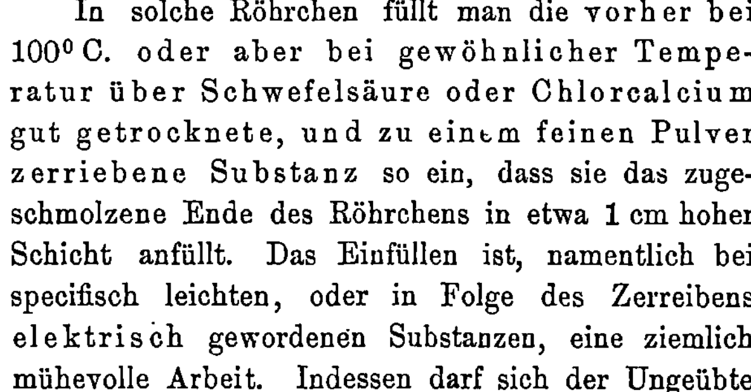

Thermometers steht. Für Körper mit hochliegendem Schmelzpunkte benutzt man sogen. Zincke'sche Thermometer[1]) (Fig. 1 *A*), bei denen die Dimensionen so gewählt sind, dass die Scala erst in der Nähe von +·100° C. beginnt. Diese Instrumente sind bedeutend kürzer als die gewöhnlichen Thermometer und machen bei den innerhalb ihrer Scala liegenden Temperaturgraden genauere Angaben, da bei ihnen die Abkühlung der Quecksilbersäule durch die äussere Luft erheblich vermindert ist.

Man stellt nun das in beschriebener Weise vorbereitete Thermometer zu dem in Fig. 2 veranschaulichten Apparate zusammen. Ein

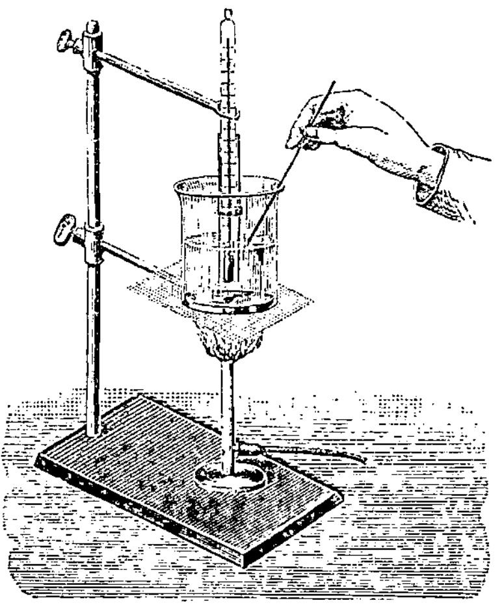

Fig. 2.

etwa 100—120 ccm fassendes Becherglas wird zu $^{1}/_{3}$ seines Inhaltes mit einer die Wärme gut leitenden, wasserhellen Flüssigkeit (s. weiter unten) gefüllt und in der angedeuteten Weise auf ein Stativ gebracht. In die Flüssigkeit senkt man alsdann das vorbereitete Thermometer unter sorgfältiger Befestigung so ein, dass es genügend tief eintaucht, dass es aber vom Boden des Gefässes immer noch etwa 2 cm absteht. Ist Alles gehörig vorbereitet, so beginnt man die Flüssigkeit in dem Becherglase zu erwärmen, gleichzeitig rührt man mit einem dünnen Glasstabe beständig, aber in ruhigem Tempo um, damit die

---

[1]) Ich selbst benutze zur Schmelzpunktbestimmung nur nach dem Zincke'schen Princip verkürzte Thermometer.

Erwärmung eine möglichst gleichmässige werde. Dabei beobachtet man scharf, welche Veränderung die Substanz in den dünnen Röhrchen zeigt.

Kennt man ungefähr die Temperatur, bei welcher eine gegebene Substanz schmilzt, so kann man das Erhitzen bis etwa 20° C. unterhalb dieser Temperatur etwas beschleunigen; alsdann wird die Flamme so regulirt, dass die Temperatur nur ganz allmälig ansteigt, und jede Zunahme um einen Grad sehr langsam vor sich geht und deutlich verfolgt werden kann. In den meisten Fällen wird die Substanz kurz vor ihrem Schmelzpunkte etwas zusammensintern, dann wird gewöhnlich plötzlich Verflüssigung eintreten. In dem Momente, wo dies geschieht, liest man die Temperaturangabe des Thermometers ab. Das wäre in allgemeinen Grundzügen das Princip der Schmelzpunktbestimmungen. In der Praxis aber werden noch mancherlei Kleinigkeiten zu beachten sein. Wichtig ist zunächst, dass nur vollständig getrocknete Substanzen der Schmelzpunktbestimmung unterzogen werden, da bei vielen Präparaten ein auch nur geringer Wassergehalt den Schmelzpunkt in der Regel erheblich herabdrückt. — Dann wird es bei manchen Substanzen, z. B. Fetten, nicht möglich sein, die Substanzprobe in der angegebenen Weise einzufüllen. In solchen Fällen schmilzt man dieselbe, saugt in ein beiderseitig offenes Röhrchen eine kleine Menge ein, schmilzt das eine Ende zu und bestimmt den Schmelzpunkt nach dem Erstarren. Es empfiehlt sich indessen, solche Röhrchen etwa 24 Stunden bei niederer Temperatur liegen zu lassen, um der Substanz Zeit zu gehörigem Festwerden zu geben. — Die Beobachtung der im Erwärmen begriffenen Substanz kann man sich durch eine geeignete Belichtung wesentlich erleichtern. Farblose (weisse) oder helle Körper beobachtet man am besten bei durchfallendem, sehr dunkel gefärbte besser bei auffallendem Lichte; indessen lassen sich hier bestimmte Regeln nicht aufstellen, vielmehr sucht sich zweckmässig Jeder selbst diejenigen Bedingungen aus, unter welchen er am besten zu beobachten vermag. — Wichtig ist ferner, darauf zu achten, wie das Schmelzen eines Körpers vor sich geht: ob er plötzlich („glatt") sich verflüssigt, ob er vorher erweicht, ob das Schmelzen trotz der Erfüllung aller Vorbedingungen mehrere Temperaturgrade umfasst, ob die Substanz sich vielleicht beim Schmelzen zersetzt. Der letztere Fall tritt meist unter Entwickelung von (gefärbten) Gasen oder Dämpfen oder unter Verkohlung ein. Kurz die Schmelzpunktbestimmungen bieten trotz ihrer relativen Einfachheit ein weites Feld für die Beobachtung dar.

Welche Flüssigkeit man als wärmeleitendes Mittel in das Becherglas einfüllt, richtet sich danach, bei welcher Temperatur eine gegebene Substanz schmilzt. Man benutzt:

Destillirtes Wasser für Substanzen, welche etwa bis 80° C. schmelzen.
Conc. reine Schwefelsäure oder
Flüssiges Paraffin für Substanzen, welche etwa bis 180° C.   „
Paraffin (festes) für Substanzen, welche etwa bis 300° C.   „

Wesentlich ist natürlich, dass die anzuwendenden Medien farblos sind, damit die Beobachtung nicht erschwert wird. Um die benutzten Thermometer zu conserviren, ist es nothwendig, darauf zu achten, dass die Erhitzung nicht so weit getrieben wird, dass die Quecksilbersäule die ganze Capillare anfüllt und durch weitere Ausdehnung diese zertrümmert. Ferner darf man hoch erhitzte Thermometer nicht plötzlich aus den Gefässen herausnehmen, vielmehr muss das Erkalten derselben allmälig geschehen. Dass man nicht kalte Thermometer plötzlich in stark erwärmte Flüssigkeiten bringen darf, versteht sich gleichfalls von selbst.

Bestimmung des Siedepunktes. Ebenso wichtig wie die Bestimmung des Schmelzpunktes ist diejenige des Siedepunktes, vorausgesetzt, dass ein Körper überhaupt, und zwar ohne Zersetzung, flüchtig ist. Ueberdies gilt dies nicht nur für flüssige, sondern auch für feste Substanzen. Im Allgemeinen gestaltet sich diese Bestimmung zu einem Destillationsprocess, indessen sind auch hier zur Erlangung genauer Resultate gewisse Vorbedingungen zu erfüllen. Als Destillationsgefässe eignen sich am besten die sog. Fractionskolben, wie sie in nachstehenden Figuren 3, 4 und 5 abgebildet sind. Je nach dem Geldwerthe der zu untersuchenden Substanz wählt man solche von 25—100 ccm Inhalt.

Liegt eine Substanz vor, deren Siedepunkt unter 100° C. liegt oder wenig darüber hinaus kommt, so stellt man sich den in Fig. 3 veranschaulichten Apparat zusammen. — Auf ein geeignetes Fractionskölbchen wird ein gut passender, weicher Korkstopfen aufgesetzt, welcher eine Bohrung und in dieser das Thermometer B (Fig. 1) enthält. Das dünnere (Abzugs-)Rohr des Kölbchens wird gleichfalls durch einen Korkstopfen mit dem inneren Rohre des Liebig'schen Kühlers verbunden und der Apparat zunächst „blind" zusammengestellt. Erweist sich die Anordnung als richtig und zweckmässig, so

füllt man das Kölbchen mittels eines langen Glastrichters etwa bis
zur Hälfte mit der zu untersuchenden Flüssigkeit an. — Liegt eine
feste Substanz vor, z. B. Urethan, so muss das Kölbchen aus der
Zusammenstellung ausgelöst und hierauf gefüllt werden. — Dann setzt
man den das Thermometer enthaltenden Kork auf und bringt das
Thermometer in eine solche Lage, dass das Quecksilbergefäss, wie
aus der nebenstehenden Fig. 3 ersichtlich, in die Mitte des Kolben-
halses und gerade dem dünnen Ableitungsrohr gegenüber zu stehen
kommt. Die Glaswandung darf es in keinem Fall berühren. Hier-

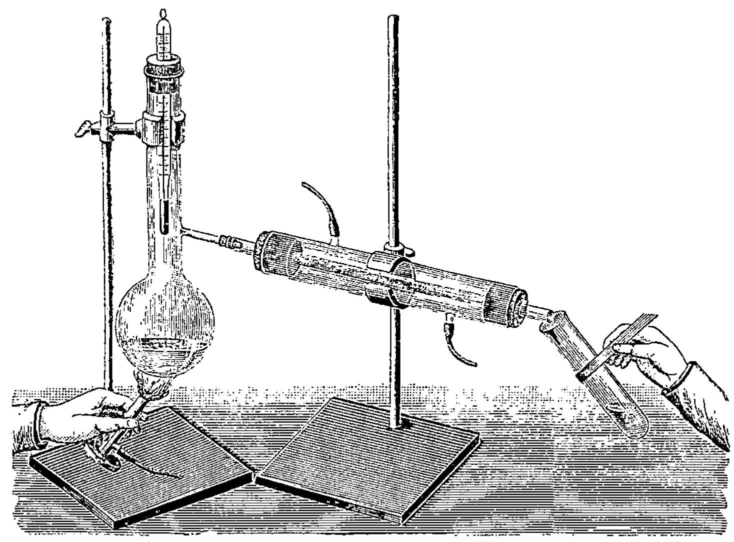

Fig. 3.

auf erwärmt man mit einer gut regulirten Gasflamme, welche am
besten mit der linken Hand gehalten wird, vorsichtig den Kolbeninhalt, während man das Destillat in einem geeigneten Gefässe, bei
kleineren Mengen in einem mit der rechten Hand gehaltenen, durch
einige Papierstreifen fixirten Probirglase, auffängt. Man beobachtet
nun, welche Temperatur das Thermometer anzeigt, wenn die Destillation beginnt, und bei welcher Temperatur sie beendet ist. Gegen
das Ende der Operation muss ganz besonders vorsichtig erwärmt
werden, damit durch Ueberhitzung der Glaswände keine zu hohen
Temperaturangaben erhalten werden. Um diese Fehlerquelle auszu-

schliessen, richtet man die Erhitzung nur gegen die noch mit Flüssigkeit bedeckten Theile des Glases. Die letzten Reste auch absolut reiner Körper können, namentlich bei directer Erhitzung, leicht ein wenig verkohlen; die persönliche Erfahrung giebt darüber Aufschluss, in wie weit man eine derartige Erscheinung der Operation selbst und nicht einer etwaigen Verunreinigung des Präparates zur Last legen darf.

Substanzen, deren Siedepunkt erheblich über 120° C. liegt, können auf diese Weise nicht untersucht werden, weil man befürchten müsste, dass das Kühlrohr des Liebig'schen Kühlers wegen der

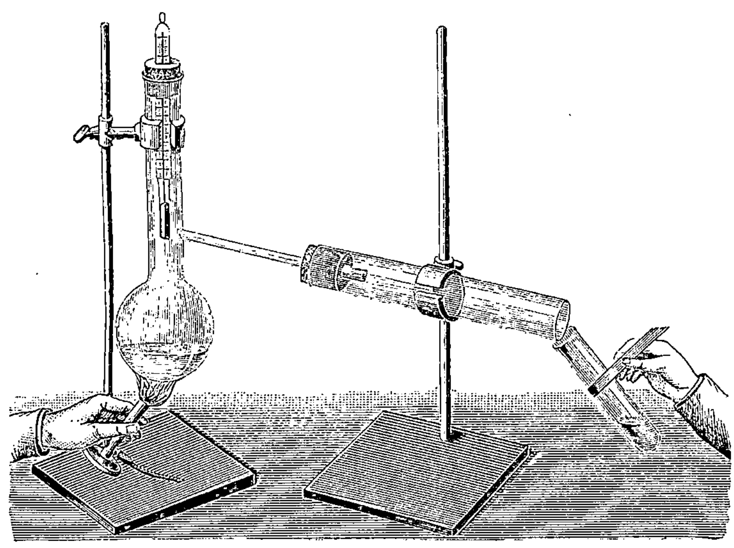

Fig. 4.

bedeutenden Temperaturdifferenzen springen könnte. In solchen Fällen ersetzt man den Liebig'schen Kühler durch ein einfaches Glasrohr, dessen Länge ($\frac{1}{2}$—$\frac{3}{4}$ m) man so wählt, dass die Kühlung durch die umgebende Luft zur Verdichtung der Dämpfe ausreicht, wie dies durch Fig. 4 veranschaulicht ist. Das Glasrohr ist hier übrigens aus technischen Gründen verhältnissmässig kurz gezeichnet. Diese Anordnung empfiehlt sich ganz besonders dann, wenn die überdestillirenden Substanzen Neigung haben, bald zu erstarren. Es könnte alsdann das Kühlrohr unter Umständen durch feste Massen sich verstopfen, was bei dieser Anordnung leicht dadurch vermieden werden kann, dass man auf solche Stellen mit der directen Flamme so lange einwirkt, bis die festen Massen sich verflüssigt haben und abfliessen. Meist wird man ihnen mit der Flamme auf ihrem Wege folgen müssen.

Bei erheblich über 200⁰ C. siedenden Substanzen ist auch diese Art der Kühlung nicht nothwendig; die gebildeten Dämpfe condensiren sich in durchaus befriedigender Weise schon durch die Abkühlung, welche die Luft an dem Abzugsrohre des Fractionskolbens

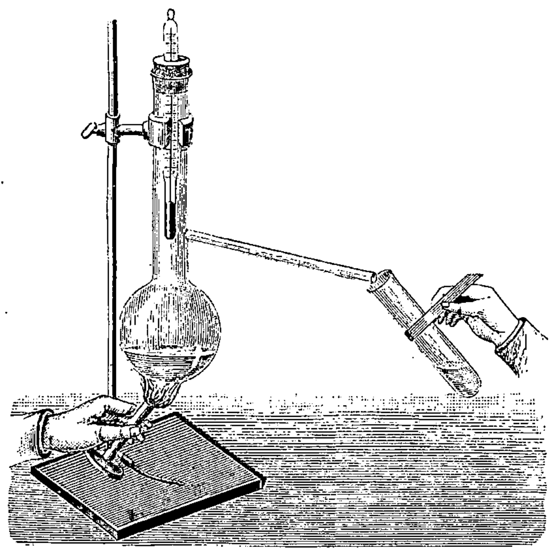

Fig. 5.

ausübt. Man bedient sich in solchen Fällen des sehr einfachen Apparates, wie er in Fig. 5 veranschaulicht wird.

Da bei hoch siedenden Substanzen die Quecksilbersäule der gewöhnlichen Thermometer erheblich aus dem Kolbenhalse herausragen und somit bedeutend abgekühlt werden würde, bedient man sich auch bei der Siedepunktbestimmung hochsiedender Substanzen mit Vorliebe der Zincke'schen Thermometer. (Fig. 1, *A*.)

In allen Fällen, wo die Destillation über freier Flamme erfolgt, empfiehlt es sich, namentlich wenn kostbare Substanzen zur Untersuchung vorliegen, direct unter den Kolben ein Porzellanschälchen zu stellen, in welches, falls der Kolben doch einmal springen sollte, die Substanz gerettet werden kann. Niedrig siedende, feuergefährliche Substanzen, wie Aether, leichte Kohlenwasserstoffe, Aceton u. a., kann man natürlich auch aus dem Dampf- oder Wasserbade destilliren. Indessen liegt selbst bei Anwendung der freien Flamme eigentliche Gefahr nicht vor, da bei einiger Vorsicht so kleine Mengen, wie sie behufs einer Siedepunktbestimmung benutzt werden, kaum zu ernsten Bedenken Veranlassung geben können. Unter allen Umständen empfehlenswerth dagegen ist es, bei solchen Arbeiten die Augen durch eine Brille (Kneifer mit Fensterglas) zu schützen, welche thatsächlich schon manche ernste Gefahr beseitigt hat.

Metalloïde und Metalle.

Jodum trichloratum.

Jodtrichlorid. Dreifach Chlorjod.

$$J\,Cl_3.$$

Das Jod vereinigt sich mit dem Chlor zu zwei gut characterisirten Verbindungen: dem

Jodmonochlorid J Cl   und   Jodtrichlorid J Cl$_3$.

Jodtetrachlorid (J Cl$_4$) und Jodpentachlorid (J Cl$_5$), deren Existenz früher angenommen wurde, werden gegenwärtig als chemische Verbindungen nicht mehr angesehen.

Jodmonochlorid JCl entsteht beim Ueberleiten von trocknem Chlorgase über trocknes Jod, bis das letztere verflüssigt, und durch Feststellung der Gewichtszunahme die Bildung dieser Verbindung sicher gestellt ist. Es bildet eine rothbraune Flüssigkeit, aus welcher sich im Verlaufe der Aufbewahrung Krystalle abscheiden, welche bei 25° schmelzen.

Jodtrichlorid JCl$_3$ entsteht beim Behandeln von trocknem, etwas erwärmtem Jod mit trocknem Chlorgase im Ueberschusse.

Darstellung. Man leitet mittels weiter Röhren einen kräftigen Strom von trocknem Chlorgas durch eine dreihalsige Flasche, in welche aus einer in den mittleren Hals eingefügten kleinen Retorte trocknes Jod hineinsublimirt wird. Da unter diesen Umständen beständig ein Ueberschuss von Chlor vorhanden ist, so vereinigen sich

$$J_2 + 3\,Cl_2 = 2\,JCl_3$$

Jod und Chlor zu Jodtrichlorid.

Eigenschaften. Frisch dargestellt bildet das Jodtrichlorid lebhaft orangegelbe Nadeln von 3,11 spec. Gew., welche sich beim Aufbewahren in grosse durchsichtige rhombische Tafeln umwandeln. Eine bräunliche Färbung des Präparates zeigt an, dass es Jodmonochlorid einschliesst, was daher rühren kann, dass bei der Darstellung der

Chlorstrom zu langsam entwickelt wurde. Schon bei gewöhnlicher
Temperatur riecht es durchdringend und stechend, etwa wie Brom.
Beim Erhitzen auf etwa 25° C. schmilzt es, indem Chlor abgegeben
und Jodmonochlorid

$$J\,Cl_3 \quad = \quad J\,Cl + Cl_2$$

gebildet wird.

In Wasser ist das Jodtrichlorid ziemlich leicht (1 : 5) löslich.
Indessen enthält die wässerige Lösung nicht mehr Jodtrichlorid,
sondern in Folge der Einwirkung des Wassers: Salzsäure, Jodsäure
und Jodmonochlorid.

$$4\,J\,Cl_3 + 5\,H_2\,O \quad = \quad 10\,HCl + J_2\,O_5 + 2\,J\,Cl.$$

Für die therapeutische Anwendung ist diese Zersetzung neben
sächlich, da nach Tschirch die antiseptische Wirkung der Jodtrichloridlösungen gerade auf deren Gehalt an Jodmonochlorid beruht.
Es löst sich ferner auch in Alkohol und in Aether. Doch scheint die
alkoholische Lösung schon in der Kälte eine Veränderung zu erfahren; deutlich tritt die letztere zu Tage, wenn diese Lösung erwärmt wird, es tritt alsdann Bildung von Chloral (am stechenden
Geruch zu erkennen) und von Essigäther ein. Chloroform entzieht
der wässerigen Lösung kein Jod; wohl aber ist dies der Fall, wenn
man etwas Zinnchlorür zufügt. Schüttelt man die wässerige Lösung
mit Schwefelkohlenstoff, so bleibt dieser zunächst farblos, nach
kurzer Zeit jedoch nimmt er zarte Rosafärbung an, indem Jodtrichlorid und Schwefelkohlenstoff aufeinander einwirken unter Bildung von Chlorschwefel, Chlorkohlenstoff, Chlorjodschwefel und Jod.

Prüfung. Die Identität des Präparates ergiebt sich schon aus
dessen physikalischen Eigenschaften : Lebhaft orangegelbes, stechend
riechendes, krystallinisches Pulver, welches sich in Wasser zu einer
klaren, gelben Flüssigkeit löst; beim Erhitzen im trocknen Reagirglase verwandelt es sich, ohne einen nichtflüchtigen Rückstand zu
hinterlassen, in einen schweren braunen Dampf, welcher sich an den
kälteren Theilen des Glases zu einem orangegelben Sublimat verdichtet.

Erhitzt man das Präparat mit etwas Zucker oder Oxalsäure, so
treten Joddämpfe auf.

Die wässerige Lösung setzt aus Jodkalium Jod in Freiheit;
mit Ammoniak giebt sie braunen Niederschlag von Jodstickstoff.
(Vorsicht!) Durch Natronlauge entsteht in derselben zunächst Ab-

scheidung von Jod, welches sich im Ueberschusse des Fällungsmittels wieder auflöst. — Löst man etwa 0,2 gr des Präparates in je 2 ccm Wasser und Alkohol auf und fügt unter schwachem Erwärmen tropfenweise Kali- oder Natronlauge hinzu, bis die vorübergehend rothbraune Färbung der Flüssigkeit in citronengelb übergegangen ist, so erfolgt Bildung von Jodoform, welches am Geruch und an seiner Krystallform leicht kenntlich ist. — Schüttelt man 5 ccm der wässerigen Lösung (1 : 20) mit 5 ccm Chloroform, so bleibt dieses farblos, färbt sich aber auf Zufügung einiger Tropfen Zinnchlorür bei erneutem Schütteln violett.

Die Reinheit des Präparates ergiebt sich aus folgenden Reactionen: Schüttelt man 5 ccm der wässerigen Lösung (1 : 10) mit 5 ccm Chloroform einige Secunden durch, ohne das Glas mit dem Finger zu verschliessen, so darf höchstens ganz schwache Rosafärbung des Chloroforms auftreten. — Fügt man zu 10 ccm einer wässerigen Lösung (1 : 100) einige Tropfen Stärkelösung, so darf nicht sofort Blaufärbung entstehen. — 0,1 gr, in einem Porzellantiegel erhitzt, sollen sich, ohne sichtbaren Rückstand zu hinterlassen, verflüchtigen.

0,05 gr Jodtrichlorid werden in 10 ccm Wasser gelöst und 2 gr Jodkalium zugesetzt. Nach Hinzufügung von etwas Stärkelösung sollen mindestens 8 ccm $^1/_{10}$-Natriumthiosulfatlösung zum Verschwinden der blauen Färbung erforderlich sein. (Theoretisch 8,5 ccm.)

Aufbewahrung. Vor Licht geschützt und vorsichtig an einem kühlen Orte, und zwar in einem Glase, ähnlich denjenigen wie sie zur Aufbewahrung von Brom üblich sind, d. h. mit aufgeschliffener Ueberfangglocke.

Anwendung. Das Jodtrichlorid, welches aus 54,39% Jod und 45,61% Chlor besteht, wurde von Langenbuch als Desinficiens und Antisepticum empfohlen. Es übertrifft nach diesen an Wirksamkeit die Carbolsäure und steht dem Sublimat am nächsten. Die 0,1 procentige wässerige Lösung (also 1 : 1000) tödtet selbst sehr widerstandsfähige Sporen in kurzer Zeit, alkoholische oder ölige Lösungen dagegen sind unwirksam. Vergiftungsgefahren sind bei seiner Anwendung nach L. nicht zu befürchten.

Langenbuch empfiehlt wässerige Lösungen des Jodtrichlorides (1 : 1000 bis 1500) (an Stelle der 4 procentigen Carbolsäure und des 0,1 procentigen Sublimatwassers) äusserlich: zur Desinfection der Hände, der Instrumente und der Verbandstoffe (Gaze, Holzwolle etc.) ferner Lösungen von 1 : 1200 zu Einspritzungen bei Gonorrhoë. Etwa sich einstellende braune Färbung der Hautparthien kann durch Betupfen mit Natriumthiosulfat entfernt werden. — Felser verwendet Lösungen von 0,02 : 100 mit gutem Erfolge als Antisepticum in der Augenpraxis. — Innerlich wird es bei Dyspepsien des Magens, welche auf Vorhandensein von Bacterien zurückzuführen sind, in Lösung von 0,1 : 120—150 empfohlen.

Sollte einmal das Präparat nicht zur Hand sein, so kann man eine concentrirte Lösung desselben ex tempore darstellen, indem man 5,5 gr Jod in 22 gr Wasser fein vertheilt und unter guter Kühlung einen Strom gewaschenen Chlorgases einleitet, bis nichts mehr absorbirt wird. Die Lösung enthält dann ziemlich genau 10 gr Jodtrichlorid.

Die Lösungen des Jodtrichlorides zersetzen sich verhältnissmässig rasch, sollen daher nicht zu lange aufbewahrt werden.

<table>
<tr><td>Rp. Jodi trichlorati   0,2</td><td>Rp. Jodi trichlorati   0,1</td></tr>
<tr><td>Aq. destillat.   240,0</td><td>Aq. destillat.   120,</td></tr>
<tr><td>D. ad vitrum opacum.</td><td>D. ad vitrum opacum.</td></tr>
<tr><td>S. Zum Verbande; zur</td><td>S. Zweistündlich einen</td></tr>
<tr><td>Injection in die Urethra.</td><td>Esslöffel voll.</td></tr>
</table>

Jodtribromid, Jodum tribromatum. JBr_3 wird durch Auflösen von 10 Th. Jod in 19 Th. Brom erhalten. Dunkelbraune, durchdringend riechende Flüssigkeit.

Von Krause wurde die wässerige Lösung 1 : 300 in Form von Verstäubungen und Gurgelwässern bei Angina diphtherica der Kinder empfohlen. Man beachte bei dem Gebrauche etwa auftretenden acuten Jodismus! **Vorsichtig** und **vor Licht geschützt** aufzubewahren.

Hydroxylaminum hydrochloricum.

Salzsaures Hydroxylamin.   Hydroxylaminchlorhydrat.

NH_2. OH. HCl.

Mit dem Namen „Hydroxylamin" bezeichnete Lossen 1865 eine Base, welche er durch Reduction von Salpetersäure-Aethyläther mit Zinn und Salzsäure erhielt, und welche aufzufassen ist als Ammoniak NH_3, in welchem ein H-Atom durch die Hydroxylgruppe OH ersetzt wurde.

<table>
<tr><td align="center">H</td><td align="center">H</td></tr>
<tr><td align="center">NH</td><td align="center">NH</td></tr>
<tr><td align="center">H</td><td align="center">OH</td></tr>
<tr><td align="center">Ammoniak</td><td align="center">Hydroxylamin.</td></tr>
</table>

Dieselbe Verbindung entsteht nach Ludwig und Heine durch Reduction von Stickoxyd durch nascirenden Wasserstoff (aus Zinn und Salzsäure) und nach Carstanjen und Ehrenberg durch Einwirkung von conc. Salzsäure auf Knallquecksilber. Technisch wird das Hydroxylamin bez. dessen Salze nach dem 1887 von Raschig aufgefundenen Verfahren, welches auf der Wechselwirkung von schwefliger Säure und salpetriger Säure beruht, dargestellt.

Von vornherein muss bemerkt werden, dass das Hydroxylamin als solches nicht, sondern nur in wässeriger Lösung, sowie in Form wohlcharacterisirter Salze bekannt ist.

Darstellung. (D.R.P. 41 987.) 2 Mol. Natriumbisulfit werden in concentrirter Lösung bei 0° C. nicht übersteigender Temperatur zu 1 Mol. Natriumnitrit hinzugefügt. Das hierbei entstehende leicht lösliche hydroxylamindisulfosaure Natrium wird durch Zusatz von Chlorkalium in das schwer lösliche Kaliumsalz umgewandelt. Erhitzt man die neutrale wässerige Lösung des letzteren längere Zeit auf 100° oder kürzere Zeit auf 130°, so geht das hydroxylamindisulfosaure Kalium in Hydroxylaminsulfat und Kaliumsulfat über, welche beide durch fractionirte Krystallisation von einander getrennt werden können. Aus dem Hydroxylaminsulfat erhält man alsdann das Hydroxylaminchlorhydrat durch Zersetzen mit berechneten Mengen von Baryumchlorid. An Stelle der oben angegebenen Salze können auch freie schweflige Säure und Stickstofftrioxyd (Salpetrige Säure) zur Darstellung angewendet werden. Die Reaction verläuft wie folgt:

$$\mathrm{Na\,NO_2 + 2\,Na\,H\,SO_3 = HO\,.\,N\,(SO_3\,Na)_2 + Na\,OH}$$
Hydroxylamindisulfo-
saures Natrium

$$2\,\mathrm{HO\,.\,N\,(SO_3\,K)_2 + 4\,H_2\,O = (NH_2\,OH)_2\,.\,H_2\,SO_4 + 2\,K_2\,SO_4 + H_2\,SO_4.}$$

<table>
<tr><td>Hydroxylamindisulfo-
saures Kalium</td><td>Hydroxylamin
sulfat</td></tr>
</table>

Eigenschaften. Das salzsaure Hydroxylamin bildet trockene, farblose, dem Salmiak ähnliche Krystalle; es löst sich leicht in Wasser gewöhnlicher Temperatur (1 : 1), auch in 15 Th. Alkohol und in Glycerin. Die wässerige Lösung schmeckt salzig und reagirt gegen Lackmuspapier (nicht gegen Congopapier) sauer. In chemischer Hinsicht characterisirt sich die Verbindung durch ein starkes Reductionsvermögen. Sie fällt aus den Lösungen von Gold-, Silber- und Quecksilbersalzen die betreffenden Metalle, entfärbt Kaliumpermanganat in saurer oder neutraler Lösung und erzeugt in Fehling'scher Lösung schon in der Kälte, schneller beim Erhitzen, einen Niederschlag von Kupferoxydul. Das Hydroxylamin selbst wird dabei je nach den obwaltenden Bedingungen zu Stickoxydul, Stickoxyd, auch zu Stickstoffsäuren oxydirt.

Das Hydroxylaminchlorhydrat kann je nach seiner Darstellung durch Eisen, Chlorammonium und Chlorbaryum verunreinigt sein. Freie Salzsäure lässt sich durch Lackmus nicht, wohl aber durch Congopapier nachweisen. Alkalische Phenolphtaleïnlösung wird durch das Salz entfärbt, und da das freie Hydroxylamin Phenolphtaleïn

nicht röthet, so lässt sich der Salzsäuregehalt des Präparates acidi-
metrisch unter Benutzung von Phenolphtaleïn als Indicator feststellen.
Von dem ähnlichen Salmiak unterscheidet sich das Hydroxylaminchlorhydrat dadurch, dass seine alkoholische Lösung mit alkoholischem Platinchlorid keine Fällung giebt.

Prüfung. Die wässerige Lösung 1:10 röthe zwar blaues Lackmuspapier, bläue aber nicht Congopapier (freie Salzsäure). — Sie werde
weder durch Rhodankalium roth, noch durch Ferricyankalium blau
gefärbt (Eisen), auch durch verdünnte Schwefelsäure nicht verändert
(Chlorbaryum). — 1 gr Hydroxylaminchlorhydrat löse sich in 20 gr
absoluten Alkohol klar auf (Salmiak = Chlorammonium). — 0,5 gr des
Präparates auf dem Platinblech erhitzt, müssen sich ohne Rückstand
verflüchtigen (fixe Verunreinigungen).

Wird die quantitative Bestimmung der Salzsäure gewünscht,
so löst man 0,695 gr Hydroxylaminchlorhydrat in etwas Wasser, fügt einen
Tropfen Phenolphtaleïnlösung hinzu und titrirt mit Normalkalilauge bis
zur bleibenden Röthung. Es dürfen nicht mehr als 10 ccm Normalkalilauge verbraucht werden. Nur bei ammoniakfreien Präparaten tritt der
Farbenübergang scharf ein.

Zur Bestimmung des Hydroxylamins löse man 3,475 gr Hydro-
xylaminchlorhydrat zu 1 Liter auf. Man bringe alsdann 20 ccm dieser
Lösung in ein geräumiges Becherglas und löse darin ohne Erwärmen
1,5 gr zerriebenes Kaliumbicarbonat auf, hierauf lässt man 25 ccm $^1/_{10}$-Jod-
Lösung auf einmal zulaufen, nimmt den Ueberschuss von Jod durch
Natriumthiosulfat weg, fügt Stärkelösung hinzu und titrirt mit $^1/_{10}$-Jod-
lösung auf Blau. Es müssen verbraucht werden 20 ccm $^1/_{10}$-Jodlösung.
Die Reaction verläuft nach der Gleichung

$$\frac{2\,NH_2 . OH . HCl + 4\,J}{139 \qquad 508} = N_2 O + H_2 O + 2\,HCl + 4\,JH.$$

Aufbewahrung. Seiner unzweifelhaft giftigen Eigenschaften wegen
werde das Präparat vorsichtig aufbewahrt. Gegen Licht ist es
nicht sehr empfindlich, wohl aber gegen Feuchtigkeit. Bewahrt man
das Präparat wie üblich auf, so nimmt es allmälig gelbe Färbung
an, enthält dann reichlich Salmiak und beim Oeffnen des Gefässes
entweicht Salzsäure. Diese Zersetzung lässt sich verhindern, wenn
man das Salz unter einer mit Aetzkalk beschickten Glasglocke auf-
stellt. — In Zersetzung begriffene Präparate stellt man zunächst über
Aetzkalk und krystallisirt sie alsdann aus Alkohol um.

Anwendung. Binz empfahl es auf Grund der reducirenden Eigenschaften als Ersatzmittel der Pyrogallussäure und des Chrysarobins und
des Anthrarobins, vor welchen es den erheblichen Vorzug besitzen würde,
dass es die Wäsche der Patienten nicht beschmutzt bez. färbt. Bei sub-

cutaner Anwendung entsteht nach Binz sofort Methaemoglobin; im Blute
lässt sich der Nachweis von Nitriten führen. Bei vorsichtiger Dosirung
ist es möglich, rein lähmende Wirkung zu erzeugen. Nach Lewin tritt
sowohl bei der Einwirkung auf todtes Blut als auch bei Kaltblütern und
bei Warmblütern neben Methaemoglobin auch Haematin auf. Die giftigen
Eigenschaften des Hydroxylamins sind nach Loew so erheblich, dass
Pflanzenkeime noch in einer Lösung von 1 : 15000 absterben.

<table>
<tr><td>Hydroxylamin. hydrochlorici 0,2—0,5</td><td>Hydoxylamin. hydrochlorici 1,</td></tr>
<tr><td>Spiritus   100,</td><td>Aq. destill.   1000,</td></tr>
<tr><td>Calcar. carbonic. q. s. ad neutra-</td><td>Calcar. carbonic. q. s. ad neu-</td></tr>
<tr><td>   lisationem.</td><td>   tralisationem.</td></tr>
<tr><td>S. Zum Pinseln.   [Fabry.]</td><td>S. Zu Umschlägen. [Fabry.]</td></tr>
</table>

Hydroxylamin. hydrochlorici   0,1
Spiritus
Glycerini $\widehat{aa}$ 50,
S. Ausserlich. Gegen bacilläre Er-
kranknngen der Haut.   [Eichhoff.]

Da das Hydroxylamin resorbirt wird und unangenehme Nebenerscheinungen verursacht, so ist Vorsicht geboten. Es dürfen nicht zu
grosse Hautparthien auf einmal in Angriff genommen, der Kranke muss
streng überwacht werden. Ist die Anwendung schmerzhaft, so muss das
Mittel ausgesetzt werden, bis der Schmerz wieder verschwunden ist.

Die reducirenden Eigenschaften des Hydroxylamins haben das salzsaure Salz als Entwickler in der Photographie und als Reductionsmittel
in der chemischen Analyse Verwendung finden lassen.

Vorsichtig aufzubewahren.

Acidum hyperosmicum.

Acid. perosmicum. Acid. osmicum. Acid. osminicum. Ueberosmiumsäure.
Osmiumsäure.

$Os\,O_4$.

Das zur Gruppe der Platinmetalle gehörende Element Osmium (Os = 198,6) bildet mit Sauerstoff eine ganze Reihe von
Oxyden.

Osmiumoxydul	$Os\,O$		Osmiumdioxyd	$Os\,O_2$
Osmiumsesquioxyd	$Os_2\,O_3$		Osmiumtetroxyd	$Os\,O_4$

Ausserdem sind Salze der Osmigsäure $Os\,O_4\,H_2$ dargestellt worden, doch kennt man diese Säure bisher in freiem Zustande nicht,
auch das ihr entsprechende Anhydrid ($Os\,O_3$ = Osmiumtrioxyd) ist
gegenwärtig nicht bekannt.

Das Osmiumtetroxyd $Os\,O_4$ hat den Character eines Säureanhydrides oder sauren Superoxydes und wird aus diesem Grunde

auch Ueberosmiumsäure oder Osmiumsäure schlechthin genannt. Es ist diejenige Verbindung des Osmiums, welche zuerst medicinische Verwendung fand.

Darstellung. Sehr fein (dem Platinmohr oder Platinschwamm ähnlich) vertheiltes Osmium oxydirt sich sehr langsam schon bei gewöhnlicher Temperatur; bei höherer Temperatur (400⁰ C.) ist der Oxydationsvorgang ein sehr energischer; das Product der Oxydation ist Osmiumtetroxyd. Dabei ist zu bemerken, dass die Oxydation um so schneller, lebhafter und bei um so niederer Temperatur verläuft, je feiner vertheilt das metallische Osmium ist. — Man erhitzt also möglichst fein vertheiltes Osmiummetall bei hohen Temperaturen im Luft- oder Sauerstoffstrome und fängt das gebildete, flüchtige Osmiumtetroxyd in abgekühlten Vorlagen auf.

Eigenschaften. Das Osmiumtetroxyd (Ueberosmiumsäure) bildet glänzende, durchsichtige, gelbe, sehr hygroskopische Nadeln von unerträglich stechendem Geruche, welcher zugleich an Chlor und an Jod erinnert. Es sublimirt schon bei sehr niedriger Temperatur (Blutwärme) und siedet bei etwa 100⁰ C., indem es sich in einen farblosen Dampf von 8,89 spec. Gewicht verwandelt. In Wasser löst es sich zu einer farblosen Flüssigkeit, welche Lackmuspapier zwar nicht röthet, aber sehr ätzend und brennend schmeckt. Unter dem Einfluss des Lichtes, besonders aber bei Gegenwart organischer Substanzen, bräunen sich die Lösungen unter Abscheidung von fein vertheiltem metallischen Osmium. Wird zu einer wässerigen Lösung des Osmiumtetroxydes Alkohol zugesetzt, so scheidet sich binnen 24 Stunden alles Osmium als Osmiumtetrahydroxyd [$Os(OH)_4$] in Form eines schwarzen Niederschlages aus, welcher zu einer schweren braunen, etwas kupferglänzenden Masse eintrocknet.

Die Dämpfe des Osmiumtetroxydes wirken auf die Schleimhäute ungemein reizend! Luft, welche auch nur wenig von diesem Dampfe enthält, verursacht beim Einathmen heftige Beklemmungen und langwierige Schleimabsonderungen. Als Gegenmittel ist von Claus sofortiges Einathmen von Schwefelwasserstoff empfohlen worden. — Besonders gefährlich ist die Wirkung des Dampfes auf die Schleimhaut des Auges. Als Deville das Osmiummetall im Knallgasofen verflüchtigte und zufällig mit dem Dampfe des hierbei gebildeten Tetroxydes in Berührung kam, wurde er während 24 Stunden beinahe blind, und sein Sehvermögen blieb dauernd gestört, indem sich in den Augen ein Häutchen von metallischem Osmium absetzte. Aehnliche Erfahrungen sind bei dem pharmaceutischen Gebrauche des Präparates wiederholt gemacht worden. — Auch auf die äussere Haut wirkt es stark reizend, erzeugt z. B. einen schmerzhaften Ausschlag, der indessen nach Gebrauch von Schwefelbädern wieder verschwindet.

Alle diese Eigenschaften fordern zur dringendsten Vorsicht beim Gebrauche der Ueberosmiumsäure auf. Man thut am besten, die Gläschen unter einer gewogenen Menge Wasser zu öffnen und so eine Lösung von bestimmtem Gehalte darzustellen, was sich sehr gut machen lässt, da das Präparat in Röhrchen von 0,5 bez. 1 gr Inhalt im Handel vorkommt.

Die wässerigen Lösungen sind in dunklen (gelben) mit Glasstopfen versehenen Flaschen vor Licht und Staub geschützt aufzubewahren.

Als characteristische Reaction der Ueberosmiumsäure ist anzuführen, dass ihre wässerige Lösung auf Zusatz von schwefeliger Säure erst gelb, dann braun, grün und zuletzt indigoblau gefärbt wird. Letztere Färbung ist auf Bildung von Osmiumsulfit $OsSO_3$ zurückzuführen.

Aufbewahrung. Vorsichtig, in gut verschlossenen Gefässen (da es sehr hygroskopisch ist, am besten in zugeschmolzenen Röhrchen), vor Licht geschützt. Ueber die Aufbewahrung der Lösung siehe kurz vorher.

Nach Schapiroff soll ein Zusatz von Glycerin zu den Lösungen dieselben wochenlang haltbar machen. Die von ihm angegebene Formel lautet: Acidi osmici 0,1, Aquae destillatae 6, Glycerini 4,0.

Anwendung. Die Ueberosmiumsäure wird in wässerigen 1 procentigen Lösungen zu subcutanen Injectionen bei parenchymatösen Geschwülsten, bei Kropf, peripheren Neuralgien (Intercostalneuralgie), Ischias rheumatica angewendet (0,1 Acid. osmicum, 10 gr Wasser). Dosis = 1 Spritze.

Die Injectionen sollen im Allgemeinen gut vertragen werden, wenig bez. nicht lang andauernd schmerzhaft sein und nur geringe Schwellung verursachen. Innerlich wird es in Dosen von 0,001 gr mehrere Mal täglich in Pillen, welche am besten mit Bolus zu bereiten sind, besonders gegen Epilepsie, bei gleichzeitigem Gebrauch vom Bromkalium, verordnet. Es ist zweckmässig, den Pillen bei längerem Gebrauche einen Ueberzug zu geben.

Wässerige Lösungen sind stets in dunklen, mit Glasstopfen versehenen Gefässen zu dispensiren!

Vorsichtig, vor Licht geschützt aufzubewahren.

Kalium osmicum.

Kaliumosmat. Osmigsaures Kalium.

$$Os\,O_4\,K_2 + 2\,H_2\,O.$$

Dieses Präparat wird neuerdings von manchen Aerzten der Ueberosmiumsäure vorgezogen, da es nicht so schwierig zu handhaben wie diese, namentlich nicht so sehr hygroskopisch und leicht verdampfbar ist.

Darstellung. Zu einer frisch bereiteten Lösung von Osmiumtetroxyd (s. vorher) in Weingeist setzt man Kalilauge zu. Die Flüssigkeit färbt sich schön roth und, falls sie concentrirt genug ist, wird das Kaliumosmat als Krystallpulver abgeschieden. Bei langsamem Verdunsten verdünnterer Lösungen erhält man granatrothe bis schwarzrothe Octaeder, welche leicht in Wasser löslich sind, süsslich adstringirend schmecken und in trockner Luft haltbar sind, an feuchter Luft aber zerfliessen und sich zersetzen.

Lösungen des Salzes zersetzen sich, besonders auf Zusatz einer Säure, unter Bildung von Osmiumtetroxyd und niederen Oxyden des Osmium.

Aufbewahrung. Vorsichtig, vor Licht und gegen Feuchtigkeit möglichst geschützt.

Anwendung. Subcutan in 1 procentiger Lösung. — Innerlich in Dosen von 0,001 gr bis 0,0015 gr mehrere Male täglich in Pillen von Bolus alba wie Acidum hyperosmium. S. dieses.

Vorsichtig, vor Licht geschützt aufzubewahren.

Natrium telluricum.

Tellursaures Natrium.

$$Na_2\,Te\,O_4.$$

Das Tellur bildet mit Sauerstoff zwei Oxyde, das Tellurigsäureanhydrid, $Te\,O_2$, und das Tellursäureanhydrid, $Te\,O_3$, deren Hydrate Säurecharacter besitzen.

Die Tellursäure $H_2\,Te\,O_4$, ist eine der Schwefelsäure analog zusammengesetzte Verbindung von schwach sauren Eigenschaften; ihr Natriumsalz hat neuerdings medicinische Anwendung gefunden.

Darstellung. Reines Tellur wird zuvörderst mit Salpetersäure zu telluriger Säure oxydirt, die weitere Oxydation dann in der salpetersauren Lösung durch Bleisuperoxyd bewirkt. Durch vorsichtiges Ausfällen mit Schwefelsäure entfernt man das Blei, dampft die Lösung der Tellursäure zur Trockne ein, wäscht den Rückstand zur Entfernung überschüssiger

2*

Schwefelsäure mit Aetherweingeist und krystallisirt aus wenig Wasser um. Zur Darstellung des Natriumsalzes wird die reine Tellursäure in Wasser gelöst, die äquivalente Menge Natriumhydroxyd zugesetzt, die Lösung zur Trockne eingedampft und der Rückstand mit Alkohol gewaschen.

Eigenschaften. Das so erhaltene tellursaure Natrium, $Na_2\,Te\,O_4$, bildet ein weisses, krystallinisches Pulver, leicht löslich in Wasser, unlöslich in Alkohol; die wässerige Lösung zeigt schwach alkalische Reaction. Säuert man diese Lösung mit concentrirter Salzsäure an und setzt einen Ueberschuss an schwefliger Säure zu, so wird das Tellur nach einigem Stehen vollständig als solches abgeschieden. Man kann den Gehalt des Salzes an Tellur bestimmen, wenn man die Tellursäure auf vorstehende Art reducirt, das Tellur auf einem gewogenen Filter sammelt, auswäscht und nach dem Trocknen wägt.

Prüfung. Zur Prüfung auf tellurige Säure versetzt man die wässerige Lösung (1 = 50) mit etwas Zinnchlorürlösung; es darf nicht sofort eine schwarze Ausscheidung, sondern höchstens eine braune Färbung entstehen. Tellurige Säure wird nämlich durch Zinnchlorür sofort, Tellursäure erst nach einiger Zeit, namentlich beim Erwärmen reducirt.

Anwendung. Das tellursaure Natrium ist nach Combemale, Negel, Cebrian und Mosler ein ausgezeichnetes Anthidroticum, das ohne Rücksicht auf das Grundleiden in allen Fällen anwendbar ist, in welchen eine Hemmung der Schweisssecretion wünschenswerth ist. Hinderlich für den ausgedehnteren Gebrauch ist der unangenehme, knoblauchartige Geruch, welchen es dem Athem ertheilt. Die Tagesdosis ist 0,05 gr in Pulverform; sie ist Abends vor dem Schlafengehen zu verabreichen.

Rubidium-Ammonium bromatum.

Rubidium-Ammoniumbromid.

$Rb\,Br + 3\,NH_4\,Br.$

Unter diesem Namen bringt E. Merck ein Präparat in den Handel, welches aus einem Gemenge von Rubidiumbromid und Ammoniumbromid besteht, und zwar enthält dasselbe auf ein Molecül Rubidiumbromid drei Molecüle Ammoniumbromid, seine Zusammensetzung wird also durch die Formel $Rb\,Br + 3\,NH_4\,Br$ ausgedrückt.

Darstellung. Kohlensaures Rubidium wird mit verdünnter Bromwasserstoffsäure genau neutralisirt und die Lösung zur Krystallisation eingedampft. Die abgeschiedenen Krystalle werden in wenig Wasser gelöst, die drei Molecülen entsprechende Menge Ammoniumbromid zugesetzt und die so erhaltene Lösung beider Salze unter ständigem Umrühren zur Trockne eingedampft.

Eigenschaften. Das Rubidium - Ammoniumbromid bildet ein weisses, krystallinisches Pulver, leicht löslich in Wasser; es enthält in 100 Theilen ca. 36 Th. Rubidiumbromid und 64 Th. Ammoniumbromid. Letzteres verflüchtigt sich bei gelindem Glühen, und aus dem hierbei eintretenden Gewichtsverlust lässt sich der Gehalt des Präparates an beiden Componenten bestimmen.

Prüfung. Enthält das Salz Bromat, so färbt es sich beim Uebergiessen mit verdünnter Schwefelsäure gelb. Durch Schwefelwasserstoff dürfen keine Metalle, durch Chlorbaryum keine Schwefelsäure und durch Ferrocyankalium kein Eisen nachzuweisen sein. Das Präparat darf nur geringe Mengen Chlor enthalten, der qualitative Nachweis desselben geschieht durch Ueberführung in Chlorchromsäure.

Anwendung. Laufenauer und Rottenbiller empfehlen das Rubidium-Ammoniumbromid als ein antiepileptisches Mittel, welches energischer wirken soll, als Natrium- und Kaliumbromid. Sie gehen dabei von der Ansicht aus, dass die antiepileptischen Wirkungen der Alkalibromide sich mit zunehmendem Moleculargewicht steigern. Die tägliche Dosis des Rubidium-Ammoniumbromids beträgt 4 bis 7 gr.

Auch ein Cäsium-Ammoniumbromid, $CsBr + 3HN_4Br$, sowie endlich ein Präparat, welches Cäsiumbromid und Rubidiumbromid gemischt enthält, Cäsium-Rubidium-Ammonium bromatum, $ABr + 3NH_4Br$, (A = Gemenge von $CsBr$ und $RbBr$) wird von E. Merck in den Handel gebracht.

Strontium bromatum crystallisatum.

Strontiumbromid.

$Sr Br_2 + 6 H_2 O.$

Das Strontiumbromid wurde neuerdings durch französische Aerzte in den Arzneischatz eingeführt.

Darstellung. Man neutralisirt reine verdünnte Bromwasserstoffsäure genau mit kohlensaurem Strontium und dampft die filtrirte Lösung zur Krystallisation ein. Die nach dem Erkalten ausgeschiedenen Krystalle werden von der Lauge getrennt und getrocknet. Das Trocknen muss vorsichtig geschehen, da das Salz bei erhöhter Temperatur verwittert.

Eigenschaften. Das so erhaltene Salz hat die Formel $Sr Br_2 + 6 H_2 O$, enthält also 6 Molecüle oder 30,38 Proc. Krystallwasser. Es bildet lange, zerbrechliche, hygroskopische, säulenförmige Krystalle die sich leicht in Wasser (1 : 1) lösen und auch in Alkohol löslich sind. Am Platindrahte erhitzt, ertheilt es der Flamme eine carmoisinrothe Färbung. Beim Erhitzen über 120^0 C. entweicht alles

Krystallwasser und es bleibt wasserfreies Strontiumbromid zurück, welches in Form eines weissen Pulvers als Strontium bromatum anhydricum in den Handel kommt.

Prüfung. In der wässerigen Lösung des Salzes 1 = 10 dürfen durch Schwefelwasserstoff keine Schwermetalle nachzuweisen sein. Kieselfluorwasserstoffsäure[1]) (spec. Gew. 1,06) darf in dieser Lösung auch nach längerem Stehen keine Trübung oder Fällung von Kieselfluorbaryum erzeugen. Der Gehalt an Chlorid darf 1,5 % nicht übersteigen. Die Ermittlung desselben geschieht durch Titriren mit $^1/_{10}$-Normalsilberlösung in dem vorher bei 120—130° C. getrockneten Salz in derselben Weise, wie dies das deutsche Arzneibuch für die Alkalibromide vorschreibt. 0,3 gr des trocknen Salzes dürfen nicht mehr als 24,5 ccm $^1/_{10}$-Silbernitratlösung verbrauchen.

Das Strontium bromatum anhydricum oder siccum darf höchstens 5 % Wasser enthalten. Zur Bestimmung desselben wird eine gewogene Menge bei 120 bis 130° C. bis zur Gewichtsconstanz getrocknet.

Aufbewahrung. Man bewahre das Strontiumbromid in gut verschlossenen Glasgefässen auf und beachte seine Hygroskopicität.

Anwendung. Das Präparat wird auf Empfehlung französischer Aerzte (Laborde, Dujardin-Beaumetz, G. Sée) bei Magenaffectionen, besonders Hyperacidität, ferner bei Bright'scher Nierenkrankheit und Epilepsie angewendet. Als höchste Tagesdosis werden 4 gr des Salzes, auf die drei Mahlzeiten vertheilt, gegeben. Bei Epilepsie wird die Dosis bis zu 10 gr pro die erhöht.

Strontium jodatum, Strontiumjodid $Sr J_2 + 6 H_2 O$ wird durch Neutralisation von Strontiumcarbonat mit Jodwasserstoffsäure dargestellt. Farblose hexagonale Täfelchen, in 0,6 Th. Wasser löslich. Im Sonnenlichte erfolgt Gelbfärbung, daher Aufbewahrung unter Lichtschutz. Anwendung bei Rheumatismus. Im Handel existirt auch das wasserfreie Salz *Strontium jodatum anhydricum* $Sr J_2$.

Strontium lacticum.

Strontiumlactat. Milchsaures Strontium.

$$Sr (C_3 H_5 O_3)_2 + 3 H_2 O.$$

Darstellung. Man erhält dieses Präparat, indem man verdünnte Milchsäure mit kohlensaurem Strontium genau neutralisirt und die filtrirte Lösung

---

[1]) Die Kieselfluorwasserstoffsäure muss rein, ohne Rückstand flüchtig und namentlich frei von Schwefelsäure sein.

zur Krystallisation eindampft. Die ausgeschiedenen Krystalle werden von der Lauge getrennt, getrocknet und in ein gröbliches Pulver verwandelt.

Eigenschaften. Das milchsaure Strontium ist nach der Formel Sr $(C_3 H_5 O_3)_2 + 3 H_2 O$ zusammengesetzt. Das Handelspräparat bildet ein weisses, krystallinisches Pulver, welches sich leicht in Wasser löst und neutral ist. Beim Erhitzen verkohlt es unter Verbreitung eines caramelartigen Geruches.

Prüfung. Die wässerige Lösung $1 = 10$ darf durch Schwefelwasserstoff nicht verändert werden (Metalle), und nach dem Ansäuern mit Salpetersäure durch Silbernitrat keine Trübung erleiden (Chlor). Durch Kieselfluorwasserstoffsäure darf in der wässerigen Lösung $1 : 10$ auch nach mehrstündigem Stehen weder Trübung noch Niederschlag von Kieselfluorbaryum entstehen.

Anwendung. C. Gaul fand, dass das milchsaure Strontium bei verschiedenen Nierenkrankheiten den Eiweissgehalt des Harns wesentlich herabdrückt, ohne Diurese zu erzeugen. Man kann, ohne unangenehme Nebenwirkungen befürchten zu müssen, 8 bis 10 gr Strontium lacticum pro die geben, für gewöhnlich ist die Dosirung die nämliche, wie die des Strontiumbromids.

Magnesium salicylicum.

Magnesiumsalicylat. Salicylsaure Magnesia.

$$\left(C_6 H_4 < ^{C\,O\,O}_{O\,H} \right)_2 . Mg + 4 H_2 O.$$

Das Magnesiumsalicylat wurde gelegentlich einmal (1886) von Milone dargestellt und beschrieben, seit 1888 indessen von Huchard zum medicinischen Gebrauche warm empfohlen.

Darstellung. Von Milone wurde es durch Umsetzen von Baryumsalicylat mit Magnesiumsulfat gewonnen, einfacher jedoch kommt man in folgender Weise zum Ziele:

In eine geräumige Porzellanschale bringt man 200 Th. dest. Wasser und 14 Th. Salicylsäure und erwärmt auf dem Wasserbade. In die heisse Flüssigkeit trägt man unter Umrühren allmälig 5 Th. möglichst eisenfreier Magnesia carbonica ein und erhitzt, bis die Kohlensäureentwickelung beendet ist. Alsdann prüft man eine abfiltrirte Probe mittels Lackmuspapier auf ihre Reaction. Ist dieselbe sauer, so fügt man weiterhin soviel Magnesiumcarbonat zu, dass die Reaction annähernd neutral wird. Ist dies der Fall, so wird die erkaltete Flüssigkeit filtrirt; alsdann säuert man dieselbe mit Salicylsäure deutlich[1]) an, filtrirt event. nochmals klar ab, dampft

---

[1]) Nur schwach sauer reagirende Präparate sind klar löslich und haltbar.

ein und bringt zur Krystallisation. Durch Umrühren während des Erkaltens erhält man ein feines Krystallpulver, welches zu sammeln und durch Absaugen mit der Strahlpumpe von der anhaftenden Mutterlauge zu befreien ist. Da das Magnesiumsalicylat leicht übersättigte Lösungen bildet, so hat man beim Abdampfen den richtigen Zeitpunkt durch Versuche abzupassen. Die Darstellung im kleinen Maassstabe ist wegen der Concentration der Mutterlauge nicht zu empfehlen, auch fallen die selbst dargestellten Präparate meist etwas röthlich aus.

Eigenschaften. Magnesiumsalicylat bildet farblose, luftbeständige Krystalle, welche in Wasser (1 : 10) und in Alkohol löslich sind. Die wässerige Lösung schmeckt süss-bitterlich und reagirt deutlich sauer. Salzsäure bringt in derselben eine reichliche Ausscheidung von Salicylsäurekrystallen hervor, durch Eisenchlorid entsteht auch schon in der verdünnten Lösung intensiv violette Färbung. Wird zur wässerigen Lösung Ammoniak, darauf Ammoniumchlorid bis zum Verschwinden der anfänglich entstandenen Trübung zugesetzt, so erfolgt auf Zusatz von Natriumphosphat krystallinische Ausscheidung von Ammoniummagnesiumphosphat.

Beim Erhitzen auf etwas über 100^0 C. entweicht das Krystallwasser unter Hinterlassung des wasserfreien Salzes. Das letztere verbrennt auf dem Platinblech unter Hinterlassung eines weissen Rückstandes von Magnesiumoxyd, Mg O. Das krystallisirte Salz entspricht der Formel $Mg\,(C_7\,H_5\,O_3)_2 + 4\,H_2\,O$ und hinterlässt beim Glühen 10,81 % Mg O.

Prüfung. 1 Th. Magnesiumsalicylat gebe mit 10 Wasser eine klare Lösung (Trübung durch basisches Salz), welche deutlich sauer reagirt und die vorher angegebenen Reactionen zeigt. — Diese wässerige Lösnng werde nach dem Ansäuern mit Salpetersäure und Filtriren weder durch Silbernitrat noch durch Baryumchlorid verändert. — Werden 10 ccm der Lösung mit 10 ccm Aether ausgeschüttelt, so darf nach dem Verdunsten der ätherischen Schicht nur ein sehr geringer Rückstand hinterbleiben. (Freie Salicylsäure.)

Anwendung. Nach Huchard soll das Magnesiumsalicylat ein ausgezeichnetes Mittel bei Abdominaltyphus sein. Mit dem hierbei gleichfalls angewendeten Wismuthsalicylat theilt es die durch den Salicylsäuregehalt bedingte antiseptische Wirkung, während es im Gegensatz zu dem genannten Wismuthsalz nicht styptisch, sondern eher etwas entleerend wirkt. Durch diese diarrhöeische Wirkung wird der Darm von infectiösen Stoffen befreit. Er empfiehlt es in Dosen von 3—6 gr täglich. Selbst in Fällen von reichlicher Diarrhöe soll seine Anwendung nicht contraindicirt sein, da erst bei erhöhten Dosen (von 6—8 gr) leichte laxative Erscheinungen auftreten.

Recepte.

Rp.	Magn. salicylic.	10,		Rp.	Magn. salicylic. plv. 0,5	
	Aq. destill.	200,			Dent. doses tales VI.	
D. S.	4 mal täglich 1 Esslöffel.			S.	Alle 2 Stunden 1 Pulver	
	Bei Typhus abdominalis.				in Wasser zu nehmen.	

Bismutum oxyjodatum.

Bismutum subjodatum. Basisches Wismuthjodid.

Bi O J.

Das Wismuth bildet mit den Halogenen Verbindungen, welche der allgemeinen Formel BiX_3 entsprechen, während vom fünfwerthigen Bi-Atom sich ableitende Halogenderivate des Wismuths bisher noch unbekannt sind. Die neutralen Verbindungen $BiCl_3$, $BiBr_3$ und BiJ_3 bilden sich durch directe Vereinigung von metallischem Wismuth mit den entsprechenden Halogenen. —

Das neutrale Wismuthjodid oder Wismuthtrijodid BiJ_3 beispielsweise erhält man durch Erhitzen von gepulvertem Wismuthmetall mit Jod und Destillation des Reactionsproductes. — Es sublimirt in grauschwarzen, metallisch glänzenden Tafeln, welche von kaltem Wasser nicht zersetzt werden, von siedendem Wasser dagegen in unlösliches Wismuthoxyjodid verwandelt werden.

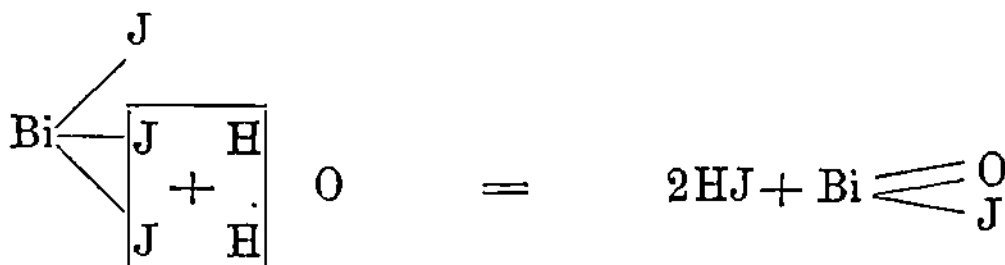

Zur Gewinnung dieses letzteren schlägt man indessen nicht dieses, immerhin etwas umständliche Verfahren ein, sondern benutzt einfachere Reactionen, da das Wismuth unter geeigneten Bedingungen überhaupt die Neigung besitzt, jenes Subjodid zu bilden.

Darstellung. 1. Nach O. Kaspar. 95,4 gr krystallisirtes Wismuthnitrat werden mit Hilfe einer möglichst geringen Menge Salpetersäure in 30 Liter Wasser gelöst und unter Umrühren mit einer Lösung von 33,2 Th. Jodkalium in 3 Liter Wasser in der Kälte gemischt. Es entsteht vorerst ein brauner Niederschlag, welcher allmälig gelb, schliesslich ziegelroth wird. Der Niederschlag wird zunächst durch Decanthiren, sodann auf dem Filter gewaschen und schliesslich bei 100° C. getrocknet.

2. Nach B. Fischer. 95,4 gr krystallisirtes Wismuthnitrat werden in der Kälte in etwa 120 ccm Eisessig gelöst und unter Umrühren in eine Lösung von 33,2 gr Jodkalium und 50 gr Natriumacetat in 2 Liter Wasser

unter Umrühren eingetragen. Jeder einfallende Tropfen bewirkt zuerst
die Ausscheidung eines grünlich braunen Niederschlages, der sich beim
Anfang der Operation sofort in einen citronengelben Niederschlag um-
wandelt. Bei fortschreitendem Zusatz der essigsauren Wismuthlösung
nimmt der Niederschlag allmälig lebhaft ziegelrothe Färbung an. Man
lässt absetzen, wäscht das ausgeschiedene Wismuthoxyjodid vorerst durch
Decanthiren, dann auf einem Filter oder Colirtuch und trocknet es schliesslich bei 100° C.

Eigenschaften. Das Wismuthoxyjodid bildet ein lebhaft ziegel-
rothes, specifisch-schweres Pulver, welches unter dem Mikroskop betrachtet bei 500 bis 600facher linearer Vergrösserung aus kleinen,
röthlich durchscheinenden, kubischen Kryställchen bestehend sich
erweist. In Wasser ist es unlöslich, überhaupt existirt wohl kein
Reagens, durch welches es ohne Veränderung aufgelöst würde. Beim
Erhitzen mit conc. Aetzalkalien zersetzt es sich unter Bildung von
Alkalijodiden und gelbem Wismuthoxyd, verdünnte Aetzalkalien,
sowie Lösungen von Alkalicarbonaten wirken nur langsam ein. Verdünnte mineralische Säuren, z. B. Salzsäure, Schwefelsäure und
Salpetersäure, zersetzen das Wismuthoxyjodid namentlich beim Erwärmen, unter Bildung von dunkelfarbigem Wismuthtrijodid und der
betreffenden Wismuthsalze z. B.

$$3\,Bi\,O\,J + 6\,H\,Cl = 3\,H_2\,O + Bi\,J_3 + 2\,Bi\,Cl_3.$$

Essigsäure dagegen wirkt nahezu gar nicht lösend auf das Präparat ein. Conc. Salzsäure wirkt ebenso wie die verdünnte Säure;
conc. Schwefelsäure oder Salpetersäure dagegen wirken, namentlich
beim Erwärmen, unter Abscheidung von freiem Jod ein.

Prüfung. Werden 0,5 gr Wismuthoxyjodid in einem trocknen
Reagenzglase bei Luftzutritt erhitzt, so entwickeln sich violette Jod-
dämpfe; löst man den Glührückstand unter Erwärmen in möglichst
wenig conc. Salpetersäure und giesst diese Lösung in eine grössere
Menge kalten Wassers ein, so bildet sich ein Niederschlag von
weissem Wismuthsubnitrat. — 0,5 gr des Präparates werden mit 5 gr
Wasser aufgekocht. Das Filtrat darf weder nach dem Ansäuern mit
Essigsäure auf Zusatz von Weinsäure, noch nach dem Ansäuern mit
Salzsäure auf Zusatz von Platinchlorid einen Niederschlag geben
(Kaliumverbindungen). — 0,5 gr werden mit 10 gr Wasser geschüttelt.
Das Filtrat darf nach dem Ansäuern mit Salpetersäure auf Zusatz
von Silbernitrat nur opalisirende Trübung zeigen (Jodwasserstoff-
bez. Chlorwasserstoffsäure). — 0,2 gr werden mit 2 gr verdünnter
Schwefelsäure geschüttelt; das Filtrat wird mit dem doppelten Vo-

lumen reiner, salpetersäurefreier[1]) Schwefelsäure gemischt und ein Tropfen Indigolösung zugefügt. Es darf keine Entfärbung eintreten (Salpetersäure). — Der exacte Nachweis der Salpetersäure bez. eine Bestimmung derselben, ist am besten nach dem Schulze'schen Verfahren auszuführen. Man kocht alsdann 0,5 gr des Salzes mit 5 ccm Natronlauge und benutzt die filtrirte alkalische Lösung zur Bestimmung der Salpetersäure. — Mikroskopisch lässt sich eine Verunreinigung des Wismuthoxyjodides durch Wismuthsubnitrat nach meinen Erfahrungen nicht mit Sicherheit nachweisen. — 0,5 gr werden im Reagirglase mit 10 ccm conc. reiner Salzsäure übergossen. Man setzt ein Stückchen arsenfreies Zink zu und überdeckt die Oeffnung des Glases mit einem Stück Filtrirpapier, das mit Silbernitratlösung (1 : 1) benetzt ist. Es darf sich nach 20 Minuten keine Gelbfärbung des Papieres zeigen (Arsen).

Neben der characteristischen ziegelrothen Farbe und der Abwesenheit von Salpetersäure und Arsen ist eins der wichtigsten Criterien für die Reinheit des Präparates die Bestimmung des Wismuthoxydgehaltes. Zu diesem Zwecke bringt man eine gewogene Menge in einen Porzellantiegel, löst sie unter Erwärmen in etwa der zehnfachen Menge conc. Salpetersäure auf, dampft zur Trockne und glüht bis zu constantem Gewicht. Es muss sich ein Gehalt von 66 bis 67,5 % Wismuthoxyd ergeben. Die Formel $BiOJ$ verlangt 66,96 % Bi_2O_3.

Aufbewahrung. Unter den indifferenten Arzneistoffen vor Licht geschützt.

Anwendung. Das Wismuthoxyjodid wurde von Lister, später von Reynold als vorzügliches Antisepticum empfohlen und soll bei eiternden Wunden, Ulcerationen gute Dienste leisten. Man benutzt es in diesen Fällen dem Jodoform analog in Substanz. Ebenso soll es sich in Suspension mit Wasser (1 : 100) bei Gonorrhoë bewährt haben und innerlich in Gaben von 0,1—0,3 gr mehrmals täglich bei Magengeschwüren und typhösem Fieber.

Rp. Bismuti oxyjodati 1—2,0	Rp. Bismuti oxyjodati 1,0
Sacchari albi 5,0	Aquae destillatae 100,0
M.f.p. Div. in partes X.	D. S. Aeusserlich: vor dem Gebrauche umzuschütteln. Zu
S. 3 mal täglich ein Pulver.	Injectionen bei Gonorrhoë.
Bei Magengeschwür und	
typhösem Fieber.	

---

[1]) Mit Salpetersäure verunreinigte Schwefelsäure ist vorher durch Aufkochen von dieser zu befreien.

Wismuth-Phenolate.

Unter obigem Titel sollen einige Verbindungen des Wismuths mit Phenolen zusammengefasst werden. Dieselben werden seit Anfang 1893 durch Dr. von Heyden's Nachf. in Radebeul nach einem patentirten Verfahren dargestellt und zur therapeutischen Verwendung und zwar innerlich als Darmantiseptica, äusserlich als Jodoformersatz empfohlen.

Die Darstellung erfolgt am besten durch Einwirkung von Wismuthchlorid oder Wismuthnitrat auf Alkaliphenolate.

Phenol-Wismuth, *Bismutum phenolicum,* $Bi(OH)_2(C_6H_5O)$. Grauweisses, neutrales Pulver, fast ohne Geruch und Geschmack, unlöslich in Wasser und in Alkohol. Durch Salzsäure wird es in Wismuthchlorid und Phenol gespalten. Salpetersäure wirkt gleichfalls spaltend, nebenbei bildet sie mit dem Phenol gelb gefärbte Nitroproducte.

Anwendung. Innerlich als Darmantisepticum mehrmals täglich 1 gr; äusserlich als Jodoformersatz.

m-Kresol-Wismuth, *Bismutum m-kresolicum.* Grauweisses Pulver, dem vorigen in allen Punkten sehr ähnlich und wie dieses innerlich als Darmantisepticum, äusserlich als Jodoformersatz empfohlen.

Tribromphenol-Wismuth, *Bismutum tribromphenolicum.* $Bi_2O_2.OH.(OC_6H_2Br_3)$. Gelbliches Pulver, unlöslich in Wasser und in Alkohol, neutral, geruchlos, geschmacklos, enthält 57—61% Bi_2O_3 (theoretisch 58,6%). Durch Salzsäure oder Salpetersäure wird unter Bildung von Wismuthchlorid bezw. -nitrat Tribromphenol abgespalten.

Anwendung. Innerlich in Gaben von 0,5—1 gr (täglich 5—7 gr) als Darmantisepticum, äusserlich als Jodoformersatz. Nach Hueppe ist es bei Cholera ein werthvolles Mittel. (Berl. klin. Wochenschr. 1893. 162).

β-Naphthol-Wismuth, *Bismutum naphtholicum.* $Bi_2O_2(OH).(C_{10}H_7O)$. Bräunliches, geruch- und geschmackloses, neutrales Pulver, in Wasser und in Alkohol ist es unlöslich. Durch Salzsäure und Salpetersäure wird es unter Abscheidung von β-Naphthol zerlegt.

Anwendung. Innerlich als Darmantisepticum, äusserlich als Ersatz des Jodoforms. Schubenko und Blachstein haben bei Anwendung des Präparates (2 gr pro die) bei Cholera gute Erfolge erzielt.

Pyrogallol-Wismuth, *Bismutum pyrogallicum.* $[C_6H_3(OH)_2O]_2Bi.OH$. Gelbes Pulver, geruchlos, geschmacklos, nicht ätzend, unlöslich in Wasser, löslich in Natronlauge; diese Lösung ist braun und dunkelt in Folge Absorption von Sauerstoff aus der Luft stark nach. Der Gehalt an Wismuthoxyd Bi_2O_3 ist = 48%.

Anwendung. Voraussichtlich als Antisepticum und in der Dermatologie.

Bismutum benzoicum.

Wismuthbenzoat. Benzoësaures Wismuth.

Diese Verbindung wurde 1890 als Ersatz des Jodoforms von E. Finger empfohlen, 1892 schlug Vibart vor, dieselbe an Stelle des Wismuthsalicylates anzuwenden.

Darstellung. Man löst durch Erwärmen auf dem Wasserbade 20 Th. kryst. Wismuthtrinitrat in 30 Th. Glycerin und verdünnt diese Lösung mit 60—70 Th. Wasser. Andererseits löst man 20 Th. Natriumbenzoat in 1000 Th. Wasser von 40—50°. Man trägt nun unter Umrühren die obige Wismuthnitrat-Glycerin-Lösung in die Lösung des Natriumbenzoates (nicht umgekehrt!) ein. Den entstehenden weissen Niederschlag lässt man absetzen, wäscht ihn zunächst durch Decanthiren mit Wasser von 40—50° C., schliesslich auf dem Saugfilter oder in einer Filterpresse so lange aus, bis das Filtrat mit Diphenylamin oder Ferrosulfat die Salpetersäurereaction nicht mehr giebt, und trocknet den Niederschlag zunächst bei Lufttemperatur, dann bei 70—80°. Schliesslich verwandelt man ihn durch Zerreiben in ein feines Pulver. (B. Fischer.)

Eigenschaften. Weisses, amorphes Pulver, ohne Geschmack, in kaltem Wasser so gut wie unlöslich. Unter Abscheidung von Benzoesäure ist es löslich in Salzsäure, Salpetersäure und verdünnter Schwefelsäure. Durch Einwirkung von Natronlauge oder Ammoniak entstehen lösliches Natriumbenzoat bez. Ammoniumbenzoat und Wismuthhydroxyd. Beim Uebergiessen mit Ferrichlorid färbt sich das Wismuthbenzoat lederbraun durch Bildung von Ferribenzoat. — Es hinterlässt beim Glühen 65—70 % Wismuthoxyd $Bi_2 O_3$. Da der Formel $Bi (C_6 H_5 CO_2)_3 . Bi (OH)_3$ theoretisch $= 64,93 \%$ $Bi_2 O_3$ entsprechen, so liegt möglicherweise eine wasserärmere Verbindung vor.

Die Bestimmung des Gehaltes an Wismuthoxyd ist wie bei *Bismuthum salicylicum* auszuführen (S. 31).

Aufbewahrung. Unter den indifferenten Arzneimitteln.

Anwendung. Das Wismuthbenzoat wird unter den nämlichen Indicationen und in den gleichen Gaben angewendet wie das Wismuthsalicylat; es wird diesem von einigen Aerzten vorgezogen, weil es angeblich besser vertragen werden soll.

Bismutum salicylicum.

Salicylsaures Wismuth. Wismuthsubsalicylat.
$$Bi (C_7 H_5 O_3)_3 . Bi_2 O_3.$$

Verbindungen des Wismuths mit der Salicylsäure von annähernd constanter Zusammensetzung werden nur unter ganz bestimmten Bedingungen erhalten. Jede Abweichung von den letzteren hat zur

Folge, dass man durchaus verschiedenartig zusammengesetzte Präparate bekommt.

Jaillet und Ragouci haben eine Vorschrift angegeben, welche zur Gewinnung zweier gut characterisirter Wismuthsalicylate führen soll.

1. Saures Wismuthsalicylat $Bi(C_7H_5O_3)_3 . Bi(OH)_3 + 3H_2O$.

Man fällt 1 Th. krystallisirtes Wismuthnitrat mit 50 Th. durch Natronlauge schwach alkalisch gemachten Wassers, welches 2 Th. Natriumsalicylat gelöst enthält. Der Niederschlag wird dreimal durch Aufgiessen und Decanthiren mit reinem Wasser ausgewaschen, um das Natriumsalicylat zu entfernen, dann gesammelt und bei 40° C. rasch getrocknet. Dieses Wismuthsalicylat ist weiss, beim Anfühlen körnig, gut krystallisirt, seine Farbe ändert sich im Lichte nicht. In Wasser ist es nur wenig löslich, doch färbt sich das wässerige Filtrat mit Eisenchlorid violett. Diese Färbung ist jedoch nicht lediglich gelöster freier Salicylsäure, vielmehr dem in Lösung gegangenen Wismuthsalicylat zuzuschreiben, da sich im Filtrat durch Schwefelammonium zugleich auch Wismuth nachweisen lässt. Es enthält etwa 50 % Wismuthoxyd und 40 % Salicylsäure. (Angaben von Jaillet und Ragouci.)

2. Basisches Wismuthsalicylat $Bi(C_7H_5O_3)_3 . Bi_2O_3$.

Hat man nach der obigen Vorschrift saures Wismuthsalicylat dargestellt und setzt das Auswaschen des Niederschlages mit Wasser so lange fort, bis das decanthirte Wasser mit Eisenchlorid keine violette Reaction mehr giebt, so erhält man ein basisches Wismuthsalicylat der obigen Zusammensetzung.

Dieses letztere (basische) Präparat ist von Vulpian, später von Solger zum medicinischen Gebrauche empfohlen worden.

Eigenschaften. Weisses, mikrokrystallinisches Pulver, in Wasser und Alkohol fast unlöslich, beim Erhitzen ohne zu schmelzen oder zu verglimmen, unter Hinterlassung eines gelben Rückstandes verkohlend. — Beim Uebergiessen einer kleinen Menge des Pulvers mit einer verdünnten Eisenchloridlösung entsteht eine violette Färbung. Durch Uebergiessen mit Schwefelwasserstoffwasser färbt sich das Präparat braunschwarz. Es soll etwa 64 % Wismuthoxyd und 36 % Salicylsäure enthalten. Präparate, welche einen höheren Gehalt an Wismuthoxyd aufweisen, dürften entweder Wismuthsubnitrat enthalten oder mit Wismuthhydroxyd vermischt sein.

Prüfung. Wird 1 gr des Präparates bis zur Verkohlung schwach geglüht, der Rückstand in Salpetersäure gelöst und vorsichtig zur

Trockne eingedampft, so müssen nach anhaltendem Glühen desselben mindestens 0,60 gr gelbes Wismuthoxyd hinterbleiben, was einem Mindestgehalt von 60 % an Wismuthoxyd entspricht. — Werden 0,3 gr des Präparates unter Zusatz von 0,5 gr Natriumsalicylat mit 5 ccm Wasser angerieben und diese Mischung in ein Reagirglas gebracht, so darf, wenn man 5 ccm conc. Schwefelsäure zufliessen lässt, an der Berührungsstelle beider Flüssigkeiten keine braune Zone sich bilden (Salpetersäure). — 1 gr des Präparates wird im Porzellantiegel bei Luftzutritt geglüht. Den Rückstand löst man in 10 ccm Salzsäure, verdünnt mit 20 ccm Wasser, bringt reines Zink hinzu und lässt den entwickelten Wasserstoff auf Filtrirpapier einwirken, welches mit Silbernitratlösung (1 : 1) benetzt ist; es darf binnen 20 Minuten keine gelbe oder schwarze Färbung des Papiers eintreten (Arsen).

Anwendung. Das Wismuthsalicylat ist vor einigen Jahren von Vulpian empfohlen werden, neuerdings hat es bei uns in Deutschland durch die Veröffentlichungen von Solger Aufnahme gefunden. Man giebt es in Dosen von 0,3—1,0 mehrmals täglich namentlich bei chronischen Magen- und Darmleiden, auch bei Typhus. Der Werth des Präparates liegt darin, dass es vom Magen gut vertragen wird, also längere Zeit hindurch angewendet werden kann. Der gute Erfolg ist wohl zum Theil der specifischen Wirkung des Wismuths, zum Theil derjenigen der Salicylsäure zuzuschreiben. Bisher sind Tagesdosen von 10—12 gr ohne Unzuträglichkeiten gegeben worden.

Rp. Bismuti salicylici
  Sacchari Lactis &aa; 5,0
M. f. plv. Div. in partes X.
S. 2—3 mal täglich ein Pulver.

Bismutum subgallicum.

Wismuthsubgallat. Basisch gallussaures Wismuth. Dermatol.

$$C_6 H_2 (OH)_3 CO_2 . Bi (OH)_2.$$

Geschichtliches. Diese Verbindung wurde 1841 von Bley vorübergehend einmal beschrieben, 1891 von Heinz und Liebrecht als Ersatz des Jodoforms empfohlen.

Darstellung. 15 Th. kryst. Wismuthnitrat werden in 30 Th. Eisessig gelöst. Diese Lösung wird mit 200—250 Th. Wasser verdünnt und filtrirt. Hierzu fügt man unter Umrühren eine noch warme Lösung von 5 Th. Gallussäure in 200—250 Th. Wasser. Der entstehende gelbe Niederschlag wird zunächst durch Decanthiren, später auf dem Saugfilter mit lauwarmem Wasser gewaschen, bis das Ablaufende nicht mehr sauer reagirt und mit

Diphenylamin die Reaction auf Salpetersäure nicht mehr giebt. Alsdann trocknet man den Niederschlag auf porösen Tellern, zuerst bei mittlerer Temperatur, schliesslich bei 70—80° C.

Der Vorgang bei der Darstellung besteht darin, dass Gallussäure aus einer Lösung des Wismuthnitrates Wismuthsubgallat ausscheidet unter Freimachung von Salpetersäure:

$$Bi\,(NO_3)_3 + 5\,H_2\,O + C_7\,H_6\,O_5 = 3\,H_2\,O + 3\,H\,NO_3 + C_7\,H_5\,O_5\,.\,Bi\,(OH)_2$$

$$\underbrace{}_{\substack{\text{Wismuthtrinitrat} \\ = 486}} \qquad \underbrace{}_{\substack{\text{Gallussäure} \\ = 170}} \qquad \underbrace{}_{\substack{\text{Wismuthsubgallat} \\ = 413.}}$$

Die Constitutionsformel des Wismuthsubgallates ist:

$$C_6\,H_2 \begin{cases} -OH \\ -OH \\ -OH \\ CO_2 - Bi\,(OH)_2. \end{cases}$$

Eigenschaften. Wismuthsubgallat ist ein saffrangelbes, geruchloses, fast geschmackloses, spec. schweres, feuchtes blaues Lackmuspapier schwach röthendes Pulver. Es ist unlöslich in Wasser, Weingeist und Aether, desgleichen in stark verdünnten Säuren. Conc. Salzsäure verwandelt es schnell in Wismuthchlorid, verdünnte Schwefelsäure löst es beim Erwärmen auf, conc. Schwefelsäure wirkt in der Kälte nur wenig ein, löst es aber beim Erwärmen. Ebenso wirkt conc. Salpetersäure in der Kälte nur wenig ein, beim Erwärmen erfolgt Auflösung der Verbindung unter lebhafter Entwickelung von Stickstoffoxyden.

Ammoniak wirkt in der Kälte nur mässig ein. Natronlauge dagegen löst das Wismuthsubgallat mit Leichtigkeit und ohne Abscheidung von Wismuthhydroxyd. (Beruht auf dem phenolartigen Character der Verbindung.) Die ursprünglich gelbe Lösung wird durch Aufnahme von Sauerstoff aus der Luft sehr bald roth. — Durch Schwefelwasserstoffwasser, ebenso durch Schwefelammonium, wird das Salz unter Abscheidung von Wismuthsulfid zerlegt. Dagegen wird es weder durch die Einwirkung der Luft noch durch diejenige des Lichtes zersetzt, ebenso verträgt es Erhitzung auf 100°, kann also sterilisirt werden. Hygroskopisch ist es nicht.

Prüfung. 1 gr Wismuthsubgallat darf beim Extrahiren mit Weingeist oder Aether keine Gallussäure an diese abgeben (freie Gallussäure). — 0,5 gr lösen sich in 5 ccm Natronlauge klar auf (andere Wismuthsalze geben Fällung von Wismuthhydroxyd). — 1 gr wird im Porzellantiegel geglüht, der Rückstand im Marsh'schen Apparate auf Arsen geprüft. — Man löse ein Körnchen Diphenylamin in 5 ccm conc. reiner Schwefelsäure, andererseits 0,5 gr Dermatol in 3 ccm verdünnter Schwefelsäure. Die letztere Lösung schichtet man vorsichtig auf die erstere; es darf nicht sofortige Blaufärbung eintreten (Salpetersäure in Form von basischem Wismuthnitrat).

0,2 gr Wismuthsubgallat müssen sich in 10 ccm verdünnter Schwefelsäure klar auflösen; Trübung oder Niederschlag würde Blei anzeigen.

Man glüht 0,5 gr des Präparates im Porzellantiegel, löst den Rückstand in verdünnter Salpetersäure, trocknet vorsichtig ein und glüht bis zu constantem Gewicht. Es müssen mindestens 0,275 gr Wismuthoxyd ($= 55\%$ Bi_2O_3) hinterbleiben. Der oben angegebenen Formel entsprechen theoretisch $= 56,66\%$ Bi_2O_3.

Aufbewahrung. Unter den indifferenten Arzneimitteln.

Anwendung. Antibacterielle Eigenschaften kommen dem Wismuthsubgallat im Allgemeinen nicht zu, dagegen wirkt es secretionsbeschränkend, austrocknend und befördert die Wundheilung. Man benutzt es meist in Substanz auf aseptischen Wunden. Innerlich wurde es zu 0,25—0,5 gr bei Diarrhöen der Phthisiker und Typhuskranken gegeben.

Zincum sulfurosum.

Normales Zinksulfit. Schwefligsaures Zink.
Zn SO_3 + 2 H_2 0.

Dieses schon länger bekannte Salz wurde 1890 von Heuston und Tichborne als nicht giftiges und nicht reizendes Antisepticum empfohlen.

Darstellung. Man löst einerseits 287 gr kryst. Zinksulfat, andererseits 252 Th. Natriumsulfit ($Na_2 SO_3$ + 7 H_2 0) in Wasser zu je 1 Liter und mischt beide Lösungen in der Kälte. Nach Verlauf von 20—30 Minuten fällt ein Niederschlag von Zinksulfit aus. Man sammelt denselben, saugt die Mutterlauge ab, wäscht mit kleinen Mengen kaltem Wasser nach, bis im Filtrat Schwefelsäure nicht mehr nachweisbar ist und trocknet bei niedriger Temperatur.

Die Umsetzung erfolgt nach der Gleichung

$Zn\, SO_4 . 7\, H_2 0 + Na_2\, SO_3 . 7\, H_2 0 = Na_2\, SO_4 + Zn\, SO_3 . 2\, H_2 0 + 12\, H_2 0.$

Bei der Darstellung ist jede Erwärmung zu vermeiden, da sonst basische Zinksulfite von wechselnder Zusammensetzung gebildet werden.

Eigenschaften. Weisses, krystallinisches Pulver, welches erst in etwa 600 Th. Wasser löslich ist. Beim Kochen mit Wasser wird schweflige Säure verflüchtigt unter Bildung des basischen Salzes

2 [Zn SO$_3$]. 3 Zn (OH)$_2$. Zerlegt wird es ferner durch Mineralsäuren unter Entweichen von Schwefeldioxyd und Bildung der Salze der verwendeten Säuren. Durch Alkalien wird es zerlegt unter Bildung von Alkalisulfiten.

Prüfung. Die mit Hilfe von Salzsäure oder Salpetersäure bereitete Lösung (1 : 20) werde durch Baryumchlorid nur mässig getrübt (Zinksulfat). Von Sulfat völlig freie Präparate lassen sich nur schwierig darstellen, da das neutrale Zinksulfit durch fortgesetztes Auswaschen in basische Salze übergeht (vergl. Seubert, Arch. Pharm. 1891. 317 und f.).

Zur Bestimmung des Gehaltes an Schwefeldioxyd vertheilt man 0,5 gr des Zinksulfites in 200—250 ccm Wasser, setzt zunächst etwas Jodlösung, sodann einige ccm verdünnter Salzsäure hinzu und titrirt mit Jodlösung aus. 1 ccm der $^1/_{10}$-Normaljodlösung zeigt 0,0032 gr SO$_2$ an. — Zur Feststellung des Gehaltes an Zinkoxyd löst man etwa 0,4 gr des Zinksulfits in einer Porzellanschale in salzsäurehaltigem Wasser auf, fällt in der Hitze mit Natriumcarbonat und wägt das ausgewaschene Zinkcarbonat nach dem Glühen als Zinkoxyd Zn O.

Anwendung. Zinksulfit findet Verwendung zum Imprägniren von Gaze und Verbandstoffen. Es gilt als ein relativ ungiftiges Antisepticum.

Vorsichtig aufzubewahren.

Hydrargyrum pyroboricum.

Hydrargyrum boricum. Mercuriborat. Borsaures Quecksilberoxyd.

B$_4$ O$_7$ Hg.

Dieses schon länger bekannte Quecksilbersalz der Borsäure wurde 1892 durch V. Tokayer zur therapeutischen Verwendung empfohlen, indessen ist kaum anzunehmen, dass es eine irgendwie erhebliche Verbreitung finden wird.

Darstellung. Man löst 76 gr Borax in 1 L. Wasser, andererseits 54 gr Quecksilberchlorid in 1 L. Wasser und trägt alsdann die Boraxlösung in die Quecksilberchloridlösung unter Umrühren in dünnem Strahle ein. Der braune Niederschlag wird gesammelt, bis zum Verschwinden der Chlorreaction mit Wasser gewaschen und bei gelinder Wärme unter Lichtabschluss getrocknet.

Eigenschaften. Ein amorphes, braunes Pulver, in Wasser, Alkohol und Aether unlöslich. Durch Salzsäure und Salpetersäure wird es unter Bildung von Mercurichlorid bez. -nitrat gelöst. Natronlauge scheidet gelbes Quecksilberoxyd ab. Es enthält 56,2 % metallisches Quecksilber (Hg).

Aufbewahrung. Sehr vorsichtig, vor Licht geschützt.

Anwendung. Nach V. Tokayer soll es in Salbenform, und zwar mit Lanolin gemischt, bei der Wundbehandlung gute Dienste leisten.

Sehr vorsichtig, vor Licht geschützt aufzubewahren.

Hydrargyro-Zincum cyanatum.

Quecksilberzinkcyanid. Lister's Doppelcyanid.

Dieses merkwürdige Präparat wurde 1889 von Lister als nicht reizendes Antisepticum empfohlen. Indessen wird es ausschliesslich zur Herstellung von Verbandstoffen dargestellt und benutzt.

Darstellung. Man stellt einerseits eine Lösung von 25 Th. Mercuricyanid und 130 Th. Kaliumcyanid in Wasser her, andererseits löst man 28 Th. Zinksulfat in Wasser. Beide Lösungen werden vermischt, der entstehende Niederschlag zur Entfernung löslicher Cyanide mit kaltem Wasser gewaschen, alsdann auf porösen Unterlagen abgesaugt und getrocknet.

Lister hat diese Substanz zunächst für eine feste chemische Verbindung gehalten und ihre Entstehung durch die Formel

$$Hg\,Cy_2 + 2\,K\,Cy + Zn\,SO_4 = K_2\,SO_4 + Hg\,Cy_2\,.\,Zn\,Cy_2$$

interpretirt.

Es hat sich indessen herausgestellt, dass der Quecksilbergehalt der erhaltenen Niederschläge ein sehr wechselnder (15—36 %) und zwar um so höher ist, je concentrirtere Lösungen zur Fällung benutzt werden. Nach Dunstan und Block ist in dem Lister'schen Doppelsalze das Quecksilbercyanid mit einer Hülle von Zinkcyanid umgeben.

Anwendung. Lister schrieb ursprünglich vor, den noch feuchten Quecksilberzinkcyanid-Niederschlag mit dem halben Gewicht Stärke und etwas Wasser zu verreiben, so dass eine Paste entsteht, alsdann Kaliumsulfat zuzusetzen (letzteres damit sich die Masse später besser pulvern lässt), hierauf zu trocknen und zu pulvern. Dieses Pulver wird zu 3—5% in einer schwachen Sublimatlösung 1 : 4000 (weil das Doppelsalz auf Bacterien wohl entwicklungshemmend, aber nicht tödtend wirkt) vertheilt und mit dieser Mischung Gaze imprägnirt. In diesem Falle bewirkt der Stärkezusatz die Fixirung des Pulvers auf dem Gewebe.

Später fand Lister, dass Anilinfarbstoffe z. B. Gentianaviolett und Methylviolett (1 : 50000) schon in starker Verdünnung das Doppelsalz auf den Geweben fixiren. Man benutzte daher mit diesen Farbstoffen gefärbte (gebeizte) Verbandmittel und liess den Stärkezusatz fort. An Stelle der Anilinfarbstoffe wird neuerdings das Haematoxylin als Fixirungsmittel angewendet. (*Hydrargyrum-Zincum cyanatum cum Haematoxylino.*)

Hydrargyrum formamidatum solutum.

Quecksilberformamid-Lösung.

Quecksilberformamid-Lösung wurde im Jahre 1883 von Liebreich dargestellt und als mildes Quecksilberpräparat namentlich zur hypodermatischen Verwendung empfohlen.

Das Formamid, welches als Ameisensäure aufgefasst werden kann, in welcher die Hydroxylgruppe durch den Amidrest — NH_2

$$H - CO\ OH \qquad\qquad H - CO\ NH_2$$
Ameisensäure $\qquad\qquad\qquad$ Formamid

ersetzt ist, wird durch Destillation von 2 Th. ameisensaurem Ammon mit 1 Th. Harnstoff erhalten.

$$2\,[H - COO\ NH_4] + CO\,(NH_2)_2 = CO_3\,(NH_4)_2 + 2\,[H\,.\,CO\ NH_2].$$

Es bildet eine sirupöse Flüssigkeit, welche bei $192-195^\circ$ C. unter geringer Zersetzung siedet und mit Wasser, Alkohol und Aether in jedem Verhältniss mischbar ist.

In chemischer Hinsicht wichtig ist die Eigenschaft des Formamids, dass eines der beiden Wasserstoffatome der NH_2-Gruppe durch Metalle ersetzbar ist. So löst es z. B. Quecksilberoxyd auf und bildet damit die „Quecksilberformamid" genannte Verbindung, welche indessen in trocknem Zustande bisher noch nicht erhalten wurde,. vielmehr gegenwärtig noch nur in Lösung bekannt ist. Hierbei treten 2 Mol. Formamid mit 1 Mol. Quecksilberoxyd in Reaction.

$$\left.\begin{array}{l} H\,CO\,NH \boxed{\begin{array}{c} H \\ H \end{array}} \\ H\,CO\,NH \end{array}\!\!+ O\right|Hg = H_2O + \begin{array}{l} H\,CO\,NH \\ H\,CO\,NH \end{array}\!\!>Hg$$

Quecksilberformamid.

Darstellung. 10 gr Hydr. bichlorat. corrosiv. rekrystall. werden in 500 Th. Wasser gelöst und diese Lösung mit einem Ueberschuss von Natronlauge gefällt. Man wäscht das ausgeschiedene Quecksilberoxyd erst durch Decanthiren, dann auf einem glatten Filter so lange aus, bis das Filtrat nach dem Ansäuern mit Salpetersäure auf Zusatz von Silbernitrat keine Trübung mehr zeigt, und löst alsdann das so erhaltene Quecksilberoxyd unter Zusatz von etwas Wasser unter Erwärmen auf $30-40^\circ$ C. in einer eben hinreichenden Menge Formamid. Auf dem Filter zurückgebliebenes Quecksilberoxyd muss gleichfalls in Lösung gebracht werden. Man füllt die Lösung auf 1000 ccm auf und filtrirt sie durch ein doppeltes, glattes Filter. Sie enthält dann pro 1 ccm soviel Quecksilberformamid, als 0,01 gr Quecksilberchlorid entspricht.

Eigenschaften. Das Quecksilberformamid bildet eine farblose, schwach alkalisch reagirende Flüssigkeit von nur wenig metallischem Geschmack, welche durch ätzende Alkalien in der Kälte nicht verändert wird. Mit Eiweiss geht sie eine unlösliche Verbindung nicht ein, bleibt also auch auf Zusatz von Eiweisslösung klar. Schwefelwasserstoff und Schwefelammonium scheiden dagegen schwarzes Quecksilbersulfid aus. Beim Kochen mit verdünnten Säuren, ebenso mit verdünnten Alkalien, erfolgt Reduction zu metallischem Quecksilber, welches als feiner, grauer Schlamm abgeschieden wird.

Prüfung. Die Lösung reagire schwach alkalisch, saure Reaction würde Ameisensäure, als Zersetznngsproduct des Präparates, anzeigen. — Auf Zusatz von filtrirter Eiweisslösung darf keine Trübung, noch viel weniger ein Niederschlag, entstehen (andere Quecksilberverbindungen, namentlich Quecksilberchlorid). — Auf vorsichtigen Zusatz von Jodkali darf nur eine sehr schwache gelbliche, im Ueberschuss von Jodkali lösliche Trübung, kein Niederschlag entstehen.

Aufbewahrung. Die Quecksilberformamid-Lösung erleidet im directen Lichte in kurzer Zeit eine tiefgreifende Zersetzung, in deren Verlaufe sich metallisches Quecksilber abscheidet. Aus diesem Grunde ist sie in vor Licht geschützten Gefässen und zwar sehr vorsichtig aufzubewahren.

Anwendung. Das Präparat findet ausschliesslich Verwendung zu subcutanen Injectionen bei Syphilis. Dosis ist täglich 1 ccm = 1 Spritze, entsprechend 0,01 gr Hydr. bichlorat. corrosiv. Falls das Präparat rein und unzersetzt ist, so sind die Injectionen schmerzlos, führen auch nicht zur Bildung von Abscessen oder Verhärtungen; treten solche Nebenwirkungen einmal ein, so ist zunächst der Zustand des Präparates dafür verantwortlich zu machen. Die Wirkung des Quecksilberformamids ist in der Weise zu erklären, dass es durch das Alkali des Blutes sehr bald in metallisches Quecksilber umgewandelt wird; vor andern Präparaten hat es den Vorzug, dass es leicht resorbirt wird, also schnell wirkt.

Rp. Hydrarg. formamidati   0,3
Aquae destillatae   30,0
Det. in vitro opaco.
S. Zur subcutanen Injection.

Sehr vorsichtig und **vor Licht geschützt** aufzubewahren.

Hydrargyrum bichloratum carbamidatum solutum.

Quecksilberchlorid-Harnstoff-Lösung.

Dieses sich dem Formamid-Quecksilber chemisch wie therapeutisch anschliessende Präparat ist von Schütz und Doutrelepont zur medicinischen Anwendung empfohlen worden.

Darstellung. 1 gr Sublimat (Hydr. bichlor. corrosiv.) wird in 100 ccm heissem Wasser gelöst. In die erkaltete Lösung trägt man 0,5 gr Harnstoff ein und filtrirt alsdann.

Eigenschaften. Das Präparat bildet eine farblose, schwach sauer reagirende Flüssigkeit von zunächst salzigem, hintennach schwach metallischem Geschmack. Durch Zusatz von Natronlauge in der Kälte wird es nicht verändert, Schwefelammonium dagegen bewirkt Ausscheidung von schwarzem Schwefelquecksilber. Bei längerer Aufbewahrung zersetzen sich die Lösungen, besonders unter dem Einflusse des Lichtes. Da zersetzte Präparate zur medicinischen Anwendung ungeeignet sind, so ist die Darstellung dieser Lösungen non nisi ad dispensationem auszuführen.

Prüfung. Dieselbe kann sich auf das Verhalten des Präparates bei Zusatz von Natronlauge beschränken. Es darf keine Abscheidung von gelbem Quecksilberoxyd erfolgen.

Aufbewahrung. Das Präparat ist in vor Licht geschützten Gefässen zu dispensiren.

Anwendung. Als mildes Quecksilberpräparat für subcutane Injectionen: 1 ccm enthält die 0,01 gr Sublimat entsprechende Quecksilbermenge. Die Injectionen sollen schmerzlos sein und gut vertragen werden.

Hydrargyrum imidosuccinicum.

Imidobernsteinsaures Quecksilber.   Succinimid-Quecksilber.

$$C_2H_4 < {}^{CO}_{CO} > N - Hg - N < {}^{CO}_{CO} > C_2H_4.$$

Diese Quecksilberverbindung wurde zuerst 1852 von Dessaignes beschrieben und 1888 durch v. Mering und Vollert zur medicinischen Anwendung empfohlen.

Von der Bernsteinsäure leitet sich durch Ersatz der —OH-Gruppen der beiden Carboxylgruppen durch zwei —NH$_2$ - Reste (Amidreste) das Bernsteinsäure-amid und aus diesem durch Abspaltung von Ammoniak das Bernsteinsäure-imid ab.

$$C_2H_4 < {CO\ OH \atop CO\ OH} \qquad C_2H_4 < {CO\ NH_2 \atop CO\ NH\ H} \qquad C_2H_4 < {CO \atop CO} > NH$$

$$\text{Bernsteinsäure} \qquad\qquad \text{Bernsteinsäureamid} \qquad\qquad \text{Bernsteinsäureimid.}$$

Practisch erhält man das Bernsteinsäureamid durch Erhitzen von Bernsteinsäureäthyläther mit Ammoniak, das Bernsteinsäureimid[1]) durch rasche Destillation von bernsteinsaurem Ammonium.

Eine der interessantesten Eigenschaften des Bernsteinsäureimides ist die, dass das — H - Atom der Imido- (NH) Gruppe gegen Metalle und zwar gegen Silber und Quecksilber ausgetauscht werden kann.

$$C_2H_4 < {CO \atop CO} > N \boxed{\substack{H \\ \ \\ H}} + O\,Hg = H_2O + {C_2H_4 < {CO \atop CO} > N \atop C_2H_4 < {CO \atop CO} > N} > Hg\,.$$

$$\text{2 Mol. Bernsteinsäureimid} \qquad\qquad \text{Bernsteinsäureimid-Quecksilber}$$

Darstellung. 1 Th. frischgefälltes Quecksilberoxyd wird in einem Glaskolben oder in einer Porzellanschale mit der nöthigen Menge destillirten Wassers und 1 Th. Succinimid[2]) so lange bis nahe zum Sieden erhitzt, bis das Quecksilberoxyd bis auf geringe Spuren gelöst ist. Man filtrirt darauf ab, engt das Filtrat durch Eindampfen ein und lässt es krystallisiren.

Eigenschaften. Das Succinimidquecksilber bildet ein weisses seidenartiges Krystallpulver, welches in 25 Th. Wasser oder 300 Th. Alkohol klar löslich ist. Die wässerige Lösung reagirt neutral. Dieselbe wird durch Schwefelwasserstoff gefällt.

Auch Schwefelammonium erzeugt sofort einen Niederschlag von schwarzem Schwefelquecksilber. Die kaltgesättigte Lösung bleibt auf Zusatz von Natronlauge im ersten Augenblicke klar, alsdann nimmt sie eine gelbliche Färbung an, worauf sich ein gelblichweisser Niederschlag abscheidet, welcher beim Erhitzen zu pulverförmigem, metallischen Quecksilber reducirt wird. Mit Ammoniak entsteht, nachdem die Flüssigkeit zuerst klar geblieben, plötzlich ein weisser Niederschlag, der aber beim Erhitzen nicht reducirt wird. Jodkalium erzeugt in der Lösung rothes Quecksilberjodid, welches sich im Ueberschuss von Jodkalium wieder auflöst. Mit Eiweiss entsteht keine unlösliche Verbindung.

---

[1]) Das Succinimid oder Bernsteinsäureimid bildet tafelförmige Krystalle. Siedepunkt 287—288°.

[2]) Succinimid sowohl wie Hydrargyrum imidosuccinicum sind in ausgezeichneter Reinheit von C. A. F. Kahlbaum-Berlin zu beziehen.

Prüfung. Characteristische Reactionen, welche namentlich den in dem Präparat enthaltenen Succinimid-rest nachzuweisen erlauben, sind zur Zeit nicht bekannt. Der Nachweis von Quecksilber wird durch Jodkalium oder durch Sublimation eines Gemisches von 0,1 Hydr. imidosuccinic. mit 0,5 gr trockner Soda geführt. Die Reinheit ergiebt sich aus nachfolgenden Reactionen: Das Präparat löse sich in 25 Th. Wasser ohne Rückstand auf; die Lösung sei neutral und werde durch Silbernitrat weder in der Kälte noch beim Erwärmen getrübt oder reducirt. Die kalt bereitete Lösung werde durch Eiweiss nicht gefällt.

Aufbewahrung. Sehr vorsichtig.

Anwendung. Das Succinimidquecksilber wurde durch v. Mering und Vollert namentlich als Ersatz des Glycocollquecksilbers empfohlen. Vor diesem hat es die Vorzüge, nicht so schmerzhaft zu sein und niemals, oder doch nur selten, Infiltrationen zu verursachen. Die Wirkung soll eine gute bez. eine sichere sein. Als Dosis für die subcutane Injection geben sie 0,013 gr an.

<table>
<tr><td>Rp. Hydrarg. imidosuccin. 0,4</td><td>Rp. Hydrarg. imidosuccin. 1,3</td></tr>
<tr><td>Aq. destillat.   30,</td><td>Aq. destill.   100,</td></tr>
<tr><td>Zur subcutanen Injection.</td><td>Zur Injection.</td></tr>
</table>

Die wässerigen Lösnngen halten sich recht gut.

Sehr vorsichtig aufzubewahren.

Hydrargyrum oleïnicum.

Quecksilberoleat.   Oelsaures Quecksilber.   Hydrargyrum elaïnicum.

Dieses mehr oder weniger den Character einer „Specialität" tragende Präparat ist von Amerika aus in die Therapie eingeführt worden.

Darstellung. 25 Th. gelbes Quecksilberoxyd werden in einer Porzellanschale mit 25 Th. Weingeist angerührt, hierauf 75 Th. Oelsäure hinzugefügt und gerührt, bis die Mischung so dick geworden ist, dass ein Niedersinken schwererer Theile nicht mehr stattfinden kann. Nach 24 stündigem Stehen wird die Schale sammt dem Inhalte auf höchstens 60° erwärmt und letzterer so lange gerührt, bis sein Gewicht nur noch 100 Th. beträgt. — Ein Ueberhitzen der Masse ist zu vermeiden, da sonst Ausscheidung von regulinischem Quecksilber erfolgt.

Eigenschaften. Schwach gelblichweisse, etwas durchscheinende Masse von zäher Salbenconsistenz, deutlich nach Oelsäure riechend, zu einem kleinen Theile in Weingeist, ebenso nur wenig in Aether, leichter in Benzin löslich. Mit Schwefelammonium färbt sie sich tiefschwarz. Der wirksame Bestandtheil des Präparates ist Mercurioleat $(C_{18} H_{33} O_2)_2$ Hg. Theoretisch erfordern 25 Th. Quecksilberoxyd nur 65—66 Th. Oelsäure.

Das Präparat besteht aus 88 % Mercurioleat (= 25 % Quecksilberoxyd), der Rest von 12 % setzt sich aus freier Oelsäure und Wasser zusammen.

Prüfung. Wird 1 gr des Präparates mit 5 ccm Salpetersäure einige Minuten gekocht, so soll das nach Zusatz von 5 ccm Wasser gewonnene erkaltete Filtrat durch sein dreifaches Volumen verdünnter Schwefelsäure nicht getrübt werden (Trübung = Bleisulfat, von etwa anwesendem Bleipflaster herrührend).

Anwendung. Aeusserlich in Salbenform als Ersatz der grauen Quecksilbersalbe als Antisyphiliticum bei Psoriasis, Ekzem, Drüsen etc. Da das unvermischte Präparat die Haut stark reizt und brennenden Schmerz erzeugt, so wird es gewöhnlich mit 1—5 Th. Adeps verdünnt. Auch ist empfohlen worden, solchen Salben 1—2 % freies Morphin hinzuzusetzen.

Hydrargyrum carbolicum.

Hydrargyrum carbolicum oxydatum.   Hydrargyrum phenylicum.

Phenolquecksilber.

Zu Anfang des Jahres 1887 wurde von Gamberini das Phenolquecksilber als ein besonders heilkräftiges Quecksilberpräparat gegen Syphilis empfohlen. Nachdem diese Beobachtung auch von anderer Seite bestätigt worden ist, sind Quecksilberderivate des Phenols im Handel zu haben; dieselben besitzen aber zum Theil von einander abweichende Eigenschaften.

Als Phenole bezeichnet man bekanntlich solche Hydroxylderivate des Benzols und seiner Homologen, welche dadurch entstanden sind, dass Hydroxylgruppen an Stelle von H-Atomen in den aromatischen Kern eingetreten sind.

$$C_6 H_6 \qquad\qquad C_6 H_5 . OH$$
Benzol   Phenol

$$C_6 H_5 . CH_3 \qquad\qquad C_6 H_4 < {OH \atop CH_3}$$
Toluol   Kresol.

Würde in dem eben angeführten Toluol die Hydroxylgruppe in die Fett-Seitenkette —CH_3 eintreten,

$$C_6 H_5 . CH_3 \qquad\qquad C_6 H_5 CH_2 . OH$$
Toluol   Benzylalkohol

so würde der so entstehende Körper mit dem Kresol zwar isomer sein,
er ist aber kein Phenol, sondern ein wahrer Alkohol der aromatischen Reihe.

Die Phenole characterisiren sich nun besonders durch ihre sauren
Eigenschaften, welche die Ursache dafür sind, dass man diese Substanzen
im gewöhnlichen Sprachgebrauch vielfach mit dem Namen von Säuren
(das gewöhnliche Phenol z. B. mit dem Namen „Carbolsäure") belegt. —
Die Wasserstoffatome der Hydroxylgruppen sind beweglich und können
durch Metallatome ersetzt werden. Die so entstehenden salzartigen Verbindungen werden generell „Phenylate" genannt

$$C_6H_5 . OH \qquad C_6H_5 . OK \qquad C_6H_5 . O\,Na$$
$$\text{Phenol} \qquad\qquad \text{Kaliumphenylat} \qquad \text{Natriumphenylat.}$$

Diejenigen der Alkalien bilden sich durch Erhitzen der ätzenden
Alkalien mit den Phenolen oder durch Auflösen der Alkalimetalle in den
Phenolen.

$$C_6H_5 . O \;\boxed{H + HO}\; K = C_6H_5 . OK$$
$$\text{Kaliumphenylat}$$

oder

$$C_6H_5 . OH + K = C_6H_5 . OK + H.$$

Von den Alkaliphenylaten ausgehend, ist es möglich, durch Wechsel-
zersetzung zu mehr oder weniger gut characterisirten Phenylaten anderer
Metalle zu gelangen.

Das vom Quecksilberoxyd sich ableitende Quecksilberphenylat oder
Mercuriphenylat müsste, da das Hg-Atom zweiwerthig ist, die Zusammensetzung $(C_6H_5O)_2 . Hg$ besitzen. Diese Verbindung war aber bisher in
der Litteratur nicht beschrieben worden, vielmehr war lediglich ein basisches Quecksilberphenylat der Zusammensetzung $C_6H_5 . O\,Hg . OH$ aufgeführt, während die normale Verbindung $(C_6H_5O)_2 . Hg$ erst neuerdings
von Merck in den Handel gebracht wird, sonst aber noch so gut wie
unbekannt ist.

Um nun einen Zweifel über die im Nachstehenden zu machen-
den Ausführungen überhaupt nicht aufkommen zu lassen, seien hier
die beiden zu betrachtenden Präparate nebeneinander gestellt.

$$Hg < {OC_6H_5 \atop OH} \qquad\qquad Hg < {OC_6H_5 \atop OC_6H_5}$$
$$\text{Basisches Mercuriphenylat} \qquad \text{Normales Quecksilberphenylat}$$
$$\text{(Gamberini's Präparat)} \qquad \text{Hydr. diphenylicum Merck.}$$

1. Hydrargyrum subphenylicum (Gamberini). Man löst
132 Th. Phenolkalium in 1 Liter Wasser auf und trägt die filtrirte
Lösung in eine gleichfalls filtrirte Lösung von 271 Th. Quecksilberchlorid in 8 Liter Wasser unter Umrühren ein. Es bildet sich ein
orangefarbener Niederschlag, der nach kurzem Stehen auf ein Filter
oder Seihtuch gebracht und so lange mit Wasser ausgewaschen

wird, bis das Filtrat auf Zusatz von wenig Jodkalium keine (von Quecksilberbijodid herrührende) röthliche Färbung mehr annimmt. Alsdann trocknet man den Niederschlag erst durch Absaugen auf porösen Tellern, dann unter Abschluss von Luft bei etwa 80^0 C. bis zu annähernd constantem Gewicht. [Romey.]

2. **Hydrargyrum diphenylicum**[1]). Die Vorschrift, nach welcher Merck sein Präparat darstellt, ist nicht bekannt. Ein diesem ähnliches Präparat wird indessen nach folgender Vorschrift erhalten. — Man löse 188 Th. geschmolzene Carbolsäure und 56 Th. festes Aetzkali unter Erwärmen auf dem Wasserbade in einer gerade hinreichenden Menge Spiritus auf, bringe diese Lösung in eine Porzellanschale und füge unter Umrühren eine alkoholische Lösung von 135 Th. Quecksilberchlorid hinzu. Es entsteht allmälig ein gelblicher Niederschlag. Unter Umrühren dampft man die Masse nahezu bis zur Trockne ein, wobei sie allmälig vollständig farblos wird. Man rührt sie alsdann mit heissem Wasser an, bringt sie auf ein Filter, wäscht zuerst mit reinem, später mit etwas Essigsäure enthaltendem Wasser etwas nach, lässt auf porösen Tellern absaugen und krystallisirt aus Alkohol um. (Die Krystallisation misslingt bisweilen.)

Zu diesen beiden Darstellungsmethoden wäre zu bemerken, dass die Carbolsäure die Neigung zeigt, basische Salze zu bilden, indem sie unter normalen Bedingungen

$$\begin{array}{|l|ll|}\hline C_6\,H_5\,O & K & Cl \\ \hline \end{array}$$

$$\overline{\underset{C_6\,H_5\,O\;\fbox{$K \quad Cl$}}{\fbox{$C_6\,H_5\,O\;\fbox{$K \quad Cl$}\quad H$}}} \quad + \quad \Big>\!\mathrm{Hg}\!+\!\mathrm{O}\!\Big<\!\!\begin{smallmatrix}H\\H\end{smallmatrix} = 2\,\mathrm{K}\,\mathrm{Cl} + C_6\,H_5\,.\,\mathrm{OH} + C_6\,H_5\,\mathrm{O}\,\mathrm{Hg}\,.\,\mathrm{OH},$$

das oben erwähnte basische Quecksilberphenylat bildet. — Um dieser Neigung entgegenzuwirken, lässt Darstellungsvorschrift No. 2 die Reaction unter Ausschluss von Wasser und bei Gegenwart eines Ueberschusses von Phenol vor sich gehen. Ist das normale Salz aber erst einmal gebildet, so erweist es sich auch von grosser Beständigkeit.

Von beiden Verbindungen ist die durch Gamberini empfohlene

---

[1]) Eine von Schadeck gegebene Vorschrift steht der hier angeführten sehr nahe; doch giebt sie nicht mit der gleichen Sicherheit wie diese ein constantes Präparat.

Ferner verwechsle man dieses Präparat nicht mit dem von Otto und Dreher dargestellten, höchst giftigen Diphenylquecksilber $Hg\,(C_6\,H_5)_2$.

die weniger gut characterisirte, da sie nur schwer von constanter Zusammensetzung erhalten wird; das von Merck in den Handel gebrachte Präparat dagegen ist eine sich stets gleich bleibende chemische Verbindung, so dass es unzweifelhaft rationell erscheint, nur diese als *Hydrargyrum phenylicum* zu dispensiren.

Eigenschaften. Das Hydrargyrum phenylicum bez. diphenylicum bildet farblose Krystallnadeln, welche in Wasser nahezu unlöslich, in kaltem Alkohol schwer löslich sind, sich dagegen in etwa 20 Th. siedenden Alkohols, auch in Aether oder einer Mischung von Alkohol und Aether, sowie in Eisessig auflösen. — Das Quecksilber ist mit den Phenolresten ausserordentlich fest verbunden, da weder durch Zusatz von Natronlauge Quecksilberoxyd, noch durch Einwirkung von Schwefelwasserstoff in saurer Flüssigkeit oder durch Schwefelammonium Schwefelquecksilber abgeschieden wird. — Der Quecksilbergehalt des Präparates beträgt der Formel $(C_6 H_5 O)_2 . Hg$ entsprechend 51,80 %.

Zur Bestimmung desselben bringt man etwa 0,5 gr des Präparates in ein Becherglas und dampft unter Zusatz von 2,5 gr Salpetersäure und 7,5 gr Salzsäure auf dem Wasserbade zur Trockne, nimmt den Rückstand mit Wasser auf, säuert mit Salzsäure an, fällt mit Schwefelwasserstoff und bestimmt das ausgeschiedene Schwefelquecksilber nach den üblichen Methoden der analytischen Chemie. Erhalten wurde bei einer Bestimmung 51,70 % Hg.

Prüfung. Erhitzt man etwa 0,1 gr des Präparates in einem trocknen Reagirglase, so setzen sich an den kälteren, oberen Theilen des Glases kleine Quecksilbertröpfchen ab, welche mit Hilfe einer Lupe zu erkennen sind. Trägt man alsdann eine Spur Jod in das Glas ein und erhitzt schwach, so verwandelt sich das metallische Quecksilber in gelbes Quecksilberbijodid, welches beim Reiben mit einem Glasstabe in die rothe Modification übergeht (Identität). — Werden 0,2 gr auf einem Porzellandeckel erhitzt, so müssen sie sich, ohne einen unverbrennlichen Rückstand zu hinterlassen, verflüchtigen (unorganische Verunreinigungen). — Werden 0,2 gr des Präparates mit 5 ccm Wasser gekocht, so darf das Filtrat weder durch Silbernitrat, noch durch Schwefelwasserstoff, Schwefelammonium oder Natronlauge verändert werden (Chlor bez. lösliche Quecksilberverbindungen). — Uebergiesst man eine kleine Menge des Präparates mit Natronlauge, so darf keine dunkle Färbung auftreten (Calomel).

Aufbewahrung. Vor Licht geschützt, sehr vorsichtig.

Anwendung. Das Hydrargyrum carbolicum oxydatum wird als Specificum gegen Syphilis gerühmt und soll bei innerer Darreichung längere Zeit gut vertragen werden. Stomatitis und Salivation ruft es nach den bisherigen Beobachtungen nur ausnahmsweise und in geringem Grade hervor. Das Quecksilber soll in dieser Form rasch resorbirt werden, da es sich schon nach Darreichung von 0,06 gr des Präparates im Urin nachweisen lässt.

Schadeck empfiehlt das Hydr. carbol. oxyd. besonders bei secundärer Syphilis und als Nachkur nach vorausgegangener Inunctionskur. Erwachsenen wird es in Dosen von 0,02 — 0,03 dreimal täglich, Kindern in Dosen von 0,004—0,005 gr zweimal täglich gegeben.

> Rp. Hydr. carbolici oxydati 1,2
> Extr. Liquiritiae
> Pulv. Liquiritiae $\widehat{aa}$ 3,0
> M. f. pil. No. 60. obduc. Bals. tolutano.
> D. täglich 2—4 Pillen zu nehmen.
>
> [Schadeck.]

Sehr vorsichtig, vor Licht geschützt aufzubewahren.

Thymolquecksilber-Präparate.

1) **Hydrargyrum thymicum, Thymolquecksilber.** Dieses Präparat wurde gegen die Mitte des Jahres 1888 von England aus zum medicinischen Gebrauche empfohlen. Man erhält es durch Umsetzen von Thymolnatrium mit Mercurinitrat in wässerigen Lösungen als einen violettgrünen Niederschlag, welcher nach Lallemand die Formel $C_{10} H_{13} O Hg . OH$ besitzen soll.

Man hat dieser Verbindung seit dem Bekanntwerden der englischen Mittheilung allenthalben den Vorwurf geringer Haltbarkeit gemacht, auch sind zuverlässige Erfahrungen über die Wirksamkeit des Präparates nicht bekannt geworden.

2) **Hydrargyrum thymico-aceticum, Thymol-Quecksilberacetat.** Unter diesem Namen wird von E. Merck seit 1889 ein Präparat in den Handel gebracht, welches aus einer Doppelverbindung von Thymolquecksilber mit essigsaurem Quecksilberoxyd besteht.

Darstellung. Die Darstellung der Verbindung geschieht nach der Patentschrift folgendermaassen: Man trägt in eine warme, mit Essigsäure angesäuerte Lösung von essigsaurem Quecksilberoxyd eine ebenfalls warme alkalische Thymollösung unter Umschütteln so lange ein, als sich der entstandene gelbe Niederschlag noch eben wieder auflöst, so dass bei kräftigem Umschütteln eine, aber nur schwache, Trübung bestehen bleibt. Beim Erkalten erstarrt die Flüssigkeit zu einem aus farblosen, verfilzten

Nädelchen bestehenden Krystallbrei, welcher abgepresst und durch Umkrystallisiren aus verdünnter Natronlauge gereinigt werden kann. Auch
beim Vermischen einer warmen, mit Essigsäure angesäuerten Lösung von
essigsaurem Quecksilberoxyd in absolutem Alkohol mit einer ebenfalls
warmen alkoholischen Thymollösung entsteht die Doppelverbindung und
diese Methode ist wohl die zweckmässigere.

Eigenschaften. Das Quecksilberthymolacetat bildet kurze, farblose, häufig zu kugeligen Aggregaten vereinigte Prismen, oder ein
weisses, mikrokrystallinisches Pulver von kaum merkbarem Geruch
nach Thymol. Dem Einfluss des Lichtes ausgesetzt, zersetzt sich
dasselbe allmälig, nimmt eine röthliche Farbe an und zeigt dann
deutlichen Thymolgeruch. In Wasser ist dasselbe sehr schwer löslich, ebenso in kaltem Alkohol, etwas leichter wird es von siedendem
Alkohol aufgenommen. Von verdünnten Alkalien wird es sehr leicht
gelöst und aus diesen Lösungen durch Säuren in unverändertem
Zustande wieder abgeschieden. Erhitzt man die Verbindung im
Röhrchen, so bräunt sie sich bei 170° C. und giebt unter Zurück-
lassung eines kohligen Rückstandes ein krystallinisches Sublimat, ohne
zu schmelzen. Die empirische Formel des Thymol-Quecksilber-
acetats ist $C_{16} H_{22} O_7 Hg_2$, seine Constitutionsformel ist

$$\begin{matrix} CH_3\,CO_2 \\ CH_3\,CO_2 \end{matrix} > Hg + Hg < \begin{matrix} CH_3\,CO_2 \\ C_{10}\,H_{13}\,O. \end{matrix}$$

Der Quecksilbergehalt der Verbindung beträgt 55,1 % Hg.

Prüfung. 0,1 gr des Präparates mit 5 ccm Wasser und einigen
Tropfen Natronlauge übergossen, muss sich beim Umschütteln rasch
und leicht lösen. Die Lösung ist meist in Folge einer minimalen
Zersetzung nicht völlig klar, sondern zeigt eine schwärzliche Opales-
cenz. Das Präparat muss weiss sein, ist dasselbe roth gefärbt, so
hat eine theilweise Zersetzung stattgefunden.

Aufbewahrung. Das Hydrargyrum thymolo-aceticum ist in der
Reihe der Quecksilberpräparate vor Luft und Licht geschützt, am
besten in einem gelben Glase, sehr vorsichtig aufzubewahren.

Anwendung. Das Thymolquecksilberacetat wurde zuerst von Kobert
pharmakologisch untersucht und für die antiluetische Injectionstherapie
brauchbar befunden. Weitere Untersuchungen von Jadassohn und
Zeising, Wellander, Szadeck, Löwenthal und Micegno lassen
dasselbe als eines der werthvollsten unlöslichen Quecksilberpräparate erscheinen, das, intraparenchymatös injicirt, bei prompter Wirkung eine nur
schwach ausgeprägte örtliche Reizung und geringe Schmerzhaftigkeit verursacht.

Eine empfehlenswerthe Formel für die Anwendung des Präparates giebt Löwenthal.

Rp. Hydrargyr. thymolo-acetic.   1,0
Glycerini   10,0
Cocain. muriatic.   0,1
D. S. Zu Injectionen, wöchentlich 1 mal
eine Pravaz-Spritze.

Bei Lungentuberculose empfiehlt Dr. Tranjen die Injectionen von Hydrargyrum thymolo-aceticum in Verbindung mit innerlicher Darreichung von Kalium jodatum. Durch diese Behandlungsweise wurden besonders in noch nicht vorgeschrittenen Fällen bemerkenswerthe Erfolge erzielt.

Wie mit essigsaurem Quecksilberoxyd lassen sich auch mit anderen Quecksilbersalzen derartige Thymolquecksilber-Doppelsalze darstellen, z. B. Hydrargyrum thymolo-nitricum, Hydrargyrum thymolo-salicylicum, Hydrargyrum thymolo-sulfuricum. Diese gleichen in ihren Eigenschaften und Wirkungen dem Thymolquecksilberacetat.

Endlich können an Stelle des Thymols beliebige andere Phenole eingeführt werden.

Hydrargyrum resorcino-aceticum. Resorcin-Quecksilberacetat. Dunkelgelbes, körnig-krystallinisches Pulver, unlöslich in Wasser, in Fetten und in Mineralölen. Quecksilbergehalt 68,9 % Hg; die Formel ist nicht bekannt.

Anwendung. Zur Injectionstherapie bei Syphilis. Ullmann giebt folgende Formel:

Hydrarg. resorcin-acet.   5,6
Paraffini liquidi   5,5
Lanolini anhydrici   2,0
1 ccm enthält = 0,387 gr Hg.

Die Injectionsflüssigkeit ist vor der einmal wöchentlich vorzunehmenden Application auf 25° C. zu erwärmen. An der nämlichen Injectionsstelle soll niemals mehr als 0,1 ccm und wöchentlich soll nicht mehr als 0,2 ccm dieser Suspension (s. d. Recept) injicirt werden.

Hydrargyrum tribromphenolo-aceticum. Tribromphenol-Quecksilberacetat. Aus gelben, feinen, nadelförmigen Krystallen bestehendes, sehr voluminöses Pulver. Quecksilbergehalt 29,31%; die Formel ist nicht bekannt.

Anwendung. Zur Injectionstherapie bei Syphilis. Ullmann giebt folgende Formel:

Hydrarg. tribromphenol-acet.   6,5
Paraffin. liquidi   18,0
0,5 ccm = 0,039 gr Hg.

Die Suspension ist vor dem Gebrauche gut umzuschütteln und man injicire an der nämlichen Stelle nicht mehr als 0,5 ccm der Suspension. Die Injectionen werden wöchentlich einmal vorgenommen. Man injicirt in einer Sitzung nicht mehr als 1 ccm (= 0,078 gr Hg).

Hydrargyrum benzoicum.

Mercuribenzoat. Benzoësaures Quecksilberoxyd.

$$Hg\,(C_6\,H_5\,CO_2)_2.$$

Dieses früher von Harff dargestellte Salz wurde 1889 durch Stukowenkow zur therapeutischen Anwendung empfohlen. Die von Lieventhal angegebene Methode zur Darstellung durch Umsetzen von Mercurinitrat mit Natriumbenzoat dürfte kaum ein reines Präparat ergeben. Auch die von Kranzfeld veröffentlichte Darstellungsweise ist verbesserungsfähig. Man verfährt am besten wie folgt.

Darstellung. Man löst 27 Th. Mercurichlorid in 1—2000 Th. Wasser und fügt unter Umrühren einen Ueberschuss von Natronlauge hinzu. Das gefällte Mercurioxyd wird nach dem Absetzen mit lauwarmem Wasser bis zum Verschwinden der Chlorreaction durch Decanthiren gewaschen, alsdann mit 2000 Th. Wasser in eine Schale gespült und unter Zusatz von 22—23 Th. Benzoësäure (e. Toluolo) so lange bis nahezu zum Sieden erhitzt, bis die gelbe Farbe in eine weisslichgelbe übergegangen ist. Auf der Oberfläche der Flüssigkeit schwimmt das Mercuribenzoat in voluminösen gelblich weissen Massen. Man lässt bis auf 50° erkalten, giesst durch ein Filter oder Kolirtuch, wäscht den Rückstand mit Wasser von 50—60° etwas nach und krystallisirt aus viel heissem Wasser um. Man erhält so seidenglänzende voluminöse Krystallnadeln, welche bei 40—50° getrocknet werden. (B. Fischer).

$$Hg\,O + 2\,[C_6\,H_5\,CO_2\,H] = H_2\,O + Hg\,[C_6\,H_5\,CO_2]_2\;.$$
Mercurioxyd   Benzoësäure

Eigenschaften. Farblose, seidenglänzende Krystallnadeln, von metallischem, schwach ätzendem Geschmacke, feuchtes blaues Lackmuspapier schwach röthend. In kaltem Wasser sind sie nahezu unlöslich, reichlicher löslich in siedendem Wasser, sehr leicht löslich in Natriumchloridlösung. Durch kalten Alkohol werden sie gelöst, wobei jedoch theilweise Zerlegung in ein gelbes basisches Salz und in Benzoësäure erfolgt. Besonders augenfällig ist der Zersetzungsvorgang beim Erhitzen der alkoholischen Lösung. Aether wirkt ähnlich. Durch Natronlauge wird gelbes Quecksilberoxyd abgespalten, durch Ammoniak entsteht in der wässerigen Lösung eine weisse Trübung, Schwefelwasserstoff und Schwefelammonium wirken unter Bildung von Mercurisulfid ein. Durch Einwirkung von Mineralsäuren wird Benzoësäure abgespalten unter Bildung der entsprechenden Salze. Eiweiss wird von der gesättigten wässerigen Lösung gefällt[1]), doch geht dieser Niederschlag durch Zusatz von Natriumchlorid in Lösung.

Die Formel des Salzes ist $Hg\,(C_6H_5CO_2)_2$; der Gehalt an metallischem Quecksilber ist $= 45,2\,\%$.

Prüfung. Eine Lösung von 1 Th. Mercuribenzoat und 0,5 Th. Kochsalz in Wasser gebe auf Zusatz von Natronlauge einen gelben Niederschlag (von Quecksilberoxyd) und werde durch Eisenchlorid rehbraun gefällt (benzoësaures Eisenoxyd). — Schüttelt man 1 Th. Mercuribenzoat mit 20 Th. Wasser kalt an, so werde das Filtrat nach Zusatz von einigen Tropfen Salpetersäure durch Silbernitratlösung nicht verändert (Chloride). — Einige Tropfen des nämlichen Filtrates dürfen in einer Auflösung von Diphenylamin in reiner conc. Schwefelsäure (1 : 100) keine Blaufärbung erzeugen (Salpetersäure). — 0,5 gr des Präparates sollen, auf einem Porzellandeckel erhitzt, keinen feuerbeständigen Rückstand hinterlassen (Natronsalze).

Aufbewahrung. S e h r   v o r s i c h t i g.

Anwendung. S t u k o w e n k o w empfiehlt das Mercuribenzoat zu subcutaner Anwendung bei Syphilis. Kleinere Mengen lässt er in kochsalzhaltiger Lösung, grössere in Suspension mit Paraffin. liquid. einführen. Er rühmt es ferner zur Behandlung specifischer eiternder Wunden, sowie zu Injectionen in die Urethra. Die Vorzüge des Präparates sollen darin bestehen, dass es gut vertragen und resorbirt wird und sichere Wirkung zeigt. Salivation soll nach dem Gebrauche nur ausnahmsweise eintreten. Um die Schmerzhaftigkeit der Injection zu mildern, kann etwas Cocaïn. hydrochloric. zugesetzt werden.

Rp.	Hydrarg. benzoic. oxydati	0,25	Rp.	Hydrarg. benzoici oxydati	
	Natrii chlorati	0,1		Vaselini	$\widehat{aa}$ 1,0
	Aq. destill.	30,		Ol. Paraffini	8,0
S.	Zur subcutanen Injection.		S.	Zur subcutanen Injection.	

Zu Umschlägen auf specifische eiternde Wunden empfiehlt S t u k o w e n k o w Lösungen von 0,1—0,2 Hydrarg. benzoic. oxydat. auf 30 gr Wasser, zu Injectionen in die Urethra Lösungen von 0,1 bis 0,2 Hydr. benzoic. oxydat. auf 500 gr Wasser.

Sehr vorsichtig aufzubewahren.

----

[1]) Die entgegengesetzten Angaben sind unzutreffend. B. F.

Hydrargyrum salicylicum.

Secundäres Quecksilbersalicylat. Salicylsaures Quecksilberoxyd.

$$C_6 H_4 < {}^{COO}_{\;\;O} > Hg.$$

Unter dem Namen „*Hydrargyrum salicylicum*" bringt die chem. Fabrik von Dr. von Heyden Nachf. ein Präparat in den Handel, welches der oben aufgeführten Formel nach als „secundäres Mercurisalicylat" aufzufassen ist.

Die Salicylsäure bildet vorzugsweise Salze dadurch, dass das H-Atom der Carboxylgruppe durch Metall ersetzt wird. Ausser diesen normalen oder primären Salicylaten sollen jedoch unter Umständen sich noch secundäre Salze bilden lassen, indem zugleich das H-Atom der OH-Gruppe an der Substitution theilnimmt, z. B.

$$C_6 H_4 < {}^{CO\ OH}_{OH} \qquad C_6 H_4 < {}^{COO\ Na}_{OH} \qquad C_6 H_4 < {}^{COO\ Na}_{O\ Na}$$

Salicylsäure   Mononatriumsalicylat   Dinatriumsalicylat

$$C_6 H_4 < {}^{CO\ OH}_{OH} \qquad C_6 H_4 < {}^{COOhg\ ^{1)}}_{OH} \qquad C_6 H_4 < {}^{COO}_{\;\;O} > Hg.$$

Salicylsäure   primäres Mercurisalicylat   secund. Mercurisalicylat

Die am besten bekannten Salicylate sind die primären, während die Existenz der secundären gelegentlich bezweifelt wird; indessen zeigt gerade die Quecksilberverbindung, dass solche Salze doch existenzfähig sind.

Darstellung. Die Vorschrift, nach welcher die Dr. v. Heyden'sche Fabrik arbeitet, ist von dieser nicht mitgetheilt worden, indessen lässt sich das gleiche Präparat wie folgt erzielen:

Man löst 27 Th. Hydrarg. bichlorat. corrosiv. in 540 Th. lauwarmen destillirten Wassers, lässt auf 15° abkühlen und filtrirt diese Lösung unter Umrühren in eine kalte Mischung von 81 Th. Liq. Natri caustici und 200 Th. Wasser. Nach dem Absetzen wird der Niederschlag zunächst durch Abgiessen, später auf dem Filter mit kaltem Wasser gewaschen, bis das Filtrat keine Chlorreaction mehr zeigt. Man spült ihn alsdann in einen Kolben, vertheilt ihn in diesem mit soviel Wasser, dass ein dünner Brei entsteht, fügt auf einmal 15 Th. Salicylsäure hinzu, vertheilt diese wiederum durch Schütteln gut und erhitzt nun den Kolben auf einem voll-heissen Dampfbade unter fleissigem Durchschütteln. Nach einiger Zeit ist die gelbe Farbe des Quecksilberoxydes in die schneeweisse des Quecksilber-

---

[1]) Unter **hg** ist hier der Einfachheit wegen $\frac{1}{2}$ Hg-Atom $= 100$ verstanden.

salicylates übergegangen. Man bringt das Quecksilbersalicylat auf ein Filter und wäscht es zur Entfernung der überschüssigen Salicylsäure mit warmem Wasser aus, bis das Waschwasser nicht mehr sauer reagirt. Man lässt alsdann abtropfen und trocknet das Präparat zunächst bei mässiger Wärme, schliesslich bei 100° C. (Kranzfeld, Pieszczek).

Eigenschaften. Dieses Quecksilbersalicylat bildet ein weisses amorphes, geruch- und geschmackloses, sehr feines Pulver von neutraler Reaction, welches in Wasser und in Alkohol kaum löslich ist. Das Quecksilber ist in demselben maskirt, d. h. es wird weder durch Schwefelwasserstoff noch durch Schwefelammonium Quecksilbersulfid gebildet. — Es ist ferner beständig gegen organische Säuren wie Kohlensäure, Weinsäure, Milchsäure, Essigsäure und wird erst durch conc. Säuren, z. B. durch conc. Salzsäure in Salicylsäure und Mercurichlorid zerlegt. Will man daher das Quecksilber als Quecksilbersulfid nachweisen, so kann man das Salz mit conc. Salzsäure oder Schwefelsäure erhitzen, und dann nach dem Verdünnen mit Wasser in das Filtrat Schwefelwasserstoff einleiten. —

Eine weitere sehr wichtige Reaction besteht darin, dass durch Einwirkung von Natronlauge nicht, wie man wohl vermuthen sollte, gelbes Quecksilberoxyd abgeschieden wird. Vielmehr geht das Salz in Lösung und, wenn man für 1 Mol. Mercurisalicylat genau 1 Mol. Na OH angewendet hatte, so krystallisirt aus der beiläufig alkalisch reagirenden Lösung ein Doppelsalz nachstehender Zusammensetzung in kurzen derben Prismen aus.

$$C_6H_4 < {}^{COO}_{O} > Hg + {}^{OH}_{Na} = C_6H_4 < {}^{COO\ Hg\ .\ OH}_{O\ Na}$$

Natronhydrat-Quecksilbersalicylat.

Ebenso wird das Hydr. salicyl. von heisser Sodalösung unter schwacher Kohlensäure-Entwickelung gelöst. — Aus beiden Lösungen scheidet sich die ursprüngliche Verbindung auf Zusatz von Säuren, z. B. Essigsäure, unverändert wieder ab.

Eine andere Eigenthümlichkeit ist die, dass das Mercurisalicylat mit den wässerigen Lösungen der Halogenalkalisalze in der Kälte gallertartig aufquillt; beim Erwärmen entstehen Lösungen, welche während des Erkaltens Doppelsalze abscheiden von der Zusammensetzung

$$C_6H_4 < {}^{COO}_{O} > Hg\ .\ \mathbf{Na\ Cl}\ (oder\ \mathbf{Na\ Br,\ Na\ J,\ K\ Cl,\ K\ Br,\ K\ J}).$$

4*

Die reinen Doppelsalze, welchen die Formeln

$$C_6 H_4 < {\rm CO\,O - Hg\,.\,Cl\,(Br)\,(J) \atop O - Na \qquad\quad (Na)\,(K)} \text{ etc.}$$

zugeschrieben werden, lösen sich in Wasser nur bei Gegenwart bestimmter Mengen der Halogensalze klar auf.

Zur Herstellung wässeriger Lösungen von Quecksilbersalicylat-Doppelsalzen erwiesen sich folgende Gewichtsverhältnisse als geeignet:

1. Aus 3,3 gr $C_7 H_4 O_3 Hg$ (1 Mol.) und 3,3 gr KJ (2 Mol.) oder 3 gr Na J (2 Mol.) entsteht mit 50 ccm kalten Wassers eine Lösung von Jod-Kalium (resp. Na)-Quecksilbersalicylat, welche sich bei lange andauerndem Erhitzen zersetzt.

2. Aus 3,3 gr $C_7 H_4 O_3 Hg$ (1 Mol.) und 3,6 gr K Br (3 Mol.) oder 3 gr Na Br (3 Mol.) entstehen beim Erhitzen mit 50 ccm Wasser im kochenden Wasserbade Lösungen, aus denen während des Erkaltens die analysirten Doppelsalze

$$C_6 H_4 \begin{matrix} \rm C\,O\,O\,-\,.Hg\,-\,Br \\ \rm O\,K \quad (resp.\ Na) \end{matrix}$$

in feinen Nadeln krystallisiren. Setzt man zur heissen Lösung eine genügende Menge Wasser, so scheidet sich auch in der Kälte Nichts wieder aus.

2. Aus 3,3 gr $C_7 H_4 O_3 Hg$ (1 Mol.) und 3,3 gr Na Cl ($5\,^1/_2$ Mol.) oder 3 gr K Cl (4 Mol.) oder 2,5 gr Am Cl (5 Mol.) entstehen beim Erhitzen mit 50 ccm Wasser im Wasserbade Lösungen, welche beim Erkalten Doppelsalze

$$C_6 H_4 \begin{matrix} \rm C\,O\,O\,Hg\,.\,Cl \\ \rm O\,Na\,(resp.\,K\ oder\ Am) \end{matrix}$$

abscheiden.

Zur Herstellung einer kalt gesättigten Chlornatrium-Quecksilbersalicylatlösung werden 10 gr salicylsaures Quecksilber mit 15—20 gr in Wasser gelösten Chlornatriums verrieben und mit 200 ccm Wasser im Wasserbade unter gutem Rühren bis zur vollständigen Lösung erhitzt. Hierauf verdünnt man mit warmem Wasser auf 2500 bis 3000 ccm. Diese Lösung scheidet beim Erkalten das Quecksilbersalz nicht wieder ab. Sie reagirt neutral oder kaum merklich sauer und scheidet auf Zusatz von Salzsäure in der Kälte einen gelatinösen Niederschlag ab, welcher aus einem Quecksilbersalicylat von veränderter Zusammensetzung besteht.

Durch seine Löslichkeit in Kochsalzlösung gleicht das salicyls. Quecksilber dem Quecksilber-Albuminat; während aber bei jenem Vorgange die Bindung zwischen Quecksilber und Salicylsäure bestehen bleibt, regenerirt sich aus dem Albuminat wieder Quecksilberchlorid.

Prüfung. Werden 0,1 gr des Präparates mit 5 ccm Wasser durchgeschüttelt, so nimmt die Flüssigkeit auf Zusatz eines Tropfens Eisenchlorid violette Färbung an (Salicylsäure). Erhitzt man 0,2 gr des Präparates im trocknen Reagirglas, so bildet sich an den kälteren Theilen des Glases ein Sublimat von metallischem Quecksilber; bringt man in das erkaltete Reagirglas ein Körnchen Jod und erhitzt dieses bis zum Verdampfen, so verwandelt sich der graue Quecksilberbeschlag in gelbes Quecksilberbijodid, welches beim Reiben mit einem Glasstabe in die rothe Modification übergeht.

0,5 gr des Präparates in einem Porzellantiegel bei Luftzutritt (unter einem Abzuge) erhitzt, sollen ohne einen Rückstand zu hinterlassen verbrennen bez. sich verflüchtigen (Natriumsalicylat). — Das Präparat röthe feuchtes blaues Lackmuspapier nicht (freie Salicylsäure). — 0,2 gr desselben soll sich schon in der Kälte in 1—2 ccm Natronlauge ohne Färbung und Entwickelung von Ammoniak auflösen (Verwechslung mit anderen Hg-Präparaten).

Zur quantitativen Bestimmung des Hg-Gehaltes, welcher 59,53 % beträgt, dampft man 0,5—0,6 gr des Präparates auf dem Wasserbade mit 5 gr Salpetersäure und 15 gr Salzsäure zur Trockne, nimmt mit Wasser auf, filtrirt und säuert mit Salzsäure an. Das aus der erwärmten Flüssigkeit hierauf durch Schwefelwasserstoff gefällte Mercurisulfid wird auf gewogenem Filter gesammelt.

Aufbewahrung. Sehr vorsichtig.

Anwendung. Das Quecksilbersalicylat wurde 1887 von Silva Araujo (Rio de Janeiro), später von Szadek als mildes und doch energisch wirkendes Quecksilberpräparat für äusserlichen und innerlichen Gebrauch empfohlen. Es wird, wahrscheinlich auf Grund seiner leichten Löslichkeit in kochsalzhaltigen Flüssigkeiten, leicht resorbirt, ohne dass es, in gewissen Grenzen gar nicht, das Allgemeinbefinden stört, doch scheint die Wirkung nicht besonders nachhaltig zu sein. Man giebt es innerlich: bei allen Formen, namentlich veralteter Lues pro die zu 0,01—0,075 steigend, hauptsächlich in Pillenform. Wesentlich dabei ist, dass es niemals in den nüchternen Magen gelangt, empfehlenswerth, etwas Milch nachzutrinken.

Ausserlich wird es mit gutem Resultat bei Condylomata lata, syphilitischen Infiltraten und Geschwüren benutzt; auch wurde es mit Erfolg zu intramusculären Injectionen verwendet. Bei blennorrhagischen Processen der männlichen Harnröhre wandte Plumert Lösungen von 1—3 gr Quecksilbersalicylat in 1000 gr Wasser an. Zweifelhaft ist sein Nutzen bei der abortiven Behandlung der Gonorrhoe.

Recepte.

Rp.   Hydrargyri salicylici   0,2   Hydrarg. salicylici   0,1
      Mucil. Gummi arab.   0,3   Aq. destillat.   250,
      Aq. destillat.   60,   Natrii bicarbon.   1,0—1,3
M. D. S.   Zur intramusculären In-   M. D. S.   Zur Injection bei
      jection.   Gonorrhoe.
      [Szadek.]   [Szadek.]

Rp.   Hydrarg. salicylici   1,
     Succi Liquiritae
     Pulv. Liquiritiae $\widehat{aa}$ q. s.
     ut fiant pilulae No. 60.
S.   Nach den Mahlzeiten 3 mal
     täglich 1—2 Pillen zu nehmen.

[Szadek.]

Sehr vorsichtig aufzubewahren.

Hydrargyrum tannicum oxydulatum.

Gerbsaures Quecksilberoxydul.   Mercurotannat.

Dieses ausgezeichnete Quecksilberpräparat wurde 1884 im Ludwig'schen Laboratorium zu Wien dargestellt und von Lustgarten auf Grund seiner, in der Caposi'schen Klinik angestellten Versuche zum medicinischen Gebrauche empfohlen.

Darstellung. 50 Th. frisch bereitetes, aber möglichst oxydfreies Mercuronitrat (Hydr. nitricum oxydulatum) zereibt man in einem Mörser trocken bis zur höchsten Feinheit und fügt alsdann eine Anreibung von 30 Th. Tannin mit 50 Th. destillirtem Wasser hinzu. Darauf wird die Mischung noch so lange gerieben, bis eine vollständig gleichmässige, breiige Masse entstanden ist, in der sich beim Aufdrücken mit dem Pistill am Boden des Mörsers nichts Körniges mehr fühlen lässt. Hierauf fügt man dann nach und nach eine grössere Menge (3—4000 Th.) Wasser zu, decanthirt und wäscht den grünlichen Niederschlag wiederholt mit kaltem Wasser aus, bis sich im Filtrat keine Salpetersäure mehr nachweisen lässt. Man breitet den Niederschlag schliesslich auf einer porösen Unterlage (Bisquit-Porzellan oder mehrfache Lage Fliesspapier etc.) aus und lässt ihn bei etwa 30 bis 40° C. trocknen. Eine höhere Erwärmung ist zu vermeiden, da der feuchte Niederschlag sonst leicht zusammenschmilzt. Ein so dargestelltes Präparat enthält circa 50% regulinisches Quecksilber. Ausbeute etwa 60 Th.

Obgleich die Zusammensetzung des Mercurotannates selbst noch nicht eingehender ermittelt ist, so muss der Darstellungsvorgang doch in der Weise interpretirt werden, dass die Gerbsäure sich mit dem Quecksilber des Mercuronitrates zu Mercurotannat verbindet, während Salpetersäure frei wird.

Eigenschaften. Das Mercurotannat bildet mattglänzende, braungrüne Schuppen, die beim Zerreiben ein missfarbenes Pulver liefern. Es ist geruchlos und geschmacklos. Obgleich es in den gewöhnlichen Lösungsmitteln unlöslich ist, giebt es doch an Wasser, und mehr noch an Alkohol Gerbsäure ab, die in den Filtraten durch Eisenchlorid nachgewiesen werden kann.

Von verdünnter Salzsäure wird das Mercurotannat nicht erheblich angegriffen; conc. Salzsäure dagegen verwandelt es, namentlich bei Anwesenheit von Alkohol, nach kurzer Zeit in Mercurochlorid, wobei Gerbsäure in Lösung geht. Viel energischer wirken Alkalien auf das Präparat. Aetzalkalien und kohlensaure Alkalien ($K\,O\,H$, NH_3, $K_2\,CO_3$, $Na_2\,CO_3$) zersetzen es schon in erheblicher Verdünnung in der Weise, dass metallisches Quecksilber sich abscheidet, welches sich als feiner Schlamm zu Boden setzt. Die Vertheilung des Quecksilbers ist eine so feine, dass die Quecksilberkügelchen, unter dem Mikroskop betrachtet, das Phänomen der molecularen Bewegung zeigen.

Prüfung. 0,5 gr des Präparates in einem offenen Porzellantiegel erhitzt, müssen, ohne einen Rückstand zu hinterlassen, verbrennen, bez. sich verflüchtigen (unorgan. Verunreinigungen). — Werden 0,1 gr mit 5 ccm Wasser angerieben und filtrirt, so dürfen 2 Tropfen des Filtrates, in eine kalt bereitete Lösung von 0,5 gr Diphenylamin in 5 ccm conc. Schwefelsäure gebracht, keine Blaufärbung hervorrufen. (Salpetersäure.) — Lässt man 0,05 gr mit 1 gr Salzsäure und 5 gr Weingeist unter öfterem Umschütteln einige Zeit in Berührung, wäscht das entstandene Quecksilberchlorür durch zweimaliges Aufgiessen von je 200 ccm Wasser und Absetzenlassen aus, setzt nun 15 ccm $^1/_{10}$-Normaljodlösung zu und titrirt nach erfolgter Auflösung mit $^1/_{10}$-Normalnatriumthiosulfatlösung zurück, so dürfen hierzu von letzterer nicht mehr als 5 ccm verbraucht werden, was einem Minimalgehalt von 40 % Quecksilber entspricht. — Diese Reaction beruht darauf, dass das vorhandene Calomel in Quecksilberjodid verwandelt wird, während das austretende Chlor ein Aequivalent Jod aus dem vorhandenen Jodkali in Freiheit setzt.

1) $Hg\,Cl + 2\,J = Hg\,J_2 + Cl.$ 2) $K\,J + Cl = K\,Cl + J.$

Demnach entspricht jedes Atom des verbrauchten Jod je einem

Atom Quecksilber oder 1 ccm der $^1/_{10}$ - Normaljodlösung 0,02 gr metallischem Quecksilber.

Aufbewahrung. Dieselbe geschehe vor Licht geschützt vorsichtig. Wichtig für die gute Haltbarkeit des Präparates ist, dass dasselbe gut getrocknet zur Aufbewahrung gelangt.

Anwendung. Das Mercurotannat ist von Lustgarten als ein ausgezeichnet und sehr milde wirkendes Quecksilberpräparat bei Syphilis empfohlen worden. Seine gute Wirkung ist darauf zurückzuführen, dass es namentlich unter dem Einfluss der alkalischen Darmverdauung in metall. Quecksilber übergeführt wird. Man hat diese Wirkung treffend eine innere Inunctionskur genannt.

Das Präparat wird dreimal täglich zu 0,05—0,1 gr $^1/_2$ Stunde bis 1 Stunde nach den Mahlzeiten gegeben. In Fällen, wo es Diarrhoe erregt, wird es mit Acid. tannicum, event. mit weiterem Zusatz von Opium gereicht.

Rp. Hydrarg. tannici oxydulati	0,1	Rp. Hydrarg. tannici oxydulati	0,1
Sacch. Lactis	0,4	Acidi tannici	0,05
M. f. plv. Doses tales XII.		(Opii puri)	(0,005)
S. 3 mal täglich 1 Pulver.		Sacchari Lactis	0,4
[Lustgarten.]		M. f. plv. Dos. tales XII.	
		S. 3 mal täglich 1 Pulver.	
		[Lustgarten.]	

Rp. Hydrarg. tannici oxydulati 4,0
Rad. Liquiritiae
Pulv. Liquiritiae $\widehat{aa}$ 3,0
Fiant pil. No. 60.
S. Täglich 3—5 Pillen.

[Schadeck.]
Vorsichtig, vor Licht geschützt aufzubewahren.

Hydrargyrum peptonatum.

Peptonquecksilber-Lösung.

Wenn es auch ziemlich unzweifelhaft ist, dass die im Handel vorkommenden, als Specialitäten fabricirten Peptonquecksilberpräparate nach nicht veröffentlichen Vorschriften dargestellt werden, so dürfte es doch zweckmässig sein, an dieser Stelle die von O. Kaspar publicirte Vorschrift anzugeben.

Darstellung. 1 gr Mercurichlorid (Hydr. bichlor. corrosiv.) wird in 20 gr Wasser gelöst und mit einer Lösung von 3 gr trocknen Peptons oder 4,5 gr mussförmigen Peptons[1]) in 10 gr destillirtem Wasser ge-

---

[1]) Um eine klare Lösung zu erhalten, muss ein möglichst frisches Pepton, wie es beispielweise von Fr. Witte-Rostock geliefert wird, angewendet werden.

löst, vermischt. Der im Verlaufe einer Stunde sich abscheidende Niederschlag wird auf einem Filter gesammelt, nach dem Abtropfen in 50 gr einer Lösung von 3 gr reinem Natriumchlorid (Kochsalz) in 47 gr destillirtem Wasser unter Agitiren gelöst, die Lösung mit Wasser auf 100 ccm aufgefüllt und filtrirt. Je 1 ccm enthält die 0,01 gr Mercurichlorid entsprechende Menge Quecksilberpeptonat.

Eigenschaften. Eine gelbliche Flüssigkeit von salzigem, hintennach schwach metallischem Geschmack und schwach saurer Reaction. Zusatz von Salzsäure, auch ein solcher von Natronlauge, bringt keine Veränderung hervor. Schwefelammonium dagegen bewirkt die Ausfällung von schwarzem Schwefelquecksilber.

Sehr trübe und starke Bodensätze zeigende Präparate sind zu verwerfen!

Aufbewahrung. Sehr vorsichtig und vor Licht geschützt in nicht zu grossen Flaschen.

Anwendung. Als mildes Quecksilberpräparat zu subcutanen Injectionen. Die letzteren sollen nicht schmerzhaft sein und keine Abscesse verursachen. Gewöhnliche Dosis dieses Präparates 1 ccm = 1 Spritze, doch bleibt es dem Arzte natürlich anheimgestellt, auch Lösungen anderer Concentrationen zu verwenden, die dann in entsprechender Weise anzufertigen sind.

Sehr vorsichtig, vor Licht geschützt, aufzubewahren.

Zincum permanganicum.

Uebermangansaures Zink. Zinkpermanganat.

Zn (Mn O_4)$_2$ + 6 H$_2$ O.

Darstellung. Die Darstellung des Zinkpermanganats geschieht durch Umsetzung von Zinksulfat mit Baryumpermanganat. Man fügt zu einer concentrirten Lösung von Zinksulfat so lange eine ebensolche von Baryumpermanganat, als noch eine Fällung von Baryumsulfat entsteht, trennt die Flüssigkeit von dem Niederschlage und dampft sie vorsichtig bei niederer Temperatur bis zur Krystallisation ein. Die abgeschiedenen Krystalle werden bei etwa 40° C. getrocknet.

Eigenschaften. Das Zinkpermanganat bildet fast schwarze, dem Kaliumpermanganat ähnliche Krystalle, welche an der Luft zerfliesslich sind und sich leicht in Wasser lösen. Die Lösung zersetzt sich beim Stehen an der Luft allmälig, in verschlossenen Gefässen, vor Licht geschützt, ist sie haltbarer. Das Zinkpermanganat zersetzt sich noch leichter wie Kaliumpermanganat unter Sauerstoffabgabe, und es muss daher jede Berührung mit leicht oxydirbaren Substanzen vermieden werden, da dadurch heftige Explosionen entstehen können. Beim Erhitzen des Salzes entweichen Krystallwasser und Sauerstoff, und es hinterbleibt schliesslich ein Gemenge von Zinkoxyd und Manganoxyduloxyd. Das lufttrockne Handelspräparat enthält 25 bis 26 % Wasser, welche Menge etwa 6 Molecülen entspricht, seine Zusammensetzung wird daher durch die Formel $Zn(MnO_4)_2 + 6H_2O$ ausgedrückt.

Prüfung. Das Zinkpermanganat muss trocken sein und sich in Wasser anfangs klar und ohne bemerkenswerthen Rückstand lösen. Löst man 1 gr des Salzes in 50 ccm Wasser und fügt 5 ccm Weingeist hinzu, so erhält man nach dem Aufkochen ein farbloses Filtrat. Ein kleiner Theil des letzteren, mit Salpetersäure angesäuert, wird mit Silbernitrat auf C h l o r und mit Baryumnitrat auf S c h w e f e l - s ä u r e geprüft; es darf von beiden höchstens Spuren enthalten. Der grössere Theil des Filtrates wird durch Schwefelwasserstoff vom Zink befreit, verdampft und geglüht. Es darf nur ein minimaler Rückstand verbleiben. (V e r u n r e i n i g u n g m i t B a r y u m - o d e r K a l i u m p e r m a n g a n a t.)

Aufbewahrung. Das Zinkpermanganat muss v o r L i c h t g e s c h ü t z t, am besten in gelben, mit Glasstopfen gut verschlossenen Gläsern, aufbewahrt werden. Da es leicht Feuchtigkeit anzieht, so wählt man die Gefässe nicht zu gross, sondern vertheilt den Vorrath zweckmässig in mehrere kleine Gläser. Berührung mit organischen oder überhaupt mit leicht oxydirbaren Stoffen ist zu vermeiden.

Anwendung. Das Zincum permanganicum ist von B e r k e l e y H i l l bei allen, besonders aber bei acuten, Formen von Urethritis mit gutem Erfolg angewendet worden. Als bemerkenswerth wird das Fehlen jeder Reizung der Schleimhäute hervorgehoben. Die zu den Einspritzungen dienende Lösung ist sehr verdünnt und enthält gewöhnlich 1 Theil des Salzes in 4000 Theilen Wasser gelöst.

Z i n c u m p e r m a n g a n i c u m s o l u t u m ist eine 25 procentige Lösung des obigen Salzes.

Vor Licht geschützt aufzubewahren.

Aluminium acetico-tartaricum.

Essig-weinsaure Thonerde.

Die Verbindungen der Thonerde mit Essigsäure haben sich in der Praxis als kräftige Antiseptica erwiesen, welche um so werthvoller sind, als ihnen giftige Eigenschaften, wie sie Sublimat und

Phenol zeigen, vollständig abgehen. Die Pharm. Germ. ed. III hat in Berücksichtigung dieser Umstände auch unter dem Namen Liquor Aluminii acetici ein solches Präparat aufgenommen. Dasselbe stellt die wässerige Lösung eines basischen, des sog. $^2/_3$-Thonerdeacetates der Formel $Al_2 (CH_3 CO O)_4 (OH)_2$ dar. Diese Verbindung ist zur Zeit nur in wässeriger Auflösung bekannt; würde man versuchen, sie durch Abdunsten der Lösung über Schwefelsäure oder durch Eindampfen zu isoliren, so würde sich ein noch basischeres Salz, die in Wasser unlösliche Verbindung $Al_2 (CH_3 CO O)_2 (OH)_4$ abscheiden. Die gleiche Ausscheidung basischer unlöslicher Aluminiumverbindungen findet sogar schon statt, wenn die officinelle Aluminiumacetatlösung längere Zeit aufbewahrt wird. Es liegt auf der Hand, dass diese Eigenschaften des Aluminiumacetates seine Anwendung beeinträchtigen müssen, da mit dem Ausfallen unlöslicher Verbindungen die Wirksamkeit der Präparate natürlich abnimmt. Hierzu kommt noch, dass die Herstellung eines mustergültigen Liquor - Aluminii acetici Ph. G. III keine ganz einfache Operation ist, dass endlich die Anwendung einer lediglich in Lösung vorkommenden Substanz stets nur eine beschränkte sein kann.

Athenstädt hat den glücklichen Griff gethan, ein leicht darstellbares und gut lösliches Doppelsalz von essig-weinsaurer Thonerde darzustellen, welches, von ihm Aluminium acetico-tartaricum genannt, berufen sein dürfte, als ungiftiges Antisepticum eine nicht zu unterschätzende Rolle zu spielen. Es sei übrigens darauf hingewiesen, dass die nachfolgende Darstellungsmethode durch Reichspatent geschützt ist.

Darstellung. (D.R.P. 9790.) 5 Th. basisch essigsaure Thonerde werden mit Hilfe von etwa 2 Th. Weinsäure und einer entsprechenden Menge Wasser gelöst und die filtrirte Lösung zur Trockne abgedampft. — Es kann auch erhalten werden, indem man entsprechende Mengen von Aluminiumacetatlösung und Weinsäurelösung durch Eindampfen zur Trockne bringt. Das Ueberführen des gelösten Doppelsalzes in festen Zustand kann ausserdem auch dadurch erfolgen, dass man es aus seiner concentrirten wässerigen Lösung durch Alkohol ausfällt, s. unten.

Eigenschaften. Die essig-weinsaure Thonerde bildet fast farblose, glänzende, gummiartige Stücke, welche schwach nach Essigsäure riechen und mit wenig Wasser geschüttelt einen farblosen Leim geben. Der Geschmack ist ein säuerlicher, zugleich adstringirender, aber nicht unangenehmer. Sie löst sich in gleich viel kaltem Wasser, die wässerige Lösung reagirt sauer, und darf beim Erhitzen sich nicht trüben noch gelatiniren. In Alkohol ist das Präparat unlöslich, aus der wässerigen Lösung wird es beispielsweise durch Alkohol gefällt. Seiner chemischen Zusammensetzung nach ist es als ein Doppelsalz der Weinsäure und Essigsäure mit Thonerde anzusehen. Seine durchschnittliche Zusammensetzung ist nach Fresenius die nachstehende.

	durch Eindampfen hergestelltes	durch Fällen mit Alkohol Präparat.
Thonerde (wasserfrei)	23,67 %	25,35 %
Essigsäureanhydrid	30,77 -	27,83 -
Weinsäureanhydrid	27,17 -	27,78 -
Wasser	18,18 -	18,81 -

Dass hier nicht eine blosse Auflösung des Aluminiumacetates in Weinsäure, sondern thatsächlich die Bildung einer chemischen Verbindung stattgefunden, ergiebt sich daraus, dass das Reactionsproduct durch Alkohol ausgefällt wird und in diesem Zustande, wie obige Analysen zeigen, die gleiche Zusammensetzung besitzt wie das durch Abdampfen hergestellte. Wenn die Weinsäure nicht chemisch gebunden wäre, so müsste sie doch aller Wahrscheinlichkeit nach in die alkoholische Lösung übergehen. — Beim Liegen an der Luft dunstet das Präparat etwas Essigsäure ab und wird dann in Wasser etwas schwerer löslich, aber nicht unlöslich.

Prüfung. Es sei fast ungefärbt und löse sich im gleichen Gewichte kalten Wassers beim Bewegen der Flüssigkeit leicht auf. — Diese Lösung darf weder beim Erhitzen, noch bei längerer Aufbewahrung gelatiniren oder unlösliches basisches Salz abscheiden. Sie muss eben dauernd haltbar sein! — Wird 1 gr in 10 ccm Wasser gelöst, so darf die Lösung auf Zusatz eines gleichen Volumens Schwefelwasserstoffwasser nicht verändert (Metalle wie Blei, Kupfer, Arsen), noch auch durch Hinzufügen eines Tropfens Rhodankalium stark roth gefärbt werden (Eisen).

1 gr des Präparates muss beim Glühen an der Luft mindestens 0,225 gr unverbrennlichen Rückstand, aus Thonerde bestehend, hinterlassen.

Aufbewahrung. Unter den indifferenten Arzneimitteln in sehr gut verschlossenen Gefässen, um das Abdunsten von Essigsäure nach Möglichkeit zu verhüten. Es empfiehlt sich ausserdem, eine 50 procentige Lösung vorräthig zu halten, mit welcher sich alle Verdünnungen leicht herstellen lassen.

Anwendung. Man benutzt es als ungiftiges aber sicher wirkendes Adstringens und Antisepticum ebenso wie den Liquor Aluminii acetici. Für Mund- und Gurgelwasser in 1—2 procentiger, zur Wundbehandlung in 1—3 procentiger wässeriger Lösung. Gegen Frostbeulen ist eine 50 procentige Lösung empfohlen worden.

Rp. Aluminii acetico-tartarici	4,0	Rp. Aluminii acetico-tartarici	6,0
Aquae Salviae	200,0	Aquae destillatae	200,0
M. D. S. Mundwasser.		D. S. Zum Verbande.	

Alumnolum.

Alumnol. R-Naphtholdisulfosaures Aluminium.

Unter dem Namen „Alumnol" wurde gegen Ende 1892 von Heinz und Liebrecht ein Präparat zur therapeutischen Anwendung empfohlen, von welchem lediglich angegeben wurde, dass es das Aluminiumsalz der β-Naphtholdisulfosäure R ist. Die Darstellung ist durch Patent geschützt und erfolgt durch die Höchster Farbwerke.

Darstellung. Man löst 15 kg β-naphtholdisulfosaures Natrium R bei Siedehitze in 60 L. Wasser und fügt die theoretische Menge einer conc. Lösung von 7 kg Baryumchlorid hinzu. Das Baryumsalz fällt zunächst gallertartig aus, kann aber durch Rühren in eine leichter auswaschbare Form gebracht werden. Nach dem Auswaschen vertheilt man das Baryumsalz in Wasser und setzt es in der Siedehitze mit berechneten Mengen von Aluminiumsulfat um. Die durch Filtration vom Baryumsulfat befreite Lösung liefert beim Eindampfen das Alumnol.

Aus dem Vorstehenden ergiebt sich also, dass das Alumnol ein Aluminiumsalz der β-Naphtholdisulfosäure R (2 : 3 : 6) ist. Diese Säure entsteht beim Erhitzen[1]) von β-Naphthol mit 3 Th. conc. Schwefelsäure auf 110° und hat folgende Constitutionsformel

$$SO_3H \qquad \qquad OH \qquad SO_3H$$

---

[1]) Neben der R-Säure entsteht noch β-Naphtholdisulfosäure G. Die Bezeichnungen R und G bedeuten, dass bei der Ueberführung in Azofarbstoffe die erstgenannte Säure röthere, die letztaufgeführte gelbere Nüancen giebt.

. **Eigenschaften.** Alumnol ist ein fast farbloses (bez. nur schwach röthliches), nicht hygroskopisches Pulver, welches in kaltem Wasser leicht löslich ist. Die wässerige Lösung zeigt leichte bläuliche Fluorescenz. 40 procentige, unter Anwendung von heissem Wasser bereitete Lösungen bleiben nach dem Erkalten klar. In Alkohol löst sich Alumnol, wenn auch in geringerem Grade als in Wasser, und zwar mit blauer Fluorescenz. In Glycerin ist es löslich, dagegen in Aether unlöslich. Die wässerige Lösung wird durch Eisenchlorid blau gefärbt, sie reagirt übrigens sauer.

Alumnol besitzt reducirende Eigenschaften, oder vielmehr es wird leicht, z. B. schon durch den Sauerstoff der Luft oxydirt. — Eine weitere wichtige Eigenschaft ist die, dass Alumnollösungen in Eiweiss- und Leimlösungen Niederschläge erzeugen, welche durch einen Ueberschuss von Eiweiss bez. von Leim wieder gelöst werden.

Fügt man zu einer etwa 2—5 procentigen wässerigen Alumnollösung Ammoniak, so erfolgt Ausscheidung von gallertartigem Aluminiumhydroxyd, zugleich nimmt die Flüssigkeit eine eigenartige, blaue Fluorescenz an. — In ähnlicher Weise wirkt Natronlauge, nur geht bei einem Ueberschuss der letzteren das zunächst ausgefällte Thonerdehydrat wieder in Lösung.

Aufbewahrung. Unter den indifferenten Arzneimitteln.

Anwendung. Das Alumnol besitzt antiseptische und adstringirende Eigenschaften. Die 1 procentige Lösung tödtet Bacillen und Sporen von Milzbrand, ferner Pyocyaneus, Prodigiosus. Noch 0,4 procentige Lösungen verhindern jedes Wachsthum und 0,01 procentige Lösungen stören die Weiterentwicklung von Milzbrand-, Typhus-, Cholera-, Finkler-Prior-, Pyocyaneus-, Prodigiosus-, Staphylococcus-Culturen. In eitrigen Secreten löst sich Alumnol auf, so dass auf der einen Seite eine Wirkung in die Tiefe möglich ist, während andererseits Verstopfung von eiternden Höhlen und Gängen durch Alumnol ausgeschlossen ist.

Bisher wurde das Alumnol bei eiternden Flächen- und Höhlenwunden (0,5—2 procent. Lösung), in der gynäkologischen Praxis zu Spülungen (0,5—1 procent. Lösung), in 2—20 procent. Stäbchen bei Endometritis, zur Tamponade des Uterus (Gaze in die 10—20 procent. Lösung getaucht) angewendet. In der Dermatotherapie erwies es sich gegen frische und chronische Entzündungen und Infiltrationen der Haut nützlich. — Bei Gonorrhoë verschwanden die Gonokokken bei 3—4 maliger Injection im Tage von 6 ccm einer 1—2 procent. Lösung nach 3—6. Tagen. Nach dem Verschwinden der Gonokokken wird täglich nur einmal injicirt oder es werden schwächere Lösungen benutzt. Wolffberg benutzt 4 procentige Lösung zur Reinigung des Auges von Eiter vor der Einträufelung von Silbernitrat.

Sozal, p-phenolsulfosaures Aluminium [C$_6$H$_4$(OH)SO$_3$]$_3$Al, ein dem Alumnol ähnliches Präparat, wurde von Girard und Lüscher bacteriologisch und klinisch untersucht. Fabricirt wird es von C. Haaf, Bern.

Die Darstellung erfolgt entweder durch Sättigen mit p-Phenolsulfosäure mit Aluminiumhydroxyd oder durch Umsetzen von p-phenolsulfosauren Baryum mit Aluminiumsulfat.

Das Präparat des Handels bildet krystallinische Körner von stark adstringirendem Geschmack und nur schwachem Phenol-Geruch. Es löst sich leicht in Wasser und Glycerin, auch in Alkohol zu haltbaren Lösungen. Die wässerige Lösung giebt mit Baryumchlorid nur schwache Trübung, mit Eisenchlorid violette Färbung, mit Ammoniak einen Niederschlag von Aluminiumhydroxyd. Beim Erhitzen im Platintiegel bläht sich Sozal zunächst stark auf, verkohlt zum Theil und hinterlässt schliesslich in Säuren nur schwer lösliches Aluminiumoxyd. Aufbewahrung wie Alumnol.

Seiner Wirkung nach ist das Sozal ein Antisepticum etwa wie das Aluminiumacetat. Lüscher wendete es bei Eiterungen, tuberculösen Geschwüren und cystitischen Fällen an; bei letzteren wurde es in Form 1 procentiger Injectionen, aber auch innerlich benutzt.

Die wässerige Lösung fällt Eiweiss, aber der Niederschlag wird durch einen Ueberschuss von Eiweiss wieder gelöst. Vergl. Alumnol S. 62.

Organische Verbindungen.

a) Methanderivate.

Pentalum.

Pental.   Trimethylaethylen.   β-Isoamylen.

$$C_5 H_{10}.$$

Diese ihrer Constitution nach als „Trimethyläthylen" zu bezeichnende Verbindung wurde 1844 von Balard durch Einwirkung von Zinkchlorid auf Fuselöl, später von Anderen auf verschiedenen Wegen in reinerem Zustande dargestellt. Gegenwärtig wird es von C. A. F. Kahlbaum-Berlin völlig rein durch Wasserabspaltung aus dem tertiären Amylalkohol (Amylenhydrat, s. dieses) erhalten.

Darstellung. Amylenhydrat wird auf dem Wasserbade mit einer festen organischen Säure (Weinsäure, Citronensäure, Oxalsäure) oder mit Phosphorsäurehydrat erwärmt. Es zerfällt alsdann glatt in Wasser und Amylen. Das Amylen wird abdestillirt und der fractionirten Destillation unterworfen. D.R.P. 66 866.

Die Darstellung beruht einfach auf der Abspaltung von Wasser aus dem Amylenhydrat, bei welcher die betreffende Säure die Rolle des Wasser abspaltenden Mittels spielt:

$$\frac{CH_3}{CH_3}\!>\!C\!<\!{\stackrel{\textstyle CH\!-\!CH_3}{OH}} \;=\; H_2O \;+\; \frac{CH_3}{CH_3}\!>\!C = C\!<\!\frac{CH_3}{H}$$

Amylenhydrat.   Trimethylaethylen.

Concentrirte Mineralsäuren sind als Condensationsmittel nicht anwendbar wegen der sonst möglichen Bildung von Polymerisationsproducten.

Eigenschaften. Eine farblose, leicht bewegliche, leicht flüchtige, sehr leicht entzündliche Flüssigkeit, im Geruche dem Benzin ähnlich, zugleich aber etwas stechend, an Senföl erinnernd. Spec. G. 0,679 bei 0°.

Siedep. 37—38⁰ C. In Wasser ist es so gut wie unlöslich, dagegen
ist es in jedem Verhältnisse mischbar mit Chloroform oder Aether,
auch mit Weingeist von 90 Vol. Proc., nicht aber mit solchem von
80 Vol. Proc. u. darunter. Jod löst es mit himbeerrother Färbung auf.

Ein Gemenge von 2 Vol. Schwefelsäure und 1 Vol. Wasser löst
das Amylen[1]) in der Kälte völlig und ohne Färbung auf unter Bildung von Amylschwefelsäure (s. Amylenhydrat). Conc. Schwefelsäure
führt es unter Selbsterwärmung und Gelbfärbung in polymere Modificationen über. Rauchende Salpetersäure wirkt ungemein heftig
ein; die entstehenden Producte sind noch nicht bekannt.

Prüfung. Es sei farblos, völlig flüchtig und destillire bei 37 bis
38⁰ völlig über. Diese Prüfung gestattet den Nachweis von Grenz-
kohlenwasserstoffen, da die aus diesen bestehenden Gemische (Benzin,
Petroleumäther etc.) keinen einheitlichen Siedepunkt haben.

Aufbewahrung. An einem kühlen Orte, zweckmässig unter
Korkverschluss in nicht zu grossen Gefässen unter den indifferenten
Arzneimitteln. Schutz vor Tageslicht ist nicht erforderlich, dagegen
beachte man die Feuergefährlichkeit des Präparates.

Anwendung. Als Inhalations-Anästheticum bei kleineren Operationen.
Die Narcose tritt in etwa 60 Secunden ein und soll weder von üblen
Erscheinungen noch Folgeerscheinungen begleitet sein. Herzthätigkeit,
Respiration sollen nicht beeinflusst werden. Zu einer Narcose werden
beim Erwachsenen 15—20 ccm verbraucht. Der Arzt beachte, dass bei
Benutzung einer Maske sich wegen der leichten Flüchtigkeit des Präpa-
rates Eiskrystalle an der Maske anzusetzen pflegen.

In der letzten Zeit sind mehrere Todesfälle beim Gebrauche von Pental
vorgekommen, welche auf Herzfehler der zu Anästhesirenden zurückgeführt wurden, jedenfalls aber den Operirenden zur Vorsicht mahnen.

Methylum chloratum.

Chlormethyl. Methylchlorid. Monochlormethan.

CH₃ Cl.

Das Chlormethyl wurde von Berthelot zuerst bei der Einwirkung
von Chlor auf Methan erhalten und entsteht nach einer ganzen Reihe
von Bildungsweisen. Practisch wird es in der Regel durch Erhitzen
von Methylalkohol mit Salzsäure oder durch Destillation eines Ge-

---

[1]) Zur Prüfung auf die Reinheit lässt sich diese Reaction nicht gut
verwerthen.

misches von 1 Th. Methylalkohol, 2 Th. Kochsalz und 3 Th. Schwefelsäure erhalten. Technisch werden ganz erhebliche Mengen durch
Erhitzen des aus der Vinasse (eines Abfallsproductes der Rüben-
zuckerfabrication) gewonnenen salzsauren Trimethylamins mit Salzsäure auf 350° gewonnen (Vincent):

$$(CH_3)_3\,N + 4\,H\,Cl = NH_4\,Cl + 3\,CH_3\,Cl.$$

Indessen wird ein solches Product wegen der in demselben enthaltenen Verunreinigungen von Kraemer sogar für die Theerfarbenindustrie beanstandet, so dass es sich zum medicinischen Gebrauche
noch viel weniger eignen dürfte. — Sehr reines Chlormethyl wird
durch die Farbenfabriken vorm. Friedr. Bayer & Co. in Elberfeld dargestellt.

Darstellung. 1 Mol. Methylalkohol wird mit 1 Mol. Salzsäure (in
Form von Salzsäure 23° B.) mit oder ohne Zusatz von Chlorzink in Autoclaven längere Zeit auf 100° erhitzt.

$$CH_3\,.\,OH + H\,Cl = H_2\,O + CH_3\,Cl,$$

wobei der Druck auf 30—35 Atmosphären steigt. Das gebildete Chlormethyl wird zum Zweck seiner Reinigung durch ein System von Wasch-
flaschen geleitet, welche Wasser, Schwefelsäure, Sodalösung und nochmals
Schwefelsäure enthalten, alsdann in Gasometern aufgefangen und aus diesen
in metallenen Druckflaschen unter Abkühlung und einem Druck von
3—7 Atmosphären verdichtet.

Eigenschaften. Chlormethyl ist ein farbloses, ätherisch riechendes Gas, welches mit grüngesäumter Flamme brennt. Leicht entzündlich, etwa wie Aetherdampf, ist es nicht. Es löst sich zu etwa
4 Vol. in Wasser, zu 35 Vol. in Alkohol oder Methylalkohol und ist
auch in Aether oder Chloroform leicht löslich. (Eine Lösung in
Chloroform ist das Compound liquid von Richardson). Es kann
durch Abkühlung auf —25° C. unter gewöhnlichem Druck, oder bei
gewöhnlicher Temperatur durch einen Druck von 5 Atmosphären zu
einer Flüssigkeit verdichtet werden, welche bei —23,7° ein spec.
Gewicht von 0,9915 hat und bei —21° siedet. Bei dem Verdampfen
des flüssigen Chlormethyls wird der Umgebung eine enorme Menge
Wärme entzogen, mit anderen Worten Verdampfungskälte erzeugt.

Prüfung. Dieselbe kann sich darauf beschränken, dass man
etwas Chlormethyl in durch Eis gekühltes destillirtes Wasser einleitet und die resultirende Lösung auf ihr Verhalten gegen Lackmuspapier, Silbernitrat und Jodkalistärkelösung prüft. Sie muss gegen
diese Reagentien sich indifferent verhalten.

Aufbewahrung. An einem kühlen Orte. — Die Versendung des Chlormethyls durch die Fabriken erfolgt mit Rücksicht auf die physikalischen Eigenschaften des Präparates in metallenen, druckfesten Flaschen mit Ventilansatz; man nennt dieselben „Bomben" oder „Syphons". Eine besondere Gefahr ist mit denselben nicht verknüpft, da die Dampfspannung des flüssigen Chlormethyls bei 20° nur 4,81 Atmosphären beträgt. Es wäre daher nicht ausgeschlossen, dass man künftig zur Aufbewahrung auch gläserne Syphons benutzte, welche alsdann zweckmässig durch einen Filzbeutel zu schützen wären.

Verschreibt der Arzt Chlormethyl, so ist eine Bombe zu tariren und abzugeben. Nach der Benutzung wird durch nochmalige Wägung festgestellt, wie viel Chlormethyl verbraucht wurde. Nach dem noch vorhandenen Inhalt wird es sich richten, ob der Patient den ganzen ihm übergebenen Inhalt oder nur den verbrauchten Theil zu bezahlen hat.

Anwendung. Das flüssige Chlormethyl wird auf Grund seiner Kälte erzeugenden Eigenschaft zur Zeit als locales Anästheticum empfohlen. Die Priorität dieser Anwendung kommt nach den Untersuchungen der Pariser Academie Debowe zu. Indessen hat Bailly 1886 und nach ihm Raison sich um die practische Einführung verdient gemacht.

Bailly nennt sein Verfahren, Anästhesie durch Kälte zu erzeugen, „Stypage" und hat für dasselbe eine besondere Technik vorgeschrieben. Der zu anästhesirende Körpertheil wird in der gewünschten Ausdehnung mit einem Tampon aus Watte und Seide bedeckt und gegen diesen der Strahl des das Chlormethyl enthaltenden Syphons gerichtet. Das Gewebe tränkt sich zunächst mit dem Chlormethyl, durch dessen Verdunstung eine enorme Kälte erzeugt wird. Die betroffenen Körperstellen werden blutleer und völlig empfindungslos.

Diese Anästhesie soll vortreffliche Dienste geleistet haben bei Zahnneuralgien, Gesichtsneuralgien, Intercostalneuralgien, Ischias, Muskelrheumatismus, bei denen die Schmerzen angeblich entweder nach einmaliger oder mehrmaliger Anwendung schwanden. Ferner kann man während der Dauer der Anästhesie kleinere chirurgische Operationen, z. B. Oeffnen von Panaritien etc. schmerzlos ausführen.

Technisch findet das Chlormethyl in der Theerfarbenindustrie „zum Methyliren" und in der Eisfabrication ausgedehnte Anwendung.

Chloryl. Mit diesem Namen ist kürzlich in belgischen Zeitschriften ein gleichfalls als Kälte-Anästheticum dienendes Gemisch von Methylchlorid und Aethylchlorid bezeichnet worden.

Compound liquid-Richardson ist eine gesättigte Lösung von Chlormethyl in Chloroform. Sie wurde von R. als Ersatz des reinen Chloroforms für Narcosen vorgeschlagen, scheint aber keine besonderen Vorzüge zu haben, da sie sich nicht einführte.

Methylenum chloratum.

Methylenum bichloratum. Methylenchlorid. Methylenchlorür.
Dichlormethan.

$$CH_2 Cl_2.$$

Bei der Beurtheilung dieses Präparates hat man streng zu unterscheiden zwischen der chemischen Verbindung „Methylenchlorid" und den mit dem nämlichen Namen bezeichneten Präparaten, welche namentlich in England benutzt und von da aus empfohlen werden. Wir beschäftigen uns zunächst mit der chemischen Verbindung Methylenchlorid $CH_2 Cl_2$.

Darstellung. Das Methylenchlorid bildet sich durch Einwirkung von Chlor auf Methan

$$CH_4 + 4 Cl = 2 H Cl + CH_2 Cl_2$$

oder durch Einwirkung von Chlor auf Chlormethyl

$$CH_3 Cl + 2 Cl = H Cl + CH_2 Cl_2 .$$

Dargestellt kann es werden durch Einwirkung von Chlor auf Methylenjodid

$$CH_2 J_2 + Cl_2 = CH_2 Cl_2 + J_2$$

oder durch Reduction von Chloroform in alkoholischer Lösung mittels Zink und Salzsäure, wobei natürlich der nascirende Wasserstoff reducirend wirkt

$$CH Cl_3 + 2 H = H Cl + CH_2 Cl_2 .$$

Man trägt das Reactionsproduct in Wasser ein, sammelt die sich absetzende specifisch schwere Schicht, reinigt dieselbe durch Behandeln mit Sodalösung und darauf folgend mit Schwefelsäure, wäscht wiederum mit Wasser und unterwirft das durch Chlorcalcium getrocknete Product mehrfach der fractionirten Destillation, wobei die zwischen 40—42° C. übergehenden Antheile gesammelt werden. Von verschiedenen deutschen Fabriken wird indessen gegenwärtig augenscheinlich nach anderen verbesserten Verfahren gearbeitet, welche ein mehr oder weniger reines Präparat ergeben, aber nicht bekannt geworden sind[1]).

---

[1]) Eine Patentanmeldung der Farbenfabriken vorm. Friedr. Bayer & Co. in Elberfeld vom 3. October 1887 enthält nachstehenden Patentanspruch:

Eigenschaften. Das reine Methylenchlorid bildet eine farblose, chloroformartig riechende Flüssigkeit, welche bezüglich ihrer Lösungsverhältnisse das gleiche Verhalten wie das Chloroform zeigt. Das spec. Gewicht ist bei + 15° C. = 1,354, der Siedepunkt liegt zwischen 41—42° C. Es ist gerade so wie das Chloroform nicht leicht entzündlich, seine Dämpfe jedoch brennen mit grüngesäumter Flamme.

Prüfung. Dieselbe erstreckt sich auf einen Gehalt an Chloroform oder Methylalkohol und ferner auf die auch das Chloroform verunreinigenden Zersetzungsproducte: Das spec. Gewicht sei bei 15° C. = 1,354 (höheres spec. Gew. deutet auf Chloroformgehalt). Der Siedepunkt des Präparates liege bei 41—42° C. Hat man spec. Gewicht und Siedepunkt bestimmt, so schüttelt man etwa 50 ccm des Methylenchlorides zweimal mit je 100 ccm destillirten Wassers aus, entwässert es nach dem Abheben mit geschmolzenem Chlorcalcium und destillirt nun wieder. Der Siedepunkt darf nun gegenüber dem erst beobachteten keine Veränderung zeigen, auch das spec. Gewicht muss das gleiche sein. (Durch das Ausschütteln mit Wasser würden Methyl- oder Aethylalkohol entfernt werden, welche chloroformhaltigen Präparaten zur Erniedrigung des spec. Gewichtes zugesetzt werden.)

Ferner: Methylenchlorid mit dem gleichen Volumen reiner Schwefelsäure geschüttelt, färbe die letztere nicht (wie bei Chloroform).

Wird Methylenchlorid mit dem gleichen Volumen Wasser geschüttelt, so gebe das letztere mit Silbernitrat keine Trübung (chlorhaltige Zersetzungsproducte), mit Jodzinkstärkelösung keine Bläuung (Chlor), auch reagire es gegen Lackmus nicht sauer (Salzsäure).

Verfahren zur Darstellung von Methylenchlorid aus Chloroform durch:

1. Behandeln von Chloroform mit Zink, Zinn, Eisen oder Mangan und mit Salzen dieser Metalle, schwefelsaurer Thonerde oder Alaun.

2. Behandeln von Chloroform mit Zink, Zinn, Eisen oder Mangan und mit Wasser unter allmäliger und in kleinen Portionen und nach längeren Zwischenräumen erfolgender Zugabe von Schwefelsäure, Salzsäure, Essigsäure oder Ameisensäure zum Neutralisiren des bei der Reaction entstehenden Zinkhydrates. In beiden Fällen darf die Temperatur von + 25° während der Operation nicht überschritten werden.

Aufbewahrung. Das Methylenchlorid wird in gut verschlossenen Gefässen (mit Glasstopfen) vor Licht geschützt, ausserdem vorsichtig an einem kühlen Orte aufbewahrt. Ein Zusatz von 0,5—1% reinem Alkohol erhöht, wie beim Chloroform, die Haltbarkeit des Präparates.

Anwendung. Das Methylenchlorid ist wiederholt, zuletzt von Eichholz und Geuther, welche wohl überhaupt zuerst mit einem reinen Präparat (aus den Farbenfabriken vorm. Friedr. Bayer & Co. in Elberfeld stammend) arbeiteten, als Ersatz des Chloroforms empfohlen worden. Nach E. und G. bewirkt reines Methylenchlorid die Narcose ebenso schnell und tief wie Chloroform, wenn auch weniger nachhaltig, dagegen besitzt es vor dem Chloroform wesentliche Vorzüge: Wahrscheinlich auf Grund des geringeren Chlorgehaltes ist die Einwirkung des Methylenchlorides auf Puls und Respiration lange nicht so gefährlich wie diejenige des Chloroforms. — Indessen darf nicht vergessen werden, dass diese Frage noch lange nicht sicher entschieden ist, vielleicht aber ihrer Lösung entgegengeht.

Wegen der leichteren Flüchtigkeit des Methylenchlorides kommt es häufig vor, dass sich an der benutzten Maske Krystalle ansetzen; dieselben erregen bisweilen mit Unrecht das Erstaunen des Arztes: es sind Eiskrystalle.

Methylenchlorid-Richardson, englisches Methylenchlorid.

Unter diesem Namen wurden von England aus Präparate anempfohlen, welche sich nach wiederholt vorgenommenen Untersuchungen als Gemische von etwa 1 Vol. Methylalkohol und 4 Vol. Chloroform erwiesen. Jetzt sollen dieselben Gemische als „Methylène" bezeichnet abgegeben werden.

Ob, wie dies von Spencer Wells bestimmt behauptet wird, eine solche Mischung besser wirkt als reines Chloroform oder reines Methylenchlorid, das zu entscheiden ist Sache des Chirurgen, für den Apotheker aber erwächst jedenfalls die Pflicht, falls Methylenchlorid verschrieben werden sollte, mit dem Arzte Rücksprache zu nehmen, was er unter Methylenchlorid versteht.

Vorsichtig, vor Licht geschützt aufzubewahren.

Aethylum chloratum.

Chloräthyl. Monochloräthan. Aether chloratus.

$$C_2 H_5 Cl.$$

Darstellung. Dieses schon lange bekannte Präparat wird zur Zeit (Société Gillard, Monnet & Bartier) durch Erhitzen von Aethylalkohol und Salzsäure unter Druck dargestellt.

Aethylalkohol und möglichst conc. wässerige Salzsäure werden unter 40 Atmosphären Druck längere Zeit auf etwa 150° erhitzt.

$$C_2 H_5 . OH + H Cl = H_2 O + C_2 H_5 Cl.$$

Das Reactionsproduct wird destillirt, die Aethylchloridschicht abgehoben, mit sodahaltigem Wasser gewaschen, alsdann durch Calciumchlorid entwässert, schliesslich destillirt und das Destillat unter guter Kühlung gesammelt.

Eigenschaften. Aethylchlorid ist eine farblose, leicht bewegliche Flüssigkeit von eigenthümlichem, angenehmen Geruche und brennend-süssem Geschmacke. Es erstarrt noch nicht bei —29° und siedet bei + 12,5°. Bei 0° hat es das spec. Gewicht 0,921. In Wasser ist es nur wenig, leicht in Alkohol löslich.

Prüfung. Es verflüchtige sich schon bei mittlerer Temperatur ohne Rückstand. Leitet man seinen Dampf in Wasser, so darf dieses weder blaues Lackmuspapier röthen, noch nach dem Ansäuern mit Salpetersäure durch Silbernitratlösung sofort getrübt werden. (Salzsäure, in zersetzten Präparaten anwesend.)

Anwendung. Aethylchlorid kommt zur Zeit in Glasröhren mit grader oder winkeliger Capillare in den Handel. Es wird als locales Kälte-Anästheticum bei kleineren Operationen (Incisionen etc.) benutzt, indem man die Capillare abbricht und das Glas mit der nach unten gerichteten Spitze auf den betreffenden Körpertheil richtet. Noch bequemer ist für den Arzt die Packung des Präparates in Glasröhren mit Schraubenverschluss. Die Handwärme reicht hin, um das Aethylchlorid aus der Capillare in kräftigem Strahle austreten zu lassen. — Die Kältewirkung beruht auf der leichten Flüchtigkeit des Aethylchlorides.

Aethylenum chloratum, Elaylchlorid, Liquor hollandicus, Dutsch liquid, $C_2 H_4 Cl_2$, wird durch directe Vereinigung gleicher Volumina Aethylengas und Chlor erhalten. Formel:

$$Cl — CH_2 — CH_2 — Cl.$$

Farblose, chloroformähnlich riechende, süsslich schmeckende, leicht flüchtige Flüssigkeit. Siedepunkt 85° C. Das spec. Gewicht ist bei 0° = 1,280, bei 15° C. = 1,2545. Beim Erwärmen mit Anilin und Kalilauge entsteht nicht das widerlich riechende Isonitril (Unterschied vom Chloroform).

Das mit Aethylenchlorid geschüttelte Wasser reagire nicht sauer und trübe Silbernitratlösung nicht.

Aufbewahrung. Vorsichtig und vor Licht geschützt.

Anwendung. Ebenso wie das Chloroform zu reizenden und schmerzstillenden Einreibungen, ferner als Inhalations-Anästheticum. Es steht mit Unrecht in dem Rufe, weniger gefährlich zu sein als Chloroform.

Aethylidenum chloratum, Dichloraethan, *Aether anaestheticus*, $CH_3 - CH\, Cl_2$, wurde zuerst von Regnault durch Einwirkung von Chlor auf Aethylchlorid erhalten. Gegenwärtig gewinnt man es als Nebenproduct bei der Chloralfabrication oder durch Einwirkung von Phosphorpentachlorid auf (Par-) Aldehyd:

$$CH_3 - CH\,|\,O + P\,Cl_3\;\;Cl_2 \quad = \quad PO\,Cl_3 \quad + \quad CH_3\,CH\,Cl_2$$

Aldehyd
Phosphor-
pentachlorid
Phosphor-
oxychlorid
Aethyliden-
chlorid.

Farblose, chloroformartig riechende, süsslich schmeckende, leicht flüchtige Flüssigkeit. Siedepunkt 58,5° C. Das spec. Gewicht ist bei 0° = 1,204, bei 15° C. = 1,181 — 1,182. Beim Schütteln mit conc. Schwefelsäure bräunt es diese. Fehling'sche Lösung wird beim Erhitzen nicht reducirt. Beim Erwärmen mit Anilin und Kalilauge tritt widerlich riechendes Isonitril nicht auf.

Aufbewahrung und **Prüfung** wie bei Aethylenchlorid.

Anwendung. Nach Liebreich ist das Aethylidenchlorid als Inhalations-Anästheticum weniger gefährlich wie Chloroform.

Aethylum bromatum.

Bromäthyl. Aether bromatus. Aether hydrobromicus. Monobromäthan. Bromure d'Ethyle. Aethyle bromata.

$C_2\,H_5\,Br$.

Das Bromäthyl wurde 1827 zuerst von Serullas dargestellt. 1858 wurde es von Tournville und Nunnely als Anästheticum empfohlen. 1887 wies Langgaard nach, dass zum medicinischen Gebrauche die mit Hülfe von Bromphosphor erhaltenen Präparate nicht zu verwenden seien.

Darstellung. Das in der organischen Synthese gebrauchte Bromäthyl wird durch Erhitzen von Alkohol mit Bromphosphor dargestellt. Diese Präparate sind wegen ihres Gehaltes an organischen Schwefel- und Arsenverbindungen vom medicinischen Gebrauche auszuschliessen. Dagegen liefert die nachfolgende Vorschrift (Cod. franç., Deutsch. Arzneibuch) ein gutes Präparat:

70 gr Alkohol von 95% werden mit 120 gr conc. reiner Schwefelsäure gemischt. Nach dem Erkalten bringt man die Mischung in einen Destillirkolben oder eine tubulirte Retorte, und fügt in kleinen Portionen unter möglichster Vermeidung von Erwärmung 120 gr gepulvertes Bromkalium hinzu. Der diese Mischung enthaltende Kolben (oder die Retorte) wird

mit einem Liebig'schen Kühler verbunden, welcher mit seinem freien Ende unter Wasser taucht, um einer Verdunstung des sich bildenden Bromäthyls vorzubeugen. Nachdem die in der Kälte vor sich gehende Reaction beendet ist, destillirt man aus dem Sandbade bei etwa 125° C. ab. Das Destillat wird alsdann mit einer 5procentigen Lösung von Kaliumcarbonat, hierauf mit dem 3—4fachen Volumen destillirten Wassers gewaschen. Man lässt absetzen, trennt die Aetherschicht von der wässerigen Flüssigkeit mittels eines Scheidetrichters und entwässert das so gereinigte Bromäthyl durch Eintragen von geschmolzenem Chlorcalcium. Nach etwa eintägigem Stehen über Chlorcalcium giesst man es ab, vermischt es mit $\frac{1}{10}$ seines Gewichts frischen Mandel- oder Olivenöles und destillirt es vorsichtig aus dem Wasserbade ab. Die zwischen 38—40° C. übergehenden Antheile werden gesondert aufgefangen; sie bestehen aus reinem Bromäthyl.

Der chemische Verlauf dieser Darstellung ist leicht verständlich. Alkohol und Schwefelsäure verbinden sich zunächst zu Aethylschwefelsäure.

$$SO_2 \Big\langle {}^{O\,\boxed{H \quad HO}\,C_2H_5}_{\quad\;+} \;=\; H_2O + SO_2 \Big\langle {}^{OC_2H_5}_{OH}$$

Aethylschwefelsäure.

Die letztere setzt sich mit dem zugefügten Bromkalium zu saurem schwefelsauren Kalium und Bromäthyl um.

$$SO_2 \Big\langle {}^{O\,\boxed{C_2H_5 + Br}\,K}_{OH} \;=\; SO_2 \Big\langle {}^{OK}_{OH} + C_2H_5Br.$$

Eigenschaften. Das Bromäthyl bildet eine farblose, lichtbrechende, leicht bewegliche, specifisch schwere Flüssigkeit von süsslichem, chloroformähnlichen Geruche und brennendem Geschmacke. Es siedet in reinem Zustande zwischen 38° und 39° C., sein spec. Gewicht[1]) ist bei 15° C. gleich 1,445—1,450. In Wasser ist es unlöslich, dagegen löslich bez. mischbar mit Alkohol, Aether, Chloroform, fetten und ätherischen Oelen. Es ist nicht leicht entzündlich! — Durch den Einfluss von Luft und Licht zersetzt es sich allmälig unter Bildung von Bromwasserstoff und freiem Brom; es ist dann gewöhnlich bräunlich gefärbt und besitzt saure Reaction.

Prüfung. Es sei farblos und besitze angenehm chloroformartigen, aber niemals stechenden oder unangenehmen Geruch [Präparate, welche diese letzteren Eigenschaften auch nur im geringsten Grade zeigen, sind, ohne Rücksicht auf ihre sonstige Reinheit, vom

---

[1]) Das spec. Gewicht des reinen Aethylbromids ist nach Scholvien bei 15° C. = 1,4735.

medicinischen Gebrauch zurückzuweisen] und sei bei gewöhnlicher Temperatur ohne Rückstand flüchtig. — Schüttelt man das Präparat mit dem gleichen Volumen destillirtem Wasser, so darf das letztere, nachdem es abgehoben ist, blaues Lackmuspapier nicht röthen, auch mit Silbernitrat nicht sofort eine Trübung geben (Bromwasserstoffsäure). — Mit dem gleichen Volumen reiner conc. Schwefelsäure geschüttelt, darf auch nach Verlauf von 1 Stunde keine Färbung auftreten. (Aethylen- und Amylverbindungen; bei Anwesenheit von Schwefelverbindungen entsteht gelbe Färbung.) Lässt man einige Tropfen Aethylbromid in eine 3 cm hohe Schicht von Jodkalilösung langsam einfallen, so dürfen die sich zu Boden setzenden Tropfen keine violette Färbung zeigen. (Freies Brom.)

Aufbewahrung. Vor Licht geschützt (gelbe Gefässe) in kleinen vollständig gefüllten und gut verschlossenen Gefässen vorsichtig. Es dürfte sich auch ein Zusatz von 1—2 % Spiritus empfehlen. — Gebräunte Präparate sind mit dünner Natronlauge, dann mit Wasser zu waschen, hierauf mit Chlorcalcium zu trocknen und zu rectificiren.

Anwendung. Es bewirkt, in Dampfform eingeathmet, Anästhesie wie Aether. Puls und Respiration werden anfangs beschleunigt, dann verlangsamt; der Blutdruck wird herabgesetzt. Die Anästhesie tritt schneller wie bei Chloroform ein (schon nach $^1/_2$ bis 1 Minute), geht aber rasch vorüber, so dass etwa von Minute zu Minute neue Zufuhren von Bromäthyl nothwendig sind. Längere Zeit als 10—15 Minuten lässt sich die Narcose nicht gut erhalten. Die Bewusstlosigkeit ist während der Narcose nicht aufgehoben, doch werden Schmerzeindrücke nicht empfunden. Die Muskelspannung bleibt während der Narcose erhalten. Man benutzt daher das Bromäthyl als Inhalationsanästheticum bei kleineren, nicht über 10 bis 15 Minuten dauernden Operationen, bei denen Complicationen ausgeschlossen sind: bei Incisionen, Entfernung von Fremdkörpern, Zahnextractionen. Dagegen sind ausgeschlossen alle länger als 10 bis 15 Minuten dauernden Operationen, solche, bei denen Stillung grösserer Blutungen zu erwarten ist und bei denen eine Entspannung der Musculatur indicirt ist, z. B. bei Einrichtung von Luxationen. Von Vortheil soll es sich auch bei normalen und unnormalen Geburten erwiesen haben. Die zur Anästhesie nöthige Dosis beträgt zwischen 5 und 30 gr. Hysterische und Epileptische lässt man 4—6 gr, auf eine Compresse geträufelt, einathmen. Innerlich wird es zu 5—10 Tropfen auf Zucker, oder mit Spiritus verdünnt, oder in Gelatinekapseln gegeben.

Der Arzt hüte sich, das Bromäthyl mit dem giftigen Aethylenbromid zu verwechseln, der Apotheker hüte sich, letzteres Präparat auf ein mangelhaft verschriebenes Recept hin abzugeben.

Vorsichtig und vor Licht geschützt aufzubewahren.

Aethylenum bromatum, Bromäthylen, $C_2H_4Br_2$, wird dargestellt durch Einleiten von Aethylengas in kalt zu haltendes Brom, bis Entfärbung eintritt.

$$C_2H_4 \;+\; Br_2 \;=\; C_2H_4Br_2.$$

Farblose, stark lichtbrechende, chloroformartig riechende und süsslich schmeckende, leicht flüchtige Flüssigkeit. Siedepunkt 131,5°C. Das spec. Gewicht ist bei 20° C. = 2,170.

Es giebt beim Erhitzen mit Anilin und Kalilauge nicht die Isonitrilreaction. Beim Kochen mit weingeistiger Kalilauge werden Wasser, Vinylalkohol und Bromkalium gebildet.

Das mit Bromäthylen geschüttelte Wasser röthe blaues Lackmuspapier nicht und trübe Silbernitratlösung nicht sofort. (Bromwasserstoff.)

Aufbewahrung. Vorsichtig und vor Licht geschützt.

Anwendung. Bromäthylen wurde 1890 von Donath gegen Epilepsie empfohlen. Er giebt es Erwachsenen dreimal täglich zu 0,1—0,2 gr am besten in Oel-Emulsionen, auch in Kapseln und zwar mit Mandelöl gemischt. Man beachte, dass das Präparat erheblich toxischer ist als Aethylbromid und namentlich die Darmschleimhaut stark reizt.

Amylenum hydratum.

Amylenhydrat. Dimethyl-äthylcarbinol. Tertiärer Amylalkohol.

$$(CH_3)_2 \cdot C_2H_5 \cdot C \cdot OH.$$

Von Alkoholen, welche zur Gruppe der „Grenzalkohole" oder „gesättigten Alkohole" $C_nH_{2n+2}O$ gehören, sind theoretisch nicht weniger als acht der Formel $C_5H_{12}O$ entsprechende möglich und alle acht sind zur Zeit thatsächlich dargestellt und beschrieben. Man fasst dieselben mit dem Namen Amylalkohole zusammen und unterscheidet nachfolgende Modificationen:

Primäre.

1. $CH_3 - CH_2 - CH_2 - CH_2 - CH_2 \cdot OH.$

Normal-Amylalkohol oder Normal-Butylcarbinol

2. $\dfrac{CH_3}{CH_3} > CH - CH_2 - CH_2 \cdot OH.$

Isoamylalkohol Gährungsamylalkohol
Isobutylcarbinol

3. $\dfrac{CH_3}{C_2H_5} > CH - CH_2 \cdot OH.$

Methyl-Aethyl-carbin-Carbinol

4. $\begin{matrix} CH_3 \\ CH_3 \\ CH_3 \end{matrix} > C - CH_2\,OH.$

Trimethyl-Aethylalkohol

Secundäre.

5. $\begin{array}{c} CH_3 \\ CH_3 - CH_2\,CH_2 \end{array}\!\!> CH\,.\,OH.$ 6. $\begin{array}{c} CH_3 \\ CH_3 \\ CH_3 \end{array}\!\!> CH - CH\,.\,OH.$

Methyl-normalpropylcarbinol   Methyl-isopropylcarbinol

7. $\begin{array}{c} C_2H_5 \\ C_2H_5 \end{array}\!\!> CH\,.\,OH.$

Diäthylcarbinol

Tertiärer.

8. $\begin{array}{c} CH_3 \\ CH_3 \\ C_2H_5 \end{array}\!\!> C\,.\,OH.$

Dimethyl-äthylcarbinol oder tertiärer Amylalkohol.

Von diesen acht bekannten Amylalkoholen ist der unter No. 2 aufgeführte Isobutyl-carbinol seit langer Zeit bekannt und findet, da er in grossen Mengen in den bei der Reinigung des gewöhnlichen Alkohols abfallenden „Fuselölen" enthalten ist, eine ziemlich ausgedehnte Verwendung.

Der tertiäre Amylalkohol, gewöhnlich Amylenhydrat genannt, ist 1887 durch v. Mering als Hypnoticum empfohlen worden; von ihm soll im Nachstehenden die Rede sein.

Das Amylenhydrat wurde zuerst von Wurtz, später von Berthelot und Popow dargestellt, als tertiärer Alkohol aber erst von Flavytzky und Osipoff erkannt. Eine ergiebige Darstellungsmethode, welche beiläufig der heutigen fabrikmässigen Darstellung dieser Verbindung zu Grunde gelegt ist, lehrte dann Wyschnegradsky.

Darstellung. In einen dickwandigen Glascylinder mit eingeschliffenem Stöpsel von etwas mehr als 1 Liter Inhalt werden 600 ccm Schwefelsäure (aus 1 Vol. H_2SO_4 und 1 Vol. H_2O gemischt) und 300 ccm Amylen[1]) gegossen. Der Cylinder wird geschlossen, horizontal in eine kräftige Kältemischung gebracht und geschüttelt. Nach ungefähr 30 Minuten ist etwa die Hälfte des Amylens als Amylenschwefelsäure in Lösung gegangen. Man trennt die letztere von dem nicht gelösten Kohlenwasserstoff (Amylen) und

---

[1]) Es giebt 5 Amylene C_5H_{10}; von diesen ist am bekanntesten das Trimethyl-äthylen $(CH_3)_2 = C = CH\,(CH_3)$, welches durch Erhitzen von Gährungsamylalkohol mit Chlorzink gewonnen wird $C_5H_{12}O = H_2O + C_5H_{10}$. Da der Gährungsamylalkohol als Isobutylcarbinol aufzufassen ist, so muss bei dem Uebergang in Amylen neben der Wasserabspaltung zugleich eine moleculare Verschiebung vor sich gehen. Das reine Amylen siedet bei etwa 37° C.; zu der obigen Reaction aber benutzt man die zwischen 25 und 42° siedenden Antheile des käuflichen Amylens.

giesst die Säure-Lösung in ihr doppeltes Volumen Wasser, welches, um
Erwärmung zu vermeiden, mit Eis vermischt ist. Nach einiger Zeit der
Ruhe filtrirt man die Lösung zur Beseitigung der letzten Kohlenwasser-
stoffreste durch ein mit Wasser angenässtes Filter, neutralisirt sie darauf
mit Kalkmilch oder Natronlauge und unterwirft sie der Destillation. Dabei
geht zu Anfang wesentlich Amylenhydrat und nur wenig Wasser über.
Das Destillat wird durch Eintragen von frisch geglühter Potasche entwässert und darauf fractionirt, wobei nur die zwischen 100 und 102,5 ^{0}
übergehenden Antheile aufgefangen werden.

Der chemische Vorgang ist ein leicht verständlicher. Der zur
Aethylenreihe gehörige, ungesättigte Kohlenwasserstoff Amylen addirt
sich zur Schwefelsäure unter Bildung von Amylschwefelsäure:

$$\underset{\text{Amylen}}{\frac{CH_3}{CH_3}} > C = C <\frac{H}{CH_3} + SO_2 < \frac{OH}{OH} \;=\; \underset{\text{Amylschwefelsäure}}{SO_2 < \frac{O-C}{OH}\underset{H}{\overset{(CH_3)_2}{\langle CH}} - CH_3}$$

Die letztere zerfällt bei der Destillation mit wässerigen Alkalien
in schwefelsaures Alkali und in Amylenhydrat

$$SO_2 \Big\langle \begin{matrix} O \,|- C \!\!\ \overset{(CH_3)_2}{\underset{CH_2-CH_3}{\langle}} \\[2ex] O \,|\overline{H} \end{matrix} \quad\; \overline{\underset{K\,|\,OH}{K\,|\,OH}} \;=\; H_2O + SO_4K_2 + HO - C \overset{(CH_3)_2}{\underset{CH_2-CH_3}{\langle}}.$$

Amylenhydrat.

Der Name Amylenhydrat wurde diesem Körper gegeben, weil
derselbe, wie aus seiner Darstellungsweise hervorgeht, als das Hydrat
des Amylens anzusehen ist. $C_5H_{10} = $ Amylen, $C_5H_{12}O = $ Amylenhydrat.

Eigenschaften. Das Amylenhydrat bildet eine wasserklare, ölige
Flüssigkeit von durchdringendem Geruch, der zugleich an Camphor,
Pfeffermünzöl und Paraldehyd erinnert. Sein spec. Gewicht ist bei
$0^0 = 0,828$, bei $+ 12^0$ C. $= 0,812$ (D. Arzneib. bei $15^0 = 0,815 - 820$).
In reinem Zustande siedet es bei $+ 102,5^0$ (D. Arzneib. bei $99 - 103^0$),
doch drückt schon ein sehr geringer Wassergehalt des Präparates
den Siedepunkt um mehrere Grade herunter (s. unten). Durch Abkühlen in einer Kältemischung von Kochsalz und Eis erstarrt es bei
$- 12,5^0$ C. zu langen, nadelförmigen Krystallen, welche bei $- 12^0$ C.
schmelzen. Es löst sich in etwa 8 Th. Wasser von 15^0 C.; beim Erwärmen trübt sich die Lösung. Mit Alkohol, Aether und Chloroform
ist es in jedem Verhältniss mischbar.

Als tertiärer Alkohol giebt es bei der Oxydation weder einen

Aldehyd oder eine Säure, noch ein Keton von gleichem Kohlenstoffgehalt. Durch Oxydation mit Kaliumbichromat und Schwefelsäure aber zerfällt es in Essigsäure und Aceton.

Prüfung. Die Identität des Präparates ergiebt sich aus dessen characteristischem Geruche in Verbindung mit den nachstehenden, seine Reinheit feststellenden Reactionen. — Das Präparat muss bei — 12,5° C. zu Krystallen erstarren, die bei — 12° C. schmelzen. — Es muss in seiner ganzen Menge bei nicht über 103—104° C. überdestilliren. — Der Siedepunkt des reinen Präparates liegt bei + 102,5°; die Beobachtung eines wesentlich höheren Siedepunktes würde das Präparat der Verunreinigung mit dem bei 131° C. siedenden giftigen Gährungsamylalkohol verdächtig machen. Ein niederer Siedepunkt dagegen würde es nahe legen, dass das Präparat Wasser enthält. Das letztere dürfte die Regel bilden, da das Amylenhydrat sehr hygroskopisch ist, also leicht Feuchtigkeit anzieht und von den letzten Spuren Wasser schwer zu befreien ist. — Das spec. Gewicht sei bei 12° C. nicht wesentlich höher als 0,812. — 1 gr Amylenhydrat muss sich in 8 Th. Wasser von 15° C. klar auflösen. (Ungelöst würden Kohlenwasserstoffe bleiben.) Die so erzeugte Lösung darf empfindliches blaues Lackmuspapier nicht röthen (Schwefelsäure). — 1 gr Amylenhydrat werde in 15 gr Wasser gelöst und mit Kaliumpermanganat schwach tingirt; es darf innerhalb 15 Minuten keine Verfärbung eintreten (Aethyl- oder Amylalkohol). — 1 gr Amylenhydrat werde in 15 gr Wasser gelöst, mit einigen Tropfen Kaliumbichromat und Salzsäure versetzt und schwach erwärmt; es darf keine Grünfärbung erfolgen (wie vorher). 1 gr Amylenhydrat werde in 15 gr Wasser gelöst und hierauf mit 10 Tropfen Silbernitratlösung und 1 Tropfen Ammoniak versetzt, es darf sich beim Erwärmen der Flüssigkeit kein Silberspiegel bilden oder metall. Silber in Pulverform abscheiden. (Aldehyde.)

Schüttelt man 10 ccm Amylenhydrat mit 1 gr entwässertem weissen Kupfersulfat in einem wohl verschlossenen Glase, so darf das sich absetzende Pulver auch nach längerer Zeit keine starke blaue Färbung annehmen. (Wasser.)

Anwendung. Das Amylenhydrat wurde durch v. Mering als sicheres Hypnoticum empfohlen. Bezüglich der Intensität seiner Wirkung soll es die Mitte zwischen Chloralhydrat und Paraldehyd einnehmen. 2 gr Amylenhydrat sollen die gleiche Wirkung besitzen wie 1 gr Chloralhydrat oder 3 gr Paraldehyd. — Als besondere Vorzüge des Präparates werden gerühmt, dass es in hypnotischer Dosis die Function der Athmung und die Herzthätigkeit nicht wesentlich beeinflusst. In mittleren Dosen erstreckt sich seine Wirkung vorzugsweise auf das Grosshirn, in grösseren auf das Rückenmark und die Medulla oblongata, die Reflexe verschwinden, die Athmung sistirt, zuletzt erfolgt Herzstillstand. — v. Mering empfiehlt das Mittel besonders in Fällen von nervöser Schlaflosigkeit, in Fällen, wo andere Hypnotica contraindicirt sind (Herzfehler), bei Anämischen, Phthisikern und Reconvalescenten in Dosen von 3—5 gr. Bei Kindern, die an Keuchhusten litten, hat er es in zwei Fällen zu 0,2 gr mit gutem Erfolge angewendet. Bei der Dispensation des Mittels ist die Schwerlöslichkeit des Präparates zu beachten und so viel Wasser zu verordnen, dass vollständige Lösung eintritt, anderen Falls liegt die Gefahr nahe, dass der Patient mit den letzten Resten der Arznei zu viel Amylenhydrat auf einmal erhält, wodurch dann thatsächlich schon Intoxicationen vorgekommen sind. Die Ausscheidung des Amylenhydrates erfolgt nach v. Mering bei Kaninchen in Form einer gepaarten Glycuronsäure, bei Hunden und Menschen dagegen wird es zum grössten Theil zu Kohlensäure und Wasser verbrannt.

<table>
<tr><td>

Rp.   Amylenhydrat   7,0
     Aq. dest.   60,0
     Extr. liquir.   10,0
M. D. S. Abends vor dem
   Schlafengehen die Hälfte zu
   nehmen.

</td><td>

Rp.   Amylenhydrat 6,0 (—7,0)
     Morph. hydrochl. 0,02 (—0,03)
     Aq. dest.   60,0
     Extr. liquir.   10,0
M. D. S. Abends die Hälfte
   zu nehmen.

</td></tr>
<tr><td>

Rp.   Amylenhydrat   5,0
     Aq. dest.   50,0
     Mucilag. Gummi
       arab.   20,0
M. D. R. Zum Klystier.

</td><td>

Rp.   Amylenhydrat   4,0
     Morph. hydrochl. 0,015
     Aq. dest.   50,0
     Mucilag. Gummi
       arab.   20,0
M. D. S. Zum Klystier.

</td></tr>
</table>

Aufbewahrung. In kleinen, sehr gut verschlossenen Gefässen, vor Licht geschützt, vorsichtig.

Empfehlen dürfte es sich der hygroskogischen Eigenschaften des Präparates wegen, die Flaschen mit Korkstopfen zu verschliessen und mit Blase zu überbinden.

Vorsichtig und **vor Licht geschützt** aufzubewahren.

Amylnitrit, tertiäres, $(CH_3)_2\,C_2\,H_5 \cdot C \cdot ONO$, aus dem Amylenhydrat durch Einwirkung von salpetriger Säure analog dem Amylium nitrosum des Arzneibuches zu bereiten, soll nach Bals und Broglio ebenso wie das gewöhnliche Amylnitrit die arterielle Spannung vermindern, dagegen nicht so giftig wie das gewöhnliche Amylnitrit sein. Pauly schliesst sich der Empfehlung an und bemerkt, dass das Präparat nicht so leicht zersetzlich ist wie das gewöhnliche Amylnitrit. Bertoni verordnet es zu 5 Tropfen auf Zucker oder in Gelatinekapseln.

Methyläthyläther.

Methyläthyloxyd.

$$\left. \begin{array}{l} CH_3 \\ C_2H_5 \end{array} \right> O.$$

Dieser sogenannte gemischte Aether, welcher als Aethyläther (Aether des Arzneibuches) aufzufassen ist, in welchem eine C_2H_5-Gruppe durch den

$$\left. \begin{array}{l} C_2H_5 \\ C_2H_5 \end{array} \right> O \qquad\qquad \left. \begin{array}{l} CH_3 \\ C_2H_5 \end{array} \right> O$$
$$\text{Aethyläther} \qquad\qquad\qquad \text{Methyläthyläther}$$

Methyl-Rest — CH_3 ersetzt ist, wurde zuerst von Williamson durch Einwirkung von Jodäthyl auf Natriummethylat

$$C_2H_5 \boxed{J + Na} O\,CH_3 = Na\,J + \left. \begin{array}{l} CH_3 \\ C_2H_5 \end{array} \right> O$$

andererseits auch durch Einwirkung von Jodmethyl auf Natriumäthylat erhalten.

$$CH_3 \boxed{J + Na} O\,C_2H_5 = Na\,J + \left. \begin{array}{l} CH_3 \\ C_2H_5 \end{array} \right> O.$$

Chancel stellte später den nämlichen Körper durch Erhitzen von Kaliummethylat mit äthylschwefelsaurem Kalium dar

$$\left. \begin{array}{l} CH_3 \\ + \\ C_2H_5 \end{array} \right| \begin{array}{l} O \mid K \\ \\ O\,SO_3\,K \end{array} = K_2\,SO_4 + \left. \begin{array}{l} CH_3 \\ C_2H_5 \end{array} \right> O$$

und Wurtz gewann ihn durch Einwirkung von Silberoxyd auf ein aus gleichen Aequivalenten bestehendes Gemisch von Jodmethyl und Jodäthyl.

$$\left. \begin{array}{l} CH_3 \\ \\ C_2H_5 \end{array} \right| \boxed{\begin{array}{l} J \\ + Ag_2 \\ J \end{array}} O = 2\,Ag\,J + \left. \begin{array}{l} CH_3 \\ C_2H_5 \end{array} \right> O.$$

Darstellung. Dieselbe geschieht am zweckmässigsten durch Einwirkung von Jodäthyl auf Natriummethylat. Man kühlt das Destillationsproduct auf $+ 15^0$ C. ab, wobei sich die gebildeten Nebenproducte condensiren, während der Methyläthyläther, nachdem er durch schwache Natronlauge von 15^0 C. gewaschen wurde, in einer durch eine energische Kältemischung stark abgekühlten Vorlage verdichtet wird.

Eigenschaften. Der Methyläthyläther ist eine farblose, eigenthümlich riechende Flüssigkeit, welche sich ausserordentlich leicht entzündet. Es siedet bei $+ 11^0$ C., ist also schon bei mittlerer

Temperatur (15° C.) gasförmig. Dies ist wohl auch der Grund, dass die Verbindung ausserordentlich wenig gekannt ist, da sie sich eben ihrer schwierigen Handhabung wegen bisher öfteren Untersuchungen entzogen hat. Mit Rücksicht auf ihren niedrigen Siedepunkt kann sie auch nur, ähnlich dem Stickoxydul, in druckfesten Gefässen aufbewahrt und versendet werden.

Aufbewahrung. In eigens hierzu construirten, druckfesten Gefässen, unter den indifferenten Arzneistoffen.

Anwendung. Das Präparat ist namentlich durch Richardson als Anästheticum und Ersatz des Chloroforms empfohlen worden. Es soll ebenso sicher wie dieses wirken, ohne die üblen Zufälle wie Chloroform hervorzubringen. In Deutschland findet es nur ausnahmsweise einmal Anwendung.

Formalinum.

Formalin. Formol. Formaldehyd.

$$H\,CH\,O + x\,H_2\,O.$$

Unter dem Namen „Formalin" bringt die Chemische Fabrik auf Actien vorm. E. Schering in Berlin eine 40 procentige wässerige Lösung von Formaldehyd in den Handel.

Formaldehyd wurde zuerst von Hofmann (1868) dargestellt und zwar, indem er ein Gemenge von Luft und Methyalkohol über glühendes Platin leitete. Zunächst gelang es nur, Lösungen von etwa 1 % Formaldehyd zu gewinnen. Inzwischen sind die Darstellungsmethoden verbessert worden, indessen beruhen sämmtliche Verfahren auch heute noch auf dem Principe Methylalkohol zu Formaldehyd zu oxydiren:

$H\,CH_2\,.\,OH$	$H\,CH\,O$	$H\,CO_2\,H$
Methylalkohol	Formaldehyd	Ameisensäure.

Darstellung. Man leitet die Dämpfe von Methylalkohol über glühende Coke. Man erhält so eine wässerige Lösung, welche ausser Formaldehyd noch Methylalkohol und möglicherweise Ameisensäure enthält. Man beseitigt den Methylalkohol durch Destillation und concentrirt die Lösung des Formaldehydes sofort bis zu einem Gehalte von 40 %.

Eigenschaften. Das Formalin ist, wie schon bemerkt wurde, eine wässerige Auflösung des Formaldehydes und zwar enthält sie von diesem 40 Vol. Procent. Es ist eine farblose, neutrale Flüssigkeit von durchdringend stechendem Geruche. (Man vermeide es, zu kräftig an Formalin zu riechen!) Die Darstellung des reinen Formaldehyds ist zwar seit kurzer Zeit gelungen (Kékulé 1892),

aber das reine Formaldehyd polymerisirt sich ungemein leicht zu
Paraformaldehyd. Ebensowenig ist es möglich, wesentlich concentrirtere wässerige Lösungen als 40 procentige herzustellen, weil das
Formaldehyd die Neigung hat, in polymere Modificationen überzu-
gehen. Lösungen, deren Concentration über 40 Vol. Proc. hinausgeht, werden z. B. neben Formaldehyd $CH_2 O$ noch dessen Hydrat,
das hypothetische Methylenglycol $CH_2 (OH)_2$, ferner Di-Formal-
dehyd $(CH_2 O)_2$ enthalten und dampft man die wässerige Lösung
des Formaldehydes ab, so erfolgt Polymerisation zu festem Paraformaldehyd (Trioxymethylen) $(CH_2 O)_3$. Die Entscheidung der Frage,
ob in einer Formaldehydlösung das Formaldehyd als solches oder in
Form von Polymeren enthalten ist, lässt sich durch Bestimmung
der Moleculargrösse treffen, welche zweckmässig nach Raoult in
der Modification von Beckmann ausgeführt wird.

Davon abgesehen, zeigt das Formalin alle die für wässerige
Lösungen des Formaldehydes bekannten Reactionen: Aus schwach
ammoniakalischer Silbernitratlösung scheidet es einen prächtigen
Silberspiegel ab. — Fehling'sche Lösung wird nach einiger Zeit
schon bei gewöhnlicher Temperatur reducirt. — Beim Eindampfen
des Formalins hinterbleibt das in Wasser unlösliche feste Paraformaldehyd $(CH_2 O)_3$. — Mit Ammoniak verbindet es sich zu der einsäurigen festen Base: Hexamethylentetramin:

$$6\, CH_2 O + 4\, NH_3 \quad = \quad (CH_2)_6 N_4 + 6\, H_2 O.$$

$$N \begin{cases} CH_2 - N = CH_2 \\ CH_2 - N = CH_2 \\ CH_2 - N = CH_2 \end{cases}$$

Hexamethylentetramin.

Mit Anilinwasser giebt Formaldehyd in verdünnten Lösungen
eine milchige Trübung, in concentrirteren einen Niederschlag eines
Condensationsproductes —, ferner verbindet es sich mit sauren
schwefligsauren Alkalien zu einem krystallisirenden Additionsproduct.
— Mit Nitrophenylhydrazin vereinigt es sich zu einer gelben, bei
258⁰ schmelzenden Verbindung.

Prüfung. Die Identität des Formalins ergiebt sich aus dem
characteristischen stechenden Geruche, aus dem Verhalten gegen
ammoniakalische Silbernitratlösung und Fehling'sche Lösung, ferner
aus dem Hinterbleiben von festem Paraformaldehyd beim Verdampfen.
Die Reinheit würde in folgender Weise zu ermitteln sein: Es sei

gegen Lackmuspapier neutral oder reagire nur ganz schwach sauer; zur Ermittelung grösserer Mengen Ameisensäure kann man die Flüssigkeit mit reinem Calciumcarbonat schütteln und im Filtrate das Calcium als $Ca\,O$ bestimmen. — Bei der fractionirten Destillation dürfen bei etwa 66^0 keine erheblichen Mengen übergehen (Methylalkohol). — Beim Eindampfen und Glühen darf kein glühbeständiger Rückstand hinterbleiben (mineralische Verunreinigungen).

Zur Feststellung des Gehaltes ist zunächst das spec. Gewicht zu ermitteln; dasselbe liege bei 18^0 C. zwischen 1,080—1,088.

Volumgewicht wässeriger Formalinlösungen bei 18,5° C. nach H. Lüttke.

Volum-Procente	Volum-Gewicht	Volum-Procente	Volum-Gewicht	Volum-Procente	Volum-Gewicht	Volum-Procente	Volum-Gewicht
1	1,002	11	1,027	21	1,052	31	1,076
2	1,004	12	1,029	22	1,055	32	1,077
3	1,007	13	1,031	23	1,058	33	1,078
4	1,008	14	1,033	24	1,061	34	1,079
5	1,015	15	1,036	25	1,064	35	1,081
6	1,017	16	1,039	26	1,067	36	1,082
7	1,019	17	1,041	27	1,069	37	1,083
8	1,020	18	1,043	28	1,071	38	1,085
9	1,023	19	1,045	29	1,073	39	1,086
10	1,025	20	1,049	30	1,075	40	1,087

Ferner kann der Formaldehydgehalt maassanalytisch ermittelt werden, indem festgestellt wird, wie viel Ammoniak zur Bildung der oben erwähnten Base (Hexamethylentetramin) verbraucht wird: Man lässt 1—2 ccm Formalin mit 10—20 ccm Normalammoniak in einer ca 100 ccm fassenden Stöpselflasche mehrere Stunden stehen, verdünnt dann etwas und titrirt unter Benutzung von Methylorange oder Cochenille als Indicator mit Normal-Schwefelsäure zurück. $4\,CH_2\,O$ entsprechen $1\,H_2\,SO_4$. Die Feststellung, ob der einfache Aldehyd $CH_2\,O$ oder zugleich Polymere desselben vorhanden sind, würde durch Bestimmung der Moleculargrösse zu führen sein.

Aufbewahrung. Vorsichtig; man vermeide es, stark an Formalin zu riechen.

Anwendung. Formaldehyd ist, wie von Loew nachgewiesen wurde, ein mächtiges Protoplasmagift. Mit Rücksicht darauf wird es zur Zeit als relativ ungiftiges Antisepticum empfohlen. Nach Stahl tödtet es in einer Verdünnung 1 : 20000 Milzbrandbacillen und in einer Verdünnung[1] 1 : 1000 Milzbrandsporen nach einstündiger Einwirkung. Es wird daher empfohlen zum Reinigen und Aufbewahren der Schwämme, zum Reinigen der Hände und Instrumente (1 proc. Lösung). — Lässt man Formalin in geschlossenem Raume ohne Anwendung von Wärme verdampfen und die Dämpfe auf Verbandstoffe (Watte etc.) einwirken, so schlägt sich auf diesen Paraformaldehyd nieder und macht sie steril und aseptisch. — Möglicherweise wird sich Formalin auch zur Conservirung anatomischer Präparate und zur Haltbarmachung von Nahrungsmitteln eignen. Durch Ammoniak wird die antiseptische Wirkung aufgehoben!

Merkwürdig ist die örtliche Wirkung des Formalins. Bringt man letzteres auf die thierische Haut, so wirkt es auf diese lederbildend. Die Haut wird undurchdringlich, hart und zum Absterben gebracht. Möglicherweise wird sich auch diese Eigenschaft therapeutisch verwenden lassen. Nach Jablin-Gonnet benutzt man zur Conservirung von Wein und Bier pro Liter 0,0005 gr—0,001 gr, für eingekochte Früchte pro Kilo 0,1 gr Formaldehyd.

Formalith. Hierunter ist Kieselguhr zu verstehen, welcher eine bestimmte Menge Formalin aufgesaugt enthält. Dieses Präparat dient besonders zur Bereitung der Formalinverbandstoffe.

Paraldehydum.

Paraldehyd. Paraldehyde.

$C_6 H_{12} O_3.$

Die Bildung fester (polymerer) Modificationen aus dem gewöhnlichen Aldehyd wurde zuerst von Liebig beobachtet. Cervello empfahl 1883 den Paraldehyd als Hypnoticum.

Behandelt man den Aethylalkohol $CH_3.CH_2OH$ mit Oxydationsmitteln, z. B. Kaliumpermanganat, Braunstein + Schwefelsäure, Kaliumbichromat und Schwefelsäure und anderen, so geht er in Aldehyd über:

$$CH_3\,CH\!\!<^{H}_{O\,H} + O = H_2 O + CH_3\,C\!\!<^{H}_{O}$$

Aethylalkohol   Aldehyd.

Der Aldehyd (gewöhnliche Aldehyd oder Acetaldehyd) ist eine farblose, leicht bewegliche, durchdringend riechende, bei + 21° siedende, in jedem Mengenverhältniss mit Wasser mischbare Flüssigkeit, welche durch weitere Oxydation in Essigsäure übergeht:

---

[1] Die angegebenen Zahlen beziehen sich auf die wasserfrei gedachte Verbindung $CH_2 O.$

$$CH_3\,C\!\!<\!\!\genfrac{}{}{0pt}{}{H}{O} \quad + \quad O \quad = \quad CH_3\,C\!\!<\!\!\genfrac{}{}{0pt}{}{OH}{O}$$

Aldehyd   Essigsäure.

Der Aldehyd hat grosse Neigung, sich zu polymerisiren; behandelt man ihn bei gewöhnlicher Temperatur mit kleinen Mengen conc. Schwefelsäure (oder Salzsäure HCl, Phosgen $CO\,Cl_2$, Schwefligsäure SO_2, Zinkchlorid $Zn\,Cl_2$), so verwandelt er sich unter Selbsterwärmung in sein 3faches Polymeres, den Paraldehyd:

$$3\,[C_2\,H_4\,O] \qquad = \qquad C_6\,H_{12}\,O_3$$

Aldehyd   Paraldehyd.

Lässt man dagegen die genannten Agentien, Schwefelsäure etc., auf Aldehyd einwirken, welcher auf 0^0 abgekühlt ist, so verwandelt derselbe sich nicht in Paraldehyd, sondern in den festen, krystallisirenden Metaldehyd, welchem gewöhnlich die versechsfachte Formel des Aldehydes, also $C_{12}\,H_{24}\,O_6$, zugeschrieben wird.

Paraldehyd sowohl wie Metaldehyd verhalten sich chemisch genau wie der gewöhnliche Aldehyd und können beide durch genügend hohe Erhitzung, auch schon durch Destillation mit verdünnter Schwefelsäure, wieder in gewöhnlichen Aldehyd zurückverwandelt werden.

Bezüglich der näheren Zusammensetzung des Paraldehydes stellt man sich vor, dass 3 Mol. Aldehyd unter Auflösung der doppelten Bindung sich zu einem Molecul (Paraldehyd) vereinigen, etwa in folgender Weise:

$$3 \text{ Mol. Aldehyd} \qquad = \qquad 1 \text{ Mol. Paraldehyd.}$$

Darstellung. Wie aus dem Gesagten ersichtlich ist, hat der Darstellung des Paraldehydes diejenige des gewöhnlichen Aldehydes vorauszugehen.

a) Darstellung von reinem Aldehyd.

Zu diesem Zwecke destillirt man unter sehr guter Kühlung ein Gemenge von 4 Th. Weingeist (80 Procent), 6 Th. Braunstein, 6 Th. Schwefelsäure und 4 Th. Wasser — oder 100 Th. Alkohol, 150 Th. Kaliumbichromat und 200 Th. Schwefelsäure, welche vorher mit dem dreifachen Volumen Wasser verdünnt wurde. Von dem resultirenden, den Aldehyd enthaltenden Destillate wird nochmals ein kleiner Theil abdestillirt, dieser mit trocknem Chlorcalcium vermischt und am Rückflusskühler erhitzt. Die entweichenden Dämpfe leitet man in wasserfreien Aether, der nachher mit trocknem Ammoniakgas gesättigt wird. Es scheidet sich beim Stehen in der Kälte das Additionsproduct von Aldehyd und Ammoniak (Aldehyd-Ammoniak) als krystallinischer Niederschlag ab. 2 Th. dieses Niederschlages werden in 3 Th. Wasser gelöst und mit einer Mischung von 3 Th. Schwefelsäure und 5 Th. Wasser destillirt. — Die entweichenden Aldehyddämpfe leitet man, um sie zu entwässern, durch ein auf 22° C. erhitztes Chlorcalciumrohr und condensirt sie alsdann durch eine recht gute Kühlung.

Die grössten Mengen des in der Technik gebrauchten Aldehyds werden gegenwärtig aus dem Vorlaufe bei der Spiritusrectification gewonnen.

b) Ueberführung des Aldehyds in Paraldehyd.

Dieselbe erfolgt in der Praxis für gewöhnlich dadurch, dass man in Aldehyd bei gewöhnlicher Temperatur gasförmige Salzsäure einleitet. Die Ueberführung in Paraldehyd ist vollendet, wenn die Flüssigkeit in 1 Theile Wasser sich nicht mehr löst.

Das Reactionsproduct dieser Einwirkung besteht im Wesentlichen aus Paraldehyd neben kleineren Mengen Salzsäure und unverändertem Aldehyd. Um daraus den Paraldehyd rein darzustellen, kühlt man es unter 0° ab. Die sich hierdurch abscheidenden Krystalle werden gesammelt, bei gleich niederer Temperatur abgepresst und hierauf einer sorgfältigen Destillation unterworfen. Dies Verfahren, d. h. Abscheiden durch Abkühlung mit darauf folgender Rectification, wird so oft wiederholt, bis die Gesammtmenge des Präparates bei 124° C. übergeht.

Eigenschaften. Der reine Paraldehyd ist eine klare, farblose, eigenthümlich würzig und zugleich erstickend riechende Flüssigkeit von brennend kühlendem Geschmack. Sein spec. Gewicht ist bei 15° C. = 0,998, sein Siedepunkt liegt bei 124° C., also über 100° höher als der des gewöhnlichen Aldehydes. Bei einer Temperatur von 0° erstarrt er zu einer farblosen Krystallmasse, welche bei + 10,5° wieder schmilzt. Mit Alkohol und Aether ist er in jedem Verhältniss mischbar. — 100 Th. Wasser von 15° C. vermögen fast 12 Th. Paraldehyd aufzulösen, ohne dass sich später ölige Tropfen abscheiden; dabei ist beachtenswerth, dass die Löslichkeit des Präparates in warmem Wasser geringer ist als in kaltem. Die kaltgesättigte, klare Lösung von Paraldehyd in Wasser trübt sich daher beim Erwärmen; bei 100° C. scheidet sich etwa die Hälfte des gelösten Paraldehydes ab.

Im Uebrigen zeigt der Paraldehyd alle Eigenschaften eines echten Aldehydes; er ist ein Reductionsmittel, giebt z. B. beim schwachen Erwärmen mit ammoniakhaltiger Silbernitratlösung einen Aldehyd- (Silber-) Spiegel, geht durch Oxydation in Essigsäure über (schon durch den Luftsauerstoff), beim Erwärmen mit Kalihydrat liefert er unter Gelbfärbung würzig riechendes Aldehydharz. Bei der Destillation für sich geht er theilweise in gewöhnlichen Aldehyd über; beim Destilliren mit ein wenig Schwefelsäure ist diese Umwandlung eine totale.

Aufbewahrung. Der Paraldehyd gehört zu den vorsichtig aufzubewahrenden Arzneimitteln. Man bringe ihn in nicht zu grossen (nicht über 200 gr fassenden), gut geschlossenen, vor Licht geschützten Gefässen unter, da er, namentlich unter dem Einflusse des Lichtes, Sauerstoff aufnimmt und dann saure Reaction zeigt.

Prüfung. 1. Der Paraldehyd muss in seiner ganzen Menge bei 123—125° C. überdestilliren. Würden erhebliche Quantitäten bei niederer Temperatur sich verflüchtigen, so könnte gewöhnlicher Aldehyd, auch Alkohol zugegen sein. 2. Beim Abkühlen auf etwa 0° C. muss er zu Krystallen erstarren, welche erst bei + 10° C. schmelzen. Schlechte, durch gewöhnlichen Aldehyd oder durch Alkohol verunreinigte Präparate erstarren selbst bei — 5° C. nicht. 3. Werden etwa 5—10 gr des Präparates auf dem Wasserbade der Verdunstung überlassen, so darf kein übelriechender Rückstand hinterbleiben (Amylaldehyd oder Valeraldehyd, aus fuseligem Alkohol herrührend). 4. 1 Th. Paraldehyd muss sich in 10 Th. Wasser von 15° C. klar lösen (Trübung = Amylalkohol, Valeraldehyd), beim Erwärmen muss sich die Lösung trüben. (Identität, Prüfung auf gewöhnlichen Aldehyd, Alkohol.) 5. Die kaltgesättigte wässerige Lösung darf, nach dem Ansäuern mit Salpetersäure, weder durch Silbernitrat- noch durch Baryumnitratlösung (Salzsäure, Schwefelsäure, beide von der Bereitung herstammend) verändert werden. 6. Eine Mischung aus 1 ccm Paraldehyd und 1 ccm Weingeist darf, nach Zusatz eines Tropfens Normal-Kalilauge, eine saure Reaction nicht zeigen (Begrenzung des Säuregehaltes). Man füge der Mischung zweckmässig direct 1—2 Tropfen Lackmustinctur zu.

Anwendung. Man giebt den Paraldehyd als beruhigendes Mittel (Sedativum) in Mengen von 1,0—2,0 gr, als Hypnoticum zu 3,0—6,0—10,0 (in letzteren Fällen auf mehrere Einzelgaben vertheilt) namentlich in Mixturen, auch mit Gummischleim combinirt, (sogar in Form von Suppositorien). Als Geschmackscorrigens ist Rum und Citronenessenz empfohlen worden.

Der Athem riecht nach Paraldehydgebrauch intensiv nach Aldehyd. Paraldehyd soll, ebenso wie Chloral, Antidot des Strychnins sein.

Emulsio Paraldehydi. 10 gr Gummi arabic. pulv. werden in etwas Wasser zu einem dicken Schleim gelöst und hierzu etwas Paraldehyd gegeben. Man rührt so lange, bis die Mischung homogen geworden ist, und setzt dann neuerdings ein wenig Wasser und etwas Paraldehyd zu. So verfährt man abwechselnd zwischen dem Zusatz von Wasser und Paraldehyd, bis man in der Mischung soviel Paraldehyd untergebracht hat, als Gummi genommen wurde — hier also 10 gr — Ergiebt auch der letzte Zusatz von Paraldehyd eine vollständig homogene Emulsion, so ergänzt man die Mischung mit Wasser auf 100 gr und setzt alsdann 20 gr Sirup. amygdalar. zu.

Chloralcyanhydratum.

Chloralcyanhydrat.   Chloralcyanhydrin.   Blausäurechloral.

$$C\,Cl_3\,.\,CH\,O\,.\,H\,C\,N.$$

Diese 1872 von H a g e m a n n zuerst dargestellte Verbindung wurde 1887 von H e r m e s als geeigneter Ersatz des Bittermandelwassers empfohlen.

Darstellung. 40 Th. conc. wässerige Blausäure von etwa 45 % werden mit 60 Th. Chloralhydrat gemischt und am Rückflusskühler bei 60—70° C. etwa 8 Stunden lang erwärmt. Alsdann verdunstet man die überschüssige Blausäure auf dem Wasserbade, worauf der Rückstand krystallinisch erstarrt. Man krystallisirt ihn hierauf entweder aus Wasser oder aus Schwefelkohlenstoff um. — Die zur Darstellung nöthige Blausäure bereitet man sich durch Destillation von 100 Th. gelben Blutlaugensalzes mit einem Gemisch von 70 Th. engl. Schwefelsäure, und zwar destillirt man bei eingeschaltetem Rückflussrohr 40 Th. ab. Es bedarf wohl keines besonderen Hinweises darauf, dass sämmtliche Operationen, bei denen sich Blausäure entwickelt, also hier die Destillation, die Digestion und das Abdampfen, unter einem gut wirkenden Abzuge oder im Freien auszuführen sind. Ueber die nach der Gleichung $CCl_3\,CHO + HCN = CCl_3\,CH(OH)CN$ verlaufende Reaction[1] siehe die Fussnote.

---

[1] Eine bemerkenswerthe Eigenschaft der Aldehyde ist die der Additionsfähigkeit. Unter Auflösung der doppelten Bindung des Sauerstoffatomes nehmen sie 1) Wasser, 2) Alkohol, 3) Cyanwasserstoff, 4) Ammoniak, 5) saure schwefligsaure Alkalien auf.

Eigenschaften. Das Chloralcyanhydrat bildet weisse krystallinische, dem Chloralhydrat ähnlich riechende Massen oder — aus Wasser oder Schwefelkohlenstoff krystallisirt — dünne rhombische Tafeln, welche bei etwa 61^0 schmelzen und — allerdings nicht unzersetzt — bei 215—220^0 sieden. In Wasser, Alkohol und Aether ist die Verbindung leicht löslich; genaue Angaben bezüglich der Löslichkeit in Wasser lassen sich nicht machen, da das Präparat durch kaltes Wasser allmälig, schneller noch beim Erhitzen in Chloral(hydrat) und Blausäure gespalten wird. Durch wässerige Alkalien z. B. Kalilauge oder Natronlauge erfolgt Zersetzung in Blausäure, Ameisensäure und Chloroform. Beim Kochen mit Salzsäure entsteht Trichlormilchsäure $CCl_3 CH (OH) COOH$. Silbernitrat erzeugt in der frisch bereiteten wässerigen Lösung zunächst keinen Niederschlag, derselbe tritt erst beim Kochen ein. Aus heisser Fehling'scher Lösung wird durch genügende Mengen von Chloralcyanhydrat kein rothes Kupferoxydul abgeschieden, sondern die Flüssigkeit wird entfärbt unter Bildung des farblosen Doppelsalzes Cyankupfer — Cyannatrium $Cu Cy_2 . 2 Na Cy$.

Prüfung. Fügt man zu einer Mischung aus 2 ccm Natronlauge und 3 ccm Wasser etwa 0,1 Chloralcyanhydrat, 0,2 Ferrosulfat und 1 Tropfen Ferrichlorid und lässt unter bisweiligem Umschütteln einige Minuten stehen, so entsteht bei dem Uebersättigen mit Salzsäure ein blauer Niederschlag von Berlinerblau (Blausäure). — Wird 1 gr Chloralcyanhydrat mit 3—5 ccm Natronlauge schwach erwärmt, so scheiden sich Tröpfchen von Chloroform ab (Chloralderivat).

---

1. Chloral + Chloralhydrat:

$$CCl_3 \cdot CHO \; + \; H \cdot OH \; = \; CCl_3 \cdot CH(OH)(OH)$$

Chloral · · · · · Chloralhydrat.

2. Chloral + Alkohol = Chloralalkoholat:

$$CCl_3 \cdot CHO \; + \; H \cdot OC_2H_5 \; = \; CCl_3 \cdot CH(OH)(OC_2H_5)$$

Chloral · · Alkohol · · Chloralalkoholat

3. Aldehyd + Aldehydcyanhydrat:

$$CH_3 \cdot CHO \; + \; H \cdot CN \; = \; CH_3 \cdot CH(OH)(CN)$$

Aldehyd · · · · Aldehydcyanhydrat.

4. Aldehyd + Aldehydammoniak:

$$CH_3 \cdot CHO \; + \; H \cdot NH_2 \; = \; CH_3 \cdot CH(OH)(NH_2)$$

Aldehyd · · · · Aldehydammoniak.

5. Aldehyd + Bisulfitverb. des Aldehyds:

$$CH_3 \cdot CHO \; + \; H \cdot SO_3Na \; = \; CH_3 \cdot CH(OH)(SO_3Na)$$

Aldehyd · · · · Bisulfitverb. des Aldehyds.

Zur Beurtheilung der Reinheit eignet sich die Bestimmung des Schmelzpunktes nicht, da derjenige des Chloralhydrates (57°) dem des Chloralcyanhydrates zu nahe kommt. Es ist daher am zweckmässigsten, eine Bestimmung des Blausäuregehaltes, als des wesentlichsten Bestandtheiles, auszuführen. Zu diesem Zwecke versetzt man 1—2 gr Chloralcyanhydrat mit 4—8 gr Kalilauge von $33^{1}/_{3}\%$ und dampft unter Zusatz von 4—8 gr Natriumthiosulfat auf dem Wasserbade zur Trockne. Der Rückstand wird in Wasser gelöst, mit Schwefelsäure schwach angesäuert und die Lösung mit einer hinreichenden Menge Kupfersulfatlösung erhitzt. Es fällt weisses Kupferrhodanür, welches nach dem Trocknen bei 110° die Zusammensetzung $Cu_2(CNS)_2 + H_2O$ besitzt, aus. Man erhält direct das Gewicht der Blausäure, wenn man das Gewicht des getrockneten Kupferrhodanürs mit 0,2077 multiplicirt (Kaiser und Schärges).

Handelt es sich um den Nachweis freier Blausäure in einer frisch bereiteten oder älteren, dissociirten wässerigen Lösung, so fügt man von der letzteren einige Tropfen zu der Schär-Schoenbein'schen[1] Guajakkupferlösung. Chloralcyanhydrat als solches wirkt auf das Reagens nicht ein, bei Gegenwart von freier Blausäure jedoch entsteht Blaufärbung.

Aufbewahrung. In gut verschlossenen Gefässen und in trocknem Zustande, vorsichtig.

Anwendung. Das Chloralcyanhydrat wurde von Hermes auf Anregung von Liebreich als Ersatz des Bittermandelwassers empfohlen. Die Vorzüge, welche es dem letzteren gegenüber bieten soll, bestehen darin, dass es eine constante chemische Verbindung ist, welche in trockenem Zustande sich unbegrenzte Zeit, in Lösung immerhin einige Zeit unzersetzt aufbewahren lässt. Nach Hermes soll ihm reine Blausäurewirkung zukommen. Die Entscheidung, ob diese letztere den Heilwerth des Bittermandelwassers bedinge, muss den Pharmakologen von Fach überlassen bleiben, immerhin scheint das Präparat Beachtung gefunden zu haben.

Für die Dosirung ist zu bemerken, dass 6,46 gr Chloralcyanhydrat = 1,0 gr wasserfreie Blausäure enthalten. Um also ein Präparat von gleichem Blausäuregehalt wie das Bittermandelwasser zu erzielen, müsste man rund 0,06 Chloralcyanhydrat in 10 Wasser auflösen.

0,01 gr Chloralcyanhydrat enthalten gleich viel Blausäure als

---

[1] Man versetzt eine zweckmässig im Dunkeln aufzubewahrende Lösung von 1 Resina Guajaci in 100 absolut. Alkohol mit wenigen Tropfen einer schwachen Kupfersulfatlösung (1 : 6000 bis 1 : 10000 Wasser); die Mischung darf auch bei leichter Erwärmung keine Blaufärbung annehmen.

1,57 gr Bittermandelwasser. — Durch den Urin wird das Präparat als Urochloralsäure ausgeschieden.

Vorsichtig aufzubewahreh.

Chloralammonium. CCl_3 CH (OH) NH_2, Chloralammoniak, Chloralamid, wurde von Nestbit als Schlafmittel bez. als Ersatz des Chlorals empfohlen.

Dasselbe entsteht, wenn man in eine Lösung von wasserfreiem Chloral in Chloroform trocknes Ammoniak einleitet (Schiff). Beim Abdunsten des Chloroforms krystallisirt das Chloralammonium in feinen weissen Nadeln aus, welche bei 82—84° schmelzen. Es ist in kaltem Wasser nahezu unlöslich und wird durch heisses Wasser in Chloroform und ameisensaures Ammoniak zerlegt. In Alkohol und Aether ist es leicht löslich. Therapeutisch soll es die Vorzüge des Chlorals und Urethans in sich vereinigen, d. h. ein gutes Hypnoticum und Analgeticum sein, ohne die Herzthätigkeit in dem Maasse wie Chloralhydrat schädlich zu beeinflussen. Uebrigens ist die Verbindung noch im Versuchsstadium begriffen.

Vorsichtig aufzubewahren.

Chloral-Urethan oder Uralin s. unter Urethane.

Chloralimid. CCl_3—CH $=$ NH wird erhalten durch Erhitzen von Chloralammoniak auf 100° C., oder indem man Chloralhydrat mit trocknem Ammoniumacetat bis zum Sieden erhitzt. Beim Eingiessen des Reactionsproductes in kaltes Wasser scheidet sich das Chloralimid als krystallinischer Niederschlag aus. Wenig löslich in Wasser, leicht löslich in Alkohol und in Aether. Durch Mineralsäuren wird es zerlegt in Chloral und die Ammoniaksalze der betreffenden Säuren.

Die Verbindung ist entstanden zu denken durch Wasserabspaltung aus dem Chloralammoniak

$$CCl_3 \, CH \begin{array}{c} \cdot OH \\ \diagdown NH \, H \end{array} = H_2O + CCl_3 - C \mathrel{=\!=} NH.$$

Chloralammoniak   Chloralimid.

Anwendung. Als Hypnoticum in Gaben von 1—4 gr wie Chloralhydrat. Ausscheidung als Urochloralsäure.

Chloralum formamidatum.

Chloralformamid.   Chloralamid[1]).

$C\,Cl_3 \cdot CHO \cdot HCO\,NH_2.$

Unter dem unzutreffenden Namen „Chloralamid" wurde 1889 eine, von der Chem. Fabrik auf Actien vorm. E. Schering zum Patent angemeldete Verbindung von Chloral mit Formamid durch v. Mering, Reichmann, Hagen u. Hüfler als Schlafmittel empfohlen. Das Arzneibuch hat diese Verbindung unter dem zutreffenderen Namen „Chloralum formamidatum" aufgenommen. Die homologe Verbindung Chloralacetamid war schon lange bekannt und zwar von Jacobsen dargestellt und von Schiff, Wallach u. A. studirt worden.

Darstellung. Dieselbe geschieht einfach durch Vereinigung gleicher Molecüle wasserfreien Chlorals (nicht Chloralhydrat) und Formamid.

Formamid $H \cdot CONH_2$ ist das Amid der Ameisensäure und wird technisch durch Erhitzen von Ammoniumformiat (ameisensaures Ammon) unter Druck auf 230^0 gewonnen:

$$H\,C\,O\ O\ _{NH_2}H_2 \ = \ H_2\,O \ + \ H \cdot CO\,NH_2.$$
Ammoniumformiat　　　　·　　　　Formamid

Es ist eine fast farblose, sirupartige (der officin. Milchsäure äusserlich ähnliche) Flüssigkeit, welche bei $192-195^0$ unter theilweiser Zersetzung destillirt.

Man mischt bei kleineren Mengen in einem Krystallisirschälchen, bei grösseren Mengen in einer Porzellanpfanne 147 Th. wasserfreies Chloral und 45 Th. Formamid bei gewöhnlicher Temperatur zusammen. Beide Flüssigkeiten zeigen zunächst keine Neigung, sich mit einander zu mischen, nach kurzem Umrühren jedoch wird die Mischung unter erheblicher Selbsterwärmung klar. Man stellt sie nun wohlbedeckt einige Zeit bei Seite.

Ist sie nach dem Erkalten auf mittlere Temperatur nicht freiwillig krystallinisch erstarrt, so zwingt man sie zum Krystallisiren durch Reiben („Kitzeln") mit einem Glasstabe. Hat man krystallisirtes Chloralformamid zur Hand, so kann man das Krystallisiren durch Eintragen eines kleinen Kryställchens sehr beschleunigen. Auch das Festwerden der flüssigen Mischung erfolgt unter Abgabe von Wärme. Die völlig erkaltete und fest gewordene Masse krystallisirt man schliesslich aus Wasser oder 30 proc. Alkohol mit der Vorsicht um, dass man eine Erwärmung über 60^0 C. hinaus sorgfältig vermeidet.

---

[1]) Man verwechsle es nicht mit dem S. 91 beschriebenen Chloralamid.

Die Darstellung im pharmaceutischen Laboratorium verbietet sich, da das Präparat unter Patentschutz steht, von selbst. Sie ist auch nicht rentabel wegen der in den Mutterlaugen verbleibenden beträchtlichen Antheile. Sie empfiehlt sich jedoch zu Uebungszwecken. In diesem Falle sollte man aber, da das wasserfreie Chloral doch bezogen werden wird, gleich auch andere Derivate, z. B. Chloralhydrat, Chloralalkoholat darstellen.

Der chemische Vorgang besteht einfach darin, dass sich Chloral und Formamid unter Auflösung der doppelten Bindung des Sauerstoffatomes zu Chloralformamid vereinigen:

$$C\,Cl_3\,C \Big\langle {\!\!\!{}^{H}_{O}} \quad + \quad H\,H\,N\,.\,H\,.\,CO \quad = \quad C\,Cl_3\,C \Big\langle {\!\!\!\begin{array}{l} H \\ OH \\ NH\,.\,H\,CO \end{array}}$$

Chloral Formamid Chloralformamid.

Eigenschaften. Das Chloralformamid bildet schneeweisse, glänzende, harte Kryställchen. Es schmilzt bei 114—115⁰ und zerfällt bei dem Versuche, es zu destilliren, in seine Componenten, d. i. Chloral und Formamid. Es löst sich langsam in etwa 20 Th. kalten Wassers, rascher in etwa 1,5 Th. Alkohol. Das Auflösen in Wasser darf höchstens durch sehr mässige Erwärmung unterstützt werden, da die wässerige Lösung schon wenig über 60⁰ hinaus unter Rückbildung von Chloral und Formamid zerlegt wird. Die Formel des Chloralformamides ist $CCl_3\,CHO\,.\,HCONH_2$, das Mol.-Gewicht ist $= 196,5$.

Eine eigentliche Identitätsreaction für dieses Präparat giebt es zur Zeit noch nicht. Die Angabe des Arzneibuches: „Die Krystalle geben beim Erwärmen mit Natronlauge eine trübe, unter Abscheidung von Chloroform sich klärende Lösung" trifft auch für das Chloralhydrat zu, welches sich übrigens durch seinen eigenthümlichen Geruch und durch die leichte Löslichkeit in Wasser von dem Chloralformamid unterscheidet. Durch diese Reaction wird daher lediglich die Gegenwart von Chloral in irgend einer Form nachgewiesen. Dagegen fehlt es an einem einfachen Hülfsmittel, das Vorhandensein des Ameisensäurerestes festzustellen. Von anderer Seite ist in dieser Beziehung mit Unrecht Werth darauf gelegt worden, dass bei dem Erwärmen mit Natronlauge zugleich Ammoniak in Freiheit gesetzt wird, als Zersetzungsproduct des zurückgebildeten Ammoniumformiates. Ammoniakentwickelung tritt unter diesen Bedingungen auch bei anderen — und gerade als Schlafmittel empfohlenen — Chloralderivaten, z. B. bei dem Chloralurethan und dem Chloralammonium ein. Ein sichereres Kennzeichen wäre die Entwickelung von Kohlenoxyd beim Erwärmen mit conc. Schwefelsäure. Indessen müssen wir hiervon aus mehrfachen Gründen abrathen.

Das Characteristische des Chloralformamides besteht eben darin, dass es eine (ziemlich lose) Verbindung von Chloral mit Formamid ist. Alle Veränderungen, welche für das Chloral und das Formamid bekannt sind, werden daher auch für die Verbindung beider zutreffen. Dahin gehören z. B. die leichte Spaltbarkeit des Chlorals in Chloroform und die Ueberführung des Formamides in Ammoniumformiat unter dem Einflusse von ätzenden Alkalien.

$$H . C O NH_2 \quad + \quad H_2 O \quad = \quad H CO_2 NH_4$$
$$\text{Formamid} \qquad\qquad\qquad \text{Ammoniumformiat.}$$

Das Chloralformamid enthält nach seiner Bereitung und nach seiner Formel 76,6 % wasserfreies Chloral und 23,4 % Formamid.

Prüfung. Chloralformamid bilde weisse, geruchlose Krystalle, welche in etwa 20 Th. kaltem Wasser löslich sind. (Chloralhydrat bildet durchsichtige Krystalle, welche stechend riechen und sehr leicht in Wasser löslich sind.)

Die Lösung von Chloralformamid in 9 Th. Weingeist darf blaues Lackmuspapier nicht röthen (freie Ameisensäure, Salzsäure, als Zersetzungsproducte des Präparates). Die wässerige Lösung reagirt ganz schwach sauer. — Die nämliche alkoholische Lösung soll sich auf Zusatz von Silbernitratlösung nicht sofort verändern. Eine weisse Trübung könnte von Salzsäure (in einem zersetzten Präparate), aber auch von freiem Formamid herrühren, doch würde sich diese Verunreinigung schon durch das Sinken des Schmelzpunktes zu erkennen geben. Die Beobachtung ist sofort anzustellen, da nach einiger Zeit in der mit Silbernitrat versetzten alkoholischen Lösung auch bei reinen Präparaten eine röthliche Färbung in Folge Reduction des Silbernitrates eintritt.

Erhitzt sei Chloralformamid flüchtig (unorganische Verunreinigungen), ohne brennbare Dämpfe zu entwickeln. Diese Prüfung bezieht sich auf eine Verwechslung mit Chloralalkoholat, auch Urethan, welche beide beim Erhitzen Weingeist abspalten und daher leicht entzündliche Dämpfe von Alkohol abgeben. Andere Chloral-Derivate, welche in Folge ihres Gehaltes an Chloral zum Theil als Hypnotica, zum Theil als Sedativa empfohlen und angewendet wurden, (z. B. Somnal, Chloralurethan und Hypnal) sind unter Urethan und Antipyrin aufgeführt.

Aufbewahrung. Vorsichtig! Gegen Licht ist das Chloralformamid, soweit die Erfahrungen bis jetzt reichen, nicht empfindlich.

Anwendung. Chloralformamid wird als Schlafmittel benutzt. Seine Wirkung beruht auf dem Umstande, dass es in der Blutbahn in Chloral und Ammoniumformiat gespalten wird. Als Vorzug vor dem Chloralhydrat wird ihm nachgerühmt, dass es die Athmung und Herzthätigkeit nicht beeinflusst, den Blutdruck nicht herabsetzt und die Verdauung nicht stört, was jedoch nach L a n g g a r d nur in bedingtem Maasse der Fall ist. Die schlafbringende Dosis ist 1—2—3 gr. Das Arzneibuch giebt als g r ö s s t e E i n z e l g a b e 4 gr, als g r ö s s t e T a g e s g a b e 8 gr an.

Ausgeschieden wird das Chloralformamid auf dem Harnwege, ebenso wie das Chloralhydrat, als U r o c h l o r a l s ä u r e. S. unter Chloralcyanhydrat.

L ö s u n g e n v o n C h l o r a l f o r m a m i d i n W a s s e r sind aus den angeführten Gründen o h n e E r w ä r m u n g darzustellen.

Vorsichtig a u f z u b e w a h r e n.

Chloralose. A n h y d r o g l u c o c h l o r a l $C_8 H_{11} Cl_3 O_6$. Mit dem Namen „Chloralose" bezeichnen H a n r i o t und R i c h e t das schon 1889 von A. H e f f t e r dargestellte Anhydroglucochloral.

Darstellung. Man erhitzt ein Gemisch gleicher Theile wasserfreien Chlorals und trockner Glucose (Traubenzucker) eine Stunde lang auf 100^0, behandelt die Reactionsmasse nach dem Erkalten mit wenig Wasser, dann mit siedendem Aether, und bringt die ätherischen Auszüge zum Verdunsten. Der Verdunstungsrückstand wird mit Wasser aufgenommen und so lange mit Wasserdampf destillirt, bis alles Chloral vertrieben ist. Die nunmehr hinterbleibende Substanz kann man durch succesive Krystallisation in einen α-Körper, welcher in kaltem Wasser wenig, in warmem Wasser sowie in Alkohol ziemlich löslich ist, und in einen β-Körper trennen, welcher auch in heissem Wasser schwer löslich ist.

Der soeben angeführte leichter lösliche α-Körper ist die Chloralose, die schwerer lösliche β-Substanz nennen H a n r i o t und R i c h e t „Parachloralose". Die Ausbeute an ersterer beträgt nur 3 %.

Die Chloralose bildet farblose, feine Nadeln, welche bei 184 bis 186^0 schmelzen. Sie löst sich in 170 Th. Wasser von 15^0 C., leichter in heissem Wasser, sehr leicht in Alkohol, Aether und Eisessig. Die Krystalle schmecken bitter.

Die Verbindung entsteht durch Vereinigung von Chloral mit Glucose unter Wasseraustritt.

$$C Cl_3 CH O \; + \; C_6 H_{12} O_6 \; = \; H_2 O \; + \; C_8 H_{11} Cl_3 O_6.$$
Chloral   Glucose   Anhydroglucochloral.

Die Chloralose ist ein Hypnoticum und steigert die Erregbarkeit des Rückenmarkes. Die Wirkung ist nicht lediglich dem in Verbindung vorhandenen Chloral zuzuschreiben, da man schon mit 0,5 gr mehrstündigen ruhigen tiefen Schlaf erzeugen kann, selbst bei Personen, bei denen andere Schlafmittel unwirksam sind. Als Einzelgabe soll man über 1 gr nicht hinausgehen.

Vorsichtig aufzubewahren.

Parachloralose hat die gleiche empirische Zusammensetzung wie Chloralose, nämlich $C_8 H_{11} Cl_3 O_6$ und ist mit dieser entweder isomer oder polymer. Farblose, perlmutterartig glänzende Blättchen, in kaltem Wasser gar nicht, in heissem Wasser wenig löslich, leicht löslich in heissem Alkohol, Aether und Eisessig. Schmelzpunkt 229°.

Methylalum.

Methylal.   Methylendimethyläther.

$$CH_3 O . CH_2 . O CH_3.$$

Mit dem Namen „Methylal" bezeichnet man das vom Formaldehyd und dem Methylalkohol sich ableitende „Acetal", d. h. eine Verbindung, welche entstanden ist aus 1 Mol. Formaldehyd und 2 Mol. Methylalkohol unter Austritt von 1 Mol. Wasser s. S. 89 u. 99.

$$H_2 = C = \left| O + \begin{matrix} H \\ H \end{matrix} \right| \begin{matrix} O CH_3 \\ O CH_3 \end{matrix} = H_2 O + H_2 = C \Big\langle \begin{matrix} O CH_3 \\ O CH_3 \end{matrix} .$$

Sie wurde zuerst von Malaguti und zwar in nachstehender Weise dargestellt.

Darstellung. Man erwärmt in einer Retorte ein Gemisch von 1 Th. Methylalkohol, 1 Th. Braunstein und 1,5 Th. conc. Schwefelsäure, die mit 1,5 Th. Wasser verdünnt wurde. Unter Eintritt einer lebhaften Reaction destillirt eine Flüssigkeit über, welche neben Methylal noch Methylalkohol, Ameisensäure und Wasser enthält. Man rectificirt das Destillat und fängt die zwischen 40 und 50° C. übergehenden Antheile auf. Alsdann entwässert man diese Fraction zunächst mit geschmolzenem Chlorcalcium, sodann mit geglühter Potasche und fractionirt so lange, bis man ein bei 42° C. vollständig übergehendes Product erhält.

Der Verlauf der Reaction ist leicht verständlich. Er lässt sich durch die Formel $3 CH_3 . OH + O = 2 H_2 O + CH_2 (OCH_3)_2$ ausdrücken. Jedenfalls aber wird durch Oxydation ein Theil des Methylalkohols zunächst in Formaldehyd übergeführt, welches sich alsdann unter Wasseraustritt mit 2 Mol. unveränderten Methylalkohols verbindet. Der zur Oxydation erforderliche Sauerstoff wird selbstverständlich durch die Einwirkung der Schwefelsäure auf den Braunstein geliefert.

$$CH_3 OH + O = H_2 O + CH_2 O$$
Formaldehyd

$$H_2 = C = \begin{array}{|c} H \\ O + \\ H \end{array} \begin{array}{l} O\,CH_3 \\ \\ O\,CH_3 \end{array} = H_2 O + CH_2 \Big\langle \begin{array}{l} O\,CH_3 \\ \\ O\,CH_3 \end{array}$$
Methylal.

Eigenschaften. Das Methylal bildet eine spec. leichte, bewegliche, farblose, durchdringend aromatisch, zugleich nach Chloroform und nach Essigäther riechende Flüssigkeit, welche bei + 42° C. siedet und ein spec. Gewicht von 0,855 bei 15° C. besitzt. Es löst sich in 3 Th. Wasser von 15° C., ferner in Alkohol, Aether, sowie in etten und ätherischen Oelen. Als bemerkenswerth wäre zu verzeichnen, dass es nicht leicht entzündlich ist; in diesem Verhalten ähnelt es also dem Chloroform. Von Alkalien wird es nicht verändert, von conc. Schwefelsäure aber unter Bildung von Methylschwefelsäure und Formaldehyd zerlegt, welches letztere sich seinerseits mit der Schwefelsäure verbindet.

Prüfung. Das Methylal siede bei 42° C. und besitze bei 15° C. ein über 0,860 nicht hinausgehendes spec. Gewicht. Es löse sich in 3 Th. Wasser klar auf; diese Lösung reagire neutral (Ameisensäure, Essigsäure). Löst man 5 Tropfen Methylal in 10 gr Wasser auf, fügt 10 Tropfen verdünnte Schwefelsäure und 1 Tropfen der volumetrischen Kaliumpermanganatlösung hinzu, so darf innerhalb 5 Minuten keine Entfärbung eintreten (Aldehyd, Methylalkohol).

Aufbewahrung. In kleinen, gut verschlossenen Gefässen (Korkstopfen mit Blaseverschluss) vorsichtig.

Anwendung. Das Methylal wurde von Personali als sicheres Hypnoticum empfohlen. Innerlich soll es schon in geringen Dosen ruhigen, tiefen Schlaf hervorbringen. Da es aber leicht vom Organismus eliminirt wird, so ist die Wirkung eine nur kurze Zeit andauernde. Functionsstörungen soll es nicht bedingen, doch vermehrt es die Herzschläge, erniedrigt den Blutdruck ein wenig und beeinflusst die Respiration, welche langsam und tief wird. Die hypnotische Dosis schwankt zwischen 1 und 5 gr. Bei alkoholischem Irresein, beginnenden Psychosen und nächtlichen Aufregungszuständen bleibt die hypnotische Wirkung aus; dagegen rühmt es v. Krafft-Ebing gerade bei Delirium tremens in Dosen von 2—4 gr als erfolgreich.

Rp. Methylal. · 10,   Rp. Methylal. 15,
Syr. Ribium 40,   Syr. simpl. 100,0
Aq. destill. 110,0
S. Abends einen Esslöffel.   S. Abends einen Theelöffel.

Ferner soll es nach Personali und Mutroktin ein ausgezeichnetes Antidot des Strychnins sein.

Methylalinhalationen sollen vollständige Anästhesie hervorbringen, wozu etwa 50—60 gr des Präparates erforderlich sind. Unangenehme Nebenwirkungen sind bisher nicht beobachtet worden.

Bei subcutaner Anwendung tritt die hypnotische Wirkung gleichfalls sicher ein, doch sind die Injectionen zu Anfang etwas schmerzhaft.

Aeusserlich wird es als schmerzstillendes und beruhigendes Mittel in Form von Salben und Linimenten gegeben.

Rp. Methylal. 10,   Rp. Methylal. 2,
Ol. Olivarum 30,0   Aq. destill. 8,
D. S. Aeusserlich.   D. S. Zur subcutanen Injection.

In Deutschland ist die Anwendung des Präparates bisher eine sehr beschränkte geblieben, dagegen wird es in Frankreich, wie es heisst mit sehr gutem Erfolge, vielfach verordnet.

Unter dem Namen Melange de Gregory oder Forméthylal (Dumas) wurde ein rohes Methylal, aus Methylal, Ameisensäure und Methylalkohol bestehend, schon seit Jahren medicinisch angewendet.

Vorsichtig aufzubewahren.

Sulfonalum.

Sulfonal. Disulfonäthyldimethylmethan.

$$CH_3 \diagdown \atop CH_3 \diagup \!\!\!\! C \diagup \!\!\!\! {\diagdown \atop} {SO_2 C_2 H_5 \atop SO_2 C_2 H_5}.$$

Unter dem Namen Sulfonal-Bayer brachten zu Anfang des Jahres 1888 die Farbenfabriken vorm. Friedr. Bayer & Co. in Elberfeld ein Präparat in den Handel, welches seinem wissenschaftlichen Namen nach als „Diäthylsulfondimethylmethan" zu bezeichnen ist, zuerst im Jahre 1885 von E. Baumann dargestellt und im Jahre 1888 von A. Kast physiologisch geprüft und zur therapeutischen Anwendung empfohlen wurde.

Von den **Aldehyden** ist es bekannt, dass sie sich mit Alkoholen entweder additionell oder unter Austritt von Wasser vereinigen; sie geben auf diese Weise zwei Categorien von Verbindungen, welche man **Alkoholate** bez. **Acetale** nennt, z. B.

$$CCl_3 - C \overset{=O}{-} H \qquad CCl_3 - C \overset{OH}{\underset{O\,C_2H_5}{-}} H \qquad CCl_3 - C \overset{O\,C_2H_5}{\underset{O\,C_2H_5}{-}} H$$

Chloral   Chloralalkoholat   Trichloracetal.

Die **Ketone**, welche den Aldehyden nahe stehen, vereinigen sich mit den Alkoholen zu analogen Verbindungen nicht.

Viel reactionsfähiger dagegen erweisen sich sowohl Aldehyden wie Ketonen gegenüber die geschwefelten Alkohole oder **Mercaptane**. Unter letzteren versteht man bekanntlich Alkohole, welche an Stelle des O-Atomes ein S-Atom enthalten:

$$C_2H_5\,OH \qquad\qquad\qquad C_2H_5\,SH$$

Aethylalkohol   Aethylmercaptan.

2 Mol. eines Mercaptans vereinigen sich unter Wasseraustritt mit 1 Mol. eines Aldehydes zu Verbindungen, welche **Mercaptale** genannt werden; 2 Mol. Mercaptan geben unter Wasseraustritt mit 1 Mol. eines Ketones Verbindungen, welche **Mercaptole** heissen. Beide Arten von Verbindungen stehen in engster Beziehung zu den Acetalen.

$$1.\quad CH_3 - C\overset{=}{-}H \,\,\begin{vmatrix} O\,H \\ + \,H \end{vmatrix}\, \begin{matrix} S\,C_2H_5 \\ S\,C_2H_5 \end{matrix} \;=\; CH_3 - C \overset{S\,C_2H_5}{\underset{S\,C_2H_5}{-}} H \;+ H_2O\,.$$

Aldehyd   Mercaptan   Mercaptal
1 Mol.   2 Mol.   (Dithioäthylmethylmethan)

$$2.\quad \overset{CH_3}{\underset{CH_3}{>}}C = \begin{vmatrix} H \\ O+ \\ H \end{vmatrix}\, \begin{matrix} S\,C_2H_5 \\ S\,C_2H_5 \end{matrix} \;=\; \overset{CH_3}{\underset{CH_3}{>}}C \overset{S\,C_2H_5}{\underset{S\,C_2H_5}{<}} \;+\; H_2O$$

Aceton   Mercaptan   Mercaptol
1 Mol.   2 Mol.   (Dithioäthyldimethylmethan).

Die letzte aufgeführte Substanz, das **Mercaptol** oder Dithioäthyldimethylmethan, ist ein Zwischenproduct des Sulfonals.

Darstellung. I. In eine Mischung von 2 Th. wasserfreiem Mercaptan und 4 Th. wasserfreiem Aceton wird trocknes Salzsäuregas eingeleitet. Die Flüssigkeit trübt sich allmälig unter Erwärmen und scheidet sich schliesslich in zwei Schichten, von welchen die obere das gebildete Mercaptol (Dithioäthyldimethylmethan), die untere verdünnte Salzsäure ist. Man trennt das Mercaptol von der wässerigen Schicht, wäscht es zunächst mit Wasser,

7*

dann mit dünner Natronlauge und reinigt es nach dem Trocknen mittels
Chlorcalcium durch Destillation[1]).

Dieses so gewonnene Mercaptol liefert bei der jetzt folgenden Oxydation das Sulfonal

$$\begin{array}{c} CH_3 \\ CH_3 \end{array}\!\!>\!\!C\!\!<\!\!\begin{array}{c} S - C_2H_5 \\ S - C_2H_5 \end{array} + \begin{array}{c} _2O \\ _2O \end{array} = \begin{array}{c} CH_3 \\ CH_3 \end{array}\!\!>\!\!C\!\!<\!\!\begin{array}{c} SO_2 C_2H_5 \\ SO_2 C_2H_5 \end{array}$$

Mercaptol oder
Dithioäthyldimethylmethan   Sulfonal oder
Disulfonäthyldimethylmethan.

Praktisch erfolgt die Oxydation in der Weise, dass man das
Mercaptol zunächst mit 5 procentiger Kaliumpermanganatlösung in
der Kälte schüttelt und bisweilen einige Tropfen Essigsäure oder
verdünnte Schwefelsäure zufügt, um das durch Zersetzung des Kalium-
permanganates entstehende Alkali zu binden. Von der Permanganatlösung wird so viel angewendet, dass dauernde Rothfärbung der
Flüssigkeit erzielt wird. Man erwärmt schliesslich auf dem Wasserbade und filtrirt heiss, worauf beim Erkalten sich das Sulfonal in
Krystallen abscheidet, welche durch wiederholtes Umkrystallisiren aus
siedendem Wasser oder aus Alkohol in absoluter Reinheit erhalten
werden.

Eigenschaften. Das Sulfonal bildet farblose, luftbeständige prismatische Krystalle, welche bei 125—126° C. schmelzen, bei etwa
300° fast ohne Zersetzung sieden und entzündet mit leuchtender
Flamme und unter Verbreitung des Geruches nach verbrennendem
Schwefel ohne Rückstand flüchtig sind.

Es löst sich in etwa 15 Th. siedenden Wassers oder in 500 Th.
Wasser von 15° C.; ferner löst es sich in 135 Th. Aether von 15° C.,
in 2 Th. siedenden Alkohols oder in 65 Th. Alkohol von 15° C.,
oder in 110 Th. 50 procentigen Alkohols von 15° C. Die Lösungen
reagiren neutral.

Gegen chemische Einwirkungen zeigt das Sulfonal eine ausserordentliche Beständigkeit; es wird weder von Säuren, noch von Alkalien, noch von Oxydationsmitteln, und zwar weder in der Kälte,
noch in der Wärme, angegriffen. So wirkt conc. Salzsäure überhaupt
nicht, conc. Schwefelsäure auch in der Wärme kaum ein; ebenso ist
es beständig gegen rauchende Salpetersäure und gegen Königswasser.
Chlor und Brom sind selbst in der Wärme ohne jeden Einfluss. Auf
diese ausserordentliche Beständigkeit ist es zurückzuführen, dass

---

[1]) In reinem Zustande bildet das Mercaptol eine stark lichtbrechende
widerwärtig riechende, in Wasser unlösliche Flüssigkeit, welche bei 190
bis 191° siedet.

eigentliche Identitätsreactionen für diese Verbindung zur Zeit noch vollkommen mangeln.

Prüfung. Eine eigentliche Identitätsreaction ist, wie schon bemerkt, für das Sulfonal zur Zeit noch nicht bekannt[1]), immerhin kann man Mangels etwas Besseren nachstehende Reactionen benutzen. — Erhitzt man 0,1 gr Sulfonal mit etwa 0,2 gr Cyankalium (Vulpius), so tritt der widerwärtige Mercaptangeruch auf; die Lösung der Schmelze in Wasser giebt nach dem Ansäuern mit Salzsäure auf Zusatz von Eisenchlorid (durch Bildung von Ferrirhodanid) blutrothe Färbung. Die Rückbildung von Mercaptan kann auch noch bewirkt werden durch Erhitzen des Sulfonals mit Gallussäure oder Pyrogallussäure (Ritsert) oder mit Holzkohlenpulver (C. Schwarz).

Bezüglich der Reinheit des Präparates sind folgende Punkte zu beachten: das Sulfonal sei farblos, geruchlos und geschmacklos[2]). — Es schmelze bei 125—126⁰ C. (uncorrigirt) und sei, in Substanz auf feuchtes, rothes und blaues Lackmuspapier gebracht, vollkommen neutral. — Beim Verbrennen hinterlasse es keinen feuerbeständigen Rückstand. — Die heiss bereitete, wässerige Lösung 1 : 50 werde weder durch Baryumnitrat noch durch Silbernitrat verändert; 10 ccm derselben sollen auf Zusatz eines Tropfens der volumetrischen Kaliumpermanganatlösung nicht sofort entfärbt werden. (Noch oxydationsfähige organische Verunreinigungen.)

Aufbewahrung. Vorsichtig.

Anwendung. Das Sulfonal wurde 1888 von A. Kast als Hypnoticum empfohlen. Die bis jetzt vorliegenden sehr zahlreichen und im Allgemeinen günstigen Erfahrungen versprechen, dass dasselbe eine dauernde Bereicherung des Arzneischatzes bleiben wird.

Das Sulfonal gehört nicht zu den narcotisch wirkenden Substanzen, welche unter allen Umständen Schlaf erzwingen, es unterstüzt vielmehr nur das natürliche Schlafbedürfniss und ruft dasselbe, wo es fehlt, hervor. Der Appetit, die Verdauung, die Respiration und die Herzaction werden durch dasselbe in keiner Weise schädlich beeinflusst, überhaupt scheinen für

---

[1]) Ich möchte, um Missverständnissen vorzubeugen, hier bemerken, dass man die im Folgenden angegebenen Reactionen, welche durchweg auf Rückbildung des Mercaptans beruhen, deswegen nicht als eigentliche Identitätsreactionen bezeichnen darf, weil sie nicht blos der ganzen Gruppe der Baumann'schen Disulfone, sondern auch derjenigen der Otto'schen Disulfone, überhaupt den meisten Mercaptanderivaten zukommen.

[2]) Manche Personen geben an, einen schwach bitterlichen Geschmack zu empfinden.

reine Präparate nach den bisher vorliegenden Erfahrungen unangenehme Nebenwirkungen ziemlich zu fehlen. Als eine bisweilen auftretende Nachwirkung ist anzuführen, dass manche Personen auch an dem dem Sulfonalgebrauche folgenden Tage ein Gefühl von Schläfrigkeit empfinden. Unter Umständen braucht man sogar, um die Schlafwirkung zu erzielen, das Sulfonal nicht täglich, sondern nur einen um den andern Tag zu verordnen. Nach Cramer wirkt Sufonal weder auf die Pepsin- (Magen) Verdauung, noch auf die pankreatische Verdauung störend ein.

Bisher ist es mit grossem Erfolge bei allen jenen Formen von Schlaflosigkeit gegeben worden, welche auf Störungen des Nervenapparates beruhen (Nervöse Schlaflosigkeit); in der psychiatrischen Praxis sind gleichfalls ausgezeichnete Erfolge erzielt worden; hier zeigt sich das Sulfonal auch durch seine Geruchlosigkeit und relative Geschmacklosigkeit den concurrirenden Präparaten überlegen, weil es den Kranken auch ohne deren Wissen administrirt werden kann. Eine Gewöhnung an das Mittel scheint nicht einzutreten, auch zeigt sich die volle Wirkung bei Personen, welche an den Gebrauch von Narcoticis gewohnt sind. Nach Beobachtungen von C. Oestreicher bewirkt das Sulfonal auch bei Morphinisten während der Abstinenz guten und sicheren Schlaf. Die bisher vorliegenden Erfahrungen lassen sich dahin zusammenfassen, dass das Sulfonal ein von schädlichen Nebenwirkungen freies Hypnoticum ist, welches sich in allen Fällen uncomplicirter Schlaflosigkeit mit Vortheil anwenden lässt.

Die Dosis beträgt für Erwachsene 1—2—3 gr. Robuste Personen bedürfen in der Regel einer grösseren, schwächliche einer geringeren Gabe. Es empfiehlt sich, das Sulfonal fein gepulvert mehrere Stunden vor dem Zubettgehen etwa gelegentlich des Abendessens mit ziemlich viel warmer Flüssigkeit (ungefähr 200 ccm Thee oder Bouillon) einzunehmen. Unter diesen Umständen entfaltet das Mittel seine Wirkungen am günstigsten. Für länger andauernden Gebrauch empfiehlt sich auch die Form der Sulfonal-Pastillen, welche zweckmässig aus staubfeinem Pulver dargestellt werden. Comprimirte Tabletten sind ihrer langsamen Löslichkeit wegen nicht zu empfehlen.

Ueber das physiologische Verhalten des Sulfonals theilt Baumann mit, dass nach Sulfonalgebrauch die Menge der gepaarten und ungepaarten Schwefelsäure nicht zunimmt, dass dagegen die Gesammtschwefelausscheidung erheblich gesteigert wird. In den Harn geht Sulfonal nach dem Gebrauche medicinaler Gaben als solches nicht über, sondern es wird vollständig zerlegt und in leicht lösliche, aber verhältnissmässig beständige organische Schwefelverbindungen (Sulfosäuren) übergeführt. Dieselben werden vom Organismus sehr langsam ausgeschieden. Nach sehr hohen Sulfonalgaben tritt im Harne Haematoporphyrin auf.

Rp. Sulfonali 1 gr — 2 gr	Rp. Sulfonali 1 gr — 2 gr
Dentur doses tales VI	Dentur doses tales X ad.
	capsul. amylac.
S. Abends ein Pulver.	S. Abends ein Pulver.

Auch aus der Kinderpraxis liegen günstige Erfahrungen über den Sulfonalgebrauch vor; ferner hat Böttrich Gaben von 0,5—1,0 gr Sulfonal gegen Nachtschweisse erprobt gefunden. Er stellt es in dieser Wirkung dem Atropin gleich, zieht es dem letzteren wegen des Fehlens aller Nebenwirkungen vor.

Vorsichtig aufzubewahren.

Trional[1]), Diäthylsulfonmethyläthylmethan. Diese dem Sulfonal nahe stehende Verbindung wird erhalten, indem man Aethylsulfhydrat (Aethyl-Mercaptan) mit Methyl-Aethylketon condensirt und das entstandene Mercaptol durch Kaliumpermanganat oxydirt.

$$\begin{array}{c} CH_3 \\ C_2H_5 \end{array}\!\!>\!C\;\Big[O\; +\; \begin{array}{c} H \\ H \end{array}\Big]\; \begin{array}{c} SC_2H_5 \\ SC_2H_5 \end{array} \;=\; H_2O \;+\; \begin{array}{c} CH_3 \\ C_2H_5 \end{array}\!\!>\!C\!<\!\!\begin{array}{c} SC_2H_5 \\ SC_2H_5 \end{array}$$

Methyl-Aethyl-Keton   Aethyl-sulfhydrat   Mercaptol des Methyl-Aethyl-Ketons.

$$\begin{array}{c} CH_3 \\ C_2H_5 \end{array}\!\!>\!C\!<\!\!\begin{array}{c} SC_2H_5 \\ SC_2H_5 \end{array} \;+\; \begin{array}{c} O_2 \\ O_2 \end{array} \;=\; \begin{array}{c} CH_3 \\ C_2H_5 \end{array}\!\!>\!C\!<\!\!\begin{array}{c} SO_2C_2H_5 \\ SO_2C_2H_5 \end{array}$$

Mercaptol   Diäthylsulfonmethyläthylmethan (Trional).

Eigenschaften. Farblose, glänzende, geruchlose Krystalltafeln, bei 76^0 C. schmelzend. Löslich in 320 Th. Wasser von 15^0 C., leichter in heissem Wasser, leicht löslich in Alkohol und in Aether.

Die wässerige Lösung besitzt bitteren Geschmack und ist neutral.

Prüfung. .Abgesehen von den Verschiedenheiten bezüglich der Löslichkeit und des Schmelzpunktes ist die Prüfung wie diejenige des Sulfonals auszuführen.

Aufbewahrung. Vorsichtig.

Anwendung. Das Trional gleicht in seiner Wirkung im Allgemeinen dem Sulfonal; es ist wie dieses ein Sedativum und Hypnoticum, nur hat es sich herausgestellt, dass es vor dem Sulfonal noch wesentliche Vorzüge besitzt: Es wirkt schon in kleineren Gaben (von 1—3 gr) hypnotisch, der Schlaf tritt rascher (oft schon nach 15 Minuten, durchschnittlich nach etwa 1 Stunde) ein, Nebenwirkungen werden bei rationeller Anwendung kaum beobachtet. Ueberhaupt gilt das Trional gegenwärtig als das vorzüglichste Mittel in der Gruppe der Sulfone.

Tetronal, Diäthylsulfondiäthylmethan. Die Darstellung dieser Verbindung erfolgt analog dem Sulfonal und Trional.

Darstellung. Diäthylketon wird mit Aethylmercaptan zu dem entsprechenden Mercaptol condensirt und dieses mittels Kaliumpermanganat oxydirt.

---

[1]) Die Namen „Trional" und „Tetronal" sind nach der Anzahl der in diesen Verbindungen enthaltener Aethylgruppen gebildet.

$$\begin{array}{l}C_2H_5 \\ C_2H_5\end{array}\!\!>\!C\;\Big[\;O\;+\;\begin{array}{l}H \\ H\end{array}\Big]\;\begin{array}{l}S\,C_2H_5 \\ S\,C_2H_5\end{array}\;=\;H_2O\;+\;\begin{array}{l}C_2H_5 \\ C_2H_5\end{array}\!\!>\!C\!\!<\!\!\begin{array}{l}S\,C_2H_5 \\ S\,C_2H_5\end{array}$$

Diäthylketon   Aethylmercaptan   Mercaptol des Diäthylketons.

$$\begin{array}{l}C_2H_5 \\ C_2H_5\end{array}\!\!>\!C\!\!<\!\!\begin{array}{l}S\,C_2H_5 \\ S\,C_2H_5\end{array}\;+\;\begin{array}{l}O_2 \\ O_2\end{array}\;=\;\begin{array}{l}C_2H_5 \\ C_2H_5\end{array}\!\!>\!C\!\!<\!\!\begin{array}{l}S\,O_2\,C_2H_5 \\ S\,O_2\,C_2H_5\end{array}$$

Mercaptol   Diäthylsulfondiäthylmethan
(Tetronal).

Eigenschaften. Farblose, glänzende, geruchlose Tafeln und Blätter, welche bei 85° schmelzen. Löslich in 450 Th. kaltem Wasser, leichter in siedendem Wasser, leicht löslich in Alkohol und ziemlich leicht in Aether. Die wässerige Lösung ist neutral und geschmacklos.

Prüfung. Unter Berücksichtigung der Abweichung in Löslichkeit und Schmelzpunkt wie bei Sulfonal angegeben.

Aufbewahrung. Vorsichtig.

Anwendung. Wie das Trional; doch wird dieses der leichteren Löslichkeit und des milderen Geschmackes wegen dem Tetronal im Allgemeinen vorgezogen.

Nitroglycerinum.

Nitroglycerin. Glycerinum trinitricum. Glonoïn. Angioneurosin.

$$C_3H_5(NO_3)_3.$$

Mit dem wissenschaftlich nicht mehr zutreffenden Namen Nitroglycerin bezeichnet man den neutralen Aether der Salpetersäure mit dem Glycerin, welchem seiner Zusammensetzung nach der Name „Glycerinnitrat" zukommen würde. Die Verbindung wurde im Jahre 1847 von Sobrero zuerst beschrieben; Williamson stellte alsdann 10 Jahre später 1857 ihre Zusammensetzung fest, und Nobel führte sie zu Anfang der sechziger Jahre in die Sprengtechnik ein.

Darstellung. Man löst 100 Th. wasserfreies Glycerin in 3 Th. Schwefelsäure (von 66° B.) und trägt diese Lösung allmälig in kleinen Portionen in ein erkaltetes und durch sorgfältige Kühlung mittels Eis stets kalt gehaltenes Gemisch von 280 Th. Salpetersäure (48° B.) und 300 Th. Schwefelsäure (66° B.) ein. Nach dem jedesmaligen Eintragen einer Portion der Glycerinmischung mischt man die Reàctionsflüssigkeit durch sanftes Schwenken gut durch einander. Nach dem Eintragen der letzten Portion wartet man 10—15 Minuten und giesst dann das Reactionsgemisch in sein sechsfaches Volumen kaltes Wasser. Das gebildete Nitroglycerin scheidet sich als schweres Oel ab. Es wird so lange mit destillirtem Wasser gewaschen, bis es keine saure Reaction mehr zeigt. Alsdann wird es gesammelt und im luftverdünntem Raume über Schwefelsäure bis zur Entfernung jeder Spur von Feuchtigkeit getrocknet.

Die Darstellung kleiner Mengen (20—30 gr), wie sie für pharmaceutische Zwecke nothwendig sind, ist mit Gefahren nicht verknüpft, wenn man die angegebenen Bedingungen einhält. Wesentlich bleibt, dass man für ausgezeichnete Kühlung Sorge trägt, und dass das Eintragen der Glycerinmischung in kleinen Portionen geschieht. Dass die Reaction in normaler, ungefährlicher Weise vor sich geht, ersieht man aus dem Umstande, dass das Reactionsgemisch durch den Zusatz der Glycerinmischung nicht erheblich mehr rothe Dämpfe ausstösst, als es dies an und für sich thut. Das Auftreten starker rother Dämpfe zeigt stets an, dass nicht gut genug gekühlt wird und ist eine ernste Mahnung an den Arbeitenden zur Vorsicht! Ueber die Darstellung grösserer Mengen von Nitroglycerin existiren besondere gesetzliche Vorschriften.

Der bei der Bildung des Nitroglycerins sich abspielende chemische Vorgang ist ein relativ einfacher. Glycerin und Salpetersäure vereinigen sich unter dem wasserentziehenden Einfluss der Schwefelsäure mit einander zu dem Salpetersäureäther des Glycerins, dem Glycerintrinitrat.

$$CH_2 \cdot \begin{vmatrix} OH & H \\ OH + H \\ OH & H \end{vmatrix} \begin{matrix} O\,NO_2 \\ O\,NO_2 \\ O\,NO_2 \end{matrix} = 3\,H_2O + \begin{matrix} CH_2 \cdot O\,NO_2 \\ CH \cdot O\,NO_2 \\ CH_2 \cdot O\,NO_2 \end{matrix}$$

Glycerin   Salpetersäure   Glycerintrinitrat (Nitroglycerin).

Eigenschaften. In reinem Zustande ist es eine völlig farblose, ölige, geruchlose Flüssigkeit. Erwärmt jedoch besitzt es einen stechenden Geruch; im Geschmack nähert es sich dem Glycerin, schmeckt aber etwas pikanter wie dieses. 1 gr löst sich in etwa 800 ccm Wasser, in 4 ccm absolutem Alkohol oder in 10,5 ccm Spiritus (0,846). In jedem Verhältniss ist es löslich in Aether, Chloroform, Eisessig, wenig oder gar nicht löslich dagegen in Glycerin. Auch in fetten Oelen ist es nicht unbeträchtlich löslich. Das spec. Gewicht beträgt 1,60.

Eine der wichtigsten Eigenschaften des Nitroglycerins ist seine leichte Zersetzlichkeit. Durch Schlag, Stoss oder plötzliches Erhitzen auf etwa 200° C. explodirt es mit ungeheurer Gewalt, und darauf beruht ja auch seine Anwendung in der Sprengtechnik. Es kommt indessen vor, dass solche Zersetzungen auch ohne wahrnehmbare äussere Ursachen vollkommen spontan vor sich gehen, und zwar können dieselben sehr allmälig, und dann in ungefährlicher Weise, oder rapid unter heftigen Detonationen verlaufen. Als Ursache für solche spontanen Zersetzungen nimmt man gegenwärtig mangelhafte Reinheit der Präparate an. Es ist dies um so berechtigter, als wirklich reine Präparate sich thatsächlich sehr gut haben aufbewahren lassen. Immerhin aber ist es bei der eminenten Gefährlichkeit dieser Substanz geboten, sie nicht in concentrirtem Zustande, sondern in alkoholischer oder öliger Lösung (1 : 10 oder 1 : 100) in kleinen Gefässen und vor Licht geschützt aufzubewahren. Unter diesen Umständen haben sich bisher Unfälle nicht ereignet. Beim Abkühlen auf — 20° C. erstarrt das Nitroglycerin übrigens in langen Nadeln und ist in diesem festen Zustande noch gefährlicher als im flüssigen.

In chemischer Beziehung ist, wie schon bemerkt wurde, das Nitroglycerin nicht als ein Nitrokörper, sondern als ein Salpetersäureäther des Glycerins aufzufassen. Die Richtigkeit dieser Auffassung ergiebt sich daraus, dass es durch ätzende Alkalien in salpetersaure Salze und in Glycerin umgewandelt wird, dass es ferner durch Einfluss reducirender Agentien in Glycerin und Ammoniak übergeht, Reactionen, welche den Salpetersäureäthern, nicht aber den Nitrokörpern eigenthümlich sind.

Prüfung. Es sei farblos, in der Kälte geruchlos. Wasser, welches mit Nitroglycerin geschüttelt wurde, reagire nur schwach sauer und gebe mit Baryumchlorid keinen Niederschlag (Schwefelsäure).

Aufbewahrung. Niemals in Substanz, sondern stets nur in alkoholischer oder öliger Lösung (mit Mandelöl). Die Lösungen sind vor Licht geschützt in kleinen Gefässen an kühlem Ort sehr vorsichtig unterzubringen.

Anwendung. Die energischen Wirkungen des Nitroglycerins auf den Organismus waren seit langer Zeit bekannt; in den Lehr- und Handbüchern wird es als giftig aufgeführt. In den Arzneischatz wurde es von den Homöopathen unter der Bezeichnung Glonoïn eingeführt, dann gerieth es in Vergessenheit. Neuerdings wird es wieder mehrfach angewendet. Nach Hay ist seine Wirkung darauf zurückzuführen, dass es im Organismus unter Abspaltung von salpetriger Säure zerlegt wird. Es soll dem Amylnitrit und dem Natriumnitrit analog, aber viel intensiver und nach-

haltiger als das erstere wirken. Man giebt es in Dosen von 0,0002—0,0005—
0,001, am besten in Pastillenform. Trussewitsch macht von Nitroglycerin, für welches er den Namen Angioneurosin vorschlägt, einen
sehr ausgedehnten Gebrauch. Er empfiehlt es bei Angina pectoris, Migraine,
Neuralgien, Seekrankheit, einigen Formen von Anaemie, besonders des
Gehirnes. Man beginnt mit ganz kleinen Dosen, z. B. einem halben
Tropfen einer 1 procentigen Lösung und steigt, bis der Patient das Gefühl
von Blutandrang, Schwere oder Pulsation im Kopfe hat. So kann man
bei Gewöhnung an das Mittel allmälig auf 5—10 Tropfen der 1 procentigen
Lösung steigen.

Nitroglycerin-Tabletten. Man löst 0,1 gr Nitroglycerin in
Aether und mischt diese Lösung gut mit 130 Th. Chocoladenpulver
und 70 Th. Gummi arabicum plv. Nach dem Abdunsten des Aethers
bildet man mit Wasser eine Pastillenmasse und formt daraus 200 Pastillen, deren jede 0,0005 Nitroglycerin enthält.

Sehr vorsichtig, vor Licht geschützt aufzubewahren.

Laevulose.

Fruchtzucker. Linkszucker. Levulose. Fructose. Diabetin.

$$C_6 H_{12} O_6.$$

Die Laevulose ist im Pflanzenreich weit verbreitet, kommt aber
niemals allein vor, sondern stets in Gemeinschaft mit anderen Zucker-
arten und zwar in der Regel mit Dextrose, seltener mit Rohrzucker.
Sie ist in den meisten süssen Früchten enthalten, ausserdem bildet
sie den nicht fest werdenden Bestandtheil des Honigs, endlich ist
sie neben Dextrose in dem sog. Invertzucker enthalten. Auch kann
sie durch vorsichtige Oxydation von Mannit $C_6 H_{14} O_6$ erhalten werden.

Als selbstständige Zuckerart wurde die Laevulose auf Grund
ihres optischen Verhaltens zuerst von Biot und Dubrunfaut characterisirt. Letzterer gab auch zu ihrer Darstellung nachfolgende
Vorschrift:

Darstellung. 10 gr Invertzucker werden in 100 ccm Wasser gelöst
und durch Eiswasser auf 0° abgekühlt. Zu dieser Lösung trägt man unter
beständigem Umschütteln 6 gr gelöschten Kalk als feines Pulver. Es fällt
nunmehr die schwerlösliche Calciumverbindung der Laevulose [$C_6 H_9$
$(Ca OH)_3 O_6$ in 333 Th. kaltem Wasser löslich] aus, während die Calciumverbindung der Dextrose gelöst bleibt. Die gesammelte und mit Eiswasser
gewaschene Calciumverbimdung wird schliesslich in Wasser vertheilt und
mit Kohlensäure zersetzt. Es fällt Calciumcarbonat aus und die von
diesem getrennte Laevuloselösung wird im Vacuum zur Trockne gebracht.

Auf der hier angegebenen Darstellungsweise baut sich das der Chemischen Fabrik auf Actien vorm. E. Schering ertheilte D.R.P. 67 087 auf.

Dasselbe geht von der Melasse aus. Letztere wird in der 6fachen Menge Wasser gelöst, durch Salzsäure invertirt, diese Lösung abgekühlt und mit Kalkhydrat versetzt, im Uebrigen wie vorher angegeben behandelt.

Der Vortheil des Verfahrens besteht wie ersichtlich darin, dass Melasse verarbeitet wird, und man nicht nöthig hat, aus derselben erst den Rohrzucker abzuscheiden.

Eigenschaften. In festem Zustande wurde die Laevulose zuerst von Jungfleisch und Lefranc dargestellt; in der Regel erhält man sie als dicken Sirup. Wäscht man diesen wiederholt mit absolutem Alkohol aus und stellt den Rückstand in die Kälte, so erstarrt derselbe zu einer Krystallmasse. Löst man letztere in käuflichem, absolutem Alkohol auf und bringt in die durch Absetzen geklärte Lösung ein Laevulose-Kryställchen, so scheiden sich rhombische, bei 95° schmelzende Krystalle aus.

Die Laevulose des Handels bildet entweder weisse, krümelige krystallinische Massen oder ein weisses Pulver. Sie ist in absolutem Alkohol unlöslich, dagegen leicht löslich in Wasser und in verdünntem Alkohol. Die wässerige Lösung ist neutral und schmeckt mindestens ebenso süss wie diejenige des Rohrzuckers. Sie reducirt Fehling'sche Lösung und vergährt durch Hefe zu Alkohol und Kohlensäure, aber weniger schnell als Dextrose, und lenkt die Ebene des polarisirten Lichtes nach links ab. Das spec. Drehungsvermögen der Laevulose bei 20° C. ist $(a)_D = - 77{,}81$.

Beim Erhitzen der Laevulose auf 170° entsteht das amorphe, gummiartige „Laevulosan" $C_6 H_{10} O_5$, durch Kochen einer Laevuloselösung mit Kalkmilch wird das „Saccharin-Péligot" $C_6 H_{10} O_5$ (s. auch bei Saccharin) gebildet. Durch Reduction der Laevulose mittels Natriumamalgam entsteht Mannit $C_6 H_{14} O_6$.

Prüfung. Farblose, geruchlose, krystallinische Massen, welche beim Erhitzen unter Caramelbildung verkohlen und schliesslich ohne einen wägbaren Rückstand (anorganische Substanzen) zu hinterlassen, verbrennen. In Wasser und in verdünntem Weingeist leicht löslich; die wässerige Lösung reducirt Fehling'sches Reagens und dreht links. Löst man 5,5 gr in Wasser zu 100 ccm auf, so gebe diese Lösung im 200 mm-Rohr nach Ventzke-Soleil bei 20° C. eine Ablenkung von 25—26°, was einem Gehalte von 98—99 % Laevulose entspricht.

Aufbewahrung. Unter den indifferenten Arzneistoffen.

Anwendung. Die Laevulose ist vorläufig zum Gebrauche für Diabetiker in Aussicht genommen worden. Durch die Arbeiten von Külz, Worms, Minkowski, Leyden u. A. ist nämlich festgestellt worden, dass die Laevulose im Organismus des Diabetikers sehr viel besser ausgenutzt wird als die Dextrose, so dass auch bei der regelmässigen Einführung einer bestimmten Menge von Laevulose der Zuckergehalt des Harns nicht wesentlich vermehrt wird, während bei Einführung von Dextrose der Zuckergehalt des Harns namentlich in schweren Fällen eine sehr beträchtliche Steigerung erfährt. Die Diabetiker würden also in der Laevulose zugleich einen Süssstoff und ein Nahrungsmittel gewinnen.

Lanolinum.

Adeps Lanae. Lanolin. Wollfett.

Zahlreiche Keratingebilde des thierischen Organismus sondern eine eigenthümliche fettige Substanz ab, welcher früher nur wenig Aufmerksamkeit geschenkt wurde. Am Auffallendsten tritt diese Erscheinung bei den Wollhaaren der Schafe zu Tage, weil hier die Abscheidung der fettigen Substanz eine überaus reichliche ist und aus technischen Gründen schon lange die Aufmerksamkeit der betheiligten Berufsklassen erregt hatte.

Betrachtet man die Rohwolle, wie sie nach der Schafschur direct in den Handel gelangt, so lässt sich mit Leichtigkeit feststellen, dass in ihr beträchtliche Quantitäten Fettsubstanzen enthalten sind. Dieselben sind namentlich bei den australischen Wollsorten so bedeutend, dass schon beim Drücken mit den Fingern fettige Tropfen heraustreten. Dieses sog. „Wollfett“ (der „Wollschweiss“) ist für die weitere Verarbeitung der Wolle störend, es muss daher entfernt werden. Früher kam die Schafwolle in der Regel schon gewaschen, d. h. von der Hauptmenge des Fettes oder Wollschweisses befreit, auf den Markt; seitdem man jedoch erkannt hatte, dass durch diese Art des Kleinbetriebes erhebliche Mengen werthvoller Substanzen verloren gehen, wird die Wolle nur noch ungereinigt aufgekauft, ihre Reinigung erfolgt alsdann später in eigenen Etablissements, welche Wollwäschereien genannt werden. Bis vor Kurzem verfolgten diese Etablissements lediglich den Zweck, die Wolle von dem anhaftenden Fett (Schafwollschweiss) zu reinigen, und nur ganz nebenbei wurde versucht, diese Fettsubstanzen zugleich mit den in ihnen enthaltenen Kaliumverbindungen auf irgend eine Weise nutzbar zu machen. Es wurde die Wolle in grossen Waschapparaten, sog. Leviathans, mit Seifenlösungen, Potaschelaugen etc. bis zur Entfettung gewaschen und die abfallenden „Wollwaschwässer“ bis zur Sirupconsistenz eingedampft, dann calcinirt, wobei die organischen Substanzen brennbare Gase lieferten, welche als Heizmaterial Verwendung fanden, während ein Calcinationsrückstand

hinterblieb, aus welchem durch Auslaugen eine Potasche von circa 75 %/0
$K_2 CO_3$ erhalten werden konnte. Welche Ausdehnung dieser Fabrikationszweig genommen hat, erweisen nachfolgende Zahlen.

Die Wollfabriken zu Rheims, Elbeuf und Fourmies waschen zusammen
jährlich circa 27000 T Wolle, welche etwa 1168 T Potasche im Werthe
von 1500000 Mark liefern können. England importirte 1868 aus Australien
und vom Cap 63000 T Wolle, aus welcher 7000 T Potasche im Werthe
von 4800000 Mark gewinnbar gewesen wären. — Später begann man
auch der Abscheidung der Fettsubstanz aus den Wollwässern Beachtung
zu schenken und erhielt durch Zersetzung der letzteren mit Säuren, z. B.
Salzsäure, eine wenig appetitliche Fettsubstanz, welche im Handel als
„rohes Wollfett" vorkam, für welches sich aber irgend welche beachtenswerthe Verwendung zunächst nicht finden wollte.

Die ersten chemischen Untersuchungen dieser als Wollfett
oder Wollschweiss bekannten Substanz rühren von Vauquelin her,
welcher feststellte, dass dieselbe der Hauptsache nach aus einer
fetten thierischen Substanz, sowie etwas kohlensaurem Kalk, essigsaurem Kalium und Chlorkalium bestand. Im Jahre 1868 beschäftigte sich mit dem gleichen Körper Fr. Hartmann, im Jahre 1870
E. Schulze. Ersterer wies nach, dass das Wollfett neben freien
Fettsäuren und Fettsäure-Glycerinäthern im Wesentlichen Fettsäureverbindungen des Cholesterins enthalte; letzterer wies in demselben
ausserdem noch das Vorhandensein von Fettsäureverbindungen des
Isocholesterins nach. — Liebreich, der sich mit dem Vorkommen
der Cholesterinfette im thierischen Organismus schon seit längerer
Zeit eingehend beschäftigt hatte, machte 1885 bezüglich dieser bisher nur wenig beachteten Körper eine Reihe höchst bemerkenswerther Beobachtungen. Es gelang ihm, Cholesterinfette in allen
von ihm untersuchten Keratingeweben nachzuweisen, als da sind:
menschliche Haut, menschliche Haare, vernix caseosa
(d. i. Hautschmiere der Neugeborenen), Fischbein, Hornspäne,
Elsternschnäbel, Federn von Gänsen, Hühnern, Puten,
Tauben, Pfauentauben, Stacheln vom Igel und Stachelschwein, Huf und Kastanien vom Pferde, Haare vom Faulthier u. s. w. Zum Nachweis des Cholesterinfettes wurden diese
Organe mit Chloroform extrahirt und der nach dem Verdunsten
dieses Lösungsmittels hinterbleibende Rückstand mittels der Liebermann'schen Cholestolreaction geprüft. S. weiter unten.

Aus diesem weitverbreiteten, früher nicht beachteten Vorkommen der Cholesterinfette zog Liebreich den Schluss, dass diese
Substanzen im Keratingewebe nicht zufällig vorhanden seien, viel-

mehr eine physiologische Bedeutung für dasselbe besässen, eine Annahme, welche später ihre Bestätigung fand, umsomehr als das Vorkommen reichlicher Mengen Cholesterinfett im stratum granulosum[1]) zur Zeit als ziemlich sicher anzunehmen ist. Im weiteren Verlaufe seiner Untersuchungen stellte Liebreich fest, dass die Cholesterinfette in den Keratinzellen selbst gebildet werden, nicht etwa durch die Talgdrüsen oder Bürzeldrüsen an dasselbe abgegegeben werden, da er diese Verbindungen selbst im Keratingewebe solcher Individuen nachweisen konnte, bei welchen, wie z. B. beim Faulthier, die Talgdrüsen nur in verkümmertem Zustande vorhanden sind, oder aber welche, wie die Pfauentaube, eine Bürzeldrüse überhaupt nicht besitzen.

Nachdem so die biologische Rolle der Cholesterinverbindungen für das Keratingewebe erkannt worden war, lag es nahe, dieselben auf ihren therapeutischen Werth hin zu prüfen, umsomehr, als sich im Verlaufe dieser Untersuchungen ergab, dass die Cholesterinfette eine bisher noch bei keinem Fette beobachtete Verwandtschaft zur Keratinsubstanz besitzen. — Der medicinischen Anwendung dieser Substanzen stand aber der Umstand hindernd im Wege, dass diese Cholesterinfette lange Zeit hindurch in reinem Zustande nicht erhalten werden konnten.

Das rohe Wollfett enthält, wie schon bemerkt wurde, neben Fettsäureverbindungen (Aethern) des Cholesterins und Isocholesterins[2]), abgesehen von färbenden und riechenden Verunreinigungen, bis zu 30 %/0 freie Fettsäuren. Aufgabe der Technik war es nun, die reinen Cholesterinverbindungen zu gewinnen und die freien Fettsäuren wegzuschaffen. Diese Aufgabe erscheint mit Rücksicht darauf, dass die Cholesterinfette mit wässerigen Alkalien sehr schwierig, die freien Fettsäuren dagegen sehr leicht verseifbar sind, von vornherein sehr einfach. Indessen das Wollfett besitzt die Eigenthümlichkeit, mit alkalischen Flüssigkeiten, ohne verseift zu werden, Emulsionen einzugehen und mit den aus den Fettsäuren zugleich entstehenden Seifen eine Art von Milch zu bilden. Versucht man nun, aus letzterer das Cholesterinfett (durch Säuren) abzuscheiden, so erhält man es stets wieder mit den verunreinigenden Fettsäuren

---

[1]) Eine unter der Epidermis liegende Zellschicht.

[2]) Die Cholesterinfettsäureäther wurden 1860 von Berthelot durch mehrstündiges Erhitzen von Cholesterin mit Fettsäuren auf 200° C. synthetisch dargestellt.

gemengt. Trotz dieser Schwierigkeiten ist die Frage inzwischen dennoch in befriedigender Weise gelöst worden.

Darstellung. Obgleich die detaillirte Methode der Darstellung des Lanolins nicht genau bekannt ist, so dürften doch einige allgemeine Angaben, wie wir sie in Erfahrung bringen konnten, nicht ohne Interesse sein. — Das rohe Wollfett wird mit Hilfe von wässerigen Aetzalkalien oder kohlensauren Alkalien emulgirt, d. h. in die eben erwähnte Milch verwandelt, welche der natürlichen Kuhmilch durchaus ähnlich sieht. Diese Emulsion oder „Wollfettmilch" wird nun einer Centrifugirung unterworfen. Und geradeso, wie die Milch beim Centrifugirungsprocess sich in eine Rahmschicht und in Magermilch scheidet, so trennt sich auch die Wollfettemulsion dabei in zwei Schichten, von denen die untere die verunreinigenden Fettsäuren in Form einer Seifenlösung, die obere dagegen die Cholesterinfette enthält.

Beide werden continuirlich abgezogen, und aus dem abfliessenden Rahm wird hierauf mit kalkhaltigem Wasser oder besser mit Chlorcalcium das Lanolin gefällt. Der Vorgang ist bei dieser Fällung ganz ähnlich wie bei der Zersetzung der Wollwaschwässer mit Säure; wie dort durch Zersetzung der Seife durch Säuren, wird hier durch Bildung der unlöslichen Kalkseife der Emulsionszustand aufgehoben und die Abscheidung des Wollfettes veranlasst.

. Das so erhaltene Lanolin ist mit unlöslicher Kalkseife verunreinigt und stellt sog. Rohlanolin dar.

Durch mehrfaches Umschmelzen und Auswaschen wird daraus ein gereinigtes Wollfett erhalten, das durch Einkneten von Wasser in Lanolin übergeführt wird, welches letztere anfangs als centrifugirtes Lanolin in den Handel gebracht wurde. Aus diesem centrifugirten Lanolin, das noch stark gelblich gefärbt ist, noch etwas riecht und nicht ganz frei von festen Bestandtheilen ist, resultirt das chemisch reine, fast weisse und absolut geruchlose Lanolin. Die Darstellung dieses Körpers ist eine ziemlich umständliche.

Das centrifugirte Wollfett wird mit einem geringen Procentgehalt Marmorkalk zusammengeschmolzen, und die absolut von Wasser befreite Masse einer Extraction mit Aceton unterworfen. Aceton löst das Cholesterinfett auf, während es die Kalkseife ungelöst zurücklässt.

Durch Abdestilliren des Acetons wird das Fett in reinem Zustand erhalten und darauf durch Einkneten von etwa 25% Wasser, das in Maschinen vorgenommen wird, in Lanolin übergeführt.

Eigenschaften. Das (wasserhaltige) Lanolin bildet eine weissliche Masse von salbenartiger Consistenz und kaum wahrnehmbarem Geruch. Auf feuchtes Lackmuspapier ist es ohne Einwirkung, also von neutraler Reaction. Beim Erhitzen im Wasserbade schmilzt es bei etwa 40° C. und scheidet es sich in eine wässerige Schicht und eine auf dieser schwimmende ölige Schicht, welche aus wasserfreiem Lanolin besteht. Beim Zusammenkneten mit Wasser ist es im Stande, ohne seine salbenartige Consistenz zu verlieren, mehr als sein gleiches Gewicht (circa 105 %) an Wasser aufzunehmen. In Wasser ist es unlöslich, in Alkohol schwer und nur zum Theil löslich, leicht löslich dagegen ist es in Aether, Benzin, Aceton.

Bezüglich seiner chemischen Zusammensetzung ist das Lanolin aufzufassen als ein Gemisch von wahrscheinlich verschiedenen Fettsäureverbindungen (Fettsäureäthern) der unter den Namen Cholesterin (Cholestearin) und Isocholesterin bekannten Alkohole $C_{26} H_{44} O$. [Reinitzer fand für ein von ihm untersuchtes Cholesterin die Formel $C_{27} H_{46} O$.] Auf die Anwesenheit der Cholesterine gründen sich auch die für das Lanolin characteristischen Reactionen.

1. Löst man etwa 0,1 gr Lanolin in 3—4 ccm Essigsäureanhydrid (nicht zu verwechseln mit wasserfreier Essigsäure oder Eisessig!) auf, und lässt in diese Lösung tropfenweise conc. Schwefelsäure einfliessen, so entsteht eine rosarothe Färbung, welche bald in grün oder blau übergeht. Kein Glycerin-Fett zeigt diese Erscheinung. (Liebermann's Cholestolreaction.)

2. Löst man 0,1 gr vorher durch Schmelzen von Wasser befreites Lanolin in 5 ccm Chloroform und schichtet diese Lösung in einem Reagenscylinder vorsichtig über ein gleiches Volumen conc. Schwefelsäure, so entsteht an der Berührungsstelle beider Flüssigkeiten eine feurig braunrothe Zone, die an die Farbe des Broms erinnert und nach 24 Stunden die höchste Farbintensität erreicht hat. Das zunächst über der Berührungsschicht stehende Chloroform zeigt einen violetten Schimmer, die oberen Partien sind farblos. (Salkowsky, Vulpius.)

Obgleich nun das Lanolin seinen physikalischen Eigenschaften nach als eine fettige Substanz bezeichnet werden kann, so ist es doch im chemischen Sinne des Wortes kein Fett, solange man als Fette nur die Fettsäureäther des Glycerins betrachtet. Von diesen eigentlichen Fetten unterscheidet sich das Lanolin in sehr characteristischer Weise dadurch, dass es durch Einwirkung wässeriger Alkalien (Kalilauge, Natronlauge, Kalkmilch etc.) nur schwer verseift wird. Die Verseifung des Lanolins — d. i. die Trennung der Fettsäuren vom Cholesterin — gelingt erst durch Erhitzen des Lanolins mit alkoholischem Kali bei höheren Temperaturen oder beim Schmelzen mit Kalihydrat. Auf diese Thatsache ist die von den eigentlichen Fetten gleichfalls abweichende Eigenschaft des Lanolins zurückzuführen, dass es nicht ranzig wird, ein

Process, der ja bekanntlich mit dem der Verseifung im engsten Zusammenhange steht.

Prüfung. Das Lanolin muss die oben erwähnten Identitätsreactionen geben. — 10 gr Lanolin bei 100° C. bis zum constanten Gewichte getrocknet, dürfen nicht mehr als 3 gr an Gewicht verlieren (Unerlaubt hoher Wassergehalt). — 2—3 gr Lanolin in einem Kölbchen mit 10 ccm einer 30 procentigen Natronlauge erwärmt, dürfen ein über das Kölbchen gelegtes feuchtes rothes Lackmuspapier nicht bläuen (Ammoniakverbindungen). — 10 gr Lanolin in einem Porzellanschälchen auf dem Wasserbade mit 50 gr destillirtem Wasser erwärmt, müssen das Fett auf der Oberfläche geschmolzen und klar, ferner als hellgelbes, nicht bräunliches Oel absetzen. Unreine Präparate geben hierbei eine schaumige, sich nicht klärende, bräunliche Masse. — Das bei der vorhergehenden Prüfung hinterbleibende Wasser soll nach dem Verdampfen höchstens 0,01 gr Rückstand hinterlassen (unorganische Salze, Glycerin). — Wird Lanolin längere Zeit unter Wasser geknetet, so muss es etwa 100 % Wasser aufnehmen, ohne seifig glatt zu werden (seifenhaltige Präparate gleiten vom Pistill oder Spatel ab). — Werden 2 gr Lanolin in 20 ccm säurefreien Benzins gelöst, so dürfen nach Zusatz von 5 Tropfen Phenolphtaleïn nicht mehr als 0,5 ccm $^{1}/_{10}$ normal-alkoholischer Kalilösung zur dauernden Rothfärbung erforderlich sein. (Freie Fettsäuren enthaltende Präparate sind nicht selten und verbrauchen zur Neutralisation 10 und mehr ccm der $^{1}/_{10}$-Normal-Kalilauge.) — Beim Veraschen hinterlasse das Lanolin nicht mehr als 0,1 % feuerbeständigen Rückstand (unorganische Salze).

Aufbewahrung. Das Lanolin werde an einem kühlen Orte in gut geschlossenen Gefässen aufbewahrt, da andernfalls oberflächlich etwas Wasser abdunstet, wodurch die obere Schicht ein dunkelfarbiges und firnissartiges Aussehen bekommt.

Anwendung. Das Lanolin ist von Liebreich als Salbengrundlage empfohlen worden. Die Vorzüge, welche es vor anderen, gleichen Zwecken dienenden Substanzen hat, bestehen darin, das es nicht ranzig wird, eine grosse Menge Wasser aufzunehmen vermag, sich mit Arzneistoffen jeder Art gut mischen lässt und dass es, wie kein anderes Fett vom Keratingewebe, also auch von der Haut, aufgenommen wird. Die dem Lanolin beigemengten Arzneisubstanzen werden zugleich mit dem Lanolin resorbirt. Es empfiehlt sich daher die Anwendung von Lanolinsalben in allen denjenigen Fällen, in welchen man eine Einfettung der Haut, z. B. bei Exanthemen, Eczemen, Psoriasis, Pityriasis, Prurigo, Ichthyosis, oder eine Wirkung nach tieferen Schichten, wie z. B. bei Syphilis, erzielen will.

Mit Lanolin bereitete Quecksilbersalben lassen sich der Haut sehr leicht incorporiren und .sind von äusserst intensiver Wirkung. Werden Jodkali und andere Jodpräparate in Form von Lanolinsalben äusserlich applicirt, so lässt sich im Verlauf von 1—2 Stunden Jod im Urin nachweisen.

Ein weiterer Vortheil des Lanolins besteht darin, dass es von der Haut zwar sehr leicht aufgenommen wird, in reinem Zustande aber keine reizenden Wirkungen auf dieselbe ausübt, ein Factum, welches namentlich für länger anhaltende äussere Medication, wie sie z. B. bei der Quecksilberschmierkur nothwendig wird, von ganz besonderer Wichtigkeit ist. Die günstigen Erfahrungen, welche mit dem Lanolin gemacht wurden, beziehen sich indessen lediglich auf reine Präparate. Unreine, namentlich freie Fettsäuren enthaltende Lanolinsorten zeigen gerade gegentheilige Wirkungen, da zugleich mit dem Lanolin die vorhandenen Fettsäuren sehr energisch resorbirt werden und alsdann natürlich ihre reizenden Eigenschaften erst recht geltend machen.

Die Eigenschaft, Wasser leicht aufzunehmen, befähigt das Lanolin, auf Schleimhäuten zu haften und macht es so zu einem geschätzten Material zur Application von Medicamenten auf Schleimhäute.

Nach Untersuchungen von C. Fraenkel sind irgend welche Keime im Lanolin nicht enthalten; nach Gottstein ist sogar eine Lanolinschicht geeignet, das Durchwachsen von Bacterien zu verhindern. Aus diesem letzteren Grunde empfiehlt es auch Rosenbach als Prophylacticum gegen Decubitus.

Lanolin als Cosmeticum.

Mit Rücksicht darauf, dass das ganze Hautgewebe aus Keratinzellen sich zusammensetzt, welche, wie schon erwähnt, das Lanolin ungemein leicht aufnehmen, war eine günstige cosmetische Wirkung des Lanolins zu erwarten, die sich auf die Pflege der Haut und der Haare (diese bestehen ja gleichfalls aus Keratingewebe) erstrecken musste. Dass Haut und Haare fortwährend Fettsubstanzen secerniren, ist eine bekannte Thatsache, durch Liebreich's Untersuchungen indessen ist die biologische Function dieser Fettsubstanzen erst in das richtige Licht gestellt worden. Während man sich früher das Keratingewebe als einen starren Panzer vorstellte, der durch bestimmte Organe (Talgdrüsen, Bürzeldrüsen etc.) eingefettet werde, das Fett selbst etwa als eine ausgeschiedene Unreinigkeit betrachtete, dürfte jetzt nachgewiesen sein, dass die Cholesterinfette normale und integrirende Bestandtheile des Keratingewebes sind, in diesem selbst gebildet und von ihm secernirt werden. In allen jenen krankhaften Zuständen der Haut, welche sich auf mangelhafte Einfettung zurückführen lassen, wie Schuppung, Verdickung, Rauhigkeit, Sprödigkeit wird sich die Anwendung von Lanolin unbedingt als zweckmässig empfehlen. Während der Application zeigen die so eingefetteten Organe eine deutlich wahrnehmbare Veränderung, die Haut bekommt ein straffes, turgescirtes Aussehen, die Haare eine gewisse Steifigkeit und Elasticität. Abfetten von Haut und Haaren findet nicht statt. Die Formen, in denen das Lanolin zur cosmetischen Verwendung gelangt, sind:

Lanolin-Pomade. Grundkörper. Wasserfreies Lanolin 85. Ol. Cacao 25. Beliebig zu parfümiren.

Lanolin-Toiletten-Crême zur Pflege der Haut.

Lanolini, Olei Amygdalar., Sulfur. praecip. $\widehat{aa}$ 5,0
Zinci oxydati 2,5
Essent. violar. 0,5

Lanolin Cold-Cream.

Lanolini 50,
Ol. Amygdalar. 5,
Vanillini 0,1
Ol. Rosar. gtt. 1.

Lanolin-Milch. Lanolin wird mit Hülfe von geringen Mengen Seife und kohlensauren Alkalien oder Borax zu einer Emulsion verarbeitet. Dieselbe ist, wenn gut bereitet, sehr haltbar.

Lanolin 10,
Sapo medicat. 2,5
Borax 1,
Aq. Rosar. 100.

Lanolin-Emulsionen. Falls dieselben mit Gummi arabicum verschrieben werden sollten, sind an Stelle von 4 Th. Lanolin 3 Th. wasserfreien Lanolins und 1,5 Th. Gummi arabicum anzuwenden.

Neutrale Lanolinseife ist lediglich durch Vermischen von neutraler (centrifugirter) pilirter Seife mit Lanolin zu erhalten.

Wasserfreies Lanolin wird gleichfalls erzeugt und ist eine durchscheinende gelbliche Masse. Schmelzpunkt 38—40° C. Es zeigt mutatis mutandis die nämlichen Eigenschaften wie das wasserhaltige Lanolin.

Agnine, ein in Amerika dargestelltes Product, in Consistenz und Aussehen dem amerikanischen Vaselin ähnlich, ist höchstwahrscheinlich durch Destillation von Wollfett mit überhitztem Wasserdampf dargestellt. Es besitzt einen hohen Gehalt von freien Fettsäuren (bis 33 %!), weshalb vor seiner Anwendung gewarnt werden muss.

Historisches. Das Lanolin war, im Princip wenigstens, ein im Alterthum in hohem Ansehen stehendes Heilmittel und Cosmeticum. Unter dem

Namen O e s y p u s war eine übelriechende, fettig ölige Substanz bekannt, welche beim Auskochen der Schafwolle sich in der Weise ausscheidet, dass sie oben aufschwimmt und so durch Abschäumen gewonnen werden kann. Angaben über die medicinische und cosmetische Verwendung des Oesypus finden sich zahlreich im Plinius, Herodot und Ovid; aus ihnen geht hervor, dass der Oesypus sowohl als Einfettungsmaterial der Haut, wie als Wundsalbe in hohem Ansehen stand.

Von mindestens der gleichen Wichtigkeit war die Benutzung des Oesypus als Cosmeticum. Der Gebrauch scheint in Griechenland entstanden zu sein, wenigstens finden sich im Homer die ersten Andeutungen. Eine Büchse mit Oesypus war ein unentbehrliches Requisit auf dem Toiletten-tische jeder vornehmen Athenerin. Von Athen aus gelangte diese Sitte mit vielen anderen später nach Rom, zugleich wird mitgetheilt, dass der Oesypus in hohem Werthe stand und dass die vorzüglichsten und wirk-samsten Sorten die aus Griechenland eingeführten seien. Der Oesypus stand in dem durch Erfahrung wohlbegründeten Rufe, dass er die Haut zart und geschmeidig mache und den Teint (!) reinige; ferner sollte er im Stande sein, Runzeln zu beseitigen und welke Gesichtszüge etwas straffer zu gestalten. Demnach also scheint es, als ob die turgescirende Wirkung des Oesypus auch im Alterthum schon bekannt gewesen wäre.

Noch sehr lange Zeit hindurch ist der Oesypus weiter zu verfolgen, beispielsweise in den auf uns überkommenen Pharmacopoëen, in denen er theils als O e s y p u s, O e s y p u s p r a e p a r a t u s, theils als L a n a s u c c i d a (Smeer van der ongewaschenen Schaape) aufgeführt wird. Eine aus dem Jahre 1627 stammende kölnische Pharmacopoë enthält dieses Mittel, auch ein U n g t. r e s u m p t i v u m, welches mit Hülfe von Oesypus bereitet wird. Im 18. Jahrhundert aber ist er plötzlich verschwunden, und erst der modernen Zeit war es vorbehalten, die gleiche Substanz, in etwas anderem Gewande allerdings, wieder erstehen zu lassen.

Thilanin. Wird wasserfreies Lanolin mit Schwefel erhitzt, so entsteht unter Entweichen von Schwefelwasserstoff ein geschwefeltes Product, welches etwa dem O l e u m L i n i s u l f u r a t u m zu ver-gleichen ist. Es bildet eine braune, dem Schwefelbalsam ähnlich riechende, salbenartige Masse.

Der Gehalt an Schwefel beträgt 3 %. Sein Vorzug vor an-deren Schwefelmitteln soll darin bestehen, dass es keinerlei Reiz-erscheinungen verursacht. Nur auf die behaarte Kopfhaut ist es in unverdünntem Zustande nicht anwendbar. Man benutzt es bei einer Reihe von Hautkrankheiten an Stelle der bisher üblich gewesenen Schwefelmittel.

Lanaïn wird ein von der Norddeutschen Kammgarnspinnerei in Bremen dargestelltes neutrales Wollfett, welches bei 36° C. schmilzt, genannt.

Urethane.

Unter dem Namen „Kohlensäure" versteht man auch in der chemischen Umgangssprache jenen gasförmigen Körper, dessen Auftreten wir am häufigsten beim Zersetzen von kohlensauren Salzen (Marmor, Kreide, Magnesit etc.) beobachten können. Der Name Kohlensäure kommt ihm mit Unrecht zu, genauer ist es, ihn als Kohlensäureanhydrid, Kohlendioxyd, CO_2 zu bezeichnen. Von diesem Körper können wir — theoretisch wenigstens — durch einfache Addition von Wasser

$$CO_2 + H_2O \ = \ CO_3H_2 \ = \ C \underset{\diagdown OH}{\overset{\diagup OH}{=} O}$$

eine Säure herleiten, welcher die Zusammensetzung CO_3H_2 zukommen würde und der Name Kohlensäure beizulegen wäre.

Diese Kohlensäure nun, auch Metakohlensäure genannt, CO_3H_2 ist bisher in freiem Zustande noch nicht bekannt geworden; man vermuthet zwar, dass eine Lösung von Kohlensäureanhydrid in Wasser die freie Kohlensäure CO_3H_2 enthalte, indessen die Verbindung CO_3H_2 zu isoliren, ist bisher noch nicht gelungen. Vielmehr tritt in allen Fällen, in denen man a priori die Bildung der freien Säure erwarten sollte, eine Spaltung derselben in Wasser und ihr Anhydrid ein. So z. B. bei der Zersetzung der Carbonate durch Säuren.

$$Ca \begin{vmatrix} CO_3 + \end{vmatrix} \begin{matrix} H \\ H \end{matrix} \begin{vmatrix} Cl \\ Cl \end{vmatrix} \ = \ CaCl_2 \ + \ CO \begin{vmatrix} O|H \\ OH \end{vmatrix}$$

Calciumcarbonat Salzsäure   Chlorcalcium   Kohlensäure in
                                                   Spaltung begriffen.

Trotzdem muss man sich für berechtigt halten, die mögliche Existenz der Verbindung CO_3H_2 anzunehmen, um so mehr, als eine Reihe von Verbindungen existirt, welche sich in ausserordentlich einfacher Weise von diesem Körper ableiten lassen. Hierhin gehören z. B. zunächst die zahlreichen kohlensauren Salze, welche auch Carbonate genannt zu werden pflegen.

Die Erfahrung hat gezeigt, dass beide Wasserstoffatome der hypothetischen Verbindung CO_3H_2 in gleicher Weise functioniren, dass beide z. B. durch Metalle ersetzt werden können. Man betrachtet daher die Kohlensäure CO_3H_2 als eine zweibasische

Säure. Ersetzt man in der Formel nur eins der Wasserstoffatome durch ein Metall, z. B. Natrium, so resultiren die sauren oder primären kohlensauren Salze, auch Bicarbonate genannt.

$$C = O \begin{cases} OH \\ OH \end{cases} \qquad C = O \begin{cases} O\ Na \\ OH \end{cases}$$

Hypoth. oder Metakohlensäure   primäres Natriumcarbonat (Natr. bicarbonic.).

Dagegen gelangt man durch Ersetzung beider H-Atome mit Metallen zu den neutralen oder secundären kohlensauren Salzen, die schlechthin Carbonate genannt werden.

$$C = O \begin{cases} OH \\ OH \end{cases} \qquad C = O \begin{cases} O\ Na \\ O\ Na \end{cases}$$

Hypoth. oder Metakohlensäure   secundäres Natriumcarbonat (Natr. carbonic.).

Ebenso nun, wie die H-Atome der Kohlensäure durch Metallatome ersetzt werden, können sie auch durch organische Reste (Radicale) vertreten werden, z. B. durch Methyl-, Aethyl-, Propyletc. Gruppen. Die dabei resultirenden Verbindungen werden Kohlensäureäther (oder -ester) genannt. Und gerade so wie wir bei den Metallsalzen dieser Säure primäre und secundäre bez. saure und neutrale Salze unterscheiden lernten, verhält es sich auch mit den Aethern, es leiten sich von der Kohlensäure auch saure und neutrale Aether ab.

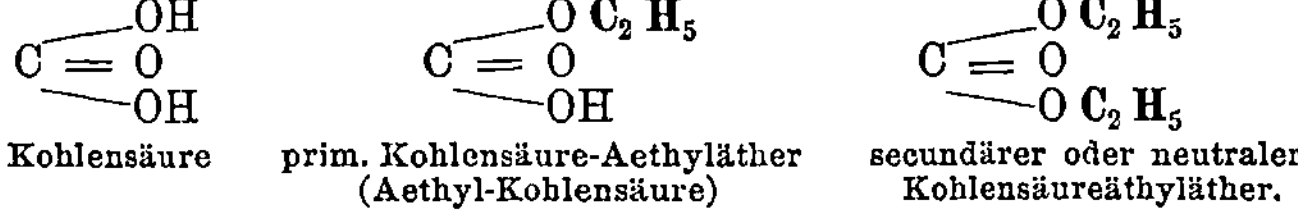

$$C = O \begin{cases} OH \\ OH \end{cases} \qquad C = O \begin{cases} O\ C_2H_5 \\ OH \end{cases} \qquad C = O \begin{cases} O\ C_2H_5 \\ O\ C_2H_5 \end{cases}$$

Kohlensäure   prim. Kohlensäure-Aethyläther   secundärer oder neutraler
(Aethyl-Kohlensäure)   Kohlensäureäthyläther.

Indessen die Substitution innerhalb der hypothetischen Kohlensäure braucht sich nicht auf die H-Atome derselben zu beschränken; unter gewissen Bedingungen kann eine, können beide Hydroxylgruppen (OH) durch bestimmte andere Atome oder Atomgruppen ersetzt werden.

So können wir die Chlorkohlensäure auffassen als Kohlensäure, in welcher eine OH-Gruppe durch 1 Atom Chlor ersetzt ist, das Kohlenoxychlorid oder Phosgengas als Kohlensäure, in welcher beide OH-Gruppen durch 2 Atome Chlor vertreten sind.

$$C = O \begin{cases} OH \\ OH \end{cases} \qquad C = O \begin{cases} Cl \\ OH \end{cases} \qquad C = O \begin{cases} Cl \\ Cl \end{cases}$$

Kohlensäure   Chlorkohlensäure   Kohlenoxychlorid (Phosgen).

In der gleichen Weise wie durch Chlor, können die Hydroxylgruppen auch durch den vom Ammoniak sich ableitenden Amidorest
— NH_2 ersetzt werden. Wie man sich das etwa vorstellen darf,
zeigt folgendes Formelbild:

$$C = O \Big\langle{}^{\boxed{OH}\ \boxed{H}\ |\ NH_2}_{OH} + \ = H_2O + C = O \Big\langle{}^{NH_2}_{OH}$$

$$C = O \Big\langle{}^{\boxed{OH}\ \boxed{H}\ |\ NH_2}_{\boxed{OH}\ \boxed{H}\ |\ NH_2} + \ = 2\,H_2O + C = O \Big\langle{}^{NH_2}_{NH_2}$$

Wie aus diesen Formeln ersichtlich, gelangen wir auch hier zu
zwei Reihen von Verbindungen:

                I.   II.

$$C = O \Big\langle{}^{OH}_{OH} \qquad C = O \Big\langle{}^{NH_2}_{OH} \qquad C = O \Big\langle{}^{NH_2}_{NH_2}$$

Kohlensäure   Carbaminsäure   Carbamid.

Die grösste Veränderung weist von den beiden so resultirenden
Körpern der unter No. II als Carbamid bezeichnete, gewöhnlich
Harnstoff genannte Körper auf. Hier sind beide — OH-Gruppen
durch basische — NH_2-Gruppen vertreten, es tritt daher auch in
dieser Verbindung der saure Character der Kohlensäure vollkommen
zurück, wir haben in dem Carbamid oder Harnstoff eine Substanz
mit ausgesprochen basischen Eigenschaften, mit anderen Worten also
eine Base vor uns.

Ganz anders ist der chemische Character der unter No. I aufgeführten Carbaminsäure; hier ist nur eine der beiden Hydroxylgruppen der Kohlensäure durch den basischen Amidrest ersetzt, die
andere Hydroxylgruppe ist der Verbindung verblieben und drückt
ihr eine ganz bestimmte Physiognomie auf. Die Carbaminsäure ist
eine einbasische Säure, das Wasserstoffatom der ihr noch verbliebenen
Hydroxylgruppe ist gegen Metalle austauschbar.

$$\textbf{Carbaminsäure } CO \Big\langle{}^{NH_2}_{OH}.$$

In freiem Zustande ist diese Verbindung — ebenso wie die freie
Kohlensäure — noch nicht dargestellt worden, doch kennt man wohl
characterisirte Salze (Carbaminsaures Natrium, Kalium, Calcium,

Strontium, Baryum), die sich von ihr herleiten. — Eins der wichtigeren Salze ist das **carbaminsaure Ammon**, welches sich bildet, wenn gasförmige Kohlensäure und gasförmiges Ammoniak bei gewöhnlicher Temperatur zusammentreffen.

$$C\genfrac{}{}{0pt}{}{=O}{=O} + \genfrac{}{}{0pt}{}{NH_2}{H} + NH_3 = C = O\genfrac{}{}{0pt}{}{NH_2}{O\,NH_4}$$

Kohlensäure-   Ammoniak   Carbaminsaures
anhydrid   Ammon.

Dieses Salz ist auch für Pharmaceuten wichtig, insofern es ein constanter Bestandtheil des käuflichen Ammoncarbonates ist, eine Thatsache, die sich aus der eben angegebenen Bildungsweise des Salzes mit Leichtigkeit erklärt.

Das Wasserstoffatom der Hydroxylgruppe der Carbaminsäure kann weiterhin nun auch gegen organische Radicale (Methyl-, Aethyl-, Propyl- etc. Gruppen) ausgetauscht werden. Die entstehenden Verbindungen sind die **Aether der Carbaminsäure**, ihre allgemeine Formel wird, wenn R ein einwerthiges Radical bedeutet,

$$C = O\genfrac{}{}{0pt}{}{NH_2}{OR}$$

sein. — Alle Aether der Carbaminsäure werden mit einem generellen Namen **Urethane** genannt.

Bildungsweise der Urethane.

1. Durch Einwirkung von Ammoniak auf Kohlensäureäther im Ueberschuss z. B.

$$C = O\genfrac{}{}{0pt}{}{\boxed{O\,.\,C_2H_5\ \ H}\ \ NH_2}{O\,C_2H_5} + = C_2H_5\,.\,OH + CO\genfrac{}{}{0pt}{}{NH_2}{O\,C_2H_5}$$

Kohlensäure-Aethyläther   Alkohol   Aethyl-Urethan.

Würde man einen Ueberschuss von Ammoniak anwenden, so würde auch die zweite — $O\,C_2H_5$-Gruppe durch den — NH_2-Rest ersetzt werden, es würde sich **Harnstoff** bilden.

2. Durch Einwirkung von Ammoniak auf die Aether der Chlorkohlensäure z. B.

$$C = O\genfrac{}{}{0pt}{}{\boxed{Cl\ \ H}\ \ NH_2}{O\,CH_3} + = H\,Cl + C = O\genfrac{}{}{0pt}{}{NH_2}{O\,CH_3}$$

Chlorkohlensäure-Methyläther   Methyl-Urethan.

3. Durch Einleiten von Cyanchlorid in Alkohole z. B.

$$C{\equiv}N + O\ |\ \underline{|\,Cl\,C_3H_7\,|} + \underline{H\ |\ O-C_3H_7} = C_3H_7Cl + C{=}O\ {<}{}^{NH_2}_{O\,C_3H_7}$$

Cyanchlorid   Propylalkohol   Propylchlorid Propyl-Urethan.

4. Durch directe Vereinigung von Cyansäure mit Alkoholen

$$C{=}O\ {<}^{NH} + \underline{H\ |\ O} - C_2H_5 = C{=}O\ {<}^{NH_2}_{O\,C_2H_5}$$

Cyansäure   Aethylurethan.

5. Harnstoff verbindet sich mit Alkoholen bei höherer Temperatur zu Urethanen.

$$C{=}O\ {<}^{NH_2}_{\underline{|\,NH_2 + H\,|}\,O-C_2H_5} = NH_3 + C{=}O\ {<}^{NH_2}_{O\,C_2H_5}$$

Harnstoff   Aethyl-Alkohol   Aethyl-Urethan.

Die Urethane sind sämmtlich gut krystallisirende Verbindungen, welche bei vorsichtigem Erhitzen unzersetzt destilliren. — Sie sind — namentlich die Glieder mit niederem Kohlenstoffgehalt — in Wasser leicht löslich, ihre wässerige Lösung verhält sich gegen Lackmusfarbstoff indifferent (reagirt neutral). Gleichwohl muss ihnen chemisch ein schwach basischer Character zugesprochen werden, der sich dadurch zu erkennen giebt, dass der Wasserstoff der Amido-gruppe durch Alkohol- und durch Säure-Radicale ersetzt werden kann. Wie alle Aether werden auch die Urethane durch Einwirkung von ätzenden Alkalien verseift, d. h. in die betreffenden Alkohole und in die betreffende Säure (hier Kohlensäure) gespalten. — Eine ähnliche Zersetzung erleiden sie unter dem Einfluss von conc. Schwefelsäure (siehe Aethyl-Urethan). Beim Erhitzen mit Ammoniak auf höhere Temperaturen werden sie durchweg in die bezüglichen Alkohole unter Bildung von Harnstoff zerlegt.

Methyl-Urethan $C{=}O\ {<}^{NH_2}_{O\,CH_3}$ (Urethylan).

Dasselbe wird durch Einwirkung von Cyanchlorid anf Methyl-alkohol erhalten (Bildungsweise No. 3) und krystallisirt in farblosen länglichen Tafeln, welche bei 52° C. schmelzen, bei 177° C. unzer-setzt sieden. 100 Th. Wasser von 11° C. lösen 217 Th.; 100 Th.

Alkohol lösen bei 15° C. $= 73$ Th. Das **Urethylan** wird gegenwärtig auf seinen therapeutischen Werth geprüft, seine medicinische Verwendung ist also noch nicht als ausgeschlossen zu betrachten.

$$\textbf{Aethyl-Urethan} \quad C = O \begin{cases} NH_2 \\ O\,C_2H_5 \end{cases}$$

ist von allen Urethanen am besten gekannt und wird daher auch schlechthin als **Urethan** bezeichnet.

Die practische Darstellung dieser Verbindung gründet sich auf Bildungsweise No. 5. Da jedoch bei der Einwirkung von Alkoholen auf Harnstoff Ammoniak in Freiheit gesetzt wird, welches, wie oben angegeben, zur Rückbildung von Harnstoff Veranlassung geben könnte, so benutzt die Technik nicht freien Harnstoff, sondern salpetersauren Harnstoff, wobei sich das die Reaction nicht störende Ammonnitrat bildet.

Darstellung. Man lässt im geschlossenen Rohr (in der Technik in Autoclaven) bei einer Temperatur zwischen 120—130° C. auf salpetersauren Harnstoff einen Ueberschuss von Aethylalkohol mehrere Stunden lang einwirken.

$$C = O \begin{cases} NH_2 \\ NH_2 \end{cases} \begin{vmatrix} H\,NO_3 \\ + H \end{vmatrix} O\,C_2H_5 \quad = \quad NH_4\,NO_3 \; + \; C = O \begin{cases} NH_2 \\ O\,C_2H_5 \end{cases}$$

Salpeters. Harnstoff   Aethyl-Alkohol   Ammonnitrat   Urethan.

Der Röhreninhalt bildet nach dem Erkalten eine krystallinische Masse, welche in einer gerade hinreichenden Menge Wasser gelöst wird. Hierauf schüttelt man die filtrirte Lösung mehrere Male mit Aether aus und concentrirt die abgehobenen ätherischen Schichten durch Destillation. Beim Verdunsten des Aethers bleibt dann das Urethan in krystallisirtem Zustande zurück. Durch nochmalige Destillation und darauffolgendes Umkrystallisiren aus Wasser kann es ohne Schwierigkeiten in sehr reinem Zustande erhalten werden.

Eigenschaften. Das Urethan bildet farblose, säulenförmige Krystalle oder Blättchen, deren Schmelzpunkt zwischen 47—50° C. liegt. Es ist nahezu geruchlos und erzeugt, in Substanz auf die Zunge gebracht, einen salpeterähnlichen Geschmack. In Wasser, überhaupt in den meisten Medien, ist es sehr leicht löslich; die wässerige Lösung reagirt neutral. Zwischen 170 und 180° C. siedet das Urethan fast ohne Zersetzung; die sich entwickelnden Dämpfe sind mit bläulicher Flamme brennbar.

Nach **Vulpius** genügen zur Lösung von 1 Th. **Urethan** bei mittlerer Temperatur:

1 Th. Wasser	0,8 Th. verflüssigte Carbolsäure
0,6 - Alkohol	3,0 - Glycerin
1 - Aether	15,0 - Ricinusöl
1,5 - Chloroform	20,0 - Olivenöl.

Besonders in die Augen fallende Identitätsreactionen existiren
zur Zeit für das Urethan noch nicht, man wird sich daher darauf
beschränken müssen, mit Hilfe der allgemeinen Reactionen die einzelnen Bestandtheile der Verbindung, nämlich Kohlensäure, Ammoniak und Aethylalkohol nachzuweisen. — Zum Nachweis der Kohlensäure trägt man 1 gr des Präparates in 5 gr Schwefelsäure ein und
erwärmt gelinde. Zuerst tritt Lösung ein, dann entsteht eine ruhige
Gasentwickelung. Leitet man das entbundene Gas in klares Kalk-
oder Barytwasser, so entsteht ein weisser Niederschlag. Es giebt
sich also als Kohlensäure zu erkennen.

$$C = O \begin{vmatrix} NH_2 \\ \hline O_2H_5 \end{vmatrix} \begin{matrix} H \\ + \end{matrix} \begin{matrix} H \\ OH \end{matrix} \begin{matrix} H \\ + \end{matrix} \begin{matrix} H \\ SO_4 \\ H \end{matrix} \begin{vmatrix} \\ \end{vmatrix} = CO_2 + C_2H_5 . OH + NH_4 . HSO_4$$

saures Ammonsulfat.

Zum Nachweis des Ammoniak erwärmt man 1 gr der Verbindung mit 5 ccm conc. Kalilauge; es entwickelt sich gasförmiges
Ammoniak, welches an seinem Geruch erkannt werden kann, ferner
daran, dass es feuchtes rothes Lackmuspapier bläut, Mercuronitrat-
papier schwärzt, mit Salzsäure Nebel bildet, mit Nessler'schem
Reagens die bekannte gelbrothe Färbung verursacht.

$$C = O \begin{vmatrix} NH_2 & H \\ \hline C_2H_5 & HO \end{vmatrix} \begin{matrix} OK \\ + \\ K \end{matrix} = NH_3 + C_2H_5 . OH + CO_3K_2.$$

Zur Erkennung des Alkohols löst man 0,5 gr des Präparates
in 5 ccm Wasser, fügt 1 gr trocknes Natriumcarbonat und einige
Körnchen Jod hinzu und erwärmt gelinde. Es muss sich Jodoform
bilden, welches am Geruche kenntlich ist und während des Erkaltens
der Flüssigkeit sich in Krystallen ausscheidet.

Prüfung. Man erhitzt 1 gr des Präparates auf dem Platinblech;
es muss sich vollständig verflüchtigen und keinen unverbrennlichen
Rückstand hinterlassen (unorganische Verunreinigungen, Verwechslung
mit Kalisalpeter). — Der Schmelzpunkt liege zwischen 47—50⁰.
Die Bestimmung desselben ist für die Beurtheilung sehr wesentlich.

Schon geringe Mengen von Verunreinigungen drücken denselben stark herunter; das thut beispielsweise schon ein ungehöriger Feuchtigkeitsgehalt. Bemerkenswerth ist hierbei, dass das Präparat in characteristischer Weise die Erscheinung des Ueberschmelzens zeigt, d. h., wenn es erst einmal geschmolzen ist, ohne zu erstarren erheblich unter seinen Schmelzpunkt abgekühlt werden kann. Eine geringe Erschütterung genügt dann, um die ganze Masse plötzlich zur Krystallisation zu bringen. — Die 10 procentige wässerige Lösung muss neutral reagiren. Alkalische Reaction würde auf Zersetzung des Präparates schliessen lassen. — Werden 2 gr des Präparates in 2 gr kaltem Wasser gelöst, so darf weder auf Zusatz von 5 ccm Salpetersäure, noch auf Zusatz von Oxalsäure oder Mercurinitrat sich ein weisser Niederschlag bilden. (Ziemlich nahe liegende Verfälschung mit dem physikalisch sehr ähnlichen Harnstoff.)

Aufbewahrung. Mit Rücksicht auf seine hypnotischen Eigenschaften ist das Urethan vorläufig den Mitteln der Tabelle C einzureihen, also vorsichtig aufzubewahren. Da das Präparat gegen Feuchtigkeit nicht unempfindlich ist, werde es in wohl verschlossenem Gefäss, am besten an einem kühlen Orte aufbewahrt.

Anwendung. Urethan ist von Kobert, Schmiedeberg und v. Jacksch als Schlafmittel (Hypnoticum) empfohlen worden. Bei Erwachsenen wirkt es in Dosen von 0,25 bis 0,5 gr nur unsicher, sicherer dagegen bei Darreichung von 1—2 gr pro dosi. Nach Prof. Riegel kann die Einzeldosis ohne jede Gefahr bis auf 4 gr gesteigert werden. — Von anderen Schlafmitteln wie Morphium, Chloralhydrat, Paraldehyd etc. unterscheidet es sich dadurch, dass es unangenehme Nebenwirkungen, wie Schwindel, Erbrechen, Herzaffectionen nicht hervorruft, weshalb es namentlich ein werthvolles Arzneimittel für die Kinderpraxis werden könnte. Auf der anderen Seite aber besitzt es auch keine schmerzstillenden Eigenschaften. — Der durch Urethan erzeugte Schlaf ist dem physiologischen ausserordentlich ähnlich. Die Darreichung geschieht in wässeriger Lösung, also in Form von Mixturen. Corrigentien sind nur bei difficilen Personen und bei Kindern nothwendig; und zwar ist ziemlich jeder Zusatz gestattet. Zu vermeiden sind stark alkalische Beimischungen, welche Zersetzung des Urethans bewirken könnten. Unwirksam ist es bei Schlaflosigkeit in Folge von schmerzhaften Zuständen und unsicher wirkend bei Alkoholikern.

Dagegen soll es nach Anrep sich in Dosen von 4—5 gr als Antidot gegen convulsivische Gifte: Strychnin, Pikrotoxin, Resorcin, bewähren.

Ueber das physiologische Verhalten des Urethans ist nur wenig bekannt. Loebisch und v. Rokitanski geben an, dass es beim Menschen nur theilweise wieder durch Aether aus dem Urin ausge-

schüttelt werden könne. Nebenbei tritt im Urin eine geringe Menge
einer reducirenden Substanz auf, höchst wahrscheinlich eine Gly-
curonsäure-Verbindung des Urethans oder eines Spaltungsproductes
desselben.

Zum Nachweis des Urethans im Harn schüttelt man den letzteren mit Aether aus und lässt den mit Wasser gewaschenen Aether-
auszug verdunsten. Man löst den Rückstand in wenig Wasser und
fügt Kalilauge im Ueberschuss zu und lässt nun unter Umschütteln
tropfenweise Quecksilberchloridlösung einfliessen. Der jedesmal entstehende gelbe Niederschlag wird beim Umschütteln weiss. Beim
Erwärmen löst sich der weisse Niederschlag, beim Erkalten tritt
wieder Trübung ein. Wenn alles Urethan ausgefällt ist, bleibt die
Gelbfärbung des Niederschlages bestehen. (Jacquemin[1]).

Gegen Aldehyde verhalten sich die Urethane wie substituirte
Ammoniake, d. h. sie verbinden sich mit ihnen theils unter einfacher
Anlagerung, theils unter Wasserabspaltung. Einige der resultiren-
den Verbindungen sind gegenwärtig im Stadium der therapeutischen
Prüfung begriffen.

Aethyliden-Urethan. Zur Darstellung löst man Urethan in
Aldehyd, setzt ein wenig Wasser und hierauf etwas verdünnte Salzsäure zu. Die Bildung der Verbindung erfolgt plötzlich, unter
starker Erwärmung. Durch Wasserzusatz wird der neue Körper
nach dem Erkalten in Form weisser, atlasglänzender Nadeln gefällt.
Der chemische Vorgang ist nachstehender: 2 Mol. Urethan vereinigen
sich mit 1 Mol. Aldehyd unter Wasseraustritt; der gebildete Körper
heisst Aethyliden-Urethan, weil er den Aethylidenrest $CH_3—C—H$
enthält.

$$CH_3—C \begin{array}{|c|} \hline O\ \ H \\ \hline + \\ \hline H\ \ \ H \\ \hline \end{array} \begin{array}{l} HN—COO\ C_2H_5 \\ \\ HN—COO\ C_2H_5 \end{array} =$$

Aldehyd   Urethan

$$H_2O + CH_3\ C \begin{array}{l} —HN\ COO\ C_2H_5 \\ —H \\ —HN\ COO\ C_2H_5 \end{array}$$

Aethyliden-Urethan.

---

[1]) Aethylurethan und Kalilauge geben zunächst Alkohol und Kalium-
carbamat. Das letztere setzt sich mit dem Quecksilberchlorid zu unlöslichem Quecksilbercarbamat um, welches beim Erwärmen mit einem Ueberschuss von Urethan in Lösung geht und beim Erkalten wieder ausfällt.

Das Aethyliden-Urethan ist in Aether, Alkohol und heissem Wasser leicht löslich, weniger in kaltem Wasser. Aus heissen wässerigen Lösungen lässt es sich gut krystallisren. Der Schmelzpunkt liegt bei 126° C.

Chloral-Urethan, Uralium, Uraline. Chloral (oder geschmolzenes Chloralhydrat) löst das Urethan schon bei gewöhnlicher Temperatur auf. Setzt man einer solchen Lösung conc. Salzsäure zu, so erstarrt sie innerhalb 24 Stunden zu einer in Wasser unlöslichen Masse. Dieselbe wird zunächst mit conc. Schwefelsäure behandelt, dann mit Wasser gewaschen, wobei ein Oel resultirt, das später krystallisirt. Der chemische Vorgang ist ein etwas abweichender. Es verbinden sich je 1 Mol. Chloral und 1 Mol. Urethan unter einfacher Addition.

$$C\,Cl_3 - C {<}^O_H \quad + \quad {H \atop NH - COO\,C_2\,H_5} \quad = \quad C\,Cl_3 - C {<}^{OH}_{H} {\atop -NH\,COO\,C_2\,H_5}$$

Chloral   Urethan   Chloral-Urethan.

Das Chloral-Urethan ist in kaltem Wasser unlöslich, in kochendem unter Spaltung in Chloral und Urethan zersetzbar. Alkohol und Aether lösen es leicht, durch Wasser wird es aus diesen Lösungen wieder abgeschieden. Der Schmelzpunkt wurde bei 103° C. beobachtet, doch zersetzt sich die Verbindung schon bei 100° C. theilweise in Chloral und Urethan.

C. Hübner und G. Sticker haben das Chloral-Urethan untersucht und dasselbe in seiner Wirkung ähnlich dem Aethyl-Urethan befunden, doch schien die hypnotische Wirkung weniger zuverlässig und nachhaltig. — Dagegen rühmt es neuerdings Poppi (unter dem Namen Uralium oder Uralin) sehr. Es soll eben so sicher wirken wie Chloralhydrat, aber besser als dies, sogar bei Herzkrankheiten, vertragen werden.

Somnal ein von Dr. S. Radlauer-Berlin 1889 in den Handel gebrachtes Hypnoticum, angeblich äthylirtes Chloral-Urethan

$$C\,Cl_3\,CH\,(O\,C_2\,H_5)\,(NH\,CO_2\,C_2\,H_5)$$

hat sich als einer der Irrthümer von S. Radlauer und zwar als eine einfache Lösung von Chloralhydrat und Urethan in Alkohol herausgestellt.

Phenylurethan, Euphorine. Der letztere Name ist dieser Verbindung von Giacosa beigelegt worden.

Darstellung. Man erhält das Phenylurethan durch Einwirkung von Anilin auf Chlorameisensäureäthylester:

$$C_6\,H_5\,NH_2 + Cl\,CO_2\,C_2\,H_5 = H\,Cl + CO\begin{array}{l}{-}NH\,C_6\,H_5\\[4pt]{-}OC_2\,H_5\end{array}$$

Anilin Chlorameisensäure-Aethylester Phenylurethan.

Das Reactionsproduct wird aus verdünntem Weingeist umkrystallisirt.

Eigenschaften. Ein farbloses Krystallpulver von erst kaum merklichem, später brennendem, nelkenartigen Geschmacke. Es ist schwer löslich in kaltem Wasser, etwas leichter löslich in heissem Wasser, sehr leicht löslich in Alkohol und in Aether, ziemlich löslich in alkoholischer Flüssigkeit, z. B. in Weisswein. Von kalter conc. Schwefelsäure wird es leicht, klar und ohne Färbung gelöst. Es schmilzt, im Capillarrohre erhitzt, bei 49—50° C.

Prüfung. Es sei farblos, werde von conc. Schwefelsäure klar und ohne Färbung gelöst. — Beim Erhitzen verbrenne es, ohne einen Rückstand zu hinterlassen.

Zerreibt man 0,5 gr Phenylurethan mit 5 ccm Wasser, so darf das Filtrat durch Silbernitratlösung nicht verändert werden.

Aufbewahrung. Vor Licht geschützt.

Anwendung. Man giebt das Phenylurethan: 1. als Antipyreticum bis 1,5 gr täglich in Dosen von 0,1—0,5 gr. 2. Als Antirheumaticum zu 1,5—2,0 gr täglich in Gaben von 0,4—0,5 gr. 3. Als Analgeticum drei bis fünfmal täglich zu je 0,4 gr. Unangenehme Nebenwirkungen sollen nicht auftreten — nur selten tritt geringe Cyanose auf —, insbesondere soll es Methämoglobinbildung nicht veranlassen. Aeusserlich hat man es bei schmerzhaften Processen wie Brandwunden, Herpes Zoster, Ulcera, Analgeschwüren, auch als pulverförmiges Antisepticum an Stelle des Jodoform angewendet. Die Ausscheidung des Phenylurethans erfolgt durch den Harn wahrscheinlich als p-Amidophenol, da letzterer die Indophenolreaction zeigt (s. Acetanilid).

Sucrol.

p-Phenetolcarbamid[1]). *Dulcin. p-Aethoxyphenylharnstoff.*

$$CO\,NH_2 \cdot NH\,C_6\,H_4\,OC_2\,H_5.$$

Das Paraphenetolcarbamid wurde zuerst von Berlinerblau durch Umlagerung von cyansaurem p-Amidophenetol dargestellt. Seit 1892 wird es fabricatorisch nach verschiedenen einfacheren

---

[1]) Das Paraphenetolcarbamid wird von Dr. v. Heydens Nachf. „Sucrol", von J. D. Riedel „Dulcin" genannt. Ich habe geglaubt, den ersteren Namen wählen zu müssen, weil die fabricatorische Darstellung zuerst von Dr. v. Heydens Nachf. unternommen wurde.

Verfahren durch Dr. v. Heydens Nachf. und J. D. Riedel erzeugt.
Seiner chemischen Zusammensetzung nach ist es als Harnstoff auf-
zufassen, in welchem ein H-Atom durch einen p-Phenetolrest (p-
Aethoxyphenyl $C_6H_4OC_2H_5$) ersetzt ist.

$$H . C_6H_4 O C_2H_5 \qquad CO \underset{NH_2}{\overset{NH\ H}{<}} \qquad CO \underset{NH_2}{\overset{NH . C_6H_4 OC_2H_5\ (1:4)}{<}}$$

Phenetol   Carbamid (Harnstoff)   p-Phenetolcarbamid.

Darstellung. Von Bildungs- und Darstellungsweisen führen wir
nachstehende in ihrem typischen Verlaufe an:

I. Durch Umlagerung von cyansaurem p-Amidophenetol, indem man
Kaliumcyanat und salzsaures p-Amidophenetol (Phenetidin, s. unter Phenacetin) in der Wärme auf einander einwirken lässt und das Reactionsproduct aus Wasser oder Alkohol umkrystallisirt:

$$C \underset{O\ K}{\overset{\equiv N}{<}} + \ Cl\ H\ NH_2 . C_6H_4 . O C_2H_5$$

Kaliumcyanat   salzsaures p-Amidophenetol

$$= KCl + C \underset{OH . NH_2 C_6H_4 . OC_2H_5}{\overset{\equiv N}{<}}$$

cyansaures p-Amidophenetol.

$$C \underset{OH . NH_2 . C_6H_4 OC_2H_5}{\overset{\equiv N}{<}} \qquad = \qquad C \underset{NH_2}{\overset{NH . C_6H_4 . OC_2H_5}{<}} = O$$

cyansaures p-Amidophenetol   p-Phenetolcarbamid.

II. Durch Einwirkung von Kohlenoxychlorid auf p-Phenetidin[1]) entsteht zunächst ein chlorhaltiges Zwischenproduct, welches durch Ammoniak
in p-Phenetolcarbamid übergeführt wird.

$$a)\quad CO \underset{Cl}{\overset{Cl}{<}} + H\ NH . C_6H_4 OC_2H_5$$

Kohlenoxychlorid

$$= HCl + CO \underset{Cl}{\overset{NH . C_6H_4 . OC_2H_5}{<}}$$

$$b)\quad CO \underset{Cl\ +\ H\ NH_2}{\overset{NH . C_6H_4 . OC_2H_5}{<}} = HCl + CO \underset{NH_2}{\overset{NH\ C_6H_4 . OC_2H_5}{<}}$$

Salzsäure[2])   p-Phenetolcarbamid.

---

[1]) Thatsächlich lässt man 2 Mol. p-Phenetidin einwirken, so dass die
abgespaltene Salzsäure zu $H Cl . NH_2 . C_6H_4 . O C_2H_5$ gebunden wird.

[2]) In der Praxis lässt man einen Ueberschuss von Ammoniak einwirken und erhält alsdann natürlich Ammoniumchlorid.

III. Lässt man auf Kohlenoxychlorid einen grossen Ueberschuss von
p-Phenetidin einwirken, so entsteht zunächst Diparaphenetolcarbamid.

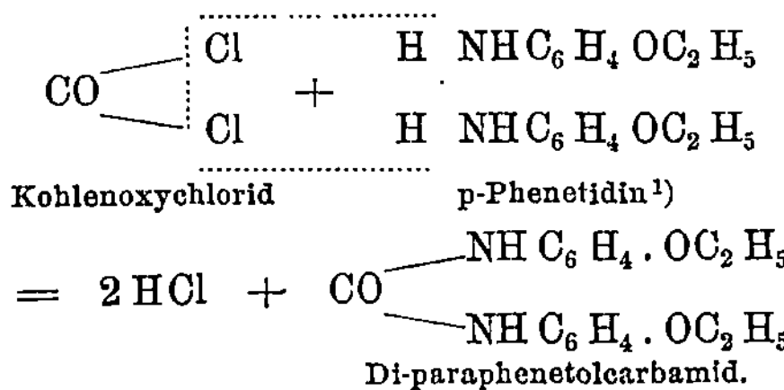

Di-paraphenetolcarbamid.

Erhitzt man das gebildete Di-paraphenetolcarbamid mit Harnstoff
einige Stunden im Autoclaven auf 160°, so werden 2 Mol. p-Phenetolcarbamid gebildet:

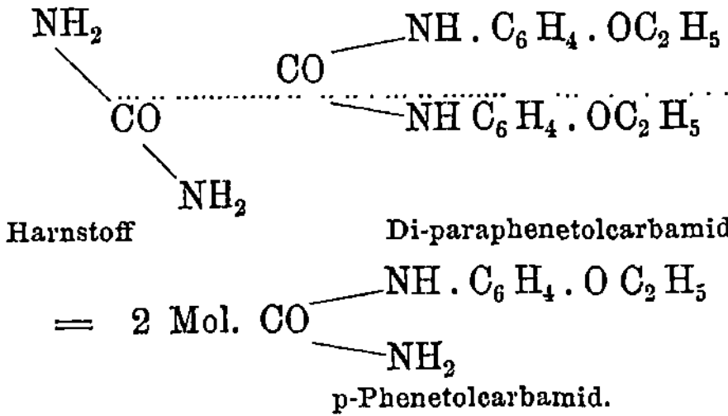

p-Phenetolcarbamid.

Eigenschaften. Das Sucrol bildet, aus Wasser krystallisirt, farblose glänzende Nadeln oder Schüppchen, von stark süssem Geschmack. Der Schmelzpunkt derselben liegt bei 173—174° C.
1 Theil Sucrol löst sich in 150 Th. siedendem oder 800 Th. kaltem
Wasser (15° C.), ferner in 25 Th. Weingeist von 90 % oder in 80 Th.
Weingeist von 45 % oder in 480 Th. Glycerin. Die Süsskraft des
Sucrols soll diejenige des gewöhnlichen Zuckers um das 200 fache
übertreffen. Es ist mit Wasserdämpfen nicht flüchtig und nicht unzersetzt sublimirbar. Als Identitätsreaction giebt Berlinerblau
folgende an:

Man erhitzt in einem Probirrohr etwa 0,05 gr Sucrol mit 5 Tropfen
conc. Schwefelsäure bis zum beginnenden Sieden. Nach dem Erkalten
verdünnt man mit 10 ccm Wasser und überschichtet die Flüssigkeit mit
Ammoniak. Es entsteht alsdann an der Berührungsstelle ein blauer Ring,
welcher nach längerem Stehen an Farbintensität und Ausdehnung zunimmt.

Prüfung. Sucrol sei farblos, löse sich ohne Färbung in conc.
Schwefelsäure auf, schmelze bei 173—174° C. (organische Verun-

---

[1]) In der Praxis nimmt man mit Rücksicht auf die Bindung der entstehenden Salzsäure hier 4 Mol. Phenetidin. s. Fussnote 1. S. 129.

reinigungen) und verbrenne, erhitzt, ohne einen Rückstand zu hinterlassen (anorganische Verunreinigungen).

Aufbewahrung. Unter den indifferenten Arzneimitteln.

Anwendung. Sucrol ist der Nachfolger des Saccharins. Es bewirkt nicht die Gerinnung der Milch, ist kein Antisepticum, sondern ein indifferenter Süssstoff (Gewürz). Als solcher ist es denn auch in Aussicht genommen, also als Süssstoff für Diabetiker, Fettleibige, Magenkranke, auch zu industriellen Zwecken. Schädliche Nebenwirkungen sind bei seinem Gebrauche bisher nicht beobachtet worden. Es beeinflusst weder Circulation, noch Athmung, Nervensystem oder Verdauung. Man giebt es in 0,25 gr schweren Pastillen aus Mannit, welche je 0,025 gr Sucrol enthalten und je 5 gr Zucker entsprechen.

Diuretinum.

Theobromino-Natrium cum Natrio salicylico. Theobromin-Natrio salicylicum.

$$C_7 H_7 N_4 O_2 Na, \quad C_6 H_4 OH . CO_2 Na.$$

Das Diuretin wurde zuerst von Gram 1887 auf Grund der Arbeiten von v. Schroeder zur medicinischen Anwendung empfohlen.

Es enthält · als wirksamen Bestandtheil Theobromin, ein im Cacao vorkommendes Alkaloid, welches seiner chemischen Natur nach dem Coffeïn und Xanthin ganz nahe verwandt ist. Das Coffeïn ist nämlich Trimethylxanthin, Theobromin ist Dimethylxanthin.

Das Xanthin selbst hat die Formel

$$\begin{matrix} NH . CH = C . NH \\ | \qquad\qquad\qquad \rangle CO \\ CO . NH . C = N \end{matrix}$$

und besitzt 3 NH-Gruppen, deren H-Atome ersetzbar sind. Im Theobrominmolecül ist der Wasserstoff zweier NH-Gruppen, im Coffeïnmolecül der Wasserstoff aller 3 NH-Gruppen des Xanthins durch Methyl ersetzt.

Das Xanthin und auch das Theobromin lösen sich mit grosser Leichtigkeit in Alkalien unter Bildung von Alkalisalzen auf; die Theobromin — Alkali- und -Erdalkalisalze sind wohlcharacterisirte Verbindungen, welche durch Säuren, auch CO_2, unter Freiwerden von Theobromin wieder zerlegt werden.

Das durch Lösen von Theobromin in Natronlauge entstehende Theobromin-Natrium vereinigt sich mit Natriumsalicylat zu einem

Doppelsalze, dem Theobromin-Natrium-Natriumsalicylat, welches unter dem Namen Diuretin in den Handel eingeführt worden ist.

Die Zusammensetzung des Diuretins ist also nicht analog derjenigen des Coffeïn-Natriumsalicylats.

Theobromin $C_7 H_8 N_4 O_2$.

Das Theobromin findet sich in den Cacaobohnen zu etwa 1,5 %, in den Cacaoschalen zu etwa 0,3 %.

Es wird folgendermaassen dargestellt: 1. Nach E. Schmidt und Pressler: Entölte Cacaomasse wird mit dem halben Gewicht Kalkhydrat gemengt und wiederholt mit Alkohol von 80 % ausgekocht. 2. Nach Dragendorff: Man kocht Cacaoschalen mit Wasser aus, presst die Abkochung ab, fällt die abgepresste Brühe mit Bleiessig, filtrirt, entfernt das Blei durch Schwefelwasserstoff, trocknet die Lösung mit Magnesia ein und kocht den gepulverten Rückstand mit Alkohol aus.

Das Theobromin selbst ist in Wasser nur wenig löslich, nämlich in etwa 1600 Th. kaltem und etwa 150 Th. kochendem Wasser; noch schwerer löslich in Alkohol; auch die sonstigen Lösungsmittel für Alkaloide vermögen nur wenig davon aufzunehmen.

Theobromin verbindet sich nur langsam mit Säuren; selbst die mineralsauren Salze geben an Wasser oder Alkohol oder beim Erwärmen einen Theil oder alle Säure wieder ab; dagegen verbindet sich Theobromin sehr leicht mit Basen. Die Alkali- und Erdalkaliverbindungen sind in Wasser sehr leicht löslich und aus diesen Lösungen wird das Theobromin durch Zusatz von Säuren als feines, schneeweisses Pulver wieder abgeschieden.

In Folge seiner geringen Löslichkeit und Schwerresorbirbarkeit hat das Theobromin selbst so gut wie keine medicinische Verwendung bisher gefunden; dasselbe gilt von seinen Verbindungen mit Säuren; das Theobrominnatrium ist der wirksame Bestandtheil des Diuretin.

Diuretin. $C_7 H_7 N_4 O_2 Na . C_6 H_4 OH . CO_2 Na$.

Es kommt in Form eines weissen amorphen Pulvers in den Handel.

Darstellung. Theobromin wird in der molecularen Menge Natronlauge gelöst, diese Lösung (1 Molecül) mit einer wässerigen Lösung von Natriumsalicylat (1 Molecül) vermischt, zur Trockne gebracht und fein gepulvert.

Eigenschaften. Das Diuretin schmeckt salzig alkalisch, ist geruchlos, in Wasser sehr leicht löslich (lauwarmes Wasser löst das gleiche Gewicht an Diuretin und hält diese Menge auch kalt in Lösung); die wässerige Lösung reagirt stark alkalisch und wird durch Zusatz von Säuren, auch CO_2, unter Abscheidung von Theobromin getrübt. Aus diesem Grunde ist es durchaus nöthig, das Diuretin in Pulverform sowohl wie in Lösung, vor Luftzutritt geschützt, aufzubewahren.

Prüfung. Zur Identificirung des Diuretins dürften für den practischen Gebrauch folgende Reactionen genügen. Die wässerige Lösung (1 = 5), mit 1 Tropfen Lackmustinctur versetzt und mit verdünnter Salzsäure neutralisirt, muss einen starken weissen Niederschlag von Theobromin ergeben; das Filtrat davon, mit mehr Salzsäure versetzt, muss eine Fällung von Salicylsäure oder mit Eisenchlorid die bekannte Salicylsäure-Reaction geben; — der Theobromin-Niederschlag muss in Aetzalkalien leicht und vollständig löslich und nach gutem Auswaschen auf dem Platinblech vollkommen verbrennlich sein.

Eine Werthbestimmungsmethode, die zwar den Uebelstand hat, dass sich ein geringer Antheil des Theobromins der Wägung entzieht und als Analysenfactor hinzugerechnet werden muss, die aber im Uebrigen kurz und mühelos und deshalb für practische Bedürfnisse geeignet ist, wurde von Vulpius, Pharm. Centralh. 1890 No. 22 angegeben.

Hiernach werden 2 gr des Präparates in einem Porzellanschälchen in 10 ccm Wasser durch gelindes Erwärmen gelöst. Man versetzt nun mit einigen Tropfen Lackmustinctur, neutralisirt mit Normalsalzsäure, wozu etwa 5 ccm erforderlich sind, stellt durch Zugabe eines Tropfens einer verdünnten Ammoniakflüssigkeit eine schwach alkalische Reaction wieder her, rührt gut durch und lässt unter öfterem Umrühren bei gewöhnlicher Zimmerwärme drei Stunden lang stehen, worauf man das abgeschiedene Theobromin auf ein 8 cm messendes, bei 100^0 getrocknetes und dann gewogenes Filter bringt. Das durch schwaches Absaugen vermehrte Filtrat wird zum Nachspülen des im Schälchen verbliebenen kleinen Theobrominrestes auf das Filter benützt und nunmehr der Inhalt des letzteren nach erneutem mässigen Absaugen zweimal mit je 10 ccm kaltem Wasser gewaschen, hierauf in dem Filter bei 100^0 getrocknet und gewogen. Das Gewicht des so erhaltenen Theobromins betrug stets 0,82 bis 0,83 gr aus 2 gr Diuretin.

Zu dieser Menge muss natürlich noch diejenige hinzugerechnet werden, welche im Filtrate, sowie in den Waschwässern verbleibt und, wie bereits bemerkt, erfahrungsgemäss 0,13 gr beträgt. Die Gesammtmenge des Theobromins belief sich demnach auf 0,83 gr + 0,13 = 0,96 gr oder 48%.

Aufbewahrung. Das Diuretin wird in gut verschlossenen Gefässen, vor Luftzutritt geschützt, vorsichtig aufbewahrt. —

Anwendung. Das Diuretin hat sich als ein sehr zuverlässiges Diureticum erwiesen. Da es die harntreibende Wirkung durch directe Beeinflussung des Nierenepithels hervorruft, so ist es bei allgemeinem Hydrops des verschiedensten Ursprungs erfolgreich angewandt worden, auch da, wo Digitalis, Strophanthus etc. ohne Wirkung geblieben waren. — Vor Calomel hat es den Vorzug völliger Ungiftigkeit.

Die volle Wirkung des Diuretin tritt gewöhnlich erst am 3. bis 4. Tage ein. Cumulative Wirkung und Gewöhnung an das Mittel ist nicht beobachtet worden. Sehr gut hat sich die Combination von Diuretin mit Digitalis bewährt.

Das Diuretin wird am besten in Form der Mixtur verordnet. Man giebt es entweder einfach in wässeriger Lösung (5,0—7,0:100) oder man fügt als Corrigentien Ol. Menth. piperit., Aq. Menth. piper. oder Foeniculi nebst etwas Sirup. simpl. hinzu. Als Pulver das Diuretin zu verordnen, ist nicht zweckmässig, da durch Anziehen von Kohlensäure aus der Luft bald ein Theil des Theobromin aus der Natronverbindung verdrängt und unlöslich wird. Aus dem gleichen Grunde darf man zu der wässerigen Lösung des Diuretin kein sauer reagirendes Corrigens hinzusetzen, so keine Fruchtsirupe, Succ. liquirit. u. Aehnliches.

Als niedrigste Tagesdose ist 5,0, als mittlere 6,0—7,0 anzusehen. — Eine sehr zweckmässige Formel ist:

Rp. Diuretini   5,0—7,0
Aq. destill.   90,0
Aq. Menth. piperit. 100,0
Sirup. simpl.   10,0
M. D. S. Tagsüber zu verbrauchen.

Vorsichtig aufzubewahren.

Aethoxycoffeïn. Diese durch **Dujardin-Beaumetz** auf Veranlassung von **Filehne** durchgeprüfte Verbindung wird erhalten, indem man Coffeïn durch Eintragen in überschüssiges Brom zunächst, in Coffeïnbromid verwandelt und alsdann durch Kochen mit alkoholischer Kalilauge die Aethoxyl-Gruppe einführt:

$$C_8 H_9 N_4 O_2 Br + K OC_2 H_5 = K Br + C_8 H_9 N_4 O_2 (OC_2 H_5)$$

Coffeïnbromid   Kaliumäthylat   Aethoxycoffeïn.

Die Constitutionsformel ist:

$$CO \begin{cases} N(CH_3) - C(OC_2H_5) = C - N \\ N(CH_3) \hspace{4.5cm} C = N \end{cases} \begin{cases} CH_3 \\ CO \end{cases}$$

Nach **Thoms** erfolgt der Eintritt der OC_2H_5-Gruppe am leichtesten, wenn man in eine alkoholische Lösung von Monobromcoffeïn die zur Bindung des Broms erforderliche Menge metallischen Natriums in kleinen Stücken einträgt und einmal aufkocht. Beim Einengen der alkoholischen Lösung scheidet sich das Aethoxycoffeïn in kleinen farblosen Krystallnadeln ab, welche nöthigenfalls durch Umkrystallisiren aus Alkohol oder Wasser gereinigt werden können.

Farblose Krystallnadeln, in Wasser schwerer löslich als Coffeïn, leicht löslich in Alkohol. Schmelzpunkt 138—139° C. Beim Eindampfen mit Chlorwasser entsteht ebenso wie aus Coffeïn Amalinsäure, welche sich in Ammoniak mit Purpurfarbe löst.

Vom Coffeïn unterscheidet sich das Aethoxycoffeïn durch folgende Reaction:

Löst man 0,1 gr Aethoxycoffeïn in 10 ccm siedendem Wasser, so wird auf Zusatz von Kali- oder Natronlauge die Verbindung fast vollständig gefällt, während Coffeïn unter den nämlichen Umständen in Lösung bleibt.

Aufbewahrung. Vorsichtig.

Anwendung. Das durch die Einführung der Aethoxylgruppe in das Coffeïn dargestellte Aethoxycoffeïn ist ein Narcoticum. Es wirkt zwar auf Herzschlag und Blutdruck ähnlich wie Coffeïn, aber zugleich narcotisch. — Man giebt es in Lösung mit Natrium salicylicum in Gaben von 0,20 gr bei Migräne und Trigeminusneuralgie. — Subcutane Injectionen wirken nach Ceola anästhesirend.

Mit Natrium benzoicum und Natrium salicylicum giebt das Aethoxycoffeïn leicht lösliche Doppelverbindungen.

Höchste Gabe 0,30 gr.

Coffeïntrijodid. Diese richtiger als „jodwasserstoffsaures Dijodcoffeïn" zu bezeichnende Verbindung entsteht, wenn man eine schwach alkoholische Coffeïnlösung, mit Jodwasserstoffsäure versetzt, dem Sonnenlichte aussetzt. Es scheiden sich alsdann metallglänzende, dunkelgrüne Prismen aus. Die Verbindung hat die Zusammensetzung $C_8 H_{10} N_4 O_2 J_2 \cdot JH + 1^1/_2 H_2 O$. In Alkohol ist sie leicht löslich, beim Schütteln mit Wasser geht Jod in Lösung.

Bei Einführung des Coffeïntrijodids in den Magen wird Jod abgespalten und dieses leicht resorbirt, ohne die Depressionserscheinungen zu verursachen, wie sie z. B. die Alkalijodide darbieten. Granville empfiehlt daher das Coffeïntrijodid als Jodpräparat.

Vorsichtig und vor Licht geschützt aufzubewahren. Man halte keine allzu grossen Vorräthe.

Thiosinaminum.

Rhodallin. Thiosinamin. Allyl-Thioharnstoff. Allylsulfocarbamid.

$$C\,S\,(NH_2)\,.\,NH\,C_3\,H_5.$$

Die Darstellung dieser Verbindung erfolgt zweckmässig nach der vom deutschen Arzneibuch unter *Oleum Sinapis* angegebenen Vorschrift.

Darstellung. Man mischt in einem Kölbchen 3 Th. Senföl mit 3 Th. Weingeist und 6 Th. Ammoniakflüssigkeit. Durch Erwärmnn auf 50° verschwindet der Senfölgeruch und das ursprünglich trübe Gemisch wird klar. Nach dem Erkalten scheiden sich Krystalle von Thiosinamin ab. Die über diesen stehende Mutterlauge verdampft man auf dem Wasserbade in der Weise, dass man eine neue Menge erst dann zugiesst, wenn der Ammoniakgeruch bei der verdampfenden Flüssigkeit verschwunden ist. Die Gesammtmenge der erhaltenen Krystalle krystallisirt man schliesslich aus 2 Th. siedendem Wasser um.

Die Bildung des Thiosinamins erfolgt im Sinne nachstehender Gleichung

$$
\begin{array}{ccccc}
C\!\!\!\diagup^{\textstyle S}_{\textstyle N - C_3 H_5} & + & \begin{array}{c} NH_2 \\ | \\ H \end{array} & = & C = S\diagup^{\textstyle NH_2}_{\textstyle NH\,.\,C_3\,H_5} \\[2mm]
\text{Allylsenföl} & & & & \text{Allylthioharnstoff.}
\end{array}
$$

Die Selbstdarstellung ist zu empfehlen.

Eigenschaften. Farblose oder schwach gelblich gefärbte, bei 74° schmelzende Krystalle von lauchartigem, aber nicht scharfem Geruche, in Wasser, Alkohol und Aether leicht löslich. Die wässerige Lösung ist neutral und schmeckt bitter, aber nicht nachhaltend.

Aufbewahrung. Vorsichtig.

Anwendung. Hebra empfahl 1892 subcutane Injectionen von Thiosinamin gegen Lupus, Caries und Necrose der Knochen, Dermatosen etc., wo es eine der Tuberculinwirkung ähnliche Reaction erzeugen und in vielen Fällen Heilung bewirken soll. Er benutzt eine 15 procent. alkoholische Lösung und spritzt zunächst zweimal wöchentlich 2—3 Theilstriche (= 0,3 bis 0,45 gr Thiosinamin) ein; später wird die Dosis auf 10—15 Theilstriche erhöht. Die Injectionen sind nur vorübergehend schmerzhaft; die Resorption erfolgt rasch, da die Patienten schon wenige Minuten nach der Injection knoblauchartigen Geschmack verspüren.

Rp. Thiosinamini   1,5
Spiritus diluti   8,5
S. Zur subcutanen Injection.

Vorsichtig aufzubewahren.

b) Benzolderivate.

Tribromphenolum.

Bromphenol. Tribromphenol. Bromol.

$$C_6 H_2 Br_3 . OH.$$

Zur Darstellung lässt man Brom auf einen kleinen Ueberschuss von Phenol einwirken.

Man löst 1 Th. Phenol in 50—60 Th. Wasser, andererseits 5 Th. Brom in 150 Th. Wasser u. trägt die letztere Lösung in die erstere ein.

$$C_6 H_5 . OH \; + \; 6\,Br \; = \; 3\,H\,Br \; + \; C_6 H_2 Br_3 . OH$$

Phenol   Tribromphenol.

Der entstandene weisse Niederschlag wird aus Alkohol umkrystallisirt. Man erhält so farblose, seidenglänzende Nadeln, welche bei 92° schmelzen. — Das Filtrat kann man durch Neutralisiren mit Kaliumcarbonat, Eindampfen und Glühen des Rückstandes mit Kohlepulver etc. auf Kaliumbromid verarbeiten.

Bei Anwendung von Brom im Ueberschuss entsteht neben Tribromphenol noch „Tribromphenolbromid $C_6 H_2 Br_3 OBr$", welches aus Chloroform in gelben, bei 118° schmelzenden Nadeln krystallisirt.

Eigenschaften. Farbloses, krystallinisches Pulver oder seidenglänzende Krystalle, in Wasser so gut wie unlöslich, leicht löslich in Alkohol. Beim Erwärmen mit Salpetersäure entsteht Pikrinsäure.

Prüfung. Die Reinheit des Tribromphenols ergiebt sich aus der Farblosigkeit, dem zutreffenden Schmelzpunkt, der nahezu völligen Unlöslichkeit in Wasser und aus dem Bromgehalt.

Zur Feststellung des letzteren bringt man eine gewogene Menge Tribromphenol in einer Silberschale mit Natronlauge (e natrio) zur Trockne, glüht schwach, säuert die Lösung der Schmelze mit Salpetersäure an und fällt mit Silbernitrat.

Aufbewahrung. Vor Licht geschützt, vorsichtig aufzuwahren.

Anwendung. Aeusserlich wirkt es ätzend und desinficirend. Man benutzt es daher unvermischt oder mit Talcum gemischt bez. in Salbenform oder in Oel gelöst in der Wundbehandlung. Innerlich gegeben passirt es den Magen unzersetzt und wird erst im Darme allmälig gelöst. Man giebt es daher zur Infection des Darmes bei Typhus, Sommerdiarrhöen, Cholera infantum. Dosis für Erwachsene 0,1 gr pro dosi, 0,5 gr pro die.

Für Kinder 0,005—0,015 gr. Die Ausscheidung erfolgt durch den Urin als Tribromphenylschwefelsäure.

<table>
<tr><td>Rp.</td><td>Tribromphenoli</td><td>0,1—1,0</td><td>Rp.</td><td>Tribromphenoli</td><td>1,0</td></tr>
<tr><td></td><td>Sacchari albi</td><td>5,0</td><td></td><td>Ungt. cerei</td><td>10,0</td></tr>
<tr><td>M. f. p. Div. in part. X.</td><td></td><td></td><td>S. Zum Verbande.</td><td></td><td></td></tr>
</table>

Vorsichtig, vor Licht geschützt aufzubewahren.

Acidum sozolicum.

Aseptol. Sozolsäure.

$$C_6 H_4 <^{OH \; (1)}_{SO_3 H \; (2)}.$$

Unter dem Namen Aseptol, auch Sozolsäure, wird eine $33\frac{1}{3}$ procentige Lösung der Orthophenolsulfonsäure (Orthoxybenzolsulfonsäure) zur medicinischen Verwendung empfohlen.

Darstellung. Man mischt gleiche Theile Phenol und conc. Schwefelsäure bei möglichst niedriger Temperatur (beim Erhitzen geht die Orthosäure in die Parasäure $C_6 H_4 <^{OH \; (1)}_{SO_3 H \; (4)}$ über) und lässt das Gemisch einige Tage stehen. Alsdann giesst man es in destillirtes Wasser und neutralisirt mit Baryumcarbonat.

$$C_6 H_4 <^{OH}_{\boxed{H + HO} \, SO_3 H} \;=\; H_2 O \;+\; C_6 H_4 <^{OH \; (1)}_{SO_3 H \; (2)}.$$
Phenol

Die freie Schwefelsäure wird als unlösliches Baryumsulfat ausgeschieden, die gebildete Orthophenolsulfonsäure geht als orthophenolsulfonsaures Baryum in Lösung. Man bestimmt in einer Probe der Flüssigkeit die vorhandene Menge der Verbindung (durch eine Barytbestimmung) und zersetzt dieselbe durch berechnete Mengen Schwefelsäure, wobei sich nun Baryumsulfat und freie Orthophenolsulfonsäure bilden.

Eigenschaften. Das Aseptol ist eine $33\frac{1}{3}$ procentige Lösung der Orthophenolsulfonsäure. Sie besitzt saure Reaction, sauren Geschmack und schwachen phenolartigen Geruch. Das spec. Gewicht ist = 1,155.

Prüfung. 1 ccm des Aseptols mit 10 ccm Wasser verdünnt werde durch Zusatz von Baryumchloridlösung nicht verändert (freie Schwefelsäure würde durch Bildung von unlöslichem Baryumsulfat angezeigt werden). — 1 ccm hinterlasse beim Erhitzen auf Platinblech keinen glühbeständigen Rückstand (unorganische, namentlich Baryumverbindungen).

Anwendung. Das Aseptol wird an Stelle von Carbolsäure und Salicylsäure als Antisepticum empfohlen. Es besitzt wie diese beiden Substanzen antiseptische Eigenschaften, ist aber mit Wasser, Alkohol, Glycerin
in jedem Verhältniss mischbar, auch fehlen ihm die irritirenden und
toxischen Eigenschaften des Phenols. Nach Hueppe soll es in 10 procentiger wässeriger Lösung ein wirkliches Antisepticum sein. 3—5 procentige
Lösungen zeigen schon antiseptische Eigenschaften, 3 procentige Lösungen
sind unsicher. Lösungen in Glycerin, Oel und Alkohol sind unwirksam.

Bei längerer Aufbewahrung geht das Aseptol allmälig in die Para-
phenolsulfonsäure über. Handelspräparate dürften ausnahmlos Gemenge
der Ortho- und Parasäure sein. Innerlich wird es in gleichen Dosen wie
die Salicylsäure als Antifermentativum bei Magen- und Darmcatarrhen gegeben.

Aufbewahrung. Vor Licht geschützt unter den indifferenten Mitteln.

Acidum aseptinicum. Nicht zu verwechseln mit dem Aseptol
ist die sog. Aseptinsäure, Acid. aseptinicum, Wasserstoff-
säure, welche aus einer wässerigen Auflösung von 5 gr Borsäure in
1000 gr Wasserstoffsuperoxyd (von 5 %) mit oder ohne Zusatz von
etwa 3 gr Salicylsäure besteht. (Thoms.)

Ferner darf es nicht verwechselt werden mit Asepsin oder
Antisepsin, worunter das p-Bromacetanilid (s. dieses) zu verstehen ist.

Aseptol-Präparate. Des Weiteren haben auch die früher von
Dunkel & Cie. in Berlin in den Handel gebrachten sog. Aseptol-
präparate mit der hier als Aseptol aufgeführten Substanz nichts gemeinsam.

Sozojodol - Präparate.

Unter diesem Collectivnamen werden seit dem Jahre 1887 von
der chemischen Fabrik H. Trommsdorff · in Erfurt mehrere Präparate dargestellt[1]), welche sämmtlich Salze einer Dijodparaphenolsulfonsäure sind. Gegenwärtig werden besonders das
Sozojodolnatrium und das Sozojodolkalium benutzt, welche
sich wesentlich durch ihre verschiedene Löslichkeit in Wasser unterscheiden, die übrigen Salze stehen noch im Versuchsstadium.

Darstellung. Man löst 1 Mol. paraphenolsulfonsaures Kalium in überschüssiger, etwas verdünnter Salzsäure und fügt zu dieser Lösung eine in
stöchiometrischen Mengen bereitete Lösung von Jodkalium und jodsaurem

---

[1]) Das Verfahren ist durch D.R.P. 45226 geschützt.

Kalium ($KJO_3 + 5 KJ$) oder Chlorjod unter stetem Umrühren hinzu. Es scheidet sich zunächst fein vertheiltes Jod aus, welches ziemlich schnell wieder verschwindet. Nach kurzer Zeit beginnt die Flüssigkeit lange, weisse Nadeln auszuscheiden, deren Menge gegen das Ende der Operation breiartiges Erstarren der Lösung zur Folge hat. Man saugt dieselben ab, krystallisirt sie aus heissem Wasser um und hat nunmehr das saure Kaliumsalz der Dijodparaphenolsulfonsäure, als primäres **Dijodparaphenolsulfonsaures Kalium** $C_6 H_2 J_2 (OH) . SO_3 K$. Dieses wird als solches unter dem Namen „**Sozojodol** schwer löslich" direct verwendet, ausserdem dient es auch als Ausgangsproduct zur Herstellung der übrigen Sozojodol-Salze. — Durch Versetzen der Lösung des primären Kaliumsalzes mit Chlorbaryumlösung scheidet sich das paraphenolsulfonsaure Baryum $[C_6 H_2 J_2 (OH) SO_3]_2 Ba$ als in kaltem Wasser unlösliche Krystalle aus.

Durch Zersetzen des Baryumsalzes mit einer gerade hinreichenden Menge Schwefelsäure wird die freie **Dijodparaphenolsulfonsäure** in Freiheit gesetzt, welche aus concentrirten Lösungen in grossen, monosymmetrischen Prismen krystallisirt, welche Krystallwasser enthalten; über Schwefelsäure getrocknet, entspricht die Verbindung der Formel $C_6 H_2 J_2 (OH) SO_3 H$.

Die Constitution der Dijodparaphenolsulfonsäure lässt sich nach **Kehrmann** und **Ostermayer** durch folgende Formeln ausdrücken:

$$C_6 H_2 \begin{cases} SO_3 H & (1) \\ J & (3) \\ OH & (4) \\ J & (5) \end{cases} \quad = \quad \underset{OH}{\overset{SO_3 H}{\underset{|}{\overset{|}{C}}}}$$

Die therapeutisch zur Verwendung kommenden Salze lassen sich von der freien Säure dadurch ableiten, dass das Wasserstoffatom der $SO_3 H$-Gruppe durch Metall ersetzt wird; es sind also durchweg die primären Salze in Anwendung mit Ausnahme des Quecksilbersalzes, welches nach der Formel:

$$C_6 H_2 J_2 \overset{O}{\underset{SO_3}{<\quad>}} Hg$$

constituirt ist.

Sozojodolsäure, Acidum sozojodolicum $C_6 H_2 J_2 (OH) SO_3 H + 3 H_2 O$ krystallisirt aus Wasser in nadelförmigen Prismen, die über Schwefelsäure wasserfrei werden. Leicht löslich in Wasser,

Alkohol und in Glycerin. In der Wundbehandlung die 2—3proc. Lösung.

Sozojodolkalium, Sozojodol schwerlöslich. $C_6 H_2 J_2 (OH)$ $SO_3 K + 2 H_2 O$ bildet farblose, gut ausgebildete Prismen, welche in etwa 50 Th. Wasser löslich sind. Die wässerige Lösung reagirt sauer und giebt mit Eisenchlorid veilchenblaue Färbung. Auf Zusatz von rauchender Salpetersäure wird Jod ausgeschieden, welches sich in Chloroform mit violetter Farbe löst, zu gleicher Zeit bildet sich Pikrinsäure. — Baryumchlorid erzeugt in der wässerigen Lösung einen aus feinen Nadeln bestehenden Niederschlag, der in der Siedehitze sich vollkommen auflöst.

Prüfung. Die kaltgesättigte Lösung gebe auf Zusatz von Silbernitrat einen rein weissen Niederschlag, der in Salpetersäure klar löslich ist (gelber, in Salpetersäure unlöslicher Niederschlag zeigt Jodide, weisser, in Salpetersäure unlöslicher Niederschlag, Chloride an). — Die wässerige Lösung gebe ferner auf Zusatz von Baryumchlorid einen weissen, aus nadelförmigen Krystallen bestehenden Niederschlag, der in der Siedehitze vollkommen sich auflöst (Baryumsulfat würde unlöslich bleiben).

Das Kaliumsalz wirkt secretionsbeschränkend und austrocknend. Es wird besonders bei Eczemen in Pulverform mit 1—5 Th. Talcum venetum vermischt angewendet, ferner als Brandsalbe.

Sozojodolnatrium, Sozojodol leichtlöslich. $C_6 H_2 J_2 (OH)$. $SO_3 Na + 2 H_2 O$, dem vorigen sehr ähnlich. Ist in 13—14 Th. Wasser oder Glycerin von gewöhnlicher Temperatur löslich. Die Lösung in Glycerin bleibt unter dem Einfluss des Lichtes unverändert, die Lösung in Wasser färbt sich allmälig dunkler.

Prüfung auf die nämliche Weise wie das Kaliumsalz.

Das leicht lösliche Natriumsalz wird stets da benutzt, wo Lösungen zur Verwendung gelangen und Allgemeinwirkung erzielt werden soll. In der Wundbehandlung 2—3proc. Lösungen.

Sozojodolammonium $C_6 H_2 J_2 (OH) SO_3 NH_4$, bildet farblose Krystalle, löslich in 30 Th. Wasser.

Sozojodol-Lithium $C_6 H_2 J_2 (OH) SO_3 Li + 2 H_2 O$, bildet farblose nadelförmige Prismen, löslich in 30 Th. Wasser. In Gaben von 1—3 gr pro die bei Gicht, Gelenkrheumatismus.

Sozojodol-Quecksilber $C_6 H_2 J_2 (SO_3)(O) Hg$, pomeranzengelbes, sehr feines Pulver, in 500 Th. Wasser, sehr leicht in Kochsalzlösung löslich, enthält 32,05 % Hg. Bei Lues und als Antiparasiticum. Die 10 % procentige Lösung wirkt ätzend! Die 2,5 % procentige tödtet die Räudemilbe schon nach 24 Minuten. Subcutan 0,08 gr in Jodkaliumlösung.

Sozojodol-Magnesium $[C_6 H_2 J_2 (OH) SO_3]_2 . Mg + 8 H_2 O$, farblose dünne Nadeln, in 16 Th. Wasser, auch in Alkohol leicht löslich.

Sozojodol-Zink $[C_6 H_2 J_2 (OH) SO_3]_2 Zn + 6 H_2 O$, farblose Nadeln, in 20 Th. Wasser, auch in Alkohol leicht löslich. Anwendung bei diversen catarrhalischen Affectionen der Nase etc., mit 10 bis 15 Th. Talcum venetum vermischt oder in 3—5proc. wässerigen Lösung (bei Tripper).

Sozojodol-Blei $[C_6 H_2 J_2 (OH) SO_3]_2 Pb + H_2 O$, feine verfilzte, ursprünglich weisse, bald gelblich werdende Krystallnadeln, in 200 Th. Wasser löslich.

Sozojodol-Silber $C_6 H_2 J_2 (OH)SO_3 Ag$, schwach gelblich-weisses, am Lichte sich bald violett-röthlich färbendes Pulver, in kaltem Wasser schwer (1 : 350) löslich.

Sozojodol-Aluminium $[C_6 H_2 J_2 (OH) SO_3]_3 Al + 3 H_2 O$, lockere, nadelförmige Krystalle, in 3 Th. Wasser, auch in Alkohol leicht löslich. Wirkt adstringirend.

Aufbewahrung. Dieselbe ist von den den Salzen zu Grunde liegenden Basen abhängig.

Unter den indifferenten Arzneimitteln sind aufzubewahren: das Kalium-, Natrium-, Aluminium- und das Ammoniaksalz.

Vorsichtig das Silber-, Blei-, Zinksalz, **sehr vorsichtig** das Quecksilbersalz, ausserdem vor Licht geschützt: das Blei- und das Silbersalz.

Anwendung. Die Sozojodolpräparate werden auf Grund ihres hohen Gehaltes an desinficirenden Substanzen (Phenol, Jod und Schwefel) als Antiseptica, namentlich als Ersatz des Jodoforms, empfohlen. — Man giebt sie in Form ihrer wässerigen Lösungen, ferner als Streupulver mit Talcum, Milchzucker, in Form von Salben mit Adeps, Lanolin etc. Gute Erfolge sind erzielt bei Hautkrankheiten (Mycosen), ferner bei Geschwüren jeder Art. Vor dem Jodoform haben sie unbedingt den Vorzug absoluter Geruchlosigkeit und soweit bis jetzt bekannt, auch den des Fehlens toxischer Erscheinungen. Bisher wurden sie besonders in der rhino- und laryngologischen Praxis mit gutem Erfolge angewendet. (Langgaard, Lassar, Fritsche, Nitschmann, Stern.)

Sulfaminolum.

Sulfaminol. Thiooxydiphenylamin.

$$C_{12}\,H_9\,OS_2\,N.$$

Das Sulfaminol wird von E. Merck in Darmstadt dargestellt und in den Handel gebracht. (D.R.P. No. 52 827.) Der wissenschaftliche Name des Körpers ist „Thiooxydiphenylamin", seine Constitution wird durch die Formel

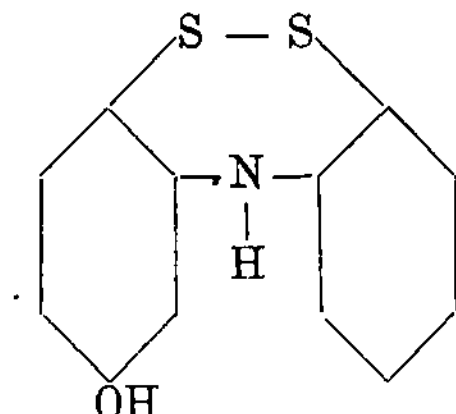

ausgedrückt.

Darstellung. Die Darstellung des Sulfaminols geschieht durch Kochen von Metaoxydiphenylamin mit Natronlauge und Schwefel. Die filtrirte Lösung wird mit Chlorammonium behandelt, wobei Chlornatrium in Lösung geht und Sulfaminol, welches mit Ammoniak keine Verbindung eingeht, als gelber Niederschlag ausfällt. Dieser wird mit Wasser gewaschen und getrocknet.

Eigenschaften. Das Sulfaminol bildet ein gelbes, geruch- und geschmackloses Pulver, unlöslich in Wasser, leicht löslich in Alkalien, schwieriger in Alkalicarbonaten. Auch von Weingeist und von Essigsäure wird es aufgenommen, die Lösungen sind gelb gefärbt. Erhitzt, bräunt sich das Sulfaminol, wird weich und schmilzt bei etwa 155° C. Die Constitutionsformel ist:

Anwendung. Das Sulfaminol wurde als Antisepticum zum Ersatz des Jodoforms empfohlen. Nach Moritz Schmidt wirkt es in Form von Einblasungen gut bei Kehlkopftuberculose, ebenso wird es zur sogenannten Trockenbehandlung bei Eiterungen der Kieferhöhle mit Erfolg benutzt. Nach Rabow wirkt es in Form von Streupulver bei Wunden, Fussgeschwüren und Decubitus sehr rasch und günstig. Nach Robertson's Erfahrungen eignet sich Sulfaminol trefflich zur Nachbehandlung von Operationswunden der Nasen- und Kieferhöhle.

Einstäubungen von Sulfaminol haben sich als specifisches Mittel zur Bekämpfung der Faulbrut der Bienen bewährt.

Aufbewahrung. Unter den indifferenten Arzneistoffen.

Acidum cressylicum, Kressylsäure, Kresylol, Meta-Kresol $C_6 H_4 (CH_3) (OH)$ 1 : 3. Der wissenschaftliche Name dieser Verbindung ist „Meta-Kresol". Sie ist neben o.- und p.-Kresol ein Bestandtheil des Steinkohlentheers und kann aus diesem, ausserdem auch noch durch Destillation von Thymol mit Phosphorsäureanhydrid gewonnen werden.

Farblose, bei 203° siedende, leicht ätzende Flüssigkeit von kreosotähnlichem Geruche, in Wasser schwer, in Alkohol, Aether und Glycerin leicht löslich. Die wässerige Lösung wird durch Eisenchlorid blauviolett bis blau gefärbt.

Nach Delplanque übertrifft das m-Kresol die Carbolsäure als Antisepticum, ist dabei aber viermal weniger giftig als diese. Im Grossen und Ganzen dürfte das Präparat in seiner Wirkung etwa dem Kreosot gleichkommen, in welchem es ja auch enthalten ist.

Vorsichtig, vor Licht geschützt, aufzubewahren.

Benzoparakresol. Benzoësäure - p - Kresylester $C_6 H_5 CO_2$. $C_6 H_4 . CH_3 (1:4)$. Diese dem Benzonaphthol analoge Verbindung ist 1893 von Pétit durch Einwirkung von Benzoylchlorid auf p-Kresolnatrium dargestellt worden. — Farblose, bei 70—71° C. schmelzende Krystalle unlöslich in Wasser, leicht löslich in Aether, Chloroform und in heissem Alkohol. Das Benzoparakresol soll hervorragende antiseptische Eigenschaften besitzen.

Guajacolum.

Guajacol.   Brenzcatechinmethyläther.

$$C_6 H_4 < \begin{matrix} OCH_3 & (1) \\ OH & (2) \end{matrix}.$$

Das durch Destillation von Buchenholztheer gewonnene Kreosotum des Arzneibuches gilt seit langer Zeit als ein geschätzes Heilmittel; gewisse Erfolge bei der Behandlung der Phthisiker haben die Aufmerksamkeit der Aerzte diesem Mittel neuerdings wieder in erhöhtem Maasse zugewendet.

Indessen das Kreosot ist kein einheitlicher Körper, es besteht vielmehr im Wesentlichen aus: Guajacol $C_6 H_4 (OH) . O CH_3 (1:2)$, Kresolen $C_6 H_4 (CH_3) . OH$ und Kreosol $C_6 H_3 . CH_3 . O CH_3 . OH$. — Von diesen drei Verbindungen ist in dem Kreosot des Arzneibuches das Guajacol zu etwa 60—90 % enthalten.

Das Bestreben der heutigen Medicin, mit möglichst reinen und einheitlichen Arzneistoffen zu operiren, führte Sahli zu dem Vorschlage, an Stelle des Kreosotes dessen wirksamen Bestandtheil, das reine Guajacol, in der Therapie zu verwenden.

Darstellung. Bei der Destillation des Buchenholztheerkreosotes werden die zwischen 200—205° C. übergehenden Antheile als „Rohguajacol" gesammelt. Man schüttelt dasselbe zur Entfernung stark saurer Producte (Säuren etc.) mit mässig starkem Ammoniak wiederholt aus und fractionirt nochmals. Die niedrig siedende Hauptfraction wird in dem gleichen Volumen Aether gelöst und mit einem kleinen Ueberschuss einer sehr concentrirten alkoholischen Lösung von Kalihydrat versetzt. Es scheidet sich hierbei das in Aether unlösliche Guajacolkaliumsalz ab. Man sammelt, wäscht es mit Aether gut aus, krystallisirt es aus Alkohol um und zerlegt es mit verdünnter Schwefelsäure, worauf das in Freiheit gesetzte Guajacol nochmals rectificirt wird.

Eigenschaften. Das so dargestellte Guajacol bildet eine farblose, etwas lichtbrechende Flüssigkeit von stark aromatischem, nicht unangenehmem Geruche. Es siedet bei 200—202° C., sein spec. Gew. ist bei 15° C. = 1,117. In Wasser ist das Guajacol schwer (1 : 70—80), in Alkohol und Aether degegen leicht löslich. — Die wässerige Lösung wird auf Zusatz von Eisenchlorid missfarbig, die alkoholische Lösung dagegen nimmt auf Zusatz von sehr wenig Eisenchlorid rein blaue Färbung an, welche durch weiteren Zusatz von Eisenchlorid smaragdgrün wird. (Characteristisch.)

Seiner chemischen Zusammensetzung nach ist das Guajacol der Monomethyläther des Brenzcatechins:

$$C_6 H_4 {\textstyle<}{O\ H\ (1) \atop O\ H\ (2)} \qquad\qquad C_6 H_4 {\textstyle<}{O\ CH_3\ (1) \atop O\ H\ \ \ (2)}$$

Brenzcatechin   Guajacol.

Da in demselben noch eine im Benzolkern stehende OH-Gruppe vorhanden ist, so verhält es sich starken Basen gegenüber wie ein einatomiges Phenol. Thatsächlich bildet es auch mit Kali- oder Natronlauge, in denen es sich löst, entsprechende Salze: $C_6 H_4 (O\,CH_3)\,OK$ und $C_6 H_4 (O\,CH_3)\,O\,Na$; aber diese Verbindungen sind sehr unbeständig und werden z. B. schon durch viel Wasser zerlegt.

Da die Siedepunkte der Hauptbestandtheile des Kreosotes ziemlich nahe bei einander liegen, so ist leicht einzusehen, dass man bei der Prüfung des Guajacols besonders auf die das letztere im Buchenholztheer begleitenden Körper zu achten hat.

Prüfung. Das Guajacol gebe in alkoholischer Lösung auf Zusatz von Eisenchlorid blaue, in smaragdgrün übergehende Färbung. — Es siede bei 200—202° C. — Sein spec. Gewicht sei bei 15° C. = 1,117. (Präparate mit niedrigerem spec. Gew. sind unbedingt zu verwerfen.) — 2 ccm Guajacol werden mit 4 ccm Petroleumbenzin bei. 20° geschüttelt; reines G. scheidet sich rasch und vollständig wieder ab, unreines G. giebt klare Lösung. — Werden 5 ccm Guajacol mit 10 ccm Glycerin von 1,19 spec. Gew. gemischt, so scheidet sich reines Guajacol wieder völlig ab, käufliches (35 procentiges) löst sich, solches von etwa 70 % scheidet sich aber auch zum grössten Theil wieder ab. — 2 ccm Guajacol mit 2 ccm Natronlauge von 1,30 spec. Gew. gemischt erwärmt sich; auf Zimmertemperatur abgekühlt, erstarrt die Probe mit reinem G. zu einer weissen krystallinischen Masse, während sie bei unreinem G. flüssig bleibt. — Von den angeführten Prüfungen zur Feststellung der Reinheit ist die Ermittelung des specifischen Gewichtes, sowie die Probe mit Natronlauge von besonderer Wichtigkeit.

Sogenanntes käufliches Guajacol enthält nur etwa 35 % Guajacol, dagegen erhebliche Mengen Phenol. Es ist daher von besonderer Wichtigkeit, nur absolut reines, medicinales Guajacol (Marke Hartmann & Hauers) zum Arzneigebrauche zu verwenden.

Aufbewahrung. Vor Licht geschützt, vorsichtig.

Anwendung. Nachdem in den letzten Jahren durch Fraentzel und Sommerbrodt zur Behandlung der Phthise das Kreosot warm empfohlen worden war, schlug Sahli vor, an Stelle des niemals einheitlichen Kreosotes dessen Haupt- und wirksamen Bestandtheil, das Guajacol, zu benutzen. — In der von ihm benutzten Dosis von 0,05 steigend bis 0,1 gr mildert es, wie auch andere Beobachter bestätigen, im Beginn der Krankheit den Hustenreiz, erleichtert die Expectoration, vermindert oft die Secretion und hebt Allgemeinbefinden und Appetit. Nur selten bewirkt es Erbrechen und Diarrhoe. Die einfachste Form der Darreichung ist diejenige der Mixtur, bei längerem Gebrauche empfiehlt sich auch diejenige der Guajacol-Capseln; empfindlichen Personen kann es auch in Form eines kohlensauren Getränkes gegeben werden. In der jüngsten Zeit wird die sogenannte intensive Guajacolbehandlung bei Tuberculose empfohlen. Nach Guttmann nämlich tödtet das Guajacol, wenn es im Verhältniss von 1 : 2000 im Blute ist, die Tuberkelbacillen und schwächt sie noch in einer Verdünnung von 1 : 4000. Er schreibt daher vor, täglich bis zu 1 gr Guajacol zu geben.

<table>
<tr><td>Rp. Guajacoli</td><td>1—2 gr</td><td>Rp. Guajacoli</td><td>13,5</td></tr>
<tr><td>Aq. dest.</td><td>180,</td><td>Tinct. Gentianae</td><td>30,</td></tr>
<tr><td>Spir. Vini</td><td>20,</td><td>Spir. Vini</td><td>250,</td></tr>
<tr><td>D. in vitro nigro. S. 2—3 mal</td><td></td><td>Vini Xerensis q. s. ad</td><td>1000,</td></tr>
<tr><td>täglich 1 Thee- bis 1 Ess-</td><td></td><td>S. 2—3 mal täglich 1 Esslöffel</td><td></td></tr>
<tr><td>löffel in 1 Glase Wasser nach</td><td></td><td>voll in 1 Weinglase Wasser</td><td></td></tr>
<tr><td>den Mahlzeiten zu nehmen.</td><td></td><td>zu nehmen.</td><td></td></tr>
</table>

[Sahli.]

Vorsichtig, vor Licht geschützt aufzubewahren.

Die vorstehend als „Guajacol" beschriebene Substanz ist noch nicht rein im chemischen Sinne, sondern sie enthält neben Guajacol noch grössere oder geringere Mengen von begleitenden Beimengungen (Kreosol, Xylenole, Veratrol, Chinonartige Substanzen). Ueber „synthetisches Guajacol", durch Methyliren von Brenzcatechin dargestellt, liegen von Béhal, Choay, Thoms nachfolgende Angaben vor:

Farblose in 50 Th. Wasser lösliche Krystalle, Schmelpunkt 28,5⁰, Siedepunkt 205⁰. Spec. Gewicht bei 19⁰ = 1,1365; in conc. Schwefelsäure ohne Färbung löslich.

Für die Therapie kommt dieses Präparat vorläufig nicht in Betracht, da die bisherigen günstigen Erfahrungen mit dem vorbeschriebenen weniger reinen Guajacol gesammelt wurden und es noch fraglich ist, ob nicht die günstige Wirkung zum Theil auf dem Vorhandensein der chinonartigen Bestandtheile beruht.

Guajacolbenzoat, Benzosol, Benzoylguajacol, benzoësaures Guajacol, Guajacolum benzoïcum.

Zur Darstellung wird Guajacol in alkoholischer Lösung durch Zufügung berechneter Mengen von Kaliumhydroxyd in Guajacolkalium übergeführt und dieses durch Erwärmen mit Benzoylchlorid auf dem Wasserbade in Benzoyl-Guajacol verwandelt, welches durch Umkrystallisiren aus Alkohol gereinigt wird.

$$C_6H_4 \underset{O\ K}{\overset{O\ CH_3}{<}} + Cl \cdot CO\ C_6H_5 = K\ Cl + C_6H_4 \underset{C_6H_5\ CO_2}{\overset{O\ CH_3}{<}}$$

Guajacol-Kalium   Benzoylchlorid   Benzoyl-Guajacol.

Eigenschaften. Farbloses, krystallinisches Pulver ohne Geruch und Geschmack, fast unlöslich in Wasser, leicht löslich in Aether, in Chloroform und in heissem Alkohol. Es schmilzt im Capillarrohre bei 56⁰ C.[1]). Durch alkoholische Kalilauge wird es in Guajacolkalium und Kaliumbenzoat gespalten. Durch conc. Schwefelsäure wird es mit citronengelber Farbe gelöst. Die alkoholische Lösung wird durch Eisenchlorid nicht characteristisch gefärbt.

Aufbewahrung. Unter den indifferenten Arzneimitteln.

Anwendung. An Stelle des Guajacols und Kreosots. Es bietet vor diesen beiden die Vorzüge, dass es geschmacklos ist und den Verdauungstractus nicht reizt. Den Magen passirt es unzersetzt, und wird alsdann im Darme zu Guajacol und Benzoësäure gespalten, welche beide leicht resorbirt werden.

---

[1]) Ein aus synthetischem Guajacol hergestelltes Präparat schmilzt nach Thoms bei 59.⁰ C.

Man giebt es in Gaben von 1 bis 10 gr täglich Phthisikern, ferner als Darmantisepticum. Es wirkt bei Phthisikern appetiterregend und verdauungsbefördernd; die Patienten nehmen an Gewicht zu. Vergl. Guajacolum.

Guajacolcinnamat, Styrakol, Cinnamylguajacol, zimmtsaures Guajacol, Guajacolum cinnamylicum.

Zur Darstellung werden gleiche Mol.-Gewichte Guajacol und Cinnamylchlorid bei gewöhnlicher Temperatur zusammengebracht und nach zwei Stunden einige Zeit auf dem Wasserbade erwärmt.

$$C_6 H_4 \begin{cases} O\ CH_3 \\ O\ H \end{cases} + Cl\ OC - CH = CH - C_6 H_5 \quad = $$

Guajacol　　　　　　　　　　　Cinnamylchlorid

$$H\ Cl + C_6 H_5 - CH = CH - CO_2 - C_6 H_4 - O\ CH_3$$

Guajacolcinnamat.

Das Reactionsproduct wird aus siedendem Alkohol umkrystallisirt (Knoll & Cie.).

Farblose, bei 130° schmelzende Krystallnadeln, welche in Wasser so gut wie unlöslich sind.

Anwendung. Die Verbindung ist noch nicht aus dem Versuchsstadium heraus. Sie soll stark antiseptisch wirken und zur Hemmung von Gährungs- und Fäulnissprocessen, zur Heilung von Wunden und Geschwüren, innerlich bei chronischem Blasencatarrh, Gonorrhoe, Magen- und Darmcatarrh Verwendung finden.

Guajacolsalol, Guajacolsalicylat, Salicoylguajacol, salicylsaures Guajacol, Guajacolum salicylicum (durch Dr. von Heyden's Nachf. dargestellt).

Diese dem Salol analoge Verbindung wird erhalten durch Einwirkung von Phosphoroxychlorid auf ein Gemisch von Guajacolnatrium und Natriumsalicylat.

$$2\,[C_6 H_4 . O\ CH_3 . O\ Na] + 2\,[C_6 H_4 (OH)\ CO_2\ Na] + PO\ Cl_3 =$$

Guajacolnatrium　　　　　　　Natriumsalicylat　　　　　　Phosphoroxychlorid

$$3\,Na\ Cl + PO_3\ Na + 2\,[C_6 H_4 (OH)\ CO_2 . C_6 H_4 (O\ CH_3)]$$

Guajacolsalicylat.

Die Constitutionsformel des Guajacolsalicylates ist:

$$C_6 H_4 \begin{cases} OH \\ CO_2 \end{cases} - C_6 H_4 - O\ CH_3.$$

Guajacolsalicylat

Eigenschaften. Weisses krystallinisches Pulver ohne Geruch und Geschmack, fast unlöslich in Wasser, löslich in Alkohol, in Aether

und in Chloroform. Schmilzt im Capillarrohre bei 65^0 C. Durch
alkoholische Kalilauge wird es in Guajacolkalium und Kaliumsalicylat
gespalten.

Die alkoholische Lösung bringt beim Eintropfen in wässeriges
Eisenchlorid nur eine Trübung hervor. Die alkoholische Lösung
selbst aber wird durch Eisenchlorid weinroth gefärbt.

Aufbewahrung. Unter den indifferenten Arzneimitteln.

Anwendung. Bei innerlicher Darreichung wird es im Darme zu Guajacol und Salicylsäure gespalten, welche beide leicht resorbirt werden.
Man giebt es Phthisikern als den Appetit erregendes und die Verdauung
beförderndes Mittel in Einzelgaben von 1 gr bis zu 10 gr täglich (das
Körpergewicht nimmt zu!), ferner als Darmantisepticum.

Guajacolum carbonicum, Guajacolcarbonat, Kohlensäure-
Guajacyläther. $CO_3 (C_6 H_4 O CH_3)_2$. Diese Verbindung wurde von
Seifert und Hölscher in die Therapie eingeführt, ihre Darstellung
erfolgt durch Dr. von Heyden's Nachfolger nach patentirtem Verfahren:

Darstellung. Man bringt 2 Mol.-Gewichte Guajacol durch die entsprechende Menge von Natronlauge in Lösung und leitet in diese Lösung
langsam 1 Mol.-Gewicht Chlorkohlenoxyd (Phosgen) gasförmig ein:

$$CH_3 O . C_6 H_4 . O Na \quad Cl$$
$$+ \quad {>}CO = 2 Na Cl + CO{<} \quad O - C_6 H_4 O CH_3$$
$$CH_3 O . C_6 H_4 O Na \quad Cl \qquad\qquad O - C_6 H_4 OCH_3$$

2 Mol. Guajacolnatrium   Chlorkohlenoxyd   Guajacolcarbonat.

Das sich unlöslich abscheidende Guajacolcarbonat wird mit Sodalösung gewaschen und aus Alkohol umkrystallisirt.

Eigenschaften. Weisses krystallinisches, neutrales Pulver, nahezu
geschmacklos und geruchlos, unlöslich in Wasser, wenig löslich in
kaltem Alkohol, leicht löslich in heissem Alkohol, ferner in Aether,
Chloroform und Benzol. In Glycerin und in fetten Oelen ist es nur
wenig löslich. Schmelzpunkt $78—84^0$ C. Wird von alkoholischer
Kalilauge sofort zerlegt in Kohlensäure und Guajacol, welches
letztere durch Ansäuern isolirt werden kann. Die alkoholische
Lösung wird durch Eisenchlorid nicht characteristisch gefärbt. Es
enthält 91,5 % Guajacol.

Aufbewahrung. Unter den indifferenten Arzneimitteln.

Anwendung. Den gesunden Magen passirt das Guajacolcarbonat unzersetzt; erst im Darme spaltet es sich in Kohlensäure und Guajacol,
welches letztere sehr schnell resorbirt wird. Das abgespaltene Guajacol
ist absolut rein. Bei krankhaften Zuständen des Magens tritt schon Spaltung im Magen ein. Es befreit das Blut des Phthisikers anhaltend und

gleichmässig von den labilen giftigen Eiweissstoffen und bewirkt damit Aufbesserung des Appetits, der Verdauung und des ganzen Stoffwechsels, schnelle Zunahme des Körpergewichts, Verminderung der Hustenanfälle und des Auswurfs, Schwinden des Fiebers und der Nachtschweisse; Rasselgeräusche in den Lungen und leichte Dämpfungen verschwinden. Selbst grössere Cavernen heilen in geeigneten Fällen aus. Man giebt bei Tuberculose anfangs täglich 0,2 bis 0,5 gr je nach dem Individuum. Die Dosis wird langsam auf 2 bis 4 gr täglich erhöht.

Die Ausscheidung erfolgt durch den Urin als Guajacylschwefelsäure.

Kreosotum carbonicum, Kreosotal, Kreosotcarbonat. (Dargestellt durch Dr. von Heyden's Nachf.) Wird durch Einwirkung von Chlorkohlenoxyd auf eine Auflösung von Kreosot in Natronlauge wie unter Guajacolcarbonat näher beschrieben dargestellt. Das Präparat ist keine einheitliche Verbindung, sondern je nach dem verwendeten Kreosot ein Gemenge der Carbonate der Kresole, des Guajacols und des Kreosols.

Ein bernsteingelbes Oel von der Consistenz des Honigs, von sehr geringem Geruch und Geschmack nach Kreosot. In Wasser ist es unlöslich, in Alkohol löslich, durch Alkalien wird es leicht verseift. Bei längerem Stehen (namentlich in der Kälte) scheiden sich Krystalle von Guajacolcarbonat ab, welche in der Wärme wieder verschwinden. Es enthält 91 % bestes Buchenholztheerkreosot und ist vorsichtig aufzubewahren.

Anwendung. In denselben Fällen wie reines Kreosot, da es im Organismus in Kreosot gespalten wird. Es hat vor letzterem folgende Vorzüge: Es riecht und schmeckt nur schwach, wirkt nicht ätzend und wird schnell resorbirt. Es dürfte die Form werden, in welcher Kreosot künftig am meisten genommen wird. Man giebt Kindern 0,2 bis 1,0 gr pro die, Erwachsenen 2 bis 5 gr pro die. (Chaumier-Tours.)

Rp. Kreosot. carbonic. 5,0	Rp. Kreosoti carbonici 14 gr
Vitellum ovi unius	Ol. Jecoris Aselli 160 gr
Aq. Cinnamomi 70 gr	Jeder Esslöffel enthält 1 gr, jeder
Jeder Esslöffel hiervon enthält 1 gr,	Kinderlöffel 0,25 gr Kreosot-
jeder Kinderlöffel 0,25 gr Kreosot-	carbonat.
carbonat.	

Kreosotum oleïnicum, Oleokreosot, ölsaures Kreosot. Durch Dr. von Heyden's Nachf. dargestellt, von Diehl und Prevost in die Therapie eingeführt. Enthält 35 % bestes Buchenholztheerkreosot, welches an Oelsäure gebunden ist. Schwach gelblich gefärbtes Oel, unlöslich in Wasser, nahezu geruchlos und von nur geringem

Kreosotgeschmack. Es spaltet sich im Organismus in Kreosot und Oelsäure.

Anwendung. In Gaben von 3 bis 10 gr pro die für Erwachsene und 0,5 bis 3 gr pro die für Kinder wie Kreosot. Man verschreibt es unvermischt, in Eigelb-Emulsion und in Leberthran gelöst. (s. kurz vorher.)

Eugenolacetamid. Zur Darstellung wird wie folgt verfahren:

Durch Einwirkung von Monochloressigsäure auf Eugenolnatrium entsteht Eugenolessigsäure.

$$C_6H_3 \underset{\substack{O\ CH_3 \\ O\ Na\ +\ Cl\ CH_2-COOH}}{\overset{C_3H_5}{=\!=\!=}} \quad = NaCl + C_6H_3 \underset{\substack{O\ CH_3 \\ OCH_2-COOH}}{\overset{C_3H_5}{=\!=\!=}}$$

Eugenolnatrium   Monochloressigsäure   Eugenolessigsäure.

Durch Einwirkung von Alkohol und Salzsäuregas wird die Eugenolessigsäure in ihren Aethylester verwandelt und dieser durch Einwirkung von alkoholischem Ammoniak in Eugenolacetamid übergeführt

$$C_6H_3 \underset{\substack{O\ CH_3 \\ O\ CH_2\ CO\ OC_2H_5\ +\ H\ NH_2}}{\overset{C_3H_5}{=\!=\!=}}$$

Eugenolessigsäureäthylester

$$= C_2H_5\ OH + C_6H_3 \underset{\substack{O\ CH_3 \\ O\ CH_2\ CO\ NH_2}}{\overset{C_3H_5}{=\!=\!=}}$$

Eugenolacetamid.

Krystallisirt aus Wasser in glänzenden Blättchen, aus Weingeist in feinen Nadeln; Schmelzpunkt 110°.

Das Präparat soll die Zungennerven vorübergehend gefühllos machen und ist daher als Anästheticum in Aussicht genommen. Ausserdem soll es auch antiseptisch wirken. Erfahrungen liegen noch nicht vor.

Acidum guajacolocarbonicum.

Guajacolcarbonsäure. Methoxysalicylsäure.

$$C_6\ H_3\ (OH)\ (O\ CH_3)\ .\ CO_2\ H + 2\ H_2\ O.$$

Diese sich einerseits vom Guajacol, andererseits von der Salicylsäure ableitende Verbindung wird von Dr. v. Heyden's Nachf. nach patentirtem Verfahren dargestellt.

Darstellung. Man leitet unter Erhitzen über Guajacol-Alkali-Salze Kohlensäure. Hierbei entstehen, analog der Bildung der Salicylsäure, wahrscheinlich zunächst die Salze der Guajacolkohlensäure, z. B. unter Zugrundelegung des Guajacolnatriums zunächst Guajacyl-Natriumcarbonat,

$$C_6 H_4 \diagdown \begin{matrix} O\ CH_3 \\ O\ Na \end{matrix} + CO_2 = CO \diagdown \begin{matrix} O\ Na \\ O\ C_6 H_4 . OCH_3 \end{matrix} = C_6 H_3 \diagdown \begin{matrix} OH \\ O\ CH_3 \\ CO_2\ Na \end{matrix}$$

| Guajacolnatrium | Guajacol-Natrium-carbonat | Guajacolcarbon-saures Natrium |

welches bei weiterem Erhitzen in guajacolcarbonsaures Natrium übergeht.

Aus der Lösung des entstandenen Natriumsalzes wird die freie Säure durch Ansäuern ausgefällt und durch Krystallisation aus heissem Wasser oder verdünntem Alkohol gereinigt.

Eigenschaften. Weisses, krystallinisches, sauer reagirendes, geruchloses Pulver von bitterem Geschmack, schwer löslich in kaltem Wasser, ziemlich leicht löslich in heissem Wasser, leicht löslich in Alkohol und in Aether, desgleichen in Natriumbicarbonatlösung. Schmelzpunkt der wasserfreien Säure 148—150° C.

Die kalte wässerige Lösung wird durch Eisenchloridlösung rein blau gefärbt.

Aufbewahrung. Unter den indifferenten Arzneimitteln.

Anwendung. Die Verbindung ist aus dem Versuchsstadium noch nicht heraus; sie wirkt antiseptisch, wahrscheinlich auch antirheumatisch.

Natrium guajacolocarbonicum, guajacolcarbonsaures Natrium, metoxysalicylsaures Natrium, $C_6 H_3 (OCH_3)(OH) CO_2 Na$ wird durch Neutralisation der Guajacolcarbonsäure mit eisenfreiem Natriumbicarbonat in verdünnter alkoholischer Lösung dargestellt.

Weisses, krystallisches Pulver, entweder schwach sauer reagirend oder neutral, leicht löslich in Wasser. Die wässerige Lösung wird durch Eisenchlorid rein blau gefärbt.

Es soll ähnlich, aber milder wie Natriumsalicylat wirken, und frei von Nebenwirkungen sein. Noch im Versuchsstadium!

Dioxybenzole.

Resorcin und Hydrochinon.

$C_6 H_4 (OH)_2.$

Ersetzen wir im Benzol $C_6 H_6$ ein Wasserstoffatom durch die Hydroxylgruppe — OH, so gelangen wir zum gewöhnlichen Phenol, der Carbolsäure oder dem Monoxybenzol $C_6 H_5 . OH$. Und zwar ist, da alle sechs Kohlenstoffatome sich bei dieser Substitution erfahrungsmässig gleichwerthig verhalten, nur ein Monoxybenzol theoretisch vorherzusehen und thatsächlich bisher auch nur ein einziges bekannt.

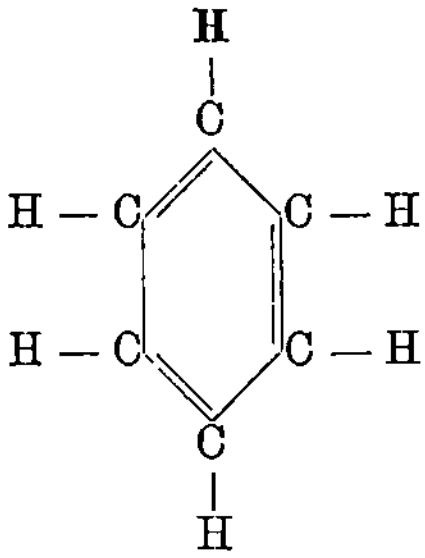

Benzol

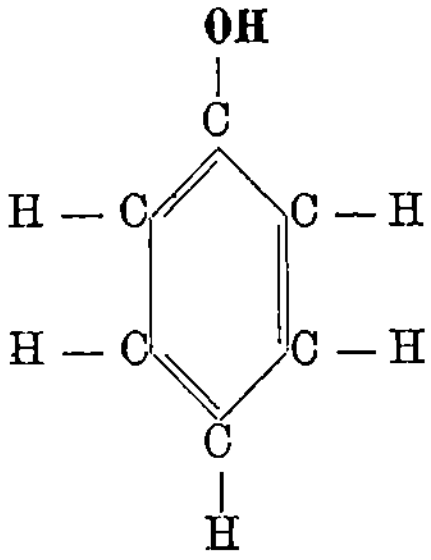

Monoxybenzol (Phenol).

Ganz anders liegen die Verhältnisse, wenn zwei Wasserstoffatome des Benzols durch zwei Hydroxylgruppen ersetzt werden. In diesem Falle sind je nach der relativen Stellung, welche die substituirenden Hydroxylgruppen zu einander einnehmen, drei isomere Verbindungen möglich (und bekannt), welche durch die Bezeichnung Ortho-, Meta- und Para-Dioxybenzole unterschieden zu werden pflegen. Bezeichnen wir die einzelnen Kohlenstoffatome des Benzols mit Ziffern, so ergeben sich für zwei eintretende Hydroxylgruppen nachfolgende drei verschiedene Stellungen:

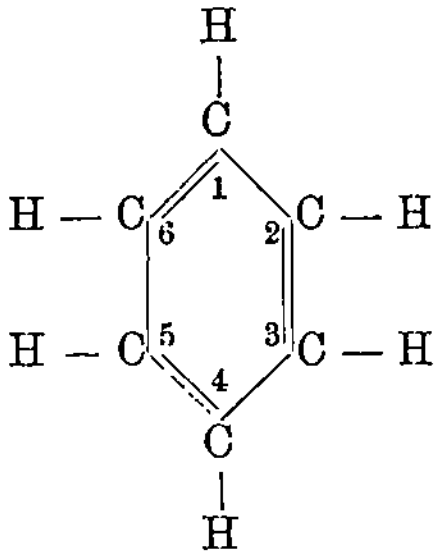

Benzol

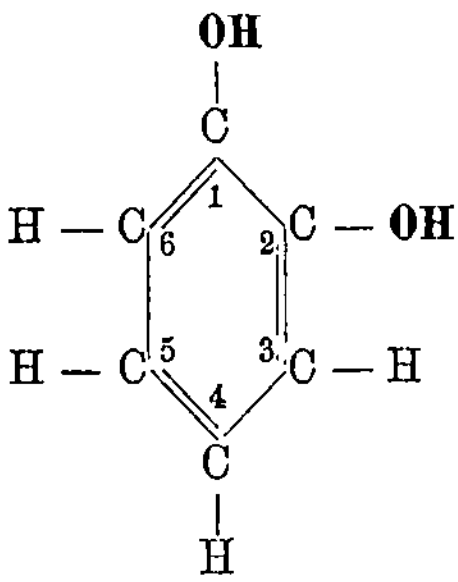

Ortho- 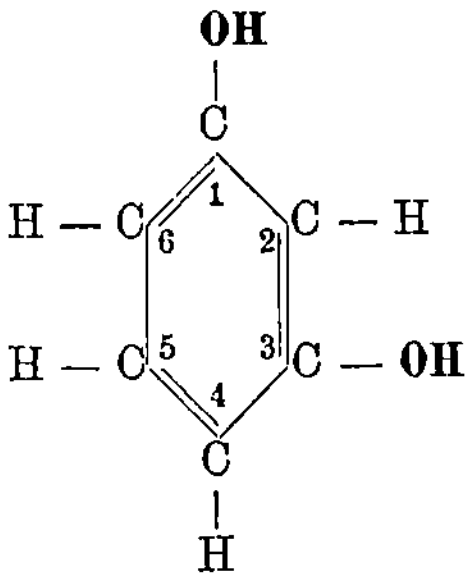   Meta- 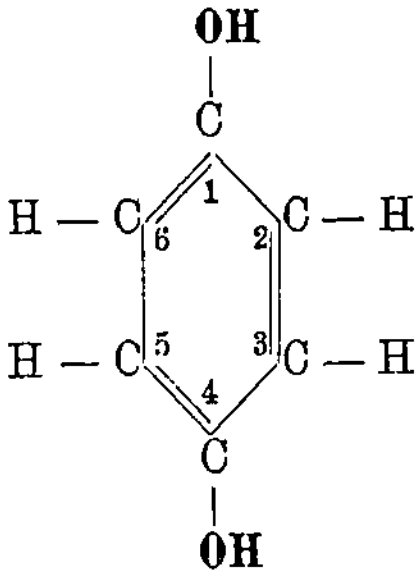   Para-

Dioxybenzole.

Und zwar bezeichnet man als **Orthoderivate** generell diejenigen Disubstitutionsproducte des Benzols, bei welchen die beiden substituirenden Gruppen (hier die OH-Gruppen) an benachbarten C-Atomen 1:2 oder 1:6 stehen. Als **Metaderivate** diejenigen, bei denen dieselben durch ein C-Atom getrennt sind, Stellung 1:3 oder 1:5; als **Paraderivate** diejenigen, bei denen die substituirenden Gruppen an gegenüberliegenden C-Atomen stehen, 1:4.

Alle diese drei Dioxybenzole haben die Formel $C_6H_6O_2$ oder $C_6H_4(OH)_2$; sie unterscheiden sich indessen physikalisch durch Aussehen, Löslichkeit, Schmelz- und Siedepunkt von einander, chemisch durch gewisse characteristische Reactionen. Bezüglich ihrer vulgären Bezeichnung wäre nachzutragen, dass genannt worden ist:

Orthodioxybenzol (1 : 2) = Brenzcatechin.

Metadioxybenzol (1 : 3) = Resorcin.

Paradioxybenzol (1 : 4) = Hydrochinon.

Resorcinum.

Resorcin, Metadioxybenzol, $C_6H_4(OH)_2$, 1 : 3. Wurde 1864 zuerst von **Hlasiwetz** und **Barth** durch Schmelzen von Ammoniacum, Asa foetida, Galbanum und einer Reihe anderer Harze mit Kalihydrat gewonnen und aus diesem Grunde Resorcin (d. i. Orcinum resinae) gennannt. Später wurde es auch durch Schmelzen von Bromphenol und Phenolsulfonsäure mit Kalihydrat und durch trockene Destillation des Brasilienholzextractes erhalten. Die so gewonnenen Mengen waren jedoch nur geringe, und erst, seit man es von der **Benzoldisulfonsäure** ausgehend darstellte, ist eine Verwendung in grösseren Quantitäten möglich geworden.

Darstellung. (Nach **Bindschedler** und **Busch**). In einem gusseisernen mit Rührwerk versehenen Apparat werden 90 kg rauchender Schwefelsäure von 80° B. mit 24 kg reinem Benzol allmälig versetzt und dann einige Stunden gelinde, schliesslich auf 275° C. erhitzt, bei welcher Temperatur fast die ganze Masse des Benzols in Benzoldisulfonsäure verwandelt wird. Nach dem Erkalten giesst man die Masse in 2000 Liter Wasser, erhitzt die Lösung zum Kochen, neutralisirt mit Kalkmilch und entfernt den Gips durch eine Filterpresse. Die Lösung wird nun mit der berechneten Menge Soda versetzt, der ausgefallene kohlensaure Kalk durch eine Filterpresse entfernt und das Filtrat zur Trockne verdampft. Von diesem Product werden 60 kg in einem gusseisernen Kessel mit 150 kg Aetznatron 8—9 Stunden bei 270° verschmolzen. Die erkaltete Schmelze löst man in 500 Liter kochenden Wassers, fügt Salzsäure hinzu und vertreibt die schweflige Säure durch anhaltendes Kochen. Nach dem Erkalten

wird von etwas theeriger Masse abfiltrirt und das Filtrat in Extractions-
apparaten wiederholt mit Aether ausgezogen. Nach dem Vertreiben des
Aethers werden die letzten Antheile von Aether und Wasser durch Erhitzen auf 275° entfernt und wird so das käufliche Product erhalten, welches noch Phenol und theerartige Substanzen einschliesst. Durch einmalige
Destillation kann es leicht von diesen Verunreinigungen befreit werden.

Der chemische Vorgang hierbei ist folgender: Durch Einwirkung
der Schwefelsäure auf das Benzol wird unter diesen Bedingungen
Metabenzoldisulfonsäure $C_6 H_4 (SO_3 H)_2$ gebildet.

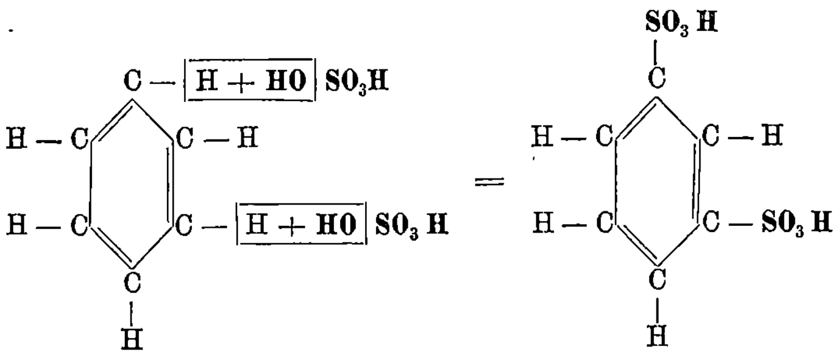

$$C_6 H_5 - \boxed{H + HO}\, SO_3 H \ \ ;\ \ C_6 H_4 \begin{cases} SO_3 H \\ SO_3 H \end{cases}$$

Benzol   =   Metabenzoldisulfonsäure.

Durch die Behandlung mit Aetzkalk wird metabenzoldisulfonsaures Calcium gebildet, welches durch die nachfolgende Einwirkung
des Natriumcarbonates unter Abscheidung von kohlensaurem Kalk
in metabenzoldisulfonsaures Natrium $C_6 H_4 (SO_3 Na)_2$ übergeführt
wird. In der Natronschmelze wird dieses unter Bildung von schwefligsaurem Natrium in Resorcinnatrium verwandelt, aus welchem durch
Salzsäure Resorcin in Freiheit gesetzt wird.

$$C_6 H_4 \left< \boxed{\begin{array}{c} SO_3\,Na \qquad Na \\ SO_3\,Na \qquad Na \end{array}} \begin{array}{c} OH \\ OH \end{array} \right. = 2\,SO_3\,Na_2 + C_6 H_4 \left< \begin{array}{c} OH\,^1) \\ OH \end{array} \right.$$

Eigenschaften. Das Resorcin bildet farblose, tafel- oder säulenförmige Krystalle von kaum merklichem (urinösen) Geruch und unangenehm süsslich kratzendem Geschmack; es siedet bei 276° und
schmilzt in reinem, wasserfreiem Zustande bei 118°. (Deutsch.
Arzneibuch Schm. P. 110—111°.) In Wasser, in Weingeist und in
Aether ist es leicht und reichlich, in kaltem Benzol, Chloroform und

---

[1]) Die Gleichung ist der Uebersichtlichkeit wegen etwas vereinfacht.
Bei dem grossen Ueberschuss von Natronhydrat treten 4 Mol. $NaOH$ in
Wirkung und es bilden sich $SO_3 Na_2 + C_6 H_4 (ONa)_2$.

Schwefelkohlenstoff dagegen kaum löslich. Die wässerige Lösung färbt sich mit Eisenchlorid violett und reducirt ammoniakalische Silberlösung beim Erwärmen unter Schwärzung. Erhitzt man 0,2 gr Resorcin mit 0,2 gr Phtalsäureanhydrid einige Minuten bis zum Schmelzen, so erzeugt die Schmelze (Fluoresceïn) in mit Natronlauge alkalisch gemachtem Wasser intensive, gelbgrüne Fluorescenz.

Prüfung. 0,5 gr auf Platinblech erhitzt, sollen mit leuchtender Flamme verbrennen und keinen Rückstand hinterlassen (unorganische Verunreinigungen). Das Präparat rieche nicht nach Phenol und röthe in wässeriger Lösung blaues Lackmuspapier nicht (phenolartige Verunreinigungen oder Säuren, z. B. Salzsäure). 1 gr des Resorcins gebe mit 10 ccm Wasser eine farblose Lösung (empyreumatische Verunreinigungen würden durch gelbe Färbung angezeigt werden). Der Schmelzpunkt des längere Zeit hindurch getrockneten Präparates liege nicht unter 110° C. (würde mangelhafte Reinigung anzeigen).

Unreine Präparate können eventuell durch Umkrystallisiren aus Wasser unter Anwendung von Thierkohle gereinigt werden.

Aufbewahrung. Das Resorcin werde vor Licht geschützt aufbewahrt.

Anwendung. In seiner Wirkung steht das Resorcin der Carbolsäure sehr nahe, doch besitzt es nicht die eminent toxischen Eigenschaften derselben. Aeusserlich benutzt man es in Substanz oder conc. Lösung zum schmerzlosen Aetzen besonders bei Diphtherie. In Salbenform (5 : 30,0) zu Einreibungen bei Hautkrankheiten; zu Injectionen in die Urethra (1—2 : 100,0) zu Augenwässern, Inhalationen. Bei der Wundbehandlung in Lösungen und in Watte- und Gazeform. Etwa auf der Haut erzeugte braune Flecken können durch Citronensäure beseitigt werden. Innerlich wird es namentlich als antifermentatives Mittel bei acutem und chronischem Magencatarrh und bei Gährungsprocessen im Magen in Dosen zu 0,2—0,5 gr mehrmals täglich in Form von Mixturen oder Oblatenpulvern gegeben.

Das Resorcin wird, falls es innerlich gereicht wurde, zum Theil als solches, zum Theil in Form von Aetherschwefelsäure durch den Harn wieder ausgeschieden. Der Harn ist entweder direct dunkel gefärbt, oder er färbt sich doch sehr bald an der Luft dunkel. Zum Nachweis des Resorcins concentrirt man den Urin auf etwa 500 ccm, filtrirt, säuert das Filtrat mit Schwefelsäure an und kocht, um die Aetherschwefelsäuren zu zersetzen, kurze Zeit. Man schüttelt dann mit Aether aus, löst den Verdampfungsrückstand in wenig Wasser, erwärmt zur Reinigung mit kohlensaurem Baryum, entfärbt die Lösung mit Thierkohle und dunstet sie ein. Den Rückstand reinigt man nochmals mit Thierkohle und prüft ihn dann mittels der angegebenen Reactionen auf Resorcin.

Thioresorcin, $C_6H_4O_2S_2$ wird erhalten, indem man 1 Mol. Resorcin mit 3 Mol. Natriumhydroxyd und 3 Mol. Schwefel unter Zusatz von Wasser erhitzt, bis Lösung erfolgt ist. Aus der letzteren scheidet sich beim Ansäuern das geschwefelte Resorcin in amorphen gelben Flocken aus, welche durch Auflösen in Alkalien und Ansäuern der Lösung gereinigt werden.

Gelbliches, nicht krystallisirendes Pulver, leicht löslich in Alkalien, Alkalicarbonaten und Alkalisulfiden, in den sonstigen üblichen Lösungsmitteln unlöslich. Constitutionsformel:

$$S{<}{\cdots}{>}C_6H_2{<}^{OH}_{OH.}$$

Die Verbindung wurde vorübergehend als Schwefelpräparat in der dermatologischen Praxis angewendet.

Resopyrin. Mit diesem Namen bezeichnet L. Roux eine Verbindung, welche entsteht, wenn man 30 Th. Antipyrin in 90 Th. Wasser, andererseits 11 Th. Resorcin in 33 Th. Wasser auflöst und beide Lösungen mit einander mischt. Es scheidet sich alsdann eine krystallinische Masse aus, welche beim Umkrystallisiren aus Alkohol rhombische Krystalle liefert. Resopyrin ist geruchlos und von schwach stechendem Geschmacke. Es ist in Wasser unlöslich, dagegen löslich in 100 Th. Aether, 30 Th. Chloroform, 5 Th. Alkohol.

Es scheint eine moleculare Verbindung von Resorcin mit Antipyrin vorzuliegen.

Pikrol. Unter dem Namen „Pikrol" wurde von Dargens und Dubois das Dijodresorcinmonosulfosaure Kalium $C_6HJ_2(OH)_2SO_3K$ als ungiftiges Antisepticum empfohlen. Der Name „Pikrol" wurde wegen des bitteren Geschmackes der Verbindung gewählt. Das Präparat ist übrigens ein Analogon des Sozojodols.

Resorcinol wurde von Biélaiew eine Substanz genannt und zur Anwendung bei Hautkrankheiten empfohlen, welche durch Zusammenschmelzen von Resorcin mit Jodol zu erhalten, aber jedenfalls eine blosse Mischung ist.

Hydrochinonum.

Hydrochinon, Para-dioxybenzol $C_6H_4(OH)_2$ 1:4 wurde zuerst von Wöhler durch trockne Destillation von Chinasäure, dann bei der Reduction von Chinon erhalten. Es bildet sich ferner aus dem Arbutin, welches durch Behandeln mit verdünnten Säuren oder Fermenten in Hydrochinon und Zucker gespalten wird. Gegenwärtig wird es ausschliesslich vom Chinon bez. Anilin ausgehend gewonnen.

Darstellung. (Nietzki.) In eine kalt gehaltene Lösung von 1 Th.
Anilin in 8 Th. Schwefelsäure und 30 Th. Wasser trägt man in kleinen
Portionen 2 ½ Th. gepulvertes Kaliumbichromat ein. Hierauf fügt man
Alkalisulfit (saures schwefligsaures Natrium) hinzu, filtrirt und schüttelt
mit Aether aus. Nach dem Abtreiben des Aethers hinterbleibt Hydrochinon, welches durch Umkrystallisiren aus siedendem Wasser, unter Zusatz von Thierkohle gereinigt wird.

Durch Oxydation des Anilins $C_6H_5NH_2$ bildet sich Chinon $C_6H_4O_2$
welches durch Einwirkung reducirender Agentien (hier der schwefligen
Säure) in Hydrochinon $C_6H_4(OH)_2$ übergeht.

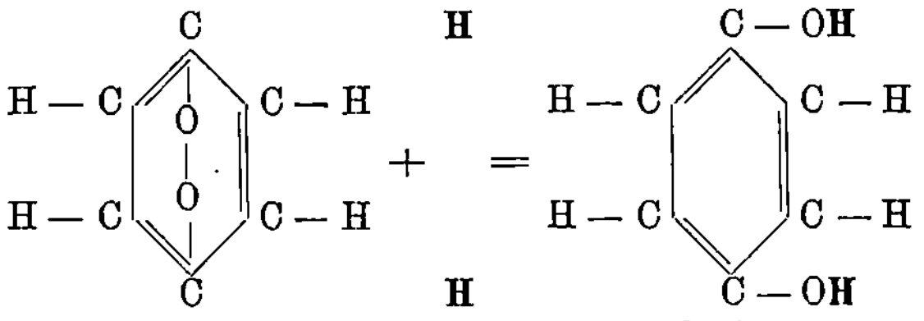

$$
\underset{\text{Chinon}}{
\begin{array}{c}
C \\
H-C \diagup\diagdown C-H \\
O \\
O \\
H-C \diagdown\diagup C-H \\
C
\end{array}}
\quad +\quad
\begin{array}{c} H \\ \\ \\ \\ H \end{array}
\quad =\quad
\underset{\text{Hydrochinon.}}{
\begin{array}{c}
C-OH \\
H-C \diagup\diagdown C-H \\
\\
H-C \diagdown\diagup C-H \\
C-OH
\end{array}}
$$

Eigenschaften. Es krystallisirt aus wässerigen Lösungen in langen
farblosen, hexagonalen Prismen, die bei 169° C. schmelzen und beim
vorsichtigen Erhitzen unzersetzt sublimiren. Das Sublimat bildet
monokline Blättchen (Hydrochinon ist somit dimorph). In kaltem
Wasser ist es schwierig löslich, leicht löslich dagegen in heissem
Wasser, in Alkokol und in Aether. Die wässerige Lösung schmeckt
süsslich und enthält bei 15° C. fast 6 Th. (5,85 Th.) Hydrochinon.
Sie reducirt Silbernitratlösung beim Erwärmen und Fehling'sche
Lösung schon in der Kälte.

Wässerige Hydrochinonlösungen bräunen sich an der Luft (durch
Sauerstoffaufnahme) sehr bald, s. unten, noch erheblich schneller
geschieht dies bei alkalisch wässerigen Lösungen. Eisenchlorid bringt
in den wässerigen Lösungen im ersten Augenblicke Blaufärbung
hervor, die bald in Gelb übergeht; auf weiteren Zusatz von Eisenchlorid scheiden sich cantharidenglänzende Krystalle von Chinhydron
$C_{12}H_{10}O_4$ ab.

Aufbewahrung. Das Hydrochinon werde vorsichtig und vor
Licht geschützt, aufbewahrt.

Anwendung. Dieselbe erfolgt auf Grund seiner antifermentativen und
antipyretischen Eigenschaften. In Dosen von 0,4—0,6 gr innerlich gegeben
setzt es die Temperatur herunter, ohne Nebenerscheinungen zu verursachen.
Gaben von 0,8—1,0 gr rufen oftmals Intoxicationserscheinungen (Schwindel,
Ohrensausen, beschleunigte Respiration) hervor. Der Vortheil des Mittels

bestand früher darin, dass es wegen seiner nicht ätzenden Eigenschaften subcutan gegeben werden konnte (Dosis 2 Spritzen einer 10 procentigen Lösung). Hierbei ist aber nicht ausser Acht zu lassen, dass die Lösungen frisch bereitet sein müssen, da ältere, gebräunte Lösungen ätzend wirken.

Die Ausscheidung des Hydrochinons durch den Harn erfolgt theils als freies Hydrochinon oder Chinhydron, theils in der Form von Aetherschwefelsäuren. Hydrochinon-Harn ist blassgrün gefärbt und geht nach längerem Stehen in braunschwärzlich-grün über. Auf Zusatz von rauchender Salpetersäure giebt Hydrochinonharn ähnliche Färbungen wie Gallenfarbstoff enthaltender Harn. Doch ist die Reihe der Farben eine andere, nämlich von oben nach unten: violett-grün, roth, gelb.

Zum Nachweis des Hydrochinons versetzt man den Harn mit verdünnter Schwefelsäure, erwärmt kurze Zeit, fügt nach dem Erkalten schweflige Säure zu und schüttelt mit Aether aus. Der Rückstand der Aetherlösung wird, wie unter Resorcin angegeben, gereinigt und das erhaltene Hydrochinon mit Silbernitrat, Fehling'scher Lösung und Eisenchlorid geprüft.

Vorsichtig, vor Licht geschützt aufzubewahren.

Thiophenum bijodatum.

Thiophendijodid. Dijodthiophen.

$$C_4 H_2 J_2 S.$$

Die Muttersubstanz dieser Verbindung ist das von V. Meyer 1883 im Rohbenzol aufgefundene „Thiophen" $C_4 H_4 S$, ein geschwefelter Kohlenwasserstoff mit ringförmiger Bindung, welcher zu etwa $\frac{1}{2}$ Procent im Rohbenzol vorhanden ist und dessen Blaufärbung mit conc. Schwefelsäure bedingt. Synthetisch wird es vortheilhaft durch

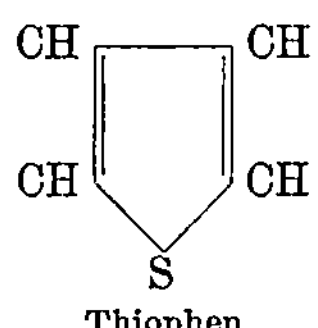

Thiophen

Erhitzen von Natriumsuccinat mit Phosphortrisulfid dargestellt. Das Dijodthiophen erhält man aus dem Thiophen durch Einwirkung von Jod unter bestimmten Bedingungen.

Darstellung. 50 Th. Rohthiophen (50—60 proc.) werden mit 150 Th. Jod versetzt, alsdann fügt man allmälig und ohne Abkühlung so lange gelbes Quecksilberoxyd[1]) hinzu, bis alles Jod gelöst ist. Dabei erhitzt

---

[1]) Das Quecksilberoxyd hat lediglich die Aufgabe, die entstehende Jodwasserstoffsäure zu binden, welche andrenfalls die gebildete Jodverbindung wieder zu Thiophen reduciren würde.

sich das Gemisch je nach der Menge des auf einmal zugegebenen Queck-silberoxydes mehr oder weniger stark. Wenn kein freies Jod mehr vor-handen ist, so filtrirt man die noch warme Flüssigkeit vom Quecksilber-jodid ab, lässt erkalten und krystallisirt aus heissem Alkohol um.

Eigenschaften. Farblose, leichtflüchtige, tafelförmige Krystalle, welche leichtflüchtig sind und bei 40,5° C. schmelzen. Der Geruch ist aromatisch, aber nicht unangenehm. Thiophendijodid ist unlös-lich in Wasser, leicht löslich in Aether, Chloroform und in heissem Weingeist. Es enthält 75,5 % Jod und 9,5 % Schwefel.

Aufbewahrung. Vor Licht geschützt.

Anwendung. Es wird von Hock und Spiegler als Desinficiens und Desodorans und zwar als Ersatz des Jodoforms in der Wundbehandlung empfohlen. Es wird ebenso wie das Jodoform in Substanz, aber auch in 10 proc. Verbandstoffen angewendet. Es wirkt secretionsbeschränkend, desodorirend, ohne Nebenerscheinungen zu verursachen. Ein Hinderniss für die Einführung in weiteren Kreisen dürfte der hohe Preis sein.

Thiophensulfosaures Natrium, $C_4 H_3 S . SO_3 Na$ wird von Spiegler in 5—10 procentigen Salben bei Prurigo empfohlen. Ein weisses krystallinisches Pulver, 32 % Schwefel enthaltend, von denen die Hälfte direct an Kohlenstoff gebunden ist.

Aristolum.

Aristol. Dithymoldijodid. Annidalin.

$$C_{20} H_{24} O_2 J_2.$$

Diese Verbindung wurde 1889 durch die Farbenfabriken vorm. Friedr. Bayer & Cie. in Elberfeld in den Handel gebracht und vorerst „Annidalin", später „Aristol" genannt. Sie bildet den Typus einer Gruppe von Jodderivaten der Phenole.

Darstellung. Nach der Patentschrift (D.R.P. 49 739) werden 5 kg Thymol unter Zusatz von 1,2 kg Aetznatron in 10 Liter Wasser gelöst und diese klare Flüssigkeit in eine Lösung von 6 kg Jod in 9 kg Jod-alkali und 10 Liter Wasser bei 15—20° C. unter fortwährendem Umrühren einfliessen gelassen. Es entsteht sofort ein dunkel-rothbrauner voluminöser Niederschlag; derselbe wird abfiltrirt, mit Wasser gewaschen und bei ge-wöhnlicher Temperatur getrocknet.

Die Reaction spielt sich nach folgender Gleichung ab:

$$2 \begin{bmatrix} & CH_3 \\ C_6 H_3 & OH \\ & C_3 H_7 \end{bmatrix} + 6\,J = 4\,JH + C_6 H_2 \begin{matrix} CH_3 \\ OJ \\ C_3 H_7 \end{matrix} \quad C_6 H_2 \begin{matrix} CH_3 \\ OJ \\ C_3 H_7 \end{matrix}$$

Thymol   Dithymoldijodid

und die Constitutionsformel des Aristols ist durch folgendes Schema
auszudrücken:

$$
\begin{array}{ccccc}
& CH_3 & & CH_3 & \\
& | & & | & \\
& C & & C & \\
HC & \diagup \diagdown C & \!\!-\!\!-\!\! C \diagup \diagdown & C-H & \\
HC & \diagdown \diagup COJ & JOC \diagdown \diagup & C-H & \\
& C & & C & \\
& | & & | & \\
& C_3H_7 & & C_3H_7. &
\end{array}
$$

Eigenschaften. Es ist ein hell-chocoladenfarbiges feines Pulver,
fast ohne Geruch und Geschmack. In Wasser und in Glycerin ist es
unlöslich, in Alkohol schwierig löslich, in Aether dagegen und in
Chloroform leicht löslich. Aus der ätherischen Lösung wird es
durch Zusatz von Alkohol wieder gefällt. Ausgezeichnet ist die
Verbindung durch ihre Löslichkeit in fetten Oelen und in Vaseline.
Solche Lösungen sind indess ohne Erwärmung zu bereiten, um Zersetzung des Aristols zu vermeiden. — Von Natronlauge wird es
weder in der Kälte, noch in der Wärme gelöst. Durch conc. Schwefelsäure wird es in der Wärme tiefgreifend unter Abscheidung von
Jod verändert.

Der Jodgehalt des Aristols beträgt 45,80 %.

Prüfung. Es färbe beim Aufstreuen auf feuchtes rothes Lackmuspapier dieses nicht blau. (Natriumcarbonat.) 0,5 gr hinterlassen
im Porzellantiegel erhitzt keinen wägbaren Rückstand. (Unorganische Verunreinigungen.) — Werden 0,5 gr mit 10 ccm Wasser
kurze Zeit durchschüttelt, so darf das Filtrat, nach Zusatz von Salpetersäure, durch Silbernitratlösung nur opalisirend getrübt werden
(Jodide).

Aufbewahrung. Vor Licht geschützt.

Anwendung. Aristol dient als Ersatz des Jodoforms, vor welchem es
den Vorzug der Geruchlosigkeit besitzt. Zwar kommen ihm in Pulver-
oder Salbenform antibacterielle Eigenschaften nicht zu, indessen hat es
sich sowohl in der chirurgischen Praxis wie bei Hautkrankheiten bis jetzt
gut bewährt, indem es die Granulation und Vernarbung befördert und bei
gewissen Hautkrankheiten (Psoriasis, Lupus, syphilitischen Processen)
geradezu specifisch wirkt. Man wendet es unvermischt als Streupulver,
ferner in Aether oder Collodium gelöst, auch in Salbenform an.

Vor Licht geschützt aufzubewahren.

Europhen, . Isobutylorthokresoljodid. Wird in analoger Weise wie das Aristol durch Einwirkung einer Lösung von Jodjodkalium auf eine alkalische Lösung von Isobutylorthokresol dargestellt. Die Zusammensetzung des Präparates entspricht der Formel: $C_4 H_9 (OCH_3) C_6 H_3 — C_6 H_2 . C_4 H_9 (CH_3) OJ.$

Ein feines gelbes, in Wasser unlösliches Pulver, leicht löslich in Alkohol, Aether, Chloroform und fetten Oelen. In trocknem Zustande ist es beständig; mit Wasser befeuchtet, spaltet es Jod ab unter Bildung einer löslichen organischen Jodverbindung. Auch durch Aetzalkalien und Alkalicarbonate wird Jod abgespalten.

Es besitzt wegen der leichten Abspaltbarkeit von Jod antibacterielle Eigenschaften und wird ebenso wie das Aristol als Ersatz des Jodoform angewendet. Stärkezusatz (Amylum) ist bei Streupulvern zu vermeiden.

Carvacroljodid, $C_{13} H_{13} OJ$ wird analog dem Aristol durch Einwirkung von Jod auf eine alkalische Lösung von Carvacrol erhalten.

Gelbbraunes Pulver, unlöslich in Wasser, schwer löslich in Alkohol, leicht löslich in Aether, Ligroin, Chloroform und Olivenöl. Erweicht bei 50^0 C. und schmilzt gegen 90^0 zu einer braunen Flüssigkeit. Bei weiterem Erhitzen tritt völlige Zersetzung unter Abscheidung von Jod ein. Es ist gegen Licht beständig und wird durch schweflige Säure nicht verändert. Ersatz für Jodoform.

Antiseptin, Zincum borothymolicum jodatum. Dieses von Dr. S. Radlauer-Berlin dargestellte bez. in den Handel gebrachte Präparat sollte angeblich eine Verbindung von Zink mit Borsäure, Thymol und Jod sein. Diese Angaben haben sich als ein „Irrthum" von S. Radlauer herausgestellt.

Nach F. Goldmann nämlich ist die in Frage stehende Substanz ein Gemisch von etwa 85 % Zinksulfat, 2,5 % Zinkjodid, 2,5 % Thymol und 10 % Borsäure; ihre Inscenirung gehört somit zu den bedenklichsten Erscheinungen, welche die deutsche Pharmacie in den letzten Jahren gezeitigt hat.

Losophanum.

Losophan.   Trijodmetakresol.

$C_6 H (J_3) OH . CH_3.$

Unter diesem Namen bringen die Farbenfabriken vorm. Friedr. Bayer & Co. in Elberfeld seit 1892 ein Product in den Handel, welches seiner näheren Zusammensetzung nach „Trijodmetakresol" ist.

Darstellung. Durch directe Jodirung des m-Kresols konnte die Verbindung bisher nicht erhalten werden; man geht vielmehr von der o-Oxy-p-Toluylsäure $C_6 H_3 (CO_2 H) . OH . CH_3$ (1 : 2 : 4) aus.

Es ist bekannt, dass bei der Einwirkung von Salpetersäure oder Brom auf aromatische Sulfosäuren der Schwefelsäurerest nicht selten durch die Nitrogruppe bez. durch Brom ersetzt wird. So erhält man z. B. beim Erwärmen von Phenolsulfosäure mit Bromwasser neben Schwefelsäure Tribromphenol.

$$C_6 H_4 (OH) . SO_3 H \qquad\qquad C_6 H_2 Br_3 . OH$$
Phenolsulfosäure   Tribromphenol.

Ferner wird bei gewissen aromatischen Carbonsäuren die Carboxylgruppe durch Brom verdrängt unter Freiwerden von Kohlensäure: Salicylsäure z. B. bildet, in verdünnter wässeriger Lösung mit Bromwasser· behandelt, Tribromphenolbrom $C_6 H_2 Br_3 . OBr$ bez. Tribromphenol $C_6 H_2 Br_3 . OH$ unter Abspaltung von Kohlensäure. In gleicher Weise wie das Brom reagirt bei den Carbonsäuren auch das Jod. So giebt z. B. Salicylsäure bei der Behandlung mit Jod = Trijodphenol $C_6 H_2 . J_3 OH$. Diese Verbindung entsteht jedoch nur unter ganz bestimmten Bedingungen, nämlich, wenn auf 1 Mol. Carbonsäure, 1 Mol. Natriumcarbonat vorhanden ist. Bei einem Ueberschuss von Alkali entstehen jodoxylirte Verbindungen (mit der Gruppe OJ) vom Aristoltypus. Zur Darstellung, welche durch P a t e n t geschützt ist, wird wie folgt verfahren:

Man löst 1,52 kg o-Oxy-p-Toluylsäure unter Zusatz von 1,06 kg Natriumcarbonat in 1500 kg Wasser und fügt unter Umrühren langsam eine Lösung von 7,62 kg Jod in Jodkali und 30 kg Wasser hinzu. Nach 24 stündigem Stehen ist das Trijod-m-kresol abgeschieden und wird alsdann gewaschen und aus Alkohol umkrystallisirt.

Die Reaction scheint im Sinne folgender Gleichung zu verlaufen:

$$
C_6 H_3 \begin{Bmatrix} CO\,OH & (1) \\ OH & (2) \\ CH_3 & (4) \end{Bmatrix} + Na_2 CO_3 + 6\,J = C_6 HJ_3 \begin{Bmatrix} OH & (2) \\ (CH_3) & (4) \end{Bmatrix}
$$
o-Oxy-p-Toluylsäure   Trijodmetakresol

$$+ 2\,Na\,J + HJ + H_2 O + 2\,CO_2.$$

Eigenschaften. Farblose, geruchlose Krystallnadeln von schwach saurer Reaction, welche in Wasser so gut wie unlöslich sind. Sie lösen sich, aber immerhin etwas schwierig, in Alkohol, leicht in Aether, Benzol, Chloroform. Bei 60⁰ werden sie auch von fetten Oelen aufgenommen. In verdünnter Natronlauge lösen sie sich ohne

11*

Veränderung auf, durch conc. Natronlauge werden sie in einen grünlich schwarzen amorphen Körper verwandelt, der in Alkohol unlöslich ist. Der Jodgehalt beträgt 78,39%: der Schmelzpunkt liegt bei 121,5° C.

Prüfung. Das Losophan sei geruchlos und ungefärbt. — Der Schmelzpunkt liege bei 121,5°. — Beim Verbrennen im Porzellantiegel hinterlasse es keinen feuerbeständigen Rückstand. Werden 0,2 gr mit 20 ccm Wasser ausgezogen, so werde das Filtrat durch Eisenchlorid nicht blau oder violett gefärbt (freie Phenole).

Aufbewahrung. Unter den indifferenten Arzneimitteln.

Anwendung. Nach E. Saalfeld ist das Losophan, welches zur Zeit ausschliesslich dem äusserlichen Gebrauche dient, von günstigem Einflusse bei den häufig vorkommenden, durch Pilze verursachten Hautkrankheiten, wie Herpes tonsurans, Pityriasis versicolor, sowie den durch thierische Parasiten bedingten Erkrankungen (Pediculi pubis und capitis, Scabies). Ferner erfolgreich bei Prurigo, chronischen infiltrirten Ekzemen, Sycosis vulgaris und Acne vulgaris und rosacea. Weniger günstig war der Erfolg bei idiopathischem Pruritus cutaneus, von geringem Nutzen als juckenmilderndes Mittel bei Urticaria, ohne Erfolg bei Psoriasis vulgaris und syphilitischen Primäraffecten. — Contraindicirt ist Losophan bei allen acut entzündlichen Erkrankungen der Haut, da es bei diesen Reizung hervorruft. S. verwendet 1—2 procentige spirituöse Lösungen (3 Spiritus + 1 Wasser), ferner 1—10 procentige Salben mit Vaselin oder Lanolin-Vaselin.

Antifebrinum.

Antifebrin. Acetanilid.

$$C_6 H_5 NH . CH_3 CO.$$

Unter dem practischen Namen Antifebrin wurde im Jahre 1887 ein schon seit langer Zeit bekanntes Derivat des Anilins, das Acetanilid, zum medicinischen Gebrauche empfohlen. — Das Anilin $C_6 H_5 NH_2$, jene Muttersubstanz zahlreicher organischer Verbindungen, beispielsweise sehr vieler organischer Farbstoffe, ist ein ausserordentlich reactionsfähiger Körper. Die im Benzolkern stehenden Wasserstoffatome können durch verschiedenartige Atomgruppen ersetzt werden, wodurch eine grosse Reihe von Derivaten des Anilins sich darstellen lässt, z. B.:

$$C_6 H_5 NH_2 \qquad C_6 H_4 (NO_2) NH_2 \qquad C_6 H_4 (CH_3) NH_2$$
Anilin   Nitranilin   Toluidin.

Eine ganz hervorragende Reactionsfähigkeit kommt jedoch auch den beiden Wasserstoffatomen der Amidogruppe — NH_2 des Anilins zu. Dieselben können auf relativ einfachem Wege sowohl durch Alkoholradicale als auch durch Radicale organischer Säuren ersetzt werden. Die so entstehenden Verbindungen heissen Anilide und zwar im ersteren Falle „Alkoholanilide", im letzteren „Säureanilide" z. B.:

Alkoholanilide.

$C_6H_5NH.(CH_3)$
Methylanilin

$C_6H_5N(CH_3)_2$
Dimethylanilin

$C_6H_5NH(C_2H_5)$
Aethylanilin

Säureanilide.

$C_6H_5NH.(HCO)$
Formanilid

$C_6H_5NH(CH_3CO)$
Acetanilid

$C_6H_5NH(C_2H_5CO)$
Propionanilid.

Die Alkoholanilide entstehen durch Einwirkung der Bromide oder Jodide der Alkoholradicale auf Anilin z. B.:

$$C_6H_5NH\,\boxed{H+J}\,CH_3 \;=\; HJ + C_6H_5NH.CH_3.$$

Technisch werden sie gegenwärtig durch Erhitzen von salzsaurem Anilin mit den entsprechenden Alkoholen in Autoclaven gewonnen.

Die Säureanilide werden gebildet:

1. Durch Einwirkung der Säurechloride auf Anilin oder dessen Homologe; an Stelle der Säurechloride können auch die Säureanhydride benutzt werden:

$$C_6H_5NH\,\boxed{H+Cl}\,CO-CH_3 \;=\; HCl + C_6H_5NH(CH_3CO)$$
Anilin   Acetylchlorid   Acetanilid

$$\begin{array}{l} C_6H_5NH\,\boxed{H} \\ C_6H_5NH\,\boxed{H} \end{array} +O\; \begin{array}{l} O=C-CH_3 \\ O=C-CH_3 \end{array} \;=\; H_2O + 2\,C_6H_5NH(CH_3CO)$$
2 Mol. Anilin   Essigsäureanhydrid   Acetanilid

2. Durch Erhitzen der Anilinsalze organischer Säuren z. B.:

$$C_6H_5NH_2.CH_3-COOH = H_2O + C_6H_5NH(CH_3CO)$$
Essigsäureanilin   Acetanilid.

Ihrem chemischen Character nach sind die Anilide neutrale Körper, welche weder saure noch basische Eigenschaften besitzen, sich übrigens durch besondere Krystallisationsfähigkeit auszeichnen. Durch Erhitzen mit ätzenden Alkalien oder mit Salzsäure können sie wieder in ihre Componenten, nämlich in die Anilinbase und die organische Säure, gespalten werden.

Antifebrin oder Acetanilid. $C_6H_5 . NH(CH_3 CO)$.

Darstellung. 100 Th. reines Anilin (S. P. 184—185°) werden mit
100 Th. Essigsäure (Acidum aceticum glaciale) in einem Rundkolben von
etwa 500 ccm Inhalt 1—2 Tage lang am Rückflusskühler im Sieden erhalten.
Die Umwandlung des Anilins in Acetanilid ist als beendigt anzusehen, wenn
eine kleine Probe des Reactionsgemisches nach dem Erkalten vollkommen
erstarrt, oder beim Eintragen in verdünnte Natronlauge kein freies Anilin
mehr abscheidet, welches letztere sich durch den Geruch leicht erkennen
lässt. Ist dieser Punkt erreicht, so unterwirft man das Gemisch von Essigsäure und Acetanilid einer fractionirten Destillation, indem man sich zuerst
des in Fig. 3 abgebildeten Apparates — Fractionskolben mit Liebig'schem
Kühler — bedient.

Es geht zunächst das bei der Reaction gebildete Wasser, dann die
noch unverbrauchte Essigsäure über. Sobald die Temperatur des Thermometers über 120° C. hinausgeht, unterbricht man die Destillation, ersetzt
den Liebig'schen Kühler durch ein etwa 0,6 m langes Glasrohr und setzt
hierauf die Destillation weiter fort. Das Thermometer steigt nun sehr
rasch, und bei 295° C. destillirt die reine Verbindung über. Man fängt
dieselbe in einem Rundkolben, der auf einem in einer Porzellanschale be-
findlichen Strohkranz aufliegt, auf. Sobald die letzten Antheile übergegangen
sind, giesst man die noch flüssige Substanz in eine Porzellanschale aus
und rührt mit einem Porzellanspatel bis zum Erkalten um, wodurch leicht
zu handhabende Krystallmassen resultiren. Durch einmaliges Umkrystallisiren aus siedendem Wasser werden dieselben in reinem Zustande erhalten.
Sollte das Acetanilid aus irgend einem Grunde ein wenig gefärbt erscheinen,
so lässt es sich durch Umkrystallisiren aus siedendem Wasser unter Zusatz von etwas frisch geglühter Thierkohle leicht reinigen.

Der chemische Vorgang bei der Bildung des Acetanilides ist ein
sehr einfacher. Anilin und Essigsäure vereinigen sich unter Austritt von
Wasser zu Acetanilid.

$$C_6H_5 NH \boxed{H + HO} \; OC . CH_3 = H_2O + C_6H_5 NH . CH_3 CO.$$

Das Acetanilid gehört zu denjenigen Präparaten, welche sich mit Vortheil im pharmaceutischen Laboratorium darstellen lassen. Man benutze
zur Darstellung jedoch reines toluidinfreies Anilin, wie dasselbe durch
Rectification des „Anilin für Blau" leicht und billig erhalten werden kann.
Die Ausbeute an Acetanilid beträgt für obige Verhältnisse etwa 120 Th.

Eigenschaften. Das Acetanilid bildet in reinem Zustande — aus
Wasser umkrystallisirt — farblose und geruchlose Blättchen bez.
rhombische Tafeln, die sich etwas fettig anfühlen und seidenartigen
Glanz besitzen. Auf die Zunge gebracht, verursacht es ein leicht
brennendes Gefühl. In kaltem Wasser ist es nur wenig löslich.
1 Th. erfordert zu seiner Auflösung 194 Th. Wasser von + 15° C.
Es löst sich ferner in 18 Th. siedenden Wassers, in 3,5 Th. Alkohol, leicht in Aether und in Chloroform. Die wässerige Lösung

reagirt neutral. Es schmilzt[1]) beim Erhitzen auf 113° C. zu einer klaren, fast farblosen Flüssigkeit und siedet ohne Zersetzung bei 295° C.

In chemischer Hinsicht bemerkenswerth ist der neutrale Character des Acetanilides; es wirkt weder auf rothes noch auf blaues Lackmuspapier verändernd ein. Gegen die meisten Reagentien ist es ausserordentlich widerstandsfähig, durch anhaltendes Erhitzen mit Salzsäure oder mit Kalilauge kann es jedoch wieder in seine Componenten, in Anilin und Essigsäure, gespalten werden.

$$C_6H_5NH\,.\;\begin{array}{|l} CH_3CO \\ \hline OK \end{array} \;=\; C_6H_5NH_2 \,+\, CH_3COOK$$
$$+\,H \qquad\qquad\qquad\qquad\qquad \text{Essigsaures Kalium.}$$

Aehnlich verläuft die Reaction bei Anwendung von Salzsäure, nur muss hier noch die Einwirkung des anwesenden Wassers in Betracht gezogen werden.

$$C_6H_5NH \;\begin{array}{|l} .CH_3CO \\ H \\ O \end{array}\; =\; C_6H_5NH_2\,.\,HCl \,+\, CH_3CO\,OH$$
$$+\,Cl \qquad\qquad\qquad \text{Salzsaures Anilin.}$$
$$H_2$$

Indessen erfolgen auch diese Spaltungsvorgänge ausserordentlich langsam; zur vollständigen Umwandlung muss das Acetanilid stundenlang mit den angegebenen Reagentien (am Rückflusskühler) gekocht werden.

Zum Nachweise der Identität erhitzt man etwa 5 gr Acetanilid längere Zeit mit ungefähr 5 gr trocknem Chlorzink; es bildet sich dabei ein gelber Farbstoff mit schön moosgrüner Fluorescenz, der durch Erwärmen mit stark verdünnter Salzsäure in Lösung gebracht werden kann. Die Reaction beruht auf der Bildung von Flavanilin $C_{16}H_{14}N_2$, welches von O. Fischer und C. Rudolph zuerst erhalten worden ist.

Nach Vulpius soll man einige Centigramme des Acetanilides mit 1 ccm officineller Kalilauge in einem weiten, nicht zu hohen Reagirglase einige Zeit kochen und dann an einem Glasstabe 1 Tropfen einer filtrirten 1 procentigen Chlorkalklösung über die Flüssigkeit halten. Der Tropfen wird sehr bald gelb, es tritt im reflectirten Lichte ein violetter Schimmer auf und wenn das Erhitzen noch einige Zeit fortgesetzt wird, findet Violettfärbung des Tropfens statt.

0,1 gr Acetanilid, mit 1 ccm Salzsäure eine Minute gekocht, giebt eine klare Lösung, welche nach Zusatz von 3 ccm Wasser und

---

[1]) Nach Ritsert liegt der Schmelzpunkt bei 114° C.

1 Tropfen verflüssigter Carbolsäure durch Chlorkalklösung (1 = 10) zwiebelroth getrübt und nach darauffolgender Uebersättigung mit Ammoniak indigblau gefärbt wird (Indophenolreaction).

Prüfung. Das Acetanilid sei farblos, geruchlos und röthe feuchtes blaues Lackmuspapier nicht. (Freie Essigsäure.) Es schmelze bei 113⁰ C. zu einer farblosen Flüssigkeit. — Bei der Bestimmung des Schmelzpunktes ist es wesentlich, die Substanz vorher gut zu trocknen, da schon ein geringer Feuchtigkeitsgehalt den Schmelzpunkt erheblich herabdrückt. — Es siede ohne Zersetzung bei 295⁰ C. und verbrenne beim Erhitzen auf dem Platinblech, ohne einen Rückstand zu hinterlassen (unorganische Verunreinigungen). — 1 gr des Präparates löse sich in 30 gr Wasser beim Erhitzen zu einer farblosen, klaren Flüssigkeit. (Eine Trübung könnte von unverändertem Anilin herrühren, welches sich übrigens schon durch den Geruch verrathen würde.) — Die kalt gesättigte Lösung gebe mit Eisenchlorid keine röthliche oder violette Färbung.

Aufbewahrung. Es werde in gut geschlossenen Gefässen vorsichtig aufbewahrt.

Anwendung. Das Acetanilid ist von Cahn und Hepp in der Kussmaul'schen Klinik zu Strassburg als Antipyreticum erkannt und unter dem Namen „Antifebrin" zur medicinischen Anwendung empfohlen worden. Im Gegensatze zu dem schon in kleinen Dosen giftig wirkenden Anilin ist in dem Acetanilid die Toxicität erheblich herabgemindert, dabei ist bemerkenswerth, dass durch das Mittel bei normaler Körpertemperatur eine Temperaturerniedrigung nicht erzielt wird. —

Innerlich giebt man es in Dosen von 0,25 bis 1 gr (!) in Wasser oder Wein gelöst, auch in Oblatenpulvern oder in Pillenform als Antipyreticum bei Typhus abdominalis, Intermittens, wohl auch bei Pneumonie, Pleuritis und Puerperalfieber, ferner mit gutem Erfolge Phthisikern, event. mit Agaricin combinirt. Ausserdem hat es sich bei neuralgischen und rheumatischen Schmerzen gut bewährt, wird daher bei Migräne und Gelenkrheumatismus gegeben. — Vom Magen wird es gut vertragen, von störenden Nebenwirkungen ist eine Cyanose zu beachten. Wenn diese auch in der Mehrzahl der Fälle gefahrlos verläuft, so legt sie doch die Aufforderung nahe, bei der Dosirung vorsichtig zu sein. Aeusserlich dient es als nicht toxisches, die Eiterung beschränkendes Antisepticum in der Wundbehandlung.

<table>
<tr><td>Rp. Antifebrini   0,25—0,5</td><td>Antifebrini   2</td></tr>
<tr><td>Sacchari   0,25</td><td>Sacchari</td></tr>
<tr><td>M. f. plv. Dos. tal. X.</td><td>Gummi arabic.   ā̄a   1,0</td></tr>
<tr><td>D. S.   2—4 mal täglich 1 Pulver.</td><td>Fiant pilulae 20.</td></tr>
<tr><td></td><td>S.   2—4 mal täglich 2 Pillen.</td></tr>
<tr><td>Grösste Einzelgabe 0,5 gr.</td><td>Grösste Tagesgabe 4,0 gr.</td></tr>
</table>

Vom menschlichen Organismus wird das Antifebrin nach Moerner theilweise zu Acetylparaamidophenol $C_6H_4(NH\,CH_3\,CO)(OH)$ (1:4) oxydirt und als eine Aetherschwefelsäure des letzteren ausgeschieden. Ob daneben noch eine andere Aetherschwefelsäure gebildet wird, ist nicht nachgewiesen. Da die genannte Aetherschwefelsäure die Menge des Acetanilides nicht erreicht, der Harn auch linksdrehend sein kann, so nimmt Verf. an, dass ein der Aetherschwefelsäure entsprechendes Glycuronsäurederivat gebildet wird.

Um Antifebrin oder seine Umwandlungsproducte (s. vorher) im Harn nachzuweisen, kocht man 10 ccm Harn im Reagensglase mit 1—2 ccm Salzsäure; nach dem Erkalten setzt man 2 ccm einer 3 procentigen Carbolsäurelösung und etwas filtrirte Chlorkalklösung hinzu; die Flüssigkeit wird roth und beim Uebersättigen mit Ammoniak blau (Indophenolreaction).

Oder man schüttelt den Harn mit Chloroform aus und erhitzt den Verdampfungsrückstand des Chloroformauszuges in einer Porzellanschale mit Mercuronitrat; bei Anwesenheit von Antifebrin entsteht eine intensiv grün gefärbte Schmelze, die sich in Alkohol mit grüner Farbe löst (Yvon).

Die homologen und analogen Verbindungen des Acetanilides, d. h. die Acetylderivate der Toluidine und Naphtylamine, sowie das Benzanilid und Salicylanilid, die übrigens nach analogen Methoden dargestellt werden, besitzen die werthvollen Eigenschaften des Antifebrins nicht, sie sind zum Theil unwirksame, zum Theil direct toxische Substanzen.

$C_6H_4(CH_3)NH(CH_3\,CO)$ Acettoluide (Ortho u. Para), wirken schwächer als das Acetanilid, ausserdem wird die Ortho-Verbindung schlecht vertragen.

$C_{10}H_7\,NH(CH_3\,CO)$ Acetnaphtylamid (a) erwies sich als ungiftig, aber auch als unwirksam.

$C_6H_5\,NH(C_6H_5\,CO)$ Benzanilid. Von diesem war, wahrscheinlich des höheren Moleculargewichtes wegen, etwa die doppelte Menge wie von Acetanilid zur Entfieberung nothwendig, im Uebrigen war die Wirkung ziemlich die gleiche.

$C_6H_5\,NH[C_6H_4(OH)(CO)]$ Salicylanilid besitzt auffälliger Weise eine sehr geringe fieberwidrige Kraft.

Vorsichtig aufzubewahren.

Antisepsin oder **Asepsin**, Para-Bromacetanilid. $C_6H_4\,BrNH.\,CH_3\,CO$.

Zur Darstellung löst man 135 Th. Acetanilid in Eisessig und trägt in diese Lösung 160 Th. Brom ein. Der entstehende weisse Niederschlag wird durch Umkrystallisiren aus Alkohol gereinigt.

Das Präparat bildet farblose, monokline Prismen, die bei 165 bis 166° schmelzen und ist in Wasser so gut wie unlöslich, in Alkohol mässig löslich. Als Antisepticum empfohlen!

Antisepsin-Viquerat ist eine Art Lymphe, welche in der Weise erhalten wird, dass man 1—2 ccm einer $1/2$-procentigen Lösung von Jodtrichlorid in Abscesse spritzt und das sich ausscheidende Serum alsdann als Heilmittel benutzt.

Jodantifebrin, Para-Jodacetanilid $C_6 H_4 J NH (CH_3 CO)$ wurde von Michael und Norton durch Einwirkung von Chlorjod auf eine eisessigsaure Lösung von Acetanilid erhalten. Ostermeyer stellt es dar durch Erhitzen von p-Jodanilin mit Eisessig:

$$C_6 H_4 J . NH \; H + HO \; CH_3 CO \;=\; H_2 O + C_6 H_4 J . NH CH_3 CO$$

Jodanilin   Essigsäure   Jodacetanilid.

Farblose rhombische Tafeln (aus Wasser krystallisirt), ohne Geruch und Geschmack, wenig in kaltem, ziemlich leicht löslich in siedendem Wasser, in Alkohol sowie in Eisessig sehr leicht löslich. Schmelzpunkt 181,5°.

Antipyretische Eigenschaften mangeln der Verbindung. Sie dürfte überhaupt den Organismus (durch den Darm) unzersetzt verlassen, da nach ihrem Gebrauch der Urin weder die Indophenolreaction giebt, noch Jod enthält.

Antinervin von Dr. S. Radlauer, Berlin, in den Handel gebracht und angeblich Salicyl-p-bromanilid $C_6 H_4 Br NH . (C_6 H_4 OH . CO)$ darstellend, ist nach E. Ritsert eine Mischung aus etwa 25% Bromammonium, 25% Salicylsäure und 50% Acetanilid, mithin wiederum einer der „wissenschaftlichen Irrthümer" des Apotheker Radlauer, welche zu den bedenklichsten Erscheinungen auf dem Gebiete der modernen Pharmacie gehören.

Benzanilid, Benzoylanilid, $C_6 H_5 NH (C_6 H_5 CO)$ entsteht durch Einwirkung von Benzoylchlorid oder von Benzoësäureanhydrid auf Anilin

$$C_6 H_5 NH_2 + C_6 H_5 CO Cl \;=\; HCl + C_6 H_5 NH (C_6 H_5 CO);$$

farblose, perlmutterglänzende Blättchen, ohne Zersetzung destillirend, unlöslich in Wasser, löslich in 58 Th. kaltem oder 7 Th. heissem Alkohol. Schmelzpunkt 163°.

Wird von Cahn neuerdings (s. vorher) als Antipyreticum in der Kinderpraxis empfohlen, da es nicht die unangenehmen Nebenwirkungen des Antifebrins zeigt. Man verordnet für Kinder

von 1—3 Jahren   0,1—0,2 gr
„ 4—8 „   0,2—0,4 „
„ 8 und mehr   0,4—0,6 „

Ein Erwachsener nahm ohne Schaden 3 gr auf einmal.

Formanilid, $C_6 H_5 NH (H CO)$ wird erhalten beim raschem Destilliren von 93 Th. Anilin mit 126 Th. krystallisirter oder 90 Th. entwässerter Oxalsäure:

$$C_2 O_4 H_2 + C_6 H_5 NH_2 = H_2 O + CO_2 + C_6 H_5 NH (H CO).$$

Ausserdem kann es noch erhalten werden durch Digeriren von Ameisensäureester mit Anilin

$$H CO \quad OC_2 H_5 + H \cdot NH C_6 H_5 = C_2 H_5 OH + C_6 H_5 NH (H CO).$$

Farblose, bei 46^0 schmelzende Krystalle, in Wasser ziemlich leicht, in Alkohol leicht löslich. Zerfällt mit verdünnten Säuren in Ameisensäure und Anilin.

Nach Preisach, Bokai u. A. ist das Formanilid ebenso wie Acetanilid und Antipyrin ein Antipyreticum und Antineuralgicum. Ferner wirkt es, äusserlich angewendet, blutstillend und zwar energischer als Antipyrin, endlich wirkt es, in Substanz oder in Lösung (20 proc.) auf Schleimhäute gebracht, anaesthesirend bez. analgetisch.

Vorsichtig aufzubewahren.

Gallanilid, Gallanol. Unter dem Namen „Gallanol" empfahl Cazeneuve 1893 das Anilid der Gallussäure zur medicinischen Verwendung, zugleich machte er über dessen Darstellung folgende Angaben.

Darstellung. Man erhitzt Gallussäure mit einem Ueberschuss an Anilin 1 Stunde lang auf 150^0, behandelt die Reactionsmasse mit Wasser, welches durch Salzsäure angesäuert ist, und krystallisirt oftmals aus wasserhaltigem Alkohol um, wobei man schliesslich weisse Krystallblättchen erhält, welche bei 100^0 2 Mol. Krystallwasser verlieren und wasserfrei der Formel $C_6 H_2 (OH)_3 CO NH C_6 H_5$[1]) entsprechen.

Die (wasserfreie) Verbindung schmilzt gegen 205^0, löst sich sehr wenig in kaltem, leicht in siedendem Wasser und färbt sich in wässeriger Lösung mit Eisenchlorid blau. In Alkohol und in Aether ist sie gleichfalls löslich; in Alkalien löst sie sich unter Färbung, doch wird sie dabei verändert.

Anwendung. An Stelle des Pyrogallols bei Hautkrankheiten entweder in Substanz als Pulver, oder mit Talcum gemischt oder in Salben mit Vaselin (1:4, 1:10, 1:30). Es soll nicht reizend wirken und ungiftig sein.

---

[1]) Nach Schiff haben die Krystalle die Zusammensetzung $C_6 H_2 (OH)_3 CO NH C_6 H_5 + H_2 O$.

Exalginum.

Exalgin[1]).   Methylacetanilid.

$C_6 H_5 N (CH_3) . (CH_3 CO)$.

Diese dem Acetanilid sehr nahe stehende Verbindung wurde zuerst 1874 von A. W. v. Hofmann näher beschrieben und 1889 von Bardet und Dujardin-Beaumetz als Antineuralgicum empfohlen.

Darstellung. Man bringt in einem Rundkolben, welcher mit einem Rückflusskühler versehen ist, 215 Th. Monomethylanilin, welches nicht absolut rein zu sein braucht, und lässt durch einen in den Stopfen eingelassenen Tropftrichter allmälig 80 Th. Acetylchlorid eintropfen. Unter bedeutender Erwärmung des Kolbeninhaltes erfolgt eine heftige Reaction:

$$2 C_6 H_5 NH CH_3 + CH_3 CO Cl = C_6 H_5 N (CH_3) CH_3 CO$$
$$+ C_6 H_5 NH CH_3 . HCl.$$

Sobald die Erwärmung nachzulassen beginnt, ist auch die Reaction zu Ende geführt. Man trägt den Kolbeninhalt in siedendes Wasser ein und sammelt die nach dem Erkalten sich ausscheidenden nadelförmigen Krystalle von Monomethylacetanilid. Durch Einengen der Mutterlauge gewinnt man weitere Mengen der Verbindung.

Wie aus obiger Gleichung ersichtlich ist, wird nur die Hälfte des vorhandenen Monomethylanilins in das Methylacetanilid umgewandelt. Die andere Hälfte bleibt als salzsaures Monomethylanilin in Lösung. Um die freie Base wiederzugewinnen, fügt man Natronlauge im Ueberschuss zu und destillirt im Wasserdampfstrome ab.

Eigenschaften. Das Methylacetanilid oder Exalgin bildet, aus Wasser krystallisirt, prachtvolle lange Krystallnadeln, welche in kaltem Wasser schwierig, leichter in verdünntem und concentrirtem Alkohol löslich sind. Es schmilzt bei 100° C.; siedet zwischen 240 und 250° C. ohne Zersetzung und erstarrt alsdann in grossen blätterförmigen Krystallen.

Von Natronlauge wird es nur unvollständig in Monomethylanilin umgewandelt; viel leichter erfolgt diese Umwandlung durch Kochen mit conc. Salzsäure. Wird diese Lösung mit Wasser verdünnt und durch Zusatz von Ammoniak nahezu neutralisirt, so darf Chlorkalklösung keine violette Färbung hervorbringen (Anilin und dessen Verbindungen). — Bei kurzem Erhitzen mit alkoholischer Kalilauge und etwas Chloroform darf kein Geruch nach Isonitril auftreten (Anilin-

---

[1]) Von ἐξ und ἄλγος, Schmerz.

salze, Acetanilid). — Wird 1 gr Exalgin mit 10 ccm Wasser geschüttelt, so darf das Filtrat durch Silbernitrat nicht verändert werden (Salzsäure).

Aufbewahrung. In der Reihe der indifferenten Arzneimittel.

Anwendung. Bardet und Dujardin-Beaumetz empfehlen das Exalgin als Antineuralgicum in allen Fällen von essentiellen Neuralgien. Sie geben es in Gaben von 0,4—0,8 gr mehrmals bis zu 1,5 gr täglich. Störende Nebenwirkungen haben sie bisher, von einem leichten Exanthem abgesehen, nicht beobachtet, insbesondere auch keine Cyanose. Ferner soll es die Harnmenge und bei Diabetikern die Menge des ausgeschiedenen Zuckers herabsetzen. Beobachtungen von deutschen Autoren empfehlen Vorsicht bei der Dosirung.

Ueber die Ausscheidung des Exalgins aus dem Organismus ist noch nichts bekannt geworden.

Phenacetinum.

Acetphenetidin. Acet.-p.-phenetidin. Phenacetin. Oxyäthylacetanilid.

$$C_6H_4 < {}^{O\,C_2H_5\ (1)}_{NH\,(CH_3\,CO).\ (4)}$$

Das Phenacetin wurde 1887 von Kast und Hinsberg dargestellt bez. zur medicinischen Anwendung empfohlen und durch die Farbenfabriken vorm. Friedr. Bayer & Cie. in Elberfeld in den Handel gebracht.

Seiner chemischen Zusammensetzung nach ist das Phenacetin das Acetylderivat des Para-Phenetidins. Unter Phenetidinen versteht man die Aethyläther der Amidophenole. Die Beziehung dieser Verbindungen zu einander zeigen nachstehende Formeln:

$$C_6H_4 < {}^{OH}_{H} \qquad C_6H_4 < {}^{OH\ (1)}_{NH_2\ (4)} \qquad C_6H_4 < {}^{OC_2H_5}_{NH_2} \qquad C_6H_4 < {}^{OC_2H_5}_{NH\,(CH_3\,CO)}$$

Phenol · Para-Amidophenol · Para-Phenetidin · Acet-Paraphenetidin (Phenacetin).

Andererseits aber lässt sich das Phenacetin auch als Paraoxyäthyl-Acetanilid auffassen, d. h. als Acetanilid, in welchem das in Para-Stellung befindliche H-Atom durch den Oxyäthylrest $(O.C_2H_5)$ ersetzt ist:

$$C_6H_4 < {}^{H\ (1)}_{NH_2\ (4)} \qquad C_6H_4 < {}^{H\ (1)}_{NH\,(CH_3\,CO)\ (4)} \qquad C_6H_4 < {}^{OC_2H_5\ (1)}_{NH\,(CH_3\,CO)\ (4)}$$

Anilin · Acetanilid · Paraoxyäthyl-Acetanilid (Phenacetin).

Die Darstellung erfolgt fabrikmässig nach zwei Methoden:

I. Einem Gemisch von 160 Th. Salpetersäure (spec. Gewicht 1,34) und 320 Th. Wasser fügt man in kleinen Portionen unter Umschütteln 80 Th. geschmolzenes Phenol hinzu. Die tiefdunkel gefärbte Flüssigkeit lässt man 12 Stunden lang stehen. Alsdann giesst man die über dem ausgeschiedenen Oel stehende saure Flüssigkeit ab, wäscht letzteres einige Male mit Wasser nach und destillirt im Wasserdampfstrome ab.

$$C_6H_4 <^{OH}_{\overline{|H + HO|}\,NO_2} \quad = \quad C_6H_4 <^{OH}_{NO_2} \quad \text{Ortho und Para.}$$

Nitrophenol.

Das gebildete ölige Product besteht wesentlich aus Ortho- und Paranitrophenol. Von diesen ist nur die Orthoverbindung mit Wasserdämpfen flüchtig. Das als Destillationsrückstand hinterbleibende Paranitrophenol wird durch Umkrystallisiren aus conc. heisser Salzsäure in reinem Zustande als farblose Krystallnadeln erhalten. Man führt es durch Auflösen in berechneten Mengen Natronlauge in das Natriumsalz über

$$C_6H_4 <^{O\,\overline{|H + HO|}\,Na}_{NO_2} \quad = \quad C_6H_4 <^{O\,Na}_{NO_2}$$

Nitrophenolnatrium

und verwandelt dieses durch Einwirkung von Chlor- oder Jodäthyl in den Aethyläther des p-Nitrophenols, das ist: in p-Nitrophenetol.

$$C_6H_4 <^{O\,\overline{|Na + J|}\,C_2H_5}_{NO_2} \quad = \quad NaJ \;+\; C_6H_4 <^{O\,C_2H_5}_{NO_2}\;.$$

Nitrophenetol.

Das letztere wird durch nascirenden Wasserstoff reducirt und so in die entsprechende Amidoverbindung, das p-Amidophenetol oder p-Phenetidin übergeführt,

$$C_6H_4 <^{OC_2H_5}_{NO_2} \;+\; 6H \;=\; 2H_2O \;+\; C_6H_4 <^{O\,C_2H_5}_{NH_2}$$

p-Phenetidin

aus welchem durch andauerndes Kochen mit Eisessig das Acetylderivat gebildet wird:

$$C_6H_4 <^{O\,C_2H_5}_{NH\,\overline{|H + OH|}\,CH_3CO} \quad = \quad H_2O \;+\; C_6H_4 <^{O\,C_2H_5}_{NH\,(CH_3\,CO)}$$

Acetphenetidin.

II. Paraamidophenetol $C_6H_4 (OC_2H_5) NH_2$ (1 : 4) wird durch Einwirkung von Natriumnitrit und Salzsäure diazotirt:

$$\overset{(1)}{C_2H_5}\,O - C_6H_4 - \overset{(4)}{N}H_2\atop N\,O\,OH \quad = \quad H_2O \;+\; \overset{(1)}{C_2H_5}\,O - C_6H_4 - \overset{(4)}{N} = N\,.\,OH$$

Para-oxyäthyldiazobenzol.

Das entstandene Para-oxyäthyldiazobenzol lässt man (bei Gegenwart von Natriumcarbonat) auf Phenol einwirken und erhält so eine Azoverbindung und zwar: Monoäthylirtes Dipara-Dioxyazobenzol als gelben, amorphen Niederschlag:

$$\overset{(1)}{C_2H_5}O-\overset{(4)}{C_6H_4}-N = N \overset{(4)}{OH} + H \overset{(1)}{C_6H_4}OH =$$

Para-oxyäthyldiazobenzol   Phenol

$$\overset{(1)}{C_2H_5}O-\overset{(4)}{C_6H_4}-N = \overset{(4)}{N}-C_6H_4-\overset{(1)}{OH} + H_2O.$$

Aethyl-Dipara-Dioxyazobenzol.

Das gebildete Aethyl-Dipara-Dioxyazobenzol wird in das Natriumsalz verwandelt und durch Erhitzen mit Bromäthyl auf 150° äthylirt. Man erhält so Diparadiäthoxyazobenzol:

$$C_2\overset{(1)}{H_5}O-C_6\overset{(4)}{H_4}-\overset{(4)}{N} = N-C_6H_4-O\overset{(1)}{C_2H_5}.$$

Dipara-diäthoxyazobenzol.

Das letztere wird nun durch Reduction mittels nascirendem Wasserstoff in 2 Molecüle p-Amidophenetol gespalten:

$$C_2\overset{(1)}{H_5}O-C_6\overset{(4)}{H_4}-\overset{(4)}{N} = \quad = \overset{(4)}{N}-C_6H_4-OC_2\overset{(1)}{H_5} =$$

$$+ \ H_2 \ . \ \ H_2 \ +$$

$$2\left[C_6H_4\begin{matrix}-OC_2H_5 & (1)\\ -NH_2 & (4)\end{matrix}\right]$$

2 Mol. p-Amidophenetol
(p-Phenetidin).

Die eine Hälfte der Ausbeute liefert durch Acetylirung wie nach I. Phenacetin, die andere Hälfte geht in den Betrieb zurück und macht die beschriebenen Umwandlungen auf's Neue durch.

Eigenschaften. Phenacetin bildet weisse, glänzende Krystallblättchen oder ein weisses, krystallinisches Pulver ohne Geruch und fast ohne Geschmack. Es schmilzt bei 135° und verbrennt auf dem Platinbleche, ohne einen Rückstand zu hinterlassen.

Es löst sich etwa in 1500 Th. kalten oder 80 Th. siedendem Wasser, auch in etwa 16 Th. kaltem oder 2 Th. siedendem Weingeist auf. Die Lösungen sind neutral. In conc. Schwefelsäure löst es sich ohne Färbung auf, mit conc. Salpetersäure färbt es sich beim Erhitzen citronengelb.

Beim andauernden Erhitzen mit wässeriger Kali- oder Natronlauge, ebenso mit conc. Salzsäure, erfolgt zunächst unter Abspaltung der Acetylgruppe Rückbildung von p-Amido-Phenetol (p-Phenetidin).

$$
\begin{array}{l}
\text{(1)}\qquad O\,C_2H_5\\[2pt]
\quad C_6H_4\\[2pt]
\text{(4)}\qquad N\,H\,.\;CH_3\,CO\;+\;HO\;\;H \qquad = CH_3\,CO_2\,H\;+
\end{array}
$$

Phenacetin   Essigsäure

$$
C_6H_4\!\!\begin{array}{l}\diagup OC_2H_5\ \ (1)\\ \diagdown NH_2\quad\ (4)\end{array}
$$

p-Amidophenetol.

Durch sehr lange fortgesetztes Erhitzen mit den angegebenen
Reagentien (KOH, NaOH, HCl), namentlich unter Druck, würde
auch die Aethylgruppe — C_2H_5 — abgespalten werden unter Rückbildung von Amidophenol $C_6H_4(OH)NH_2$.

Für uns ist insbesondere wichtig die Abspaltung der Acetylgruppe und die damit verbundene Rückbildung von Para-Amidophenetol. Dieselbe tritt bei kleinen Mengen Phenacetin schon ein,
wenn dieselben kurze Zeit mit Salzsäure gekocht werden. In Lösung
ist alsdann freie Essigsäure und salzsaures Para-Amidophenetol.
Das Para-Amidophenetol indessen ist ein ungemein leicht veränder-
licher Körper, welcher insbesondere durch Einwirkung von Oxydationsmitteln zur Bildung von rothgefärbten Verbindungen Veranlassung giebt. Auf diesem Umstande beruhen die für das Phenacetin
angegebenen Farbreactionen:

Kocht man 0,1 gr Phenacetin mit 1 ccm conc. Salzsäure eine
Minute lang, verdünnt hierauf die Lösung mit 10 ccm Wasser und
filtrirt nach dem Erkalten, so nimmt die erkaltete Flüssigkeit auf
Zusatz von 3 Tropfen Chromsäurelösung (3 : 100) allmälig eine
rubinrothe Färbung an (Ritsert). Die nämliche Färbung wird in
der mit Salzsäure gekochten Phenacetinmischung auch durch andere
Oxydationsmittel, z. B. Chlorwasser, hervorgebracht.

Auf der Abspaltung von p-Amidophenetol durch Einwirkung
ätzender Alkalien auf das Phenacetin beruht auch die Thatsache,
dass das letztere beim andauernden Erhitzen mit Kalilauge und
Chloroform die Isonitrilreaction giebt. — Ferner giebt auch das
Phenacetin die beim Acetanilid (s. Seite 169) näher beschriebene
Indophenolreaction, d. h. die durch Kochen mit Salzsäure erzielte Lösung des Phenacetins wird nach Zusatz von Carbolsäure-
und Chlorkalklösung zwiebelroth getrübt; die rothe Färbung geht
durch überschüssig zugesetzte Ammoniakflüssigkeit in Blau über.

Prüfung. Die Identität des Phenacetins ergiebt sich aus den vorstehend mitgetheilten Farbreactionen in Verbindung mit dem zu-

treffenden Schmelzpunkte (135°). Die Bestimmung des letzteren ist aus dem Grunde wichtig, weil auch einige dem Phenacetin ähnlich zusammengesetzte Verbindungen die nämlichen Farbreactionen geben.

Die Reinheit des Präparates ergiebt sich daraus, dass es farblos, geruchlos und nahezu geschmacklos ist und auch im Verlaufe der Aufbewahrung keine (röthliche) Färbung annimmt.

Löst man 0,1 gr Phenacetin in 10 ccm heissem Wasser und filtrirt nach völligem Erkalten, so darf das Filtrat, nach Zusatz von Bromwasser bis zur Gelbfärbung, nicht getrübt werden. Diese Prüfung richtet sich gegen etwa zugesetztes Acetanilid, welches sehr viel leichter löslich ist als Phenacetin, daher vorzugsweise in's Filtrat geht und mit Bromwasser einen Niederschlag von Parabromacetanilid giebt (Hirschsohn). Dehnt man die Beobachtungsdauer auf 10 Minuten aus, so lassen sich mit Sicherheit noch 5 Procent Acetanilid nachweisen.

In conc. Schwefelsäure löse sich Phenacetin ohne Färbung auf; eine eintretende Färbung würde durch sehr verschiedenartige Verunreinigungen bedingt werden können. Man lasse sich bei der Reaction durch zufällige Verunreinigungen: Staub, Papierfasern etc., nicht irre führen. — Erhitzt darf Phenacetin keinen Rückstand hinterlassen (unorganische Verunreinigungen).

Das Phenacetin kommt im deutschen Handel in grosser Reinheit vor. Präparate, welche bei 135° schmelzen und die genannten physikalischen Eigenschaften aufweisen, sind, bis der Gegenbeweis erbracht wird, als rein anzusehen.

Durch p-Amidophenetol verunreinigtes Phenacetin färbt sich beim Zusammenschmelzen mit reinem Chloralhydrat violett (Reuter). Es ist noch keine Uebereinstimmung darüber vorhanden, in wie weit sich diese Reaction zur Prüfung des Phenacetins verwerthen lässt, da auch die reinsten Phenacetinsorten unter den nämlichen Bedingungen schwache Rosafärbung annehmen.

Aufbewahrung. Gegen das Tages- oder Sonnenlicht ist reines Phenacetin nicht empfindlich; Lichtschutz ist daher nicht erforderlich. Dagegen soll das Phenacetin vorsichtig aufbewahrt werden.

Anwendung. Phenacetin ist ein Antipyreticum, welches in Gaben von 0,5—1,0 sichere Entfieberung bewirkt, ohne Nebenerscheinungen zu verursachen, wenn man von einer vermehrten Schweisssecretion absieht. Auf den Krankheitsverlauf ist es ohne Einfluss. Es ist Specificum bei Neuralgien verschiedener Art, z. B. Migräne, ferner bei Gelenkrheumatismus, gegen die lancinirenden Schmerzen der Tabiker, gegen Kopfdruck nach reichlichem Alkoholgenuss u. s. w.

In den Urin geht das Phenacetin anscheinend als Amidophenol oder Amidophenetol über; der Urin nimmt nach Genuss von Phenacetin auf Zusatz von Eisenchlorid burgunderrothe Färbung an; s. vorher. Es soll gleichzeitig eine reducirende Substanz auftreten, welche die Ebene des polarisirten Lichtes nicht beeinflusst, also nicht Zucker ist.

Methylphenacetin. $C_6H_4(OC_2H_5)\,N\,.\,CH_3\,.\,CH_3\,CO$.

Zur Darstellung wird Phenacetin in Xylol gelöst und zu der siedenden Lösung Natrium hinzugefügt:

$$C_6H_4 \overset{OC_2H_5}{\underset{N-H}{<}} CH_3CO \;+\; Na \;=\; H \;+\; C_6H_4 \overset{OC_2H_5}{\underset{N-Na}{<}} CH_3CO$$

Phenacetin   Phenacetin-Natrium.

Das sich unter Wasserstoffentwicklung bildende Phenacetin-Natrium scheidet sich alsbald in weissen Nadeln ab und wird direct mit Jodmethyl versetzt:

$$C_6H_4 \overset{OC_2H_5}{\underset{N-Na\,+\,J\,CH_3}{<}} CH_3CO \;=\; Na\,J \;+\; C_6H_4 \overset{OC_2H_5}{\underset{N-CH_3}{<}} CH_3CO$$

Phenacetinnatrium   Jodmethyl   Jodnatrium   Methylphenacetin.

Die Umsetzung geht unter Bildung von Jodnatrium sofort vor sich. Man filtrirt vom Jodnatrium ab, destillirt im Dampfstrom zur Entfernung des Xylols, trocknet das zurückbleibende Oel und destillirt es schliesslich unter gewöhnlichem Drucke oder im Vacuum. Das Methylphenacetin geht bei 295—305° als farbloses, allmälig erstarrendes Oel über. Man reinigt es durch Absaugen auf porösen Platten und krystallisirt es schliesslich aus Alkohol oder Aether um.

Farblose, bei 40° C. schmelzende Krystalle, welche in Wasser mässig, leicht in Alkohol oder Aether löslich sind. (D.R.P. N. 53 753).

Das Präparat soll hypnotisch wirken, ist aber bisher aus dem Versuchsstadium noch nicht herausgekommen.

Aethylphenacetin. $C_6H_4(OC_2H_5)\,.\,N\,.\,CH_3\,CO\,.\,C_2H_5$.   Die

Darstellung erfolgt analog derjenigen des Methylphenacetin, mit dem Unterschiede, dass man Aethyljodid auf Phenacetin-Natrium einwirken lässt. (D.R.P. No. 54 990.)

$$C_6H_4 \overset{OC_2H_5}{\underset{N-Na\,+\,J\,C_2H_5}{<}} CH_3CO \;=\; Na\,J \;+\; C_6H_4 \overset{OC_2H_5}{\underset{N-C_2H_5}{<}} CH_3CO$$

Phenacetin-Natrium   Aethyl-Phenacetin.

Aethylphenacetin ist ein schwach gelbliches, bei 330—335° siedendes Oel, welches nach dem Erkalten fest wird. Es ist in Wasser schwer, in Alkohol und in Aether leicht löslich, und wirkt gleichfalls hypnotisch, aber schwächer als das Methylphenacetin.

Jodophenin, Jodphenacetin.

Zur Darstellung löst man 6 Th. Phenacetin in 50 Th. Eisessig und fügt dieser Lösung 9 Th. Salzsäure und 30 Th. Wasser, sowie eine Lösung von 6,8 Th. Jod in 13,6 Th. Jodkalium und 13,6 Th. Wasser hinzu. Hat man die Eisessiglösung warm angewendet, so erhält man die neue Verbindung in stahlblauen, dem Kaliumpermanganat ähnlichen Krystallen. Aus wässeriger Lösung gefällt, erhält man ein chocoladenbraunes, fein krystallinisches Pulver. (D.R.P. No. 58 404.)

Jodophenin ist fast unlöslich in Wasser, schwer löslich in Benzol und Chloroform, leichter in Eisessig, Alkohol und siedender Salzsäure. Durch Natronlauge wird es wieder in Phenacetin zurückverwandelt. Der Jodgehalt beträgt rund 50 %. Eine endgültige Formel lässt sich für die Verbindung zur Zeit noch nicht aufstellen.

Das Präparat ist als Antisepticum in Aussicht genommen, über das Versuchsstadium aber noch nicht hinausgekommen.

p-Oxyäthyl-Formanilid, Formylphenetidin.

Diese dem Phenacetin entsprechende Verbindung

$$C_6H_4 \Big\langle \begin{matrix} OC_2H_5 \\ NH.CH_3CO \end{matrix} \qquad C_6H_4 \Big\langle \begin{matrix} OC_2H_5 \\ NH.HCO \end{matrix}$$

Phenacetin   Formylphenetidin

wird dargestellt durch Erhitzen von salzsaurem p-Phenetidin mit wasserfreiem Natriumformiat und Ameisensäure, wobei das Natriumformiat als Condensationsmittel wirkt, Phenetidin und Ameisensäure aber unter Wasserabspaltung Formylphenetidin liefern,

$$C_6H_4 \Big\langle \begin{matrix} OC_2H_5 \\ NH\,H \end{matrix} + HO\ OCH = H_2O + C_6H_4 \Big\langle \begin{matrix} OC_2H_5 \\ NH.HCO \end{matrix}$$

Phenetidin   Ameisensäure   Formylphenetidin.

welches letztere durch Umkrystallisiren aus siedendem Wasser rein erhalten wird.

Farblose, geschmack- und geruchlose, bei 60° schmelzende Krystallblättchen. Wenig löslich in kaltem Wasser, leicht löslich in heissem Wasser, sowie in Alkohol und in Aether.

12*

Die Verbindung wirkt krampfstillend, indessen ist ihre Anwendung über das Versuchsstadium nicht hinausgelangt.

Sedatin (vergl. bei Antipyrin) wird eine zum Patent angemeldete Verbindung und zwar p-Valerylamidophenetol (p-Valerylphenetidin) genannt. Zur Darstellung lässt man p-Amidophenetol und Valeriansäure oder Valerylchlorid aufeinander einwirken.

$$C_6H_4\!\!<^{OC_2H_5}_{NHH} \qquad C_6H_4\!\!<^{OC_2H_5}_{NH\,(CH_3\,CO)} \qquad C_6H_4\!\!<^{OC_2H_5}_{NH\,(C_4H_9\,CO)}$$

p-Amidophenetol   Phenacetin   p-Valeryl-Amidophenetol
(p-Phenetidin)

Es krystallisirt in Nadeln, siedet bei 350—360°, ist in Aether, Benzin, Chloroform, Aceton wenig löslich, in heissem Methyl- und Aethylalkohol löslicher als in kaltem.

Die Verbindung ist, wie sich aus obiger Formelzusammenstellung ergiebt, dem Phenacetin nachgebildet und soll als Sedativum und Antineuralgicum Verwendung finden.

$$\textbf{Benzoylphenetidin}\quad C_6H_4\!\!<^{OC_2H_5}_{NH\,.\,C_6H_5\,CO}$$

$$\textbf{Salicylphenetidin}\ (\mathrm{Saliphen})\ C_6H_4\!\!<^{OC_2H_5}_{NH\,.\,C_6H_4\,(OH)\,CO}$$

$$\textbf{Anisylphenetidin}\quad C_6H_4\!\!<^{OC_2H_5}_{NH\,.\,C_6H_4\,.\,OCH_3\,.\,CO}$$

können nicht durch directe Acylirung des p-Phenetidins durch die betreffenden Säuren allein dargestellt werden, vielmehr muss die Acylirung bei Gegenwart von Phosphortrichlorid oder Phosphoroxychlorid ausgeführt werden. Diese drei genannten Derivate sind übrigens unwirksam.

Jatrol (von ἰατρός Arzt) ist ein amerikanisches Präparat und soll angeblich Oxyjodoäthylanilid sein. Die beigegebene Formel $NH\,.\,C_6H_5\,O_2(C_2H_5\,O)J_2$ ist gleichfalls nicht geeignet, Klarheit über die Natur dieses Stoffes zu geben.

Thymacetin. Diese von Hofmann-Leipzig dargestellte und von Jolly geprüfte Verbindung steht in den nämlichen Beziehungen zum Thymol, wie das Phenacetin zum Phenol und wird auch analog dem Phenacetin dargestellt.

$$C_6H_4\!\!<^{OC_2H_5}_{NH\,(CH_3\,CO)} \qquad\qquad {CH_3 \atop C_3H_7}\!\!>\!\!C_6H_2\!\!<^{OC_2H_5}_{NH\,(CH_3\,CO)}$$

Phenacetin   Thymacetin.

Darstellung. p-Nitro-Thymol wird in das Natriumsalz verwandelt und durch Einwirkung von Aethylchlorid in den Aethyläther übergeführt:

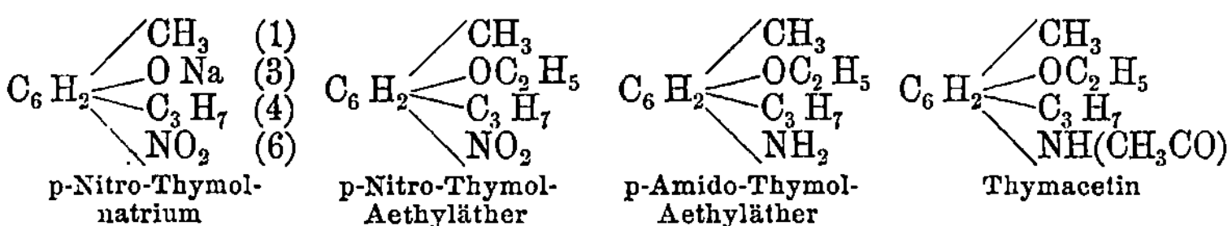

<table>
<tr><td align="center">p-Nitro-Thymol-
natrium</td><td align="center">p-Nitro-Thymol-
Aethyläther</td><td align="center">p-Amido-Thymol-
Aethyläther</td><td align="center">Thymacetin</td></tr>
</table>

der erhaltene Aethyläther wird durch Zinn und Salzsäure zu p-Amido-Thymol-Aethyläther reducirt und dieser durch Kochen mit Essigsäure in das Acetylproduct verwandelt s. bei Phenacetin S. 174.

Es ist ein weisses, krystallinisches, in Wasser nur wenig lösliches Pulver. Schmelzpunkt 136°.

Bisher wurde es in Gaben von 0,25—1,0 gr namentlich als Analgeticum gegen nervöse Kopfschmerzen mit einigem Erfolge gegeben, bisweilen wirkte es zugleich hypnotisch. Genauere Daten liegen zur Zeit nicht vor. Das Mittel dürfte zu den vorübergehenden Erscheinungen zu zählen sein.

Phenocollum hydrochloricum.

Phenocollchlorhydrat. Salzsaures Glycocollparaphenetidin.

$$C_{10} H_{14} N_2 O_2 . H Cl.$$

Das Phenocoll verdankt seine Entdeckung dem Bestreben der Chemischen Fabrik auf Actien (vorm. E. Schering) in Berlin, ein Derivat des Phenacetins ausfindig zu machen, welches unter Wahrung der guten Eigenschaften des letzteren leichter löslich sei. Dies wurde erreicht durch Einführung einer NH_2-Gruppe in die Seitenkette des Phenacetins, welche das letztere zur Salzbildung befähigt. Demnach ist das Phenocoll

<table>
<tr><td align="center">Phenetidin</td><td align="center">Acet-Phenetidin</td><td align="center">Glycocoll-Phenetidin</td></tr>
</table>

aufzufassen entweder als in dem Säureradical amidirtes Phenacetin oder als Phenetidin, in welches der Rest des Glycocolls (der Amidoessigsäure $CH_2(NH_2)CO_2H$ eingetreten ist.

Darstellung. Dieselbe kann nach drei Principien erfolgen:

1. Man lässt die Aether der Amidoessigsäure (oder die salzsauren Salze dieser Aether) auf p-Phenetidin einwirken:

$$C_6H_4 \underset{N}{\overset{OC_2H_5}{\diagdown}} \overset{H}{\diagdown} \quad H + CH_3O \; OC - CH_2 - NH_2 \quad =$$

Phenetidin　　　　　　Amidoessigsäure-Methyläther

$$CH_3OH + C_6H_4 \underset{N}{\overset{OC_2H_5}{\diagdown}} \overset{H}{\diagdown} (CO - CH_2 - NH_2).$$

Methylalkohol　　　　　　Phenocoll

2. Man lässt Glycocollamid auf Paraphenetidin einwirken:

$$C_6H_4 \underset{N}{\overset{OC_2H_5}{\diagdown}} \overset{H}{\diagdown} \quad H + NH_2 \; - CO - CH_2 - NH_2 \quad =$$

Phenetidin　　　　　　Glycocollamid

$$NH_3 + C_6H_4 \underset{N}{\overset{OC_2H_5}{\diagdown}} \overset{H}{\diagdown} CO - CH_2 - NH_2$$

Phenocoll.

3. Man lässt Chloracetylchlorid auf p-Phenetidin einwirken und führt das gebildete Oxyäthyl-Monochloracetanilid durch Einwirkung von Ammoniak in Phenocoll über:

a)
$$C_6H_4 \underset{N}{\overset{OC_2H_5}{\diagdown}} \overset{H}{\diagdown} \quad H + Cl \; OC - CH_2Cl \quad = \quad HCl +$$

Phenetidin　　　　　　Chloracetylchlorid

$$C_6H_4 \overset{OC_2H_5}{\underset{NH\,.\,CO\,CH_2\,Cl}{\diagdown}}$$

Oxyäthyl-Monochloracetanilid

b)
$$C_6H_4 \overset{OC_2H_5}{\underset{NH\,.\,CO\,CH_2}{\diagdown}} \; Cl + H \; . \; NH_2 \quad = \quad HCl +$$

Oxyäthyl-Monochloracetanilid

$$C_6H_4 \overset{OC_2H_5}{\underset{NH - CO - CH_2 - NH_2}{\diagdown}}$$

Phenocoll.

Das sub 3 angegebene Verfahren ist die technische Darstellungsmethode. Man scheidet die freie Phenocollbase aus den etwa erhaltenen Salzen durch Natronlauge ab, reinigt sie durch Umkrystallisiren aus heissem Wasser und führt sie durch Neutralisiren mit den entsprechenden Säuren in die gewünschten Salze über.

Eigenschaften. Das Phenocollchlorhydrat krystallisirt aus heissem Wasser in farblosen Würfeln; in den Handel gelangt es als krystallinisches Pulver.

Es löst sich in etwa 20 Th. Wasser von gewöhnlicher Temperatur zu einer neutralen Flüssigkeit, aus welcher durch Natronlauge die freie Phenocollbase in Form feiner verfilzter, bei 95° C. schmelzender Nadeln abgeschieden wird.

Das salzsaure Phenocoll ist gegen kohlensaure und ätzende Alkalien ziemlich beständig, indem erst bei längerem Kochen mit diesen Agentien Spaltung in Phenetidin und Glycocoll stattfindet. Ebenso ist das Verhalten gegen verdünnte Säuren. Conc. Salzsäure spaltet das Phenocoll erst nach längerem Kochen theilweise in Phenetidin und Glycocoll. Die wässerige Lösung des salzsauren Salzes giebt mit Silbernitrat einen weissen Niederschlag von Chlorsilber, dagegen erhält sie durch Eisenchlorid nur die dem Eisenchlorid zukommende Gelbfärbung.

Die freie Base ist in heissem Wasser sehr leicht, in kaltem Wasser dagegen sehr schwer löslich. Alkohol löst die freie Base ziemlich leicht, von Aether, Benzol oder Chloroform wird sie nur schwer aufgenommen.

Prüfung. 0,5 gr Phenocoll. hydrochlor. sollen sich in etwa 15 ccm Wasser klar auflösen. Trübung könnte bedingt sein durch Nebenproducte bei der Fabrikation (Di- und Triphenocoll). — Die Lösung sei neutral. — Sie werde durch Eisenchlorid weder in der Kälte noch beim Erwärmen roth gefärbt (p-Phenetidin). — Die auf 60° erwärmte wässerige Lösung soll, mit einigen Tropfen Natriumcarbonatlösung versetzt, keinen Ammoniakgeruch wahrnehmen lassen (Ammoniaksalze). — Die Lösung soll, mit einigen Tropfen Natronlauge versetzt, die Phenocollbase als rein weisse Krystallmasse fallen lassen (Färbung = Verunreinigung). — Beim Verbrennen auf dem Platinbleche hinterlasse das Präparat keinen feuerbeständigen Rückstand.

Aufbewahrung. Unter den indifferenten Arzneimitteln.

Anwendung. Die Phenocollsalze sind ebenso wie ihr Vorbild, das Phenacetin, Antipyretica, Antineuralgica und Antirheumatica. Sie sind gut löslich, werden gut vertragen und sind nicht Blutgifte. Dosis 0,5—1,0 gr in Lösung bis 5,0 gr pro die. Der Urin nimmt nach dem Gebrauche von

Phenocoll braunrothe bis tiefschwarze Färbung an, welche beim Stehen an
der Luft oder auf Zusatz von Eisenchlorid noch dunkler wird.

Phenocollum carbonicum.

$$[C_6 H_4 (OC_2 H_5) NH . CO - CH_2 - NH_2]_2 . CO_3.$$

Farbloses, nahezu geschmackloses, in Wasser schwer lösliches, aus
Krystallblättchen bestehendes lockeres Pulver. Beim Erwärmen mit
Wasser auf 65° C., rascher bei 80°, findet Abspaltung von Kohlen-
säure statt. Eignet sich besonders zur Verwendung in Pulverform.

Phenocollum aceticum.

$$C_6 H_4 (OC_2 H_5) NH . CO - CH_2 - NH_2 . C_2 H_4 O_2.$$

Lockere, aus filzigen Nadeln bestehende Krystallaggregate, in 3 bis
4 Th. Wasser löslich. Der Geschmack ist milde. Die wässerige
Lösung reagirt schwach alkalisch und giebt wegen des Gehaltes an
Essigsäure mit Eisenchlorid Rothfärbung (von Ferriacetat). Dieses
Salz eignet sich besonders zu subcutanen Injectionen.

Phenocollum salicylicum. Salocollum.

$$C_6 H_4 (OC_2 H_5) NH . CO - CH_2 - NH_2 . C_7 H_6 O_3.$$

Krystallisirt aus heissem Wasser, worin es leicht löslich ist, in
langen Nadeln. Ist in kaltem Wasser schwerer löslich als das salzsaure
Salz. Die wässerige Lösung reagirt neutral, giebt mit Eisenchlorid
Violettfärbung und schmeckt süss. — Das Präparat vereinigt in sich
die Eigenschaften des Phenocolls und der Salicylsäure.

Schering's Gichtwasser enthält je 1 gr Phenocoll. hydrochloric.
und Piperazin in ca. 600 gr Sodawasser gelöst.

Methacetinum.

Methacetin.   Para-acetanisidin.   p-Oxymethylacetanilid.

$$C_6 H_4 < {\atop{OCH_3 \quad (1)}\atop{NH\, CH_3\, CO \quad (4)}}$$

Diese dem Phenacetin analoge Verbindung wurde 1889 von
Mahnert zur therapeutischen Verwendung empfohlen. Ihrer che-
mischen Zusammensetzung nach ist sie als Paraoxymethylacet-
anilid anzusehen, also als ein niederes Homologes des Phenacetins.
Die nachstehende Zusammenstellung zeigt die zwischen Acetanilid,
Methacetin und Phenacetin bestehenden Beziehungen.

$$C_6H_4\!<^{NH\,.\,CH_3\,CO}_{H} \qquad C_6H_4\!<^{NH\,.\,CH_3\,CO}_{O\,CH_3} \qquad C_6H_4\!<^{NH\,.\,CH_3\,CO}_{OC_2H_5}$$

Acetanilid   Methacetin   Phenacetin.
(Antifebrin)

Darstellung. Paranitrophenol (s. auch vorher unter Phenacetin) wird durch Auflösen in Natronlauge in Paranitrophenolnatrium und dieses durch Erhitzen mit Chlormethyl in den Methyläther des Paranitrophenols, d. i. Nitranisol umgewandelt.

$$C_6H_4\!\!\begin{array}{l}{}^{\diagup O\,|\,H\quad HO\,|\,Na}\\[2pt]{+}\\[2pt]{}_{\diagdown NO_2}\end{array} \quad = \quad H_2O \quad + \quad C_6H_4\!\!\begin{array}{l}{}^{\diagup O\,Na}\\[6pt]{}_{\diagdown NO_2}\end{array}$$

p-Nitrophenol   p-Nitrophenolnatrium

$$C_6H_4\!\!\begin{array}{l}{}^{\diagup O\,|\,Na\quad Cl\,|\,CH_3}\\[2pt]{+}\\[2pt]{}_{\diagdown NO_2}\end{array} \quad = \quad NaCl \quad + \quad C_6H_4\!\!\begin{array}{l}{}^{\diagup O\,CH_3}\ \ (1)\\[6pt]{}_{\diagdown NO_2}\ \ (4)\end{array}$$

Nitranisol.

Das Nitranisol wird alsdann durch nascirenden Wasserstoff zu der entsprechenden Amidoverbindung, zu „Anisidin" reducirt und diese durch Kochen mit Eisessig in die Acetylverbindung übergeführt.

$$C_6H_4\!<^{O\,CH_3}_{NO_2} \quad + \quad 6\,H \quad = \quad 2\,H_2O \quad + \quad C_6H_4\!<^{O\,CH_3}_{NH_2}$$

Nitranisol   Anisidin

$$C_6H_4\!<^{O\,CH_3}_{NH\,|\,H\,+\,HO\,|\,OC\,CH_3} \quad = \quad H_2O \quad + \quad C_6H_4\!<^{O\,CH_3}_{NH\,.\,CH_3\,CO.}$$

Anisidin   Acet.-Anisidin
                                            (Methacetin)

Durch wiederholtes Umkrystallisiren aus siedendem Wasser erhält man alsdann das Methacetin in reinem Zustande.

Eigenschaften. Das Methacetin bildet farb- und geruchlose glänzende Krystallblättchen, die bei 127^0 schmelzen und bei höherer Temperatur unzersetzt destilliren. Es löst sich etwa in 350 Th. Wasser von 15^0 oder in 12 Th. siedendem Wasser; die Lösungen reagiren neutral.

In Alkohol und Aceton löst sich Methacetin sehr leicht, auch in Chloroform, namentlich beim Erwärmen. Weniger löslich ist es in Benzol und nur sehr schwer in Schwefelkohlenstoff, Petroleumbenzin und Aether. Beim Erkalten oder Verdunsten krystallisirt das Methacetin in schönen Krystallen und unverändert wieder aus. Auch in Glycerin und fetten Oelen löst es sich, besonders in der Wärme reichlich, schwieriger in Terpentinöl und anderen ätherischen Oelen.

In chemischer Beziehung ist das Methacetin das vollständige Analogon des Phenacetins. Es giebt die nämlichen Reactionen wie dieses, nur treten namentlich die Farbreactionen, wegen der etwas grösseren Löslichkeit des Methacetins, etwas schneller und intensiver ein wie beim Phenacetin.

Prüfung. Die heissgesättigte wässerige Lösung des Methacetins reagire völlig neutral; sie werde weder durch Chlorbaryum (Schwefelsäure), noch durch Silbernitratlösung (Chlor, Jod) verändert. — Auf Platinblech erhitzt, verbrennt der Körper ohne einen Rückstand zu hinterlassen (unorganische Verunreinigungen). In concentrirter Schwefelsäure und Salzsäure löst es sich farblos (Kohlehydrate geben dunkle Färbungen), aus der heissen salzsauren Lösung krystallisirt es beim Erkalten in schönen Krystallen wieder aus. Mit concentrirter Salpetersäure übergossen, färbt sich Methacetin, wie das Phenacetin, sofort tiefgelbroth, oft unter heftiger Reaction und starker Erhitzung, beim Erkalten scheidet sich ein krystallinisches gelbes Nitroproduct ab. Beide Körper unterscheiden sich hierdurch leicht von dem Antifebrin, welches sich in concentrirter Salpetersäure bekanntlich farblos löst und sich selbst beim Erhitzen damit nur schwach gelb färbt. Eine noch empfindlichere Unterscheidung von Antifebrin bietet die bekannte Carbylaminreaction, sowie die Reaction mit Bromwasser, indem im ersteren Falle der characteristisch unangenehme Isonitrilgeruch, der sich beim Antifebrin sofort zeigt, nicht auftritt und im zweiten Falle in der gesättigten wässerigen Lösung durch Bromwasser kein Niederschlag entsteht. (S. Phenacetin S. 177.)

In gleicher Weise giebt das Methacetin die unter Phenacetin (s. dieses) aufgeführte Indophenolreaction und diejenige mit Chromsäure. Auch die von Schröder angegebene Reaction zum Nachweis von Antifebrin im Phenacetin mittels Kaliumnitrit und Plugge's Reagens lässt sich direct auf das Methacetin übertragen.

Zur Unterscheidung des Methacetin vom Phenacetin ist eine augenfällige Reaction noch nicht gefunden. Ausser den Abweichungen in Schmelzpunkt und Löslichkeit könnte höchstens zur Erkennung noch dienen, dass beim Kochen mit einer zur völligen Auflösung nicht hinreichenden Menge Wasser das Methacetin zu einer öligen Flüssigkeit schmilzt, welche beim Erkalten wieder erstarrt, während das Phenacetin, auf gleiche Weise behandelt, nicht schmilzt, sondern fest und unverändert bleibt.

Aufbewahrung. Vorsichtig.

Anwendung. Das Methacetin wurde 1889 von F. Mahnert als Antipyreticum empfohlen. Seine Wirkung ist dem Phenacetin ähnlich. 0,15 gr bis 0,2 gr wirken bei fiebernden Kindern temperaturherabsetzend. Von Nebenerscheinungen werden besonders bei heruntergekommenen Personen profuse Schweisse erwähnt. Diese Erscheinungen lassen sich jedenfalls durch die relativ leichtere Löslichkeit des Methacetins erklären, welche eine schnellere Resorption des Mittels bedingt. Bei Kindern wird empfohlen, die Gabe von 0,3 gr nicht zu überschreiten, da in einem Falle bei einem tuberculösen Mädchen nach 0,2 gr Methacetin Collaps und Temperaturabfall auf 25° eintrat; daher Vorsicht bei der Dosirung.

Der 1 procentigen Lösung (wie dieselbe zu bereiten ist, wird nicht angegeben) sollen fäulnisswidrige Eigenschaften zukommen. In 1 procentiger Lösung soll es die Zersetzung der Milch und die ammoniakalische Gährung des Harns völlig aufheben.

In den Urin geht das Methacetin als Paraamidophenol über (s. Phenacetin). Der Urin besitzt reducirende Eigenschaften, ohne Zucker zu enthalten.

Acidum jodosobenzoicum, Jodosobenzoësäure $C_6H_4 \cdot OJ \cdot CO_2H$. Zur Darstellung (D.R.P. 68574) wird Orthojodbenzoësäure in rauchender Salpetersäure gelöst, die Lösung aufgekocht und nach dem Abkühlen mit Wasser versetzt. Die ausgeschiedene Jodosobenzoësäure ist nach einmaligem Umkrystallisiren aus Wasser rein und schmilzt bei 209° C. Sie dürfte als Jodoformersatz empfohlen werden.

Salicylessigsäure, Salicyloxyessigsäure $C_6H_4(OCH_2 \cdot CO_2H)$ CO_2H wird nach einer Patentanmeldung in folgender Weise dargestellt:

Durch Einwirkung von monochloressigsaurem Natrium auf Dinatriumsalicylat entsteht das Natriumsalz der Salicylessigsäure:

$$C_6H_4 \Big\langle {O\,Na \atop CO_2\,Na} \;+\; {Cl - CH_2 \atop CO_2\,Na} \;=\; NaCl + C_6H_4 \Big\langle {OCH_2 \cdot CO_2\,Na \atop CO_2\,Na}$$

Dinatriumsalicylat   Monochlor-
essigsaures Natrium   Salicylessigsaures Natrium.

Durch Zusatz von Salzsäure wird die freie Salicylessigsäure abgeschieden. Man befreit sie durch Aether von beigemengter Salicylsäure und krystallisirt sie aus siedendem Wasser um.

Farblose, glänzende bei 188° schmelzende Blättchen, in kaltem Wasser, Aether, Chloroform und Benzol schwer löslich, leicht löslich in siedendem Wasser und in Alkohol.

Salacetolum.

Salacetol. Acetolsalicylsäureester.

C$_6$ H$_4$. OH . CO$_2$ CH$_2$. CO . CH$_3$.

Das „Salacetol" oder der Acetol-Salicylsäureester ist ausersehen worden, das salicylsaure Natrium und das Salol zu ersetzen; letzteres insbesondere deswegen, weil es bei der Spaltung im Organismus Phenol liefert, dessen Resorption manchen Therapeuten bedenklich erscheint. Im Salacetol ist die Salicylsäure mit einer durchaus ungiftigen Substanz, dem Acetonalkohol oder Acetol verbunden, und da das Acetol als Homologes der einfachsten Glycose, nämlich des Glycoaldehyds betrachtet werden kann, so könnte man das Salacetol auch als ein einfaches Glycosid der Salicylsäure bezeichnen. Dargestellt wird das Salacetol durch Hofmann & Schoetensack Ludwigshafen a./R.

Das Acetol ist eine süss schmeckende, bei etwa 147° C. siedende Flüssigkeit und kann als ein Homologes der einfachsten Glycose, d. i. des Glycoaldehydes, betrachtet werden:

$$C_6 H_{12} O_6 \qquad C_2 H_4 O$$

$$\begin{array}{ccc} & H . CO & CH_3 . CO \\ & | & | \\ & CH_2 . OH & CH_2 OH \\ \text{Glycose} & \text{Glycoaldehyd} & \text{Acetol.} \end{array}$$

Darstellung. Das Salacetol ist also der Salicylsäureester des Acetols und wird dargestellt durch Erhitzen von Monochloraceton mit Natriumsalicylat, wobei folgende Reaction stattfindet:

$$C_6 H_4 \overset{CO_2 Na}{\underset{OH}{\diagdown}} + Cl\ CH_2 . CO . CH_3$$

$$\begin{array}{cc} \text{Natriumsalicylat} & \text{Monochloraceton} \end{array}$$

$$= NaCl + C_6 H_4 \overset{CO_2 . CH_2 . CO . CH_3}{\underset{OH}{\diagdown}}$$

$$\text{Salacetol.}$$

Das Salacetol krystallisirt in feinen, leichten, glänzenden Nadeln oder Schuppen, ist sehr schwer in kaltem, nur wenig in heissem Wasser löslich; in kaltem Alkohol ist es ziemlich schwer, in heissem Alkohol und in Aether ist es leicht löslich. Bei 15° C. löst sich 1 Th. Salacetol in 2200 Th. Wasser oder in 15 Th. Alkohol (90 proc.), in 25 Th. Ricinusöl oder in 30 Th. Mandelöl oder Olivenöl. Der Schmelzpunkt liegt bei 71° C. Der Geschmack ist schwach bitter.

Mit Wasser geschüttelt giebt es ein Filtrat, welchem durch Eisenchlorid die characteristische Violettfärbung der Salicylsäure ertheilt wird. Beim Schütteln mit verdünnter (0,6 proc.) Natronlauge wird es unter gleichzeitiger Verseifung gelöst; nach Zusatz von Salzsäure bis zur sauren Reaction fällt Salicylsäure aus.

Aufbewahrung. Unter den indifferenten Arzneimitteln.

Anwendung. Therapeutische Versuche über das Salacetol sind von Bourget-Lausanne angestellt worden. Derselbe hat es mit gutem Erfolge bei acutem und chronischem Rheumatismus und bei Sommerdiarrhoëen angewendet. Bei letzteren gab er 2—4 gr pro die in Ricinusöl gelöst. Ferner erachtet Bourget es für geboten, die Anwendung des Salacetols gegen Cholera zu versuchen.

Salolum.

Salol. Salicylsäure-Phenyläther. Phenylsalicylat.

$$C_6 H_4 (OH) CO_2 . C_6 H_5.$$

Das Phenylsalicylat (Salol) wurde 1886 von Nencky dargestellt und durch Sahli zur medicinischen Anwendung empfohlen. Die fabrikmässige Darstellung erfolgte zuerst durch die Fabrik von Dr. von Heyden's Nachfolger.

Darstellung. Dieselbe beruht darauf, dass durch Einwirkung wasserentziehender Substanzen auf ein Gemenge von Salicylsäure und Phenol unter Austritt von Wasser der Salicylsäure-Phenyläther entsteht:

$$C_6 H_4 (OH) CO\ OH \qquad C_6 H_4 (OH) COO\ C_6 H_5$$

Salicylsäure $\qquad$ Salicylsäure-Phenyläther.

Als wasserentziehende Mittel (Condensationsmittel) können benutzt werden: Phosphorchloride, Zinkchlorid, Kaliumbisulfat, Phosgen.

1. (Nach Nencky und von Heyden.) Moleculare Mengen von Natriumsalicylat und Phenolnatrium werden bei höherer Temperatur mit Chlorphosphor — in der Technik wird in der Regel Phosphoroxychlorid benutzt — längere Zeit erhitzt. Unter Bildung von Natriummetaphosphat und Natriumchlorid entsteht durch diese Reaction Salicylsäure-Phenyläther:

$$2\,C_6 H_5\,O\,Na \;+\; 2\,C_6 H_4 (OH)\,COO\,Na \;+\; PO\,Cl_3$$

Phenolnatrium $\qquad$ Natriumsalicylat

$$=\; 3\,Na\,Cl \;+\; PO_3\,Na \;+\; 2\,C_6 H_4 (OH)\,COO\,C_6 H_5$$

Salicylsäure-Phenyläther.

Das Reactionsproduct wird in Wasser eingetragen und so lange ausgesüsst, bis es von Natriumchlorid und Natriumphosphat der Hauptsache nach befreit ist, schliesslich aus Alkohol umkrystallisirt. Durch langsame Krystallisation kann man es in wohlausgebildeten tafelförmigen (monoklinen?) Krystallen gewinnen, durch gestörte Krystallisation erhält man es als ein grobes krystallinisches Pulver.

2. (Nach Eckenroth.) Natriumsalicylat und Phenolnatrium in molecularen Verhältnissen werden innig vermengt in einen Kolben gebracht, welcher mit einem doppelt durchbohrten Gummistopfen versehen ist. Durch die eine Oeffnung geht eine fast bis auf den Boden des Kolbens reichende Glasröhre, welche über dem Stopfen im rechten Winkel gebogen und mit einer Phosgenleitung in Verbindung steht; durch die andere Oeffnung bringt man eine ca. 2 Meter lange Glasröhre an, welche als Abzugsröhre benutzt wird.

Darauf lässt man einen langsamen Strom Phosgengas einwirken; anfangs tritt Erwärmung ein, welche jedoch bald nachlässt; man muss nun den Kolben auf dem Wasserbade erwärmen und so die Reaction unterstützen. Dieselbe ist beendigt, wenn eine kleine Probe an Wasser kein Phenol mehr abgiebt.

Hierauf wird die Phosgenleitung abgeklemmt, der Kolben noch etwa eine halbe Stunde auf dem Wasserbade erhitzt, um den Ueberschuss von Phosgen zu verjagen, und dann die Reactionsmasse mit Wasser behandelt, wodurch das entstandene Chlornatrium entfernt wird. Das restirende Salol wird durch öfteres Umkrystallisiren aus Alkohol vollkommen gereinigt. Die Reaction verläuft nach der Gleichung

$$C_6H_4{<}{OH \atop COO\,Na} + C_6H_5\,O\,Na + CO\,Cl_2 = C_6H_4{<}{OH \atop COO\,C_6H_5} + 2\,NaCl + CO_2.$$

3. Nach Ernest entsteht Salol schon durch Erhitzen von Salicylsäure allein auf 220° C. im Kohlensäurestrom, indem sich ein Theil der Salicylsäure in Kohlensäure und Phenol spaltet und dieses letztere sich mit der noch vorhandenen Salicylsäure verbindet.

Eigenschaften. Salol ist ein weisses Pulver, das unter dem Mikroskop betrachtet, aus tafelförmigen Krystallen bestehend sich erweist, oder es stellt durchsichtige tafelförmige Krystalle dar. Es besitzt schwach aromatischen Geruch, ist indessen, weil in Wasser so gut wie unlöslich, nahezu geschmacklos. Es löst sich in 10 Th. Alkohol oder in 0,3 Th. Aether, auch in Chloroform. Giebt man von einer alkoholischen Lösung etwas in Wasser, so entsteht eine Flüssigkeit von emulsionartigem Aussehen, welche kleine Mengen Salol in feiner Vertheilung suspendirt enthält. Das Salol schmilzt in reinem Zustande zwischen 42 und 43° C. Auf dem Platinblech erhitzt, verbrennt es mit stark russender Flamme, ohne einen Rückstand zu hinterlassen.

Während alkoholische Lösungen von Carbolsäure oder Salicylsäure mit Eisenchlorid eine blaue bez. violette Färbung erzeugen, bringt eine alkoholische Lösung von Salol in wässeriger Eisenchloridlösung eine Trübung, aber keine Färbung hervor. Dagegen bringt Eisenchlorid in einer alkoholischen Salollösung die characteristische Violettfärbung hervor.

Bromwasser fällt aus der alkoholischen Lösung ein weisses Pulver, Monobromsalol, welches aus Alkohol auskrystallisirt lange Nadeln bildet.

Mit Natronlauge erwärmt, löst sich das Salol auf; nach Zusatz von Salzsäure bis zur sauren Reaction fällt Salicylsäure aus, da durch das Kochen mit Natronlauge der Aether verseift wird, indem sich Natriumsalicylat und Phenolnatrium bilden.

Prüfung. Salol muss farblos, geschmacklos und nahezu geruchlos sein. Ein stark aromatischer, dem Wintergrün-Oel sich nähernder Geruch ist einer Verunreinigung zuzuschreiben; reine Präparate zeigen diesen Geruch nur in sehr geringem Grade. — Es darf ferner feuchtes blaues Lackmuspapier nicht röthen (freie Säure, z. B. Salicylsäure oder Phosphorsäure). — Mit 50 Th. Wasser geschüttelt, muss es ein Filtrat liefern, welches weder durch Eisenchloridlösung (1 Liquor Ferri sesquichlorati + 19 Wasser) violett gefärbt (Carbolsäure, Salicylsäure), noch durch Baryumnitrat- oder Silbernitratlösung (weisse Trübung = Sulfate bez. Chloride) verändert werden darf. — Der Schmelzpunkt des Präparates muss zwischen 42 und 43° C. liegen. Hierbei ist nicht ausser Acht zu lassen, dass schon ein sehr geringer Feuchtigkeitsgehalt des Präparates den Schmelzpunkt erheblich herunterdrückt. Es ist daher unbedingt nothwendig, das Präparat vor dieser Bestimmung durch Stehenlassen über Schwefelsäure gut zu trocknen.

Aufbewahrung. Unter den indifferenten Arzneistoffen.

Anwendung. Das Salol findet innerlich als Ersatz der Salicylsäure und des Natriumsalicylates Verwendung als Antiparasiticum, Antipyreticum, hauptsächlich aber bei Rheumatismen und bei auf rheumatischen Affectionen beruhenden Erkrankungen. Bei acuten Rheumatismen wird es als prompt wirkend gerühmt, bei atypischem Gelenkrheumatismus soll es wirkungslos sein. — Die antipyretische Wirkung tritt nach grösseren Dosen (2—3 gr) sicher ein, Gaben unter 0,5 gr sind ohne Erfolg. Neuerdings wird es bei Dysenterie und bei Cholera gerühmt. Einzelgaben sind 1 gr, Tagesgaben 5—8 gr. — Der Urin nimmt nach Salolgebrauch die Eigenschaften des Carbolharns an; er wird olivengrün, bei längerem Gebrauche des Mittels grünschwarz. Durch Ausschütteln des Harns mit Aether lässt sich in den meisten Fällen die als Spaltungsproduct vorhandene Salicylsäure isoliren. Comprimirte Tabletten sind stets unter Zusatz von Stärke zu bereiten. — Aeusserlich benutzt man es in Substanz als Antisepticum und Desodorans ähnlich wie Jodoform, ferner als Streupulver und in Form von aromatischen Tincturen als Zusatz zu Mundwasser.

Salol-Streupulver: Saloli 0,5, Amyli 50,0.

Salol-Mundwasser: I. Caryophyll., Cort. Cinnam. ceyl., Fruct. Anisi stellati $\bar{a}\bar{a}$ 20,0 Coccionellae 10,0 Spiritus 2000,0. Digere per dies octo: in colatura solve: Ol. Menth. pip. 10,0, Saloli 50,0. (Sahli.)

II. Saloli 5,0, Spirit. dil. 100,0, Tinct. Coccionellae 4—5,0, Ol. Menth. pip. gtt. 2. Ol. Rosarum gtt. 3. (Fischer.)

Campher-Salol, ein moleculares Gemisch von Campher und Salol in dem Verhältniss $C_{10} H_{16} O . C_{13} H_{10} O_3$ ist eine hellgelbliche, ölige Flüssigkeit.

Dijodsalol, $C_6 H_2 J_2 (OH) CO_2 C_6 H_5$, Dijodsalicylsäure-Phenylester. Durch Condensation von Dijodsalicylsäure mit Phenol erhalten, bildet ein geruch- und geschmackloses Krystallpulver. Schmelzpunkt 133^0 C. Bisher noch nicht therapeutisch angewendet, aber vielleicht bei Hautkrankheiten brauchbar.

Nitrosalol, $C_6 H_4 (OH) CO_2 . C_6 H_4 NO_2$, Salicylsäure-p-Nitrophenylester. Durch Condensation von Salicylsäure mit p-Nitrophenol zu erhalten. Gelblich-weisses, geruch- und geschmackloses Krystallpulver, unlöslich in Wasser, löslich in Alkohol und in Aether. Schmelzpunkt 148^0 C. Wird durch Alkalien und im Darme in Salicylsäure und p-Nitrophenol gespalten.

Methylsalol, $C_6 H_3 (OH) (CH_3) CO_2 . C_6 H_5$ ist Parakresotinsäure-Phenylester.

Phenosalyl besteht aus 9 Th. Phenol, 1 Th. Salicylsäure, 2 Th. Milchsäure und 0,1 Th. Menthol, ist natürlich eine Mischung und soll als Antisepticum verwendet werden.

Meta-Kresalol, $C_6 H_4 (OH) CO_2 . C_6 H_4 . CH_3$. Salicylsaures Meta-Kresol, salicylsaurer Metakresyläther. Durch Condensation von Salicylsäure mit m-Kresol darzustellen. Farblose Krystalle, unlöslich in Wasser, löslich in Alkohol und in Aether, geruchlos, fast geschmacklos. Schmelzpunkt 73—74^0 C. Zerfällt beim Kochen mit Natronlauge, ebenso im Darm, zu m-Kresol und Salicylsäure. Wirkung und Anwendung wie Salol.

Para-Kresalol, $C_6 H_4 (OH) CO_2 C_6 H_4 . CH_3$. Salicylsaures Para-Kresol, salicylsaurer Parakresyläther. Durch Condensation von Salicylsäure mit p-Kresol darzustellen. Farblose Krystalle unlöslich in Wasser, löslich in Alkohol und in Aether, geruchlos und fast geschmacklos. Schmelzpunkt 39—40° C.

Zerfällt beim Kochen mit Natronlauge, ebenso im Darme, zu Salicylsäure und p-Kresol. Das im Darme abgespaltene p-Kresol findet sich im Urine zum Theil als ätherschwefelsaures Salz, zum Theil als p-Oxybenzoësäure wieder.

Wirkt wie Salol, ist aber wirksamer und doch ungiftiger (man denke an Phenol und Kresol!) als dieses. Anwendung bei Rheumatismus und in den Anfangsstadien der Cholera.

Salicylamid, $C_6 H_4 (OH) CO NH_2$. Salicylsäureamid. Von Nesbitt in die Therapie eingeführt. Entsteht durch Einwirkung von trocknem Ammoniak auf Salicylsäuremethylester

$$C_6 H_4 (OH) . CO \ OCH_3 + H \ NH_2 = CH_3 . OH + C_6 H_4 (OH) CO . NH_2.$$

Farbloses oder gelblich-weisses, leichtes Krystallpulver, geschmacklos, in Wasser etwas leichter löslich als Salicylsäure, löslich in Alkohol und in Aether. Schmelzpunkt 138° C. Die wässerige Lösung wird durch Eisenchlorid violett gefärbt. Durch Erhitzen mit Natronlauge wird Salicylamid in Natriumsalicylat übergeführt unter Entweichen von Ammoniak.

Salicylamid wirkt wie Natriumsalicylat, aber in kleineren Dosen, auch zeigt es stärkere analgetische Wirkung. Auf Respiration und Blutdruck äussern medicinale Gaben keine besondere Wirkung. Dosis mehrmals täglich 0,2—0,3 gr.

Calciumsalicylat, Calcium salicylicum $(C_7 H_5 O_3)_2 Ca + 2 H_2 O$. Es ist empfohlen worden, dieses Salz durch Umsetzen von Calciumchlorid mit Natriumsalicylat in conc. Lösungen zu bereiten. Viel zweckmässiger ist es, Salicylsäure bei Gegenwart von Wasser mit eisenfreiem Calciumcarbonat zu neutralisiren und die filtrirte Lösung durch Eindampfen zur Krystallisation zu bringen. Man erhält so farblose octaëdrische Krystalle, welche in kaltem Wasser schwierig, leichter in siedendem Wasser löslich sind. Rothfärbung der Krystalle rührt in der Regel von einem geringen Eisengehalte her.

Man wendet das Calciumsalicylat entweder für sich oder in Verbindung mit Wismuthsalicylat an als desinficirendes Mittel bei Magen- und Darmcatarrhen. Die Dosis ist 0,5—1,5 gr.

Dijodsalicylsäure, Acidum dijodosalicylicum $C_6 H_2 J_2 (OH) CO_2 H$ wird dargestellt durch Einwirkung von Jod

und Jodsäure auf Salicylsäure in alkoholischer Lösung. Zur Reindarstellung führt man die Säure in das schwerlösliche Natriumsalz
über, reinigt dasselbe durch Umkrystallisiren und gewinnt aus demselben die Säure durch Zersetzen mit Salzsäure.

Weisses, aus Nadeln bestehendes, mikrokrystallinisches Pulver,
welches bei 220—230⁰ unter Zersetzung schmilzt. Es schmeckt
süsslich, aber nicht ätzend. Löslich in 1500 Th. kaltem oder 660 Th.
siedendem Wasser, leicht löslich in Alkohol und in Aether. Die
kalt gesättigte Lösung reagirt sauer und wird durch Eisenchlorid
blauviolett gefärbt; sie fällt Eiweisslösung nicht. Durch Silbernitrat
erfolgt in der wässerigen Lösung schwache Trübung, durch Bleiacetat ebenfalls schwache, durch Zusatz von Essigsäure in Lösung
gehende Trübung. Durch Einwirkung von rauchender Salpetersäure
auf die Dijodsalicylsäure wird Jod abgespalten.

Dijodsalicylsäure wirkt analgetisch, antithermisch, antiseptisch und die
Herzthätigkeit hemmend. Man wendet sie bei Arthritis blenorrhagica und
Rheumatismus an Stelle von Salicylsäure in Gaben von 1,5—4,0 gr pro die
an. Aetzende Eigenschaften kommen der Dijodsalicylsäure kaum zu.

Dijodsalicylsaures Natrium, Natrium jodosalicylicum,
$C_6H_2J_2(OH)CO_2Na + 2^1/_2H_2O$ wird durch Neutralisiren der obigen
Säure mit Natriumcarbonat erhalten und bildet weisse Blättchen oder
lange platte Nadeln, welche in 50 Th. Wasser von 20⁰ löslich sind.
Es wirkt analgetisch, antiseptisch und antithermisch und wird zur
Anwendung bei parasitären Hautkrankheiten empfohlen.

Natrium sulfosalicylicum, Saures salicylsulfosaures
Natrium $C_6H_3(OH)CO_2HSO_3Na$. Wird durch Dr. von Heyden's
Nachfolger durch Einwirkung von Schwefelsäure und Salicylsäure
und Sättigung der so erhaltenen Salicylsulfosäure mit Natriumcarbonat dargestellt. Farblose Krystalle, löslich in 25—30 Th. Wasser.

Die wässerige Lösung reagirt sauer und giebt mit Eiweiss einen
in Kochsalz unlöslichen Niederschlag. Durch Eisenchlorid entsteht
in der wässerigen Lösung eine weinrothe Färbung, welche durch Zusatz verdünnter Schwefelsäure aufgehellt wird. Durch Baryumchlorid, ebenso durch Silbernitrat wird die wässerige Lösung nicht
getrübt. Auf Zusatz von Bleiacetat bleibt sie zunächst klar, plötzlich
scheidet sich ein Krystallmagma des Bleisalzes aus, welches in siedendem Wasser leicht löslich ist.

Als Ersatz des Natriumsalicylates bei Gelenkrheumatismus empfohlen.

Natrium dithiosalicylicum.

Dithiosalicylsaures Natrium I und II.

Unter obigem Namen werden von der chemischen Fabrik Dr. von Heyden's Nachf. zwei augenscheinlich isomere Verbindungen in den Handel gebracht.

Darstellung. D. R. P. 46413 und 51710. Man erhitzt gleiche Molecule Salicylsäure und Chlorschwefel (bez. Bromschwefel oder Jodschwefel) längere Zeit auf 120 bis 150°, wobei unter Entweichen von Chlorwasserstoff lebhafte Reaction erfolgt. Der Darstellungsvorgang lässt sich durch folgende Gleichung ausdrücken:

$$2 \left[C_6H_4 < {}^{OH}_{CO_2H} \right] + S_2Cl_2 = 2HCl + \begin{matrix} S - C_6H_3 < {}^{OH}_{CO_2H} \\ | \\ S - C_6H_3 < {}^{CO_2H}_{OH} \end{matrix}.$$

Nach beendigter Einwirkung löst man die hellgelbe harzige Masse in Natriumcarbonatlösung auf (wobei Schwefel zurückbleibt) und fällt aus der Lösung die freie Dithiosalicylsäure durch Zusatz von Salzsäure. Es hat sich nun herausgestellt, dass das so erhaltene Product ein Gemenge zweier Säuren ist, welche sich durch die Natriumsalze trennen lassen. Zu diesem Zwecke wird die Lösung der Natriumsalze mit Kochsalz ausgesalzen, wodurch nur das Salz No. I unlöslich abgeschieden wird, während das Salz No. II in Lösung bleibt. Die Trennung ist auch dadurch möglich, dass man die völlig trocknen Natriumsalze mit siedendem Alkohol extrahirt, welcher nur das Salz No. II in Lösung bringt. Man scheidet schliesslich aus den auf die eine oder die andere Weise getrennten Natriumsalzen die freien Säuren durch Zusatz von Salzsäure ab und führt diese durch Neutralisation mit Natriumcarbonat wieder in die Natriumsalze über.

Natrium dithiosalicylicum I bildet ein gelbliches, amorphes, etwas hygroskopisches Pulver von alkalischer Reaction. Es giebt mit Wasser eine klare, etwas bräunliche Lösung. Die letztere wird durch Säuren zunächst milchig getrübt, allmälig ballt sich die ausgeschiedene Säure zu einem gelblich-bräunlichen Harze zusammen. In der wässerigen Lösung entsteht durch Eisenchlorid violette Fällung, durch Bleiacetat ein gelblicher Niederschlag, welcher durch Erhitzen mit Natronlauge in dunkles Bleisulfid übergeht. Mit Silbernitrat entsteht gelatinöse bräunliche Fällung, beim Erhitzen wird dunkles Silbersulfid abgeschieden.

Natrium dithiosalicylicum II ist ein graues, hygroskopisches, in Wasser leicht lösliches, amorphes Pulver. Die wässerige Lösung ist braunschwarz und reagirt alkalisch. Durch Säuren entsteht in

13*

ihr schmutzig weisse Fällung, welche sich bald zu einem dunklen Harze zusammenballt. Durch Eisenchlorid entsteht violette Fällung.

Zur Anwendung gelangt zur Zeit vorzugsweise das als No. II bezeichnete Salz. Nach Hueppe wirkt es antiseptisch, tödtet z. B. in 20 procentiger Lösung Milzbrandsporen nach 45 Minuten. Lindenborn empfiehlt es bei Gelenkrheumatismus. Anfangsdosis 2 bis 5 gr, darauf zweistündlich je 1 gr, täglich 4 bis 10 gr. Bei Gonitis gonorrhoïca früh und abends je 0,2 gr. Als Vorzüge vor dem Natriumsalicylat, als dessen Ersatz es auftritt, werden angeführt, dass selbst in langwierigen Fällen weder chronischer Gelenkrheumatismus noch Steifigkeit der Gelenke zu Stande kommt. Es verursacht kein Ohrensausen, auch keine Nephritis, beeinflusst vielmehr Albuminurie in günstiger Weise. Ueber die Ausscheidung ist nichts sicheres bekannt; im Urin ist weder die unveränderte Säure, noch Salicylsäure nachweisbar.

Dithion. Unter diesem Namen ist das Gemisch der beiden (nicht getrennten) dithiosalicylsauren Natriumsalze zu verstehen.

Thioform. Unter diesem Namen bringen Speyer & Grund das basische Wismuthsalz einer Dithiosalicylsäure in den Handel. L. Hoffmann empfiehlt es als ungiftiges und austrocknendes Antisepticum in der Wundbehandlung, bez. als Jodoformersatz.

Salophen.

Acetylparaamidophenolsalicylsäureester.

$$C_6 H_4 (OH) CO_2 . C_6 H_4 NH . CO CH_3.$$

Das Salophen wurde 1891 von den Farbenfabriken vorm. Fried. Bayer & Co. in Elberfeld in den Handel gebracht, um eine dem „Salol" ähnliche Verbindung darzubieten, welche bei der Spaltung im Organismus nicht die immerhin toxische Carbolsäure, sondern eine verhältnissmässig ungiftige Verbindung, nämlich das Acetylparaamidophenol liefert.

Darstellung. Dieselbe erfolgt nach einem etwas complicirten, durch Patent geschützten Verfahren:

Man condensirt zunächst unter Anwendung von Phosphoroxychlorid Salicylsäure mit Paranitrophenol zu Salicylsäure-Nitrophenolester.

$$C_6 H_4 < {OH \atop CO\, O}\, H + HO . C_6 H_4 . NO_2 = H_2O + C_6 H_4 < {OH \atop CO_2 . C_6 H_4 . NO_2.}$$

Salicylsäure   p-Nitrophenol   Salicylsäurenitrophenol

Der so erhaltene Salicylsäure-Nitrophenolester wird durch Reduction in Salicylsäureamidophenolester verwandelt und dieser darauf durch Acetyliren in Acetylparaamidophenol-Salicylsäureester, d. i. Salophen, übergeführt:

$$1)\ C_6H_4<^{OH}_{CO_2\,.\,C_6H_4\,.\,NO_2} + 6H = C_6H_4<^{OH}_{CO_2\,.\,C_6H_4\,.\,NH_2} + 2H_2O$$

Salicylsäure-Amidophenolester

$$2)\ C_6H_4<^{OH}_{CO_2\,.\,C_6H_4\,.\,N<^{H}_{H}} + {HO\ OC\ CH_3} =$$

Salicylsäure-Amidophenolester

$$= H_2O + C_6H_4<^{OH}_{CO_2\,.\,C_6H_4\,.\,N<^{CH_3\,CO}_{H}}$$

Salophen.

Das erhaltene Endproduct wird durch Umkrystallisiren aus Benzol oder Alkohol rein dargestellt.

Eigenschaften. Das Salophen, dessen Salicylsäuregehalt rund 51 % beträgt, bildet kleine, dünne Blättchen, welche ohne Geruch und Geschmack, sowie neutral sind. Es ist in kaltem Wasser fast unlöslich, etwas löslich in heissem Wasser. Alkohol und Aether lösen, namentlich in der Wärme, beträchtliche Mengen. Es schmilzt bei 187—188° und verbrennt auf dem Platinbleche mit stark russender Flamme, ohne einen Rückstand zu hinterlassen. Sehr leicht und schon in der Kälte löst sich das Salophen in ätzenden Alkalien. — Kocht man eine solche alkalische Lösung, so wird letztere von der Oberfläche aus blau, verliert aber diese Färbung bei erneuertem Kochen, und nimmt sie bei Luftzutritt wieder an. Wird die Lösung alsdann mit Salzsäure übersättigt, so lässt sich durch Aether Salicylsäure ausschütteln, während die durch Aether von Salicylsäure befreite Lösung die Indophenolreaction (s. S. 169) giebt. Daraus ergiebt sich, dass durch das Erhitzen des Salophens mit ätzenden Alkalien eine Spaltung desselben in Salicylsäure und Acetylparaamidophenol erfolgt ist. — Die Anwesenheit der Acetylgruppe im Salophen wird dadurch bewiesen, dass beim Erwärmen des letzteren mit conc. Schwefelsäure und Alkohol Geruch nach Essigäther auftritt.

Tropft man eine alkoholische Salophenlösung in wässeriges Eisenchlorid ein, so entsteht lediglich milchige Trübung; dagegen erzeugt Eisenchlorid in einer alkoholischen Salophenlösung violette Färbung.

Prüfung. Die Identität des Salophens ergiebt sich daraus, dass dasselbe, in der bei Antifebrin beschriebenen Weise behandelt, die Indophenolreaction giebt, während der Schmelzpunkt bei 187 bis 188° liegt.

Die Reinheit ergiebt sich aus der Farblosigkeit des Präparates und aus dem zutreffenden Schmelzpunkte. — Die Lösung in conc. reiner Schwefelsäure sei farblos. (Färbung durch heterogene organische Beimengungen.) — Werden 0,2 gr Salophen mit 20 ccm Wasser geschüttelt, so werde das Filtrat weder durch Silbernitrat (Chlor) noch durch Baryumnitrat verändert. (Schwefelsäure). — Erhitzt, verbrenne es ohne einen Rückstand zu hinterlassen (unorganische Verunreinigungen).

Aufbewahrung. Unter den indifferenten Arzeimitteln.

Anwendung. Nach innerer Anwendung wird das Salophen durch den alkalischen Darmsaft in Salicylsäure und Acetyl-p-amidophenol gespalten. Der ersteren kommen antiseptische, dem letzteren antipyretische Eigenschaften zu. Guttmann hat gute Erfolge mit 3—5 gr Salophen pro die bei acutem Gelenkrheumatismus mit hohem Fieber gesehen, doch dürfte das Präparat überall da angewendet werden können, wo bisher Salol gegeben wurde. Ueber die relative Ungiftigkeit hat Siebel berichtet.

Ueber Saliphen s. S. 180.

Saccharinum.

Saccharin. Benzoësäure-Sulfinid.

$$C_6 H_4 < {}^{CO}_{SO_2} > NH.$$

Unter dem Namen „Saccharin" werden gegenwärtig zwei von einander sehr verschiedene Substanzen verstanden, welche wohl auseinander zu halten sind.

Die eine, das Saccharin-Péligot, von ihrem Entdecker durch Behandeln einer siedenden Lösung von Stärkezucker mit Kalk erhalten, hat die Zusammensetzung $C_6 H_{10} O_5$, steht somit den Kohlehydraten nahe, besitzt aber eigenthümlicher Weise keinen süssen, sondern schwach bitteren Geschmack. — Die andere, Saccharin-Fahlberg, von Fahlberg & List dargestellt, ist ein Derivat der aromatischen Reihe von der Zusammensetzung $C_7 H_5 SO_3 N$ und besitzt eine Süssigkeit, wie sie kein anderer bisher bekannter Körper aufzuweisen hat. Dieses letztere Präparat, das Saccharin-Fahlberg, ist dasjenige, welches uns in den nachstehenden Ausführungen beschäftigen wird. Seine wissenschaftlichen Namen sind von der obigen Formel abgeleitet: Anhydro - Ortho - Sulfaminbenzoësäure, oder Orthosulfaminbenzoësäureanhydrid, auch Benzoësäuresulfinid.

Darstellung. (D. R. P. No. 35 211.) Toluol $C_6 H_5 CH_3$ wird mit gewöhnlicher conc. Schwefelsäure bei einer 100° C. nicht übersteigenden Temperatur behandelt, wobei sich Orthotoluolsulfonsäure und Paratoluolsulfonsäure bilden.

$$C_6 H_4 < \begin{array}{c} CH_3 \\ \hline \overline{|H + HO|}\, SO_3\, H \end{array} \quad = \quad H_2 O \ + \ C_6 H_4 < \begin{array}{cc} CH_3 & (1) \quad (1) \\ SO_3 H & (2) \quad (4) \end{array}$$

Toluolsulfonsäure (Ortho) (Para).

Die entstandenen Sulfonsäuren werden durch die Calciumsalze hindurch (durch Natriumcarbonat) in die Natriumsalze übergeführt. Die trocknen Natriumsalze werden mit Phosphortrichlorid gemischt und ein Chlorstrom unter beständigem Umrühren über das Gemisch geleitet.

$$1. \qquad P\, Cl_3 \ + \ Cl_2 \ = \ P\, Cl_5$$

Phosphortrichlorid   Phosphorpentachlorid

$$2. \qquad C_6 H_4 < \begin{array}{c} CH_3 \ \overline{|P \equiv Cl_3|} \\ \hline SO_2 \ \underline{|O|} \ \overline{|H + Cl|}\, Cl \end{array}$$

$$= \ PO\, Cl_3 \ + \ H\, Cl \ + \ C_6 H_4 < \begin{array}{cc} CH_3 & (1) \quad (1) \\ SO_2\, Cl & (2) \quad (4) \end{array}$$

Phosphoroxychlorid   Toluolsulfochlorid   Ortho   Para.

Nach Beendigung der Umsetzung wird das gebildete Phosphoroxychlorid abdestillirt und das Gemisch der entstandenen Toluolsulfochloride (Ortho und Para) stark abgekühlt. Das Paratoluolsulfochlorid krystallisirt aus, das Orthotoluolsulfochlorid bleibt flüssig und wird durch Centrifugen abgesondert.

Durch Ueberleiten von trocknem Ammoniakgas oder durch Mischen mit Ammoniumcarbonat oder -bicarbonat wird das Orthotoluolsulfochlorid in das Orthotoluolsulfamid übergeführt,

$$\begin{array}{c}(1) \\ (2)\end{array} \quad C_6 H_4 < \begin{array}{c} CH_3 \\ \hline SO_2\, \overline{|Cl + H|}\, NH_2 \end{array} \ = \ HCl \ + \ C_6 H_4 < \begin{array}{cc} CH_3 & (1) \\ SO_2\, NH_2 & (2) \end{array}$$

Orthotoluolsulfamid

welches in Wasser schwer löslich ist, daher vom beigemengten Chlorammonium durch Auswaschen befreit werden kann.

Durch Oxydation, indem man das Amid in eine stark verdünnte Kaliumpermanganatlösung einträgt, und in dem Grade wie freies Alkali und Alkalicarbonat entstehen, diese durch vorsichtigen Zusatz von Säuren abstumpft, wird das Amid in Benzoësäuresulfinid übergeführt. Es resultirt zunächst eine Lösung des orthobenzoësulfaminsauren Kaliums,

$$1. \qquad \begin{array}{c} K \ O \ | \ O \ | \ O \ \ O \ \ Mn \\ \overline{} \quad | \quad | \\ K \ | \ O \ \ O \ | \ O \ \ O \ \ Mn \end{array} \ = \ 2\, Mn\, O_2 \ + \ K_2 O \ + \ 3\, O$$

2 Mol. Kaliumpermanganat   Mangansuperoxyd

2. $\quad C_6H_4{<}{}^{CH_3}_{SO_2\,NH_2} + 3\,O = H_2O + C_6H_4{<}{}^{CO\,OH}_{SO_2-NH_2}$

Orthosulfaminbenzoësäure

3. $\quad C_6H_4{<}{}^{COO\ \boxed{H\quad HO}\ K}_{SO_2\,NH_2} = H_2O + C_6H_4{<}{}^{CO\,OK}_{SO_2\,NH_2}$

Orthosulfaminbenzoësaures Kalium

welche vom ausgeschiedenen Mangansuperoxyd getrennt wird. Auf Zusatz
von Säure zu dieser Lösung scheidet sich nicht die freie Orthosulfaminbenzoësäure aus, wie man erwarten sollte, vielmehr spaltet sich dieselbe
in Wasser und das Orthosulfaminbenzoësäureanhydrid (d. i. Benzoësäure-
sulfinid oder Saccharin).

4. $\quad C_6H_4{<}{}^{COO\ \boxed{K\quad Cl}\ H}_{SO_2\,NH_2} = K\,Cl + C_6H_4{<}{}^{CO\,OH}_{SO_2\,NH\,H}$

Orthosulfaminbenzoësäure

5. $\quad C_6H_4{<}{}^{CO\ \vdots\ OH}_{SO_2-NH\ H} = H_2O + C_6H_4{<}{}^{CO}_{SO_2}{>}NH$

Orthosulfaminbenzoësäureanhydrid.

Eigenschaften. Das Saccharin ist ein weisses, schon in geringen
Quantitäten sehr süss schmeckendes Pulver. Unter dem Mikroskop
betrachtet lassen sich undeutlich ausgebildete Krystalle wahrnehmen.
Bei gewöhnlicher Temperatur besitzt es einen bittermandelähnlichen
Geruch in sehr schwachem Grade, beim Erhitzen über 200^0 tritt
dieser Geruch in sehr deutlich wahrnehmbarer Weise auf. In
kaltem Wasser ist das Präparat nur wenig löslich. 1 Th. desselben
erfordert etwa 400 Th. Wasser von 15^0 C. zur Lösung. Die Lösung
reagirt sauer und schmeckt intensiv süss. Etwas löslicher als in
kaltem Wasser ist das Präparat in warmem und sehr gut löslich in
(28 Th.) siedendem Wasser. Aus einer mit siedendem Wasser dargestellten gesättigten Saccharinlösung scheidet sich das Saccharin
während des Erkaltens in Krystallen aus, welche zuweilen nadel-
förmig, zuweilen kurz und dick sind und wahrscheinlich dem monoklinen System angehören.

Viel leichter löslich als in Wasser ist das Saccharin in Aether
und noch viel leichter als in diesem in (30 Th.) Alkohol. Beachtenswerth ist noch, dass die Löslichkeit des Saccharins auch in
Wasser bedeutend gesteigert wird, wenn man die Lösung beständig

mit Kalilauge oder Kaliumcarbonatlösung — welche tropfenweise zugesetzt werden — neutralisirt (s. unten). Säuert man solche neutralisirte, einigermaassen concentrirte Lösungen mit Salzsäure wieder an, so fällt das Saccharin wieder aus. Die characteristischste Eigenschaft des Saccharins ist sein süsser Geschmack, welchen man noch in einer neutralisirten Lösung von 1 gr auf 70 000 gr destillirten Wassers deutlich wahrnimmt. Der süsse Geschmack des gewöhnlichen (Rohr-)Zuckers kann in gleicher Weise nur wahrgenommen werden, wenn das Verhältniss 1 gr Zucker auf 250 gr Wasser beträgt. Saccharin ist demnach 280 mal süsser als der gewöhnliche Handelszucker.

In chemischer Hinsicht zeigt das Saccharin alle Eigenschaften eines Säureanhydrides, dessen Hydrat nicht beständig ist. Die wässerige Lösung zunächst enthält wahrscheinlich das Orthosulfaminbenzoësäurehydrat, welches sich indessen schon beim Eindampfen (ähnlich wie Metakohlensäure, Schweflige Säure, Arsenige Säure) in das Anhydrid und in Wasser spaltet. Auch die Auflösung des Saccharins in kohlensauren oder ätzenden Alkalien findet in der Weise statt, dass sich die Salze der Orthosulfaminbenzoësäure bilden,

$$C_6H_4 < \begin{matrix} CO \\ SO_2 \end{matrix} > NH + \begin{matrix} OK \\ | \\ H \end{matrix} = C_6H_4 < \begin{matrix} CO\,OK \\ SO_2 - NH\,H \end{matrix}$$

$$\text{Saccharin} \qquad\qquad\qquad \text{Orthosulfaminbenzoësaures Kalium.}$$

aus denen dann durch stärkere Säuren wieder das Anhydrid abgeschieden wird. (S. vorher.)

Prüfung. Eine Mischung von Saccharin mit Soda auf Kohle vor dem Löthrohr erhitzt, gebe eine Schmelze, welche die Hepar-reaction zeigt (Identität). Beim Erhitzen schmelze das Saccharin etwa bei 200° C. Wird es auf dem Platinblech bei Luftzutritt erhitzt, so schmilzt es zunächst unter Verbreitung nach Bittermandelöl riechender Dämpfe, schliesslich verbrennt es, ohne einen Rückstand zu hinterlassen. (Unorganische Verunreinigungen.) — 0,2 gr Saccharin, mit 10 gr reiner Schwefelsäure übergossen, sollen sich unter Umschütteln auflösen. Die Lösung darf bei Wasserbadtemperatur innerhalb 10 Minuten Braunfärbung nicht annehmen. (Kohlehydrate.) — 0,2 gr Saccharin sollen sich in 5 ccm Kalilauge zu einer klaren Flüssigkeit auflösen, aus welcher auf Zusatz von Salzsäure nach dem Erkalten sich das Saccharin wieder ausscheidet. Die mit Kalilauge bewirkte Lösung darf sich selbst bei längerem Erhitzen nicht färben.

(Traubenzucker.) — Eine Lösung von 0,2 gr Saccharin in 5 ccm Kalilauge werde mit 5 ccm Fehling'scher Lösung gemischt und erwärmt. Die Flüssigkeit darf kein rothes Kupferoxydul abscheiden. (Traubenzucker, Milchzucker.)

Wird das Saccharin auf einem Filter mit der mehrfachen Menge Wasser übergossen und das Filtrat mit einer zehnfachen Menge Wasser gemischt, so darf Eisenchlorid darin weder eine Fällung, noch eine violette Färbung hervorrufen. (Salicylsäure, Benzoësäure.) — Man löst 0,2 gr Saccharin mit Hülfe von Natriumcarbonatlösung in 4—5 ccm Wasser auf, fügt Kupfersulfatlösung hinzu, bis kein Niederschlag mehr erfolgt und filtrirt vom Kupfersaccharinat ab. Die Flüssigkeit wird nach Zusatz von Natronlauge zum Sieden erhitzt. War das Saccharin rein, so entsteht ein dunkler Niederschlag; färbt sich die Flüssigkeit dagegen azurblau, so war Mannit zugegen.

Anwendung. Das Saccharin ist kein Arzneimittel im eigentlichen Sinne des Wortes. Immerhin aber verdient es Beachtung wegen seines ausserordentlich süssen Geschmackes.

In der Medicin dient es hauptsächlich zum Versüssen der für Diabetiker bestimmten Nahrungs- und Genussmittel. Soweit die Erfahrungen gegenwärtig reichen, kann als sicher angenommen werden, dass das Saccharin nicht resorbirt wird, sondern den Verdauungscanal unverändert verlässt. — Man will beobachtet haben, dass reines Saccharin die Eiweissverdauung in geringem Maasse dadurch hemmt, dass es sich auf das zu verdauende Material auflagert, eine Eigenschaft, welche übrigens schon dem Natriumsalze nicht mehr nachgesagt werden kann. Im Allgemeinen kann man auch den dauernden Genuss solcher Mengen Saccharin, wie sie der Mensch in seinen Speisen und Getränken zu sich nimmt, als völlig unschädlich bezeichnen. Saccharin ist kein Nahrungsstoff, sondern als Gewürz aufzufassen.

Ferner werden Verbindungen des Saccharins mit organischen Basen (Alkaloiden) dargestellt, in denen der diesen Körpern sonst eigene Geschmack wesentlich abgeschwächt ist. Man erhält dieselben, indem man berechnete Mengen der freien Basen und von Saccharin in Wasser oder verdünntem Alkohol auflöst und die Lösungen zum Krystallisiren bringt. — Neben den neutralen Verbindungen der Basen werden auch saure dargestellt (saure saccharinsaure Alkaloide), welche letzteren voraussichtlich zur medicinischen Verwendung besonders geeignet sein werden.

Saccharin — leicht löslich ist das Natriumsalz, welches durch Neutralisiren einer verdünnten alkoholischen Saccharinlösung mit Natriumbicarbonat erhalten wird. Es enthält etwa 90 % Saccharin und ist diejenige Form, in welcher das Saccharin die Verdauungsthätigkeit gar nicht oder doch am wenigsten beeinflusst.

Dextro-Saccharin (Fahlberg) ist eine Mischung von 1 Saccharin mit 1000—2000 Glycose (kryst. Traubenzucker) und soll ein geeigneter Ersatz des Colonialzuckers sein.

Chininum saccharinicum (Fahlberg's Saccharin - Chinin) enthält in 100 Theilen 36 Th. Saccharin und 64 Th. Chinin. Es ist ein weisses Pulver von nur schwach bitterem Geschmack, der durch Vermischen des Präparates mit gleich viel Saccharin noch vollständiger beseitigt werden kann. Es ist in kaltem, wie in heissem Wasser nur schwer löslich und dürfte daher besonders in Pulverform zu verwenden sein.

Morphinum saccharinicum enthält in 100 Th. 60,9 Th. Morphin und 39,1 Th. Saccharin.

Strychninum saccharinicum enthält in 100 Th. 64,6 Th. Strychnin und 35,4 Th. Saccharin.

Nachweis von Saccharin. Nach Reischauer extrahirt man, event. unter Zusatz von Phosphorsäure, mit Aether, schmilzt den Verdampfungsrückstand der ätherischen Lösung mit Natriumcarbonat + Salpeter (6:1) und bestimmt die gebildete Schwefelsäure als Baryumsulfat. Das Gewicht des letzteren, mit 0,785 multiplicirt, giebt die Menge des abgeschiedenen Saccharins an.

C. Schmitt schüttelt die stark angesäuerte Flüssigkeit dreimal mit einer Mischung aus gleichen Theilen Aether und Petroläther aus. Die Auszüge werden mit etwas Natronlauge versetzt und zur Trockne gebracht. Den Rückstand erhitzt man $\frac{1}{2}$ Stunde lang in einem Silber- oder Porzellanschälchen auf 250° C. Die Schmelze wird in Wasser gelöst, mit Schwefelsäure angesäuert und mit Aether ausgeschüttelt. Die abgehobene ätherische Lösung hinterlässt beim Verdunsten Salicylsäure, welche auf dem üblichen Wege mit Eisenchlorid nachgewiesen werden kann.

Börnstein lässt den durch Ausschütteln gewonnenen Rückstand mit Resorcin und conc. Schwefelsäure erhitzen. Die Flüssigkeit giebt bei Anwesenheit von Saccharin starke Fluorescenz, wenn man sie mit Natronlauge alkalisch macht. Doch hat Hooker mit Recht darauf aufmerksam gemacht, dass auch andere Substanzen, z. B. die in jedem Naturwein vorkommende Bernsteinsäure, mit Resorcin und Schwefelsäure die gleiche Fluorescenz geben.

R. Kayser lässt den Rückstand des Aether-Petrolätherauszugs direct auf seine Süssigkeit schmecken.

<table>
<tr><td colspan="2">Saccharin-Sirup</td><td colspan="2">Saccharin-Tabletten</td></tr>
<tr><td>Saccharini</td><td>10,0</td><td>Saccharini</td><td>3,0</td></tr>
<tr><td>Natr. carbon. cryst.</td><td>11,0</td><td>Natr. carbon. sicci</td><td>2,0</td></tr>
<tr><td>Aq. destill.</td><td>1000.</td><td>Manniti</td><td>50,0</td></tr>
<tr><td></td><td></td><td colspan="2">Fiant pastilli No. 100.</td></tr>
</table>

Zum Versüssen von Liqueuren benutzt man Saccharin im Verhältniss von 1:8000.

Raffinirtes Saccharin ist Saccharin, welches durch das Calciumsalz hindurch von der nicht süss schmeckenden Para-Verbindung gereinigt worden ist. Es soll 500 mal süsser als Zucker sein.

Methylsaccharin, $C_6 H_3 (CH_3) . \frac{SO_2}{CO} > NH$. Ein ziemlich complicirtes Verfahren zur Darstellung dieser Verbindung wurde der Badischen Anilin- und Sodafabrik 1889 patentirt (D.R.P. 45 583). Das Product, welches nach P. Friedländer zudem bitter schmecken soll, ist in den Handel nicht gelangt, das Patent ist seit Juli 1891 erloschen.

Acidum anisicum.

Anissäure. Methylparaoxybenzoësäure. Oxybenzoëmethyläthersäure.

$$CH_3 O . C_6 H_4 . CO_2 H \ (1:4).$$

Diese Säure wurde 1839 zuerst von Cahours durch Oxydation des Anisöles erhalten und wurde als identisch erkannt mit der von Persoz dargestellten „Umbellsäure" und „Badiansäure".

Darstellung. Anissäure wird auf mannigfaltige Weise dargestellt, z. B.

1. Durch Oxydation des im Anisöl und Fenchelöl enthaltenen Anethols.

$$\begin{matrix} (1) \\ (4) \end{matrix} \ C_6 H_4 \begin{matrix} \diagup O\, CH_3 \\ \diagdown CH = CH - CH_3 \end{matrix} + O_x =$$

Anethol

$$y\, CO_2 + y_1 H_2 O + C_6 H_4 \begin{matrix} \diagup O\, CH_3\ (1) \\ \diagdown CO_2 H\ (4) \end{matrix}$$

Anissäure.

2. Durch Oxydation von Parakresylmethylester:

$$C_6 H_4 \begin{matrix} \diagup O\, CH_3 \\ \diagdown CH_3 \end{matrix} + 3\, O = H_2 O + C_6 H_4 \begin{matrix} \diagup O\, CH_3 \\ \diagdown CO_2 H \end{matrix}$$

Parakresylmethylester   Anissäure.

3. Durch Erhitzen von p-Oxybenzoësaurem Kalium mit Jodmethyl:

$$C_6 H_4 \begin{matrix} \diagup O\, K \\ \diagdown CO_2 K \end{matrix} + J\, CH_3 = K\, J + C_6 H_4 \begin{matrix} \diagup O\, CH_3 \\ \diagdown CO_2 K \end{matrix}$$

Paraoxybenzoësaures   Anissaures
Kalium   Kalium.

Eigenschaften. Anissäure bildet ein farbloses, spec. leichtes Krystallpulver (bez. monokline Prismen oder Nadeln), welches in etwa 2500 Th. Wasser von 18° löslich ist. In siedendem Wasser ist Anissäure ziemlich leicht, in Alkohol oder in Aether ist sie sehr leicht löslich. Die gesättigte wässerige Auflösung reagirt deutlich sauer, giebt aber mit Eisenchlorid keine Farbreaction (abweichend von der Salicylsäure). Sie entfärbt auch Kaliumpermanganat weder in der Kälte noch beim Erhitzen. Anissäure schmilzt bei 184° C. und siedet bei 275—280° C.

Durch Erhitzen mit Chlorwasserstoff- oder Jodwasserstoffsäure, ebenso durch Schmelzen mit Kalihydrat wird die Anissäure in Paraoxybenzoësäure zurück verwandelt.

Prüfung. Die Anissäure sei ungefärbt und nahezu geruchlos. Die wässerige Lösung reagire sauer und gebe mit Eisenchlorid keine violette Färbung (Salicylsäure). Dagegen gebe sie nach dem Neutralisiren durch Natriumcarbonnt mit Eisenchlorid einen eigelben Niederschlag. 1 gr Anissäure (welche über Schwefelsäure ausgetrocknet worden ist) bedarf zur Neutralisation $= 0{,}368$ K OH oder 65,7 ccm $^1/_{10}$-Normal-Kalilauge.

Aufbewahrung. Unter den indifferenten Arzneimitteln.

Anwendung. Anissäure wirkt ähnlich der Salicylsäure und zwar äusserlich antiseptisch, innerlich antithermisch und antirheumatisch, gleichzeitig aber fehlen der Anissäure die ätzenden Eigenschaften der Salicylsäure; ebenso soll sie die Temperatur erniedrigen, ohne die Herzthätigkeit zu schwächen. Innerlich giebt man in der Regel das Natriumsalz oder den Phenylester.

Natrium anisicum. Anissaures Natrium, $C_6H_4(OCH_3)CO_2Na$, Natriumanisat. Wird durch Neutralisiren der Anissäure mit Natriumcarbonat oder Natriumbicarbonat dargestellt. Es krystallisirt aus der wässerigen Lösung mit 5 Mol. H_2O aus Alkohol mit $^1/_2$ Mol. H_2O in Blättchen. Das im Handel befindliche Präparat bildet ein mikrokrystallinisches Pulver, welches aus entwässertem Salz besteht und etwas hygroskopisch ist. Die wässerige Lösung ist neutral oder schwach sauer und giebt mit Silbernitrat einen weissen, mit Eisenchlorid einen eigelben Niederschlag.

Anwendung. An Stelle des Natriumsalicylates und in den nämlichen Gaben wie dieses als Antithermicum und Antirheumaticum. Es schmeckt weniger unangenehm wie das erstgenannte und wird auch besser vertragen.

Anissäure-Phenylester, $C_6H_4(OCH_3)CO_2C_6H_5$, die dem Salol entsprechende Verbindung der Anissäure. Wird dargestellt durch

Einwirkung von Phosphorpentachlorid auf eine Mischung von Anissäure und Phenol.

Farblose, bei 75—76° C. schmelzende Krystalle, in Wasser unlöslich, in Alkohol und in Aether leicht löslich. Man giebt ihn zu 0,5—1,0 gr pro dosi bei Rheumatismus und bei Neuralgien unter den gleichen Cautelen wie das Salol.

Acidum parakresotinicum.

Parakresotinsäure.   o-Oxy-m-Toluylsäure.   α-Kresotinsäure.
p-Homosalicylsäure.

$$C_6 H_3 . CO_2 H . OH . CH_3.$$

Diese der Salicylsäure homologe Verbindung wurde 1869 von Engelhard dargestellt, 1888 durch Demme therapeutisch empfohlen und wird seitdem durch die Chem. Fabrik Dr. von Heyden's Nachf. fabrikmässig erzeugt.

Darstellung. Dieselbe erfolgt analog derjenigen der Salicylsäure durch Erhitzen von p-Kresol-Alkali mit Kohlensäure:

$$C_6 H_4 {<}^{CH_3}_{ONa} \quad + \quad CO_2 \quad = \quad C_6 H_3 {<}^{CH_3}_{OH}{}_{CO_2 Na}$$

p-Kresol-Natrium   p-Kresotinsaures Natrium.

Aus der wässerigen Lösung des Reactionsproductes wird die freie Kresotinsäure durch Zusatz stärkerer Säuren gefällt und durch Umkrystallisiren gereinigt.

Eigenschaften. Farblose Krystallnadeln von saurer Reaction, leicht löslich in Alkohol, Aether, Chloroform, schwer löslich in kaltem Wasser, leichter löslich in siedendem Wasser, mit Wasserdämpfen leicht flüchtig. Die wässerige Lösung giebt mit Eisenchlorid violettblaue Färbung. Schmelzpunkt bei 151°.

Die Formel dieser Kresotinsäure ist:

$$C_6 H_3 {<}^{CO_2 H \ (1)}_{OH \quad (2)}{}_{CH_3 \ (5)}$$

Die Säure zerfällt beim Erhitzen mit conc. Salzsäure auf 180° C. in Kohlensäure und p-Kresol, beim Glühen mit Kalk wird auffallenderweise o-Kresol erhalten.

Eine reine Kresotinsäure ist ungefärbt, in Aether klar löslich; die über Schwefelsäure getrocknete Säure muss im Capillarrohre bei 151° schmelzen (durch Anwesenheit von Salicylsäure wird der Schmelzpunkt herabgedrückt). — 1 gr der trocknen Säure erfordert zur Neutralisation 0,368 gr KOH oder 65,7 ccm $^1\!/_{10}$-Normal-Alkali.

Aufbewahrung. Unter den indifferenten Arzneimitteln.

Anwendung. Kresotinsäure wird unter den gleichen Indicationen als Antisepticum, Antipyreticum und Antirheumaticum wie Salicylsäure angewendet. Vor dieser soll sie den Vorzug geringerer Nebenwirkungen besitzen. Innerlich giebt man die Kresotinsäure in Tagesgaben von 5—8 gr. — Die Ausscheidung der Kresotinsäure erfolgt zum grössten Theile durch den Harn als Glycuronverbindung, zum kleineren Theile als Kresotinsäure.

Acidum kresotinicum crudum, rohe Kresotinsäure, wird in einer Stärke von 20 gr in 10 l Wasser als Desinfectionsflüssigkeit zum Waschen der Thiere verwendet.

Natrium parakresotinicum, parakresotinsaures Natrium, $C_6 H_3 (OH) (CH_3) CO_2 Na$. Farbloses, geruchloses, fein krystallinisches Pulver von deutlich bitterem, aber nicht widerlichem Geschmack. Es löst sich in 24 Th. erwärmten Wassers, ohne sich nach dem Erkalten wieder abzuscheiden und giebt mit Eisenchlorid die für die freie Säure characteristische violette Blaufärbung.

Das Präparat dient als beste Form der innerlichen Anwendung der p-Kresotinsäure; es wirkt ähnlich wie Salicylsäure, soll aber besser vertragen werden als diese. Demme empfiehlt es insbesondere bei acutem Gelenkrheumatismus der Erwachsenen und Kinder. Erwachsene erhalten täglich 3—6 gr. Als höchste Gaben für Kinder giebt Demme folgende an:

	Grösste Einzelg.	Grösste Tagesg.
2— incl. 4 Jahre	0,1 —0,25 gr	0,5—1,0 gr
5— „ 10 „	0,25—1,0 „	2,5—3,5 „
11— „ 16 „	1,0 —1,5 „	3,5—4,5 „

Die Metakresotinsäure erwies sich als therapeutisch unwirksam, die Orthokresotinsäure wegen der schon nach relativ kleinen Gaben eintretenden Lähmung des Herzmuskels als unzweckmässig.

Kresin ist eine Auflösung von Kresolen in kresoxylessigsaurem Natrium mit einem Gehalt von 25 % Kresolen. Dient als Desinficiens.

Hypnonum.

Hypnon.   Acetophenon.

$$C_6 H_5 CO CH_3.$$

Diese den Chemikern schon lange wohlbekannte Verbindung wurde 1885 von Dujardin-Beaumetz als Hypnoticum empfohlen, doch dürfte sie sich auf die Dauer im Arzneischatz kaum erhalten.

Darstellung. Man unterwirft eine Mischung gleicher Moleculargewichte von essigsaurem Kalk und benzoësaurem Kalk der trocknen Destillation, wobei sich, wie durch nachfolgende Gleichung veranschaulicht wird, Acetophenon oder Hypnon bildet.

$$\begin{array}{c} CH_3\,CO \\ C_6\,H_5 \end{array} \left| \begin{array}{c} O - Ca \\ COO - \end{array} \right| \begin{array}{c} \rule{1.5cm}{0.4pt} O \\ Ca\,OOC \end{array} \left| \begin{array}{c} OC - CH_3 \\ - C_6\,H_5 \end{array} \right. = 2\,Ca\,CO_3 = 2\, \begin{array}{c} CH_3 \\ C_6\,H_5 \end{array} \hspace{-0.3cm} > CO.$$

Unbedingt nothwendig dabei ist es, das Erhitzen nur sehr allmälig zu steigern. Unter diesen Umständen erhält man ein stark gefärbtes, characteristisch riechendes, öliges Destillat, welches etwa 6% Hypnon enthält. Um dieses letztere in reinem Zustande zu gewinnen, unterwirft man das Rohproduct (das ölige Destillat) einer systematischen fractionirten Destillation. Man sammelt alle bis 195^0 übergehenden Antheile, welche im Wesentlichen aus Toluol $C_6 H_5 CH_3$, Benzophenon $(C_6 H_5)_2 CO$ und Cumarin $C_9 H_8 O_2$ bestehen. — Eine hierauf folgende, zwischen 195^0 und 205^0 übergehende Fraction wird besonders aufgefangen. Diese enthält das Acetophenon und wird nun einer nochmaligen, sehr sorgfältigen Fractionirung unterworfen. Die von 198^0 ab übergehenden Antheile sind im Wesentlichen Acetophenon oder Hypnon. Diese Antheile werden abgekühlt, wodurch sie zu einer festen Masse erstarren, welcher durch Absaugen zwischen Filtrirpapier die letzten Reste von Verunreinigungen entzogen werden. Hierauf wird das gereinigte Product nochmals rectificirt.

Eigenschaften. In reinem Zustande bildet das Hypnon ein farbloses oder ein sehr schwach gelblich gefärbtes, öliges Liquidum von scharfem Geschmack, einem nur schwer definirbaren Geruch, der zugleich an Bittermandelöl, Jasmin und an Orangenblüthen erinnert. In Wasser ist es nur sehr wenig löslich, leicht löslich bez. mischbar ist es mit Alkohol, Aether, Chloroform und mit fetten Oelen. — Bei mittlerer Temperatur ist es, wie schon bemerkt wurde, eine Flüssigkeit; wird es aber abgekühlt, so erstarrt es bei $+ 14^0$ C. zu grossen Krystallblättern, die nach Staedel und Kleinschmidt bei $20,5^0$ schmelzen. Sein spec. Gewicht ist $= 1,032$, also ein wenig höher wie dasjenige des Wassers.

Der Zusammensetzung $CH_3 - CO - C_6H_5$ gemäss führt die Ver-bindung die Namen Acetophenon, Methylphenyl-aceton, Methylphenyl-Keton, denen sich die medicinische Bezeichnung Hypnon zugesellt hat.

In chemischer Hinsicht zeigt das Acetophenon oder Hypnon alle Eigenschaften eines wahren Ketones. So ist es z. B. im Stande, mit einer Reihe von Substanzen sich durch Addition und Condensation zu verbinden: bemerkenswerth ist jedoch, dass es mit saurem schwefligsaurem Natrium $NaHSO_3$ eine krystallisirende Verbindung nicht eingeht. Wie alle Ketone ist auch das Hypnon ein neutraler Körper, der sowohl gegen blauen, als auch gegen rothen Lackmusfarbstoff sich indifferent erweist. — Durch schwache Oxydationsmittel wird es, da es in eine entsprechende Säure nicht übergeführt werden kann (vergl. Paraldehyd), nicht angegriffen, durch energische Oxydationsmittel dagegen, z. B. Kaliumbichromat + Schwefelsäure, wird es zu Benzoësäure + Kohlensäure oxydirt. Unter dem Einfluss von Reductionsmitteln, z. B. von Natriumamalgam, wird es in Methylphenylcarbinol $CH_3 - CH(OH) - C_6H_5$, zum Theil aber auch in das Pinakon $C_{16}H_{18}O_2$ übergeführt.

Prüfung. Das Hypnon sei farblos und siede bei 210^0 C.; beim Abkühlen auf $+ 14^0$ C. erstarre es zu farblosen Krystallblättern, die bei $20,5^0$ schmelzen. — Auf feuchtes blaues Lackmuspapier gebracht, röthe es dasselbe nicht oder nur sehr schwach (organische Säuren, z. B. Benzoësäure). — Wird 1 Tropfen Hypnon in 10 ccm einer $^1/_{1000}$-Normal-Kaliumpermanganatlösung unter Umschütteln eingetragen, so werde dieselbe nach Verlauf von 2 Minuten nicht entfärbt (Benzaldehyd, Cumarin etc.).

Aufbewahrung. Das Hypnon werde vorsichtig aufbewahrt.

Anwendung. Das Hypnon wurde im Jahre 1885 von Dujardin-Beaumetz als Hypnoticum für Erwachsene in Dosen von 0,2—0,5 gr empfohlen. Es ruft bei Erwachsenen tiefen Schlaf hervor und soll besonders bei Alkoholikern Chloral und Paraldehyd übertreffen. Das Präparat setzt die functionelle Erregbarkeit des Gehirns herab, auf welchen Umstand seine hypnotische Wirkung zurückgeführt wird. Da es indess nach Laborde die Erregbarkeit des Nervus vagus stark vermindert, den Blutdruck herabsetzt und den Respirationsrhythmus alterirt, so ist bei Anwendung dieses Mittels Vorsicht geboten! — Die Darreichung geschieht des unangenehmen, kreosotartigen Geschmackes wegen in Gelatin-Kapseln oder -Perles, die pro Stück 0,05 gr Hypnon mit Glycerin oder Mandelöl gemischt enthalten. Die Application des unvermischten Hypnons ist nicht anzurathen, da es auf die Magenwandung alsdann stark reizend wirken würde. Im Organismus wird es zu Kohlensäure und Benzoësäure verbrannt und letztere durch den Harn als Hippursäure (Benzoylglycocoll $CH_2 NH (C_6H_5 CO) COOH$ ausgeschieden.

> Rp. Hypnoni 1,0
> Ol. Amygdalar. 10,
> Gummi arabici 10,
> Sir. cort. Aurant. 60,
> Aq. destillat. 120,
> M. f. emulsio. Den vierten Theil
> bis die Hälfte zu nehmen.

Vorsichtig aufzubewahren.

Gallacetophenonum.

Gallacetophenon[1]). *Gallactophenon. Trioxyacetophenon.*
Alizaringelb. C. (Ludwigshafen).

$$C_6 H_2 . (OH)_3 . CH_3 CO.$$

Diese von Nencki und Sieber 1881 dargestellte Verbindung wurde 1891 durch L. von Rekowski als Ersatz des Pyrogallols empfohlen.

Darstellung. 1 Th. Pyrogallol wird mit 1,5 Th. Chlorzink und 1,5 Th. Eisessig kurze Zeit auf 145—150° C. erhitzt. Aus der noch heiss mit Wasser verdünnten Schmelze scheidet sich das Gallacetophenon krystallinisch ab und wird durch einmaliges Umkrystallisiren aus siedendem Wasser rein erhalten.

$$C_6 H_2 \begin{matrix} OH \\ OH \\ OH \end{matrix} + \begin{matrix} H \\ HO \end{matrix} OC . CH_3 = H_2 O + C_6 H_2 \begin{matrix} OH \\ OH \\ OH \\ CH_3 CO \end{matrix}$$

Pyrogallol   Essigsäure   Gallacetophenon.

Das Chlorzink wirkt bei der Reaction lediglich als wasserentziehendes Mittel.

Eigenschaften. Schmutzig fleischfarbiges, krystallinisches Pulver von schwachsaurer oder neutraler Reaction, in etwa 600 Th. kaltem Wasser, in heissem Wasser, Alkohol oder Aether leicht löslich, in

---

[1]) Die in zahlreichen Publicationen gebrauchten Bezeichnungen „Gallacotophenon" und „Gallacothophenon" sind natürlich auf Druckfehler zurückzuführen.

Glycerin in jedem Verhältnisse löslich. Durch Zusatz von Natrium-acetat wird die Löslichkeit in Wasser erhöht. Bei Zusatz von 30 gr Natriumacetat können 4 gr Gallacetophenon in 100 ccm Wasser in Lösung bleiben. · Der Schmelzpunkt liegt bei 170⁰. In Natriumcar-bonatlösung oder Natronlauge löst es sich mit gelber Färbung. Die wässerige Lösung wird durch Eisenchlorid grünschwarz gefällt. Silbernitrat wird sowohl in saurer wie in alkalischer Lösung reducirt. Auf Aluminiumoxyd bez. Hydroxyd wird das Gallacetophenon mit canariengelber Farbe fixirt.

Prüfung. Es reagire nur schwach sauer; seine Lösung in Kalk-wasser färbe sich nicht nach wenigen Augenblicken roth. (Pyro-gallussäure.) Es schmelze bei 170⁰ und verbrenne ohne einen Rück-stand zu hinterlassen (unorgan. Verunreinigungen).

Anwendung. Im Gegensatze zum Pyrogallol hat sich das Gallaceto-phenon als eine verhältnissmässig ungiftige Verbindung erwiesen, welche indess gegen Mikroorganismen stark antiseptisch wirkt. Es wird in Form von 10 proc. Salben bei Psoriasis empfohlen und soll hier ebenso gut wirken wie Pyrogallol, ohne die toxischen Erscheinungen des letzteren zu zeigen. Die Ausscheidung erfolgte bei den Thierversuchen in Form von Schwefel-säureäthern und Glycuronverbindungen.

Vorsichtig, vor Licht geschützt aufzubewahren.

Pyoktaninum coeruleum und aureum, Methylenblau.

Das Pyoktanin. coeruleum und aureum (von πῦον Eiter und κτείνω ich tödte) sind zwei ungiftige Anilinfarbstoffe, welche in Folge ihrer ausserordentlich bacterientödtenden Eigenschaften von S t i l l i n g in die Therapie eingeführt wurden. Sie werden von E. Merck dargestellt und in den Handel gebracht.

Das Pyoktanin. coeruleum ist ein reines „Methylviolett", welches nach der im Grossen üblichen Methode durch Einwirkung von Oxydationsmitteln auf Dimethylanilin dargestellt und einer wei-teren Reinigung unterworfen wird. Es besteht im Wesentlichen aus dem salzsauren Salze des Pentamethyl-p-Rosanilins, $C_{24}H_{28}N_3Cl$, und demjenigen des Hexamethyl-p-Rosanilins, $C_{25}H_{30}N_3Cl$. Es bildet ein blaues Pulver, welches sich leicht in Wasser und Wein-geist löst; Ammoniak und Natronlauge scheiden aus der wässerigen Lösung die Base als röthlichen Niederschlag ab.

14*

$$C \begin{cases} (1)\ C_6\,H_4\ (4)\ N\,(CH_3)_2 \\ (1)\ C_6\,H_4\ (4)\ N\,(CH_3)_2 \\ (1)\ C_6\,H_4\ (4)\ NH\,.\,CH_3\ Cl \end{cases}$$

Pentamethyl-p-Rosanilinchlorhydrat.

Das Pyoktanin. aureum ist reines Auramin, salzsaures Imido-tetramethyldi-p-amidodiphenylmethan, $C_{17}\,H_{24}\,N_3\,O\,Cl$. Dieser 1884 von Caro und Kern entdeckte Farbstoff wird durch Erhitzen von Tetramethyldiamidobenzophenon mit Ammoniumchlorid und Chlorzink auf 150—160° C. dargestellt und hat die Constitutionsformel:

$$C \begin{cases} (1)\ C_6\,H_4\ (4)\ N\,(CH_3)_2 \\ NH \\ (1)\ C_6\,H_4\ (4)\ N\,(CH_3)_2\,.\,HCl \end{cases} + H_2\,O.$$

Der vollwerthige Farbstoff wird als Auramin O in den Handel gebracht; Auramin I und II sind Mischungen mit Dextrin. Es bildet ein schwefelgelbes Pulver, schwer löslich in kaltem, leicht in heissem Wasser und in Alkohol. Durch Ammoniak wird aus der wässerigen Lösung die freie Base als weisser Niederschlag gefällt. Beim Erwärmen mit Wasser über 70° C. tritt Zersetzung ein.

Prüfung. Die Prüfung der Pyoktanine erstreckt sich auf einen etwaigen Gehalt an Arsen und mineralischen Verunreinigungen. Zur Nachweisung von Arsen werden ca. 2 gr mit Soda und Salpeter verascht und in der üblichen Weise im Marsh'schen Apparat geprüft. Zur Erkennung mineralischer Verunreinigungen verascht man 5 gr und untersucht den etwa bleibenden unverbrennlichen Rückstand nach dem gewöhnlichen Gang der Analyse. Spuren Eisen sind zulässig.

Anwendung. Das Pyoktanin kommt in Substanz als Pulver und in Form von Stiften, in wässeriger Lösung, als 1 und 2 procentiges Streupulver und in 2 bis 10 procentigen Salben zur Verwendung, und hat sich als wirksames Antisepticum bewährt. Namentlich findet es auf Empfehlung Stilling's in der Augenheilkunde Anwendung. Weiter ist es Mosetig-Moorhof gelungen, durch Injection von Pyoktaninlösung bei bösartigen, nicht operirbaren Neubildungen erhebliche Besserungen zu erzielen. Man spritzt 0,3 procentige wässerige Lösungen direct in die Geschwulst. In der Thierheilkunde hat sich das Pyoktanin in erster Linie gegen die Maul- und Klauenseuche bewährt. Ein Uebelstand für die Anwendung desselben ist sein grosses Färbevermögen.

Nach Jaenicke wirkt Methylviolett noch in grosser Verdünnung antiseptisch gegenüber dem Löffler'schen Diphtheriebacillus. Er betupft die diphtherischen Membranen mit der kalt gesättigten Lösung und wiederholt dies, sobald die Färbung der Beläge verschwunden ist.

Im Uebrigen ist die definitive Klärung der Ansichten über den Werth der „Pyoktanine" noch abzuwarten. Den sanguinischen Mittheilungen auf der einen Seite stehen sceptische Angaben auf der andern Seite gegenüber.

Mit den Namen „Benzo-Phenoneïd" und „Apyonin" wird in Frankreich ein Ersatz des gelben Pyoktanins bezeichnet; ob dasselbe mit dem Auramin identisch ist, muss dahingestellt bleiben.

Methylenblau.

Ein weiterer Anilinfarbstoff, welcher therapeutische Anwendung findet, ist das Methylenblau, das Chlorhydrat des Tetramethylthionins, $C_{16}H_{18}N_3SCl$. Es bildet ein dunkelgrünes, bronceglänzendes Pulver, welches sich leicht mit blauer Farbe in Wasser löst, weniger leicht in Alkohol löslich ist. Durch einen Ueberschuss von concentrirter Natronlauge entsteht in der wässerigen Lösung ein schmutzig violetter Niederschlag. Die Constitutionsformel ist:

$$(CH_3)_2\,N\,.\,C_6\,H_3 \underset{S}{\overset{N}{<\!\!>}} C_6\,H_3\,.\,N\,.\,(CH_3)_2\,Cl.$$

Prüfung. Die Prüfung erstreckt sich auf einen Gehalt an Arsen und mineralischen Verunreinigungen und wird auf dieselbe Art, wie diejenige des Pyoktanins ausgeführt.

Anwendung. Das Methylenblau besitzt nach Ehrlich und Lippmann schmerzstillende Wirkung bei neuritischen Processen und bei Rheumatismus articulorum. Man giebt das Mittel subcutan in der Dosis von 0,06 gr oder innerlich in Gelatinekapseln, die 0,1 bis 0,5 gr enthalten. Höchste Tagesdosis 1 gr. Auch bei Malaria fand das Methylenblau durch Guttmann und Ehrlich Verwendung; 0,1 gr fünfmal täglich. Einhorn giebt bei Cystitis, Pyelitis und Carcinoma 0,2 gr zwei bis dreimal täglich mit gutem Erfolg.

Da unter dem Namen „Methylenblau" auch das Zinkchloriddoppelsalz des Tetramethylthionins in dem Handel vorkommt, so achte man beim Veraschen des Präparates auf das etwaige Zurückbleiben von Zinkoxyd.

Naphthalinum.

Naphthalin.

$C_{10}\,H_8.$

Aus den zwischen 180°—250° C. übergehenden Destillationsproducten des Steinkohlentheers, dem Schweröl, scheiden sich nach längerem Stehen dunkelgefärbte, krystallinische Massen ab, welche im Wesentlichen aus stark verunreinigtem Naphthalin bestehen. Dieselben werden von beigemengten flüssigen Bestandtheilen durch Pressen befreit und der Rückstand zuerst mit Natronlauge, hierauf mit verdünnter Schwefelsäure behandelt, um die beigemengten sauren (Phenole) und basischen Substanzen (Anilin und andere Basen) zu entfernen. Durch hierauf folgende Destillation mit Wasserdämpfen resultirt ein schon wesentlich reineres Product. Zur weiteren Reinigung erhitzt man dasselbe wiederholt mit kleinen Mengen conc. Schwefelsäure auf 180° C. und destillirt es alsdann jedesmal mit Wasserdämpfen. Man erhält es so nach mehrmaliger Wiederholung dieses Verfahrens zwar rein weiss, indessen zeigt es die unangenehme Eigenschaft, sich namentlich unter dem Einfluss von Luft und Licht sehr bald zu bräunen. Um diesen, von einer Verunreinigung durch Phenole herrührenden Uebelstand zu beseitigen, schmilzt man das Naphthalin mit Schwefelsäure (von 66° B.), setzt 5% vom Gewicht des Naphthalins an Braunstein hinzu und erhitzt 15—20 Minuten lang im Wasserbade; dann wäscht man das Product mit Wasser und Natronlauge und destillirt es von neuem. Durch diese Procedur werden die störenden Verunreinigungen oxydirt, während das Naphthalin im Wesentlichen unangegriffen bleibt.

Das Naphthalin ist ein Kohlenwasserstoff der Formel $C_{10}H_8$, und, wie das Benzol, das Anfangsglied einer ganzen Reihe, der „Naphthalinreihe“. Von seiner Constitution macht man sich die Vorstellung, es seien in ihm zwei Benzolkerne in eigenthümlicher Weise verbunden, die durch nachfolgendes Schema verdeutlicht wird.

Naphthalin.

Eigenschaften. Es bildet farblose, glänzende Krystallblätter von durchdringendem, an Steinkohlentheer erinnernden Geruch und brennendem, aromatischen Geschmack, und ist schon bei gewöhnlicher Temperatur, besonders leicht aber mit Wasserdämpfen flüchtig; es schmilzt bei 80° C., siedet bei 218° C. und verbrennt, entzündet, mit leuchtender, russender Flamme. In Wasser ist es selbst in der Siedehitze nur wenig löslich, leicht löslich ist es dagegen in Aether, in Chloroform und in Schwefelkohlenstoff. Beim Erwärmen löst es sich auch in Weingeist, fetten Oelen und in Paraffin reichlich auf.

In chemischer Hinsicht zeigt es alle Eigenschaften eines Kohlenwasserstoffes der aromatischen Reihe. Es giebt mit Schwefelsäure gut characterisirte Sulfosäuren, mit Salpetersäure Nitroderivate, deren einige als Farbstoffe Verwendung finden. Bemerkenswerth ist die Thatsache, dass es durch Oxydation relativ leicht in Phthalsäure $C_6 H_4 (CO\ OH)_2$ übergeführt werden kann, aus welcher durch geeignete Behandlung bekanntlich Benzoësäure, auch einige wichtige Farbmaterialien wie Phenolphthaleïn und Eosin dargestellt werden können.

Prüfung. Das Naphthalin sei farblos, röthe feuchtes blaues Lackmuspapier nicht (freie Säuren z. B. Schwefelsäure) und verbrenne auf dem Platinblech, ohne einen Rückstand zu hinterlassen. Zur Feststellung des Reinheitsgrades genügt die dauernde Farblosigkeit des Präparates, sowie die Bestimmung des Schmelz- und Siedepunktes. Ausserdem muss es sich in conc. Schwefelsäure beim mässigen Erwärmen ohne Färbung auflösen. Die Identität ergiebt sich aus dem durchdringenden Geruch unschwer von selbst.

Aufbewahrung. Unter den indifferenten Mitteln, doch empfiehlt es sich unbedingt, dasselbe, ähnlich wie Moschus, Jodoform etc. von den übrigen Arzneimitteln getrennt, in sehr wohl verschlossenem Blechkasten unterzubringen.

Anwendung. Das Naphthalin wird namentlich auf Grund seiner antiseptischen, desinficirenden Eigenschaften angewendet. Aeusserlich benutzt man es in 10—12 procentiger öliger Lösung (Ol. Lini oder Olivarum) gegen Krätze, ferner in Salbenform gegen eine Reihe von Hautkrankheiten. In einigen Kliniken wird es auch zur antiseptischen Wundbehandlung in Form von Sprays, Gaze und Watte herangezogen. Innerlich wird es in Dosen von 0,1 bis 0,5 bis 1,0 gr als expectorirendes Mittel bei Erkrankungen der Luftwege in Pillen, Pulvern und Pastillen gegeben. Neuerdings ist es auch als sicheres Mittel gegen Spulwürmer für Kinder in Dosen von 0,1 gr empfohlen worden.

Aus dem Organismus scheint das Naphthalin in Form von β-Naphthol oder β-Naphthol-Glycuronsäure ausgeschieden zu werden. Auf Zusatz von Ammoniak nimmt frischer Naphthalinharn in der Regel blaue Fluorescenz an. Versetzt man 5—6 ccm des Harns mit 3—4 Tropfen Chlorkalklösung und etwas Salzsäure, so nimmt der Harn intensiv citronengelbe Färbung an. Schüttelt man nun mit Aether aus, schichtet die ätherische Lösung über 1 procentige Resorcinlösung und fügt einige Tropfen Ammoniak hinzu, so nimmt die Resorcinlösung schön blaugrüne Färbung an. (Edlessen.)

Auf Grund seiner Eigenschaft, für niedrige Organismen ein heftiges Gift zu sein, benutzt man das Naphthalin zum Conserviren von Sammlungen, Kleidern, auch beim Ausstopfen von Thieren. Gegen Motten wird es am zweckmässigsten in Form der Naphthalinblätter angewendet. Der neuerdings bliebte Gebrauch, Insectenpulver durch Naphthalin zu ver-

bessern (!), ist als ein Missbrauch zu characterisiren, der wahrscheinlich
auf die Absicht zurückzuführen ist, geringwerthige Pflanzenpulver dem
Insectenpulver unterzuschieben.

Zu innerem Gebrauch soll stets nur aus Alkohol umkry-
stallisirtes Naphthalin dispensirt werden.

Naphthalinblätter. Man schmilzt Acid. carbol. 25 Th.,
Ceresin 25 Th., Naphthalin 50 Th. und bestreicht mit der geschmolzenen Masse nicht geleimtes Papier, welches auf einer erwärmten
Metallunterlage, z. B. einem Eisen- oder Kupferblech, ausgebreitet
ist, in der Weise, wie man bei der Wachspapierbereitung verfährt.

Rp.	Naphthalini	1,0		Naphthalini	10,
	Elaeos. Menthae pip.	5,0		Ol. Lini	100,
M. f. plv. Div. in p. X.			D. S.	Aeusserlich	
S.	4 mal täglich ein Pulver.				

Naphtholum.

Iso- oder β-Naphthol.

$C_{10} H_8 O.$

Ersetzen wir in dem Naphthalin $C_{10} H_8$ ein Wasserstoffatom
durch eine Hydroxylgruppe (— OH), so gelangen wir zu der Verbindung $C_{10} H_7 . OH$, welche Naphthol genannt wird und verglichen
werden kann mit dem vom Benzol auf die nämliche Weise sich ableitenden Phenol.

Indessen verhalten sich bezüglich dieser Substituirung nicht alle
Wasserstoffatome des Naphthalins gleichwerthig, es finden sich vielmehr in ihm zweimal je vier gleichwerthige Wasserstoffatome vor.
In dem nachstehenden Schema sind die gleichfunctionirenden Wasserstoffatome mit gleichen Buchstaben bezeichnet,

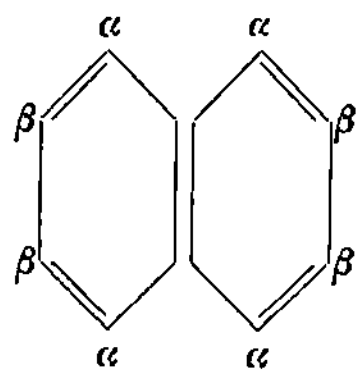

und man ist übereingekommen bei Monosubstitutionsproducten diejenigen als α-Derivate zu bezeichnen, bei denen die substituirenden
Gruppen eins der hier durch α bezeichneten Wasserstoffatome er-

setzt haben, im anderen Falle dagegen sie durch den Ausdruck β-Derivate zu characterisiren. Für die Verbindung $C_{10}H_7 . OH$ könnten wir daher nachstehende zwei mögliche Formen construiren,

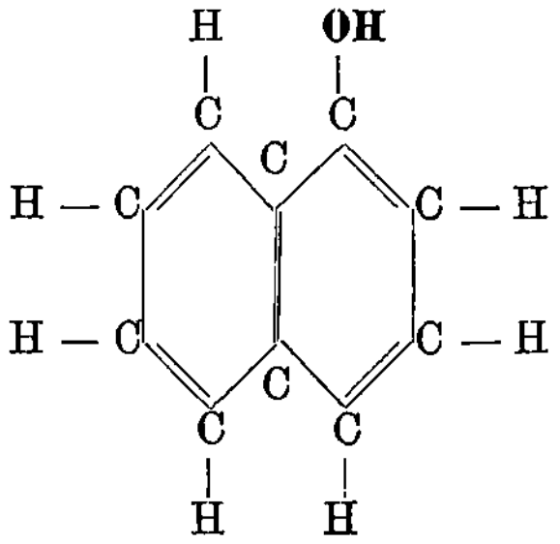

α-Naphthol β-Naphthol

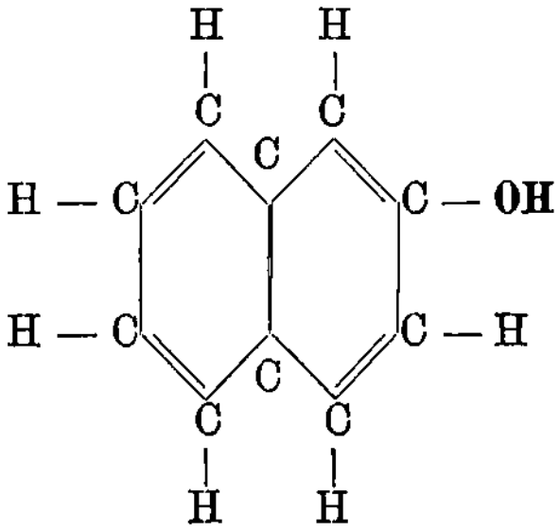

wobei es natürlich nach dem eben Gesagten als gleichgültig erscheinen muss, welches der als α und welches der als β bezeichneten Wasserstoffatome ersetzt wurde. Für uns handelt es sich wesentlich um die Betrachtung der als β-Naphthol bezeichneten Verbindung.

Darstellung. Lässt man auf Naphthalin rauchende Schwefelsäure bei 80—90° C. einwirken, dann tritt der Schwefelsäurerest — SO_3H (der Sulforest) wesentlich in die α-Stellung des Naphthalins ein, es bildet sich vorzugsweise α-Naphthalinsulfosäure und wenig β-Naphthalinsulfosäure, welche man übrigens durch Ueberführen in die Calciumsalze, von denen das β-Salz unlöslicher ist als das α-Salz, trennen kann.

Will man indessen das im Allgemeinen viel wichtigere β-Naphthol gewinnen, so erhitzt man das Naphthalin mehrere Stunden hindurch mit Schwefelsäure auf 200° C. Unter diesen Umständen geht die anfangs gebildete α-Naphthalinsulfosäure nahezu quantitativ in β-Naphthalinsulfosäure über

$$C_{10}H_7 \boxed{H + HO} SO_3H \;=\; H_2O \;+\; C_{10}H_7 . SO_3H \;(\beta).$$

Man löst das Reactionsproduct in Wasser, sättigt die Lösung mit Kalkmilch, scheidet aus dem Filtrat das β-Naphthalinsulfosäure-Calciumsalz durch Einengen und darauf folgende Krystallisation ab, löst dieses wiederum in Wasser und führt es durch Zusatz von Natriumcarbonat (Soda) in das Natriumsalz über.

$$(C_{10}H_7 SO_3)_2 Ca \;+\; Na_2CO_3 \;=\; CaCO_3 \;+\; 2\,C_{10}H_7 SO_3Na$$

Naphthalinsulfosaures Calcium   Naphthalinsulfosaures Natrium.

Das durch Eindampfen der geklärten Flüssigkeit gewonnene Natriumsalz wird alsdann in schmelzendes Natronhydrat eingetragen. In der Natronschmelze bilden sich schwefligsaures Natrium und Naphtholnatrium, aus welchem letzteren durch Salzsäure Naphthol in Freiheit gesetzt wird.

$$C_{10}H_7 \boxed{SO_3Na + Na} OH = Na_2SO_3 + C_{10}H_7 . OH\,[1])$$

Das gesammelte β-Naphthol wird in Filterpressen abgepresst, der Destillation unterworfen und zum Zweck definitiver Reinigung auch noch aus heissem Wasser umkrystallisirt. — Die Handelssorten enthalten stets mehr oder weniger, durchschnittlich 5 $\%$ α-Naphthol, eine Verunreinigung, welche aus der Darstellungsmethode leicht erklärlich ist, auch für technische Zwecke wenig in Betracht kommt. Die medicinalen Sorten dagegen müssen von dieser Beimengung frei sein. — Das beliebte medicinale β-Naphthol in Schüppchen erhält man durch Umkrystallisiren von β-Naphthol aus Petroleumäther.

Eigenschaften. Das β-Naphthol bildet farblose, seidenglänzende Krystallblättchen oder ein weisses krystallinisches Pulver von schwachem, phenolartigem Geruch und brennend-scharfem, aber nicht lange anhaltendem Geschmack, schmilzt in reinem Zustande bei 123°C. und siedet bei 286°C. Es löst sich in etwa 1000 Th. kalten oder 75 Th. siedenden Wassers zu einer aromatisch schmeckenden Flüssigkeit, welche auf Zusatz von Ammoniak oder Natronlauge eine bläulich-violette Fluorescenz zeigt, mit Chlorwasser eine stark weisse Trübung giebt, die durch Ammoniak wieder zum Verschwinden gebracht wird, wobei eine grüne, später braune Färbung auftritt. Eisenchlorid färbt die wässerige Lösung grünlich, dagegen wird sie weder durch Ferrosulfat, noch durch Bleiacetat verändert. In Weingeist, Aether, Benzol, Chloroform, Oelen und alkalischen Flüssigkeiten ist das β-Naphthol leicht löslich.

Seinen chemischen Eigenschaften nach ist es ein vollständiges Analogon des gewöhnlichen Phenols oder der Carbolsäure. Es zeigt sich dies dadurch, dass es sich mit ätzenden Alkalien zu gut characterisirten Salzen löst, aus denen es schon durch sehr schwache Säuren, wie Kohlensäure und Essigsäure, wieder ausgeschieden wird.

Prüfung. Es sei annähernd farblos; die heissgesättigte Lösung gebe mit Eisenchlorid keine violette Färbung (sonst wäre α-Naphthol zugegen). — 0,5 gr auf Platinblech erhitzt, verbrenne ohne Hinterlassung eines Rückstandes (unorganische Verunreinigungen, die von der Darstellung herstammen könnten). — 0,5 gr müssen sich in 25 ccm Ammoniakflüssigkeit ohne Rückstand auflösen; ein Ueberschuss von Salzsäure fälle das β-Naphthol aus dieser Lösung in rein weissem Zustande aus. — Im übrigen ist für die Beurtheilung der

---

[1]) Auch hier bildet sich infolge des bedeutenden Ueberschusses an Natronhydrat natürlich Naphtholnatrium $C_{10}H_7ONa$; vergl. unter Resorcin.

Reinheit die Bestimmung des Schmelzpunktes und des Siedepunktes von der grössten Wichtigkeit. — Stark verunreinigte Präparate zeigen ausserdem dem Licht gegenüber ein bemerkenswerthes Verhalten insofern, als die vom Licht getroffenen Partien allmälig eine dunkle Färbung annehmen. Solchen Präparaten ist von vornherein mit Misstrauen zu begegnen.

Aufbewahrung. In wohl verschlossenen Gefässen vor Licht geschützt.

Anwendung. Es dient zur Zeit ausschliesslich zum äusserlichen Gebrauch auf Grund seiner antiseptischen Eigenschaften. Man benutzt es namentlich in Salbenform (1—3 : 30), oder in alkoholischen Lösungen (2—10 : 100) bei Hautkrankheiten, Krätze, an Stelle des früher gebrauchten Theers. In Lösungen von 1 : 1000 ist es als Conservirungsflüssigkeit für anatomische Präparate von Wolf warm empfohlen worden.

Innerlich wirkt es entschieden giftig; ja Intoxicationserscheinungen können schon nach äusserlichem Gebrauch in Folge von Resorption auftreten; doch scheint nach neueren Beobachtungen der Grad seiner Toxicität doch etwas übertrieben worden zu sein.

Wird **Naphtholum** verordnet, so ist stets das β- oder Iso-Naphthol, niemals das diesem isomere α-**Naphthol** zu dispensiren!

Die Prüfung des verwendeten β-Naphthols auf einen etwaigen Gehalt an α-Naphthol (mittels der Eisenchloridreaction) ist aus dem Grunde von besonderer Wichtigkeit, als das α-Naphthol stark toxische Eigenschaften besitzt, die es bisher zur medicinischen Verwendung untauglich machten.

Durch den Harn wird das Naphthol auch nach äusserlicher Anwendung in Form einer Aetherschwefelsäure ausgeschieden. Zum Nachweis von Naphthol im Harn säuert man 500 ccm Harn stark mit Salzsäure an und destillirt etwa die Hälfte mit Wasserdampf über. Man schüttelt das Destillat mit Aether aus und dunstet die Aetherlösung ein. Der Rückstand besteht aus β-Naphthol und giebt beim Erwärmen mit conc. Kalilauge und etwas Chloralhydrat oder Chloroform grünblaue Färbung. (Lustgarten.)

Technisch findet das β-Naphthol ausgedehnte Verwendung, namentlich in der Theerfarbenfabrication. Die Alkalisalze des Di-nitro-β-Naphthols $C_{10}H_5(NO_2)_2OH$ kommen als Martiusgelb oder Manchestergelb in den Handel, ausserdem wird es zur Erzeugung eines der prachtvollsten Azofarbstoffe, des Biebericher Scharlachs benutzt. Der letztere wird durch Paarung von diazotirter Amidoazobenzolsulfosäure (Säuregelb) mit β-Naphthol erhalten und besitzt die Zusammensetzung

$$C_6H_4(SO_3H)N=N-C_6H_4N=N-C_{10}H_6OH.$$

Hydronaphthol wird ein von Amerika aus als Antisepticum und Desinficiens empfohlenes, angebliches Reductionsproduct des β-Naphthols genannt, welches die gleichen guten Eigenschaften wie das β-Naphthol besitzen soll, ohne dessen toxische Wirkungen zu zeigen. Nach Merck soll dasselbe nichts anderes als absichtlich verunreinigtes β-Naphthol sein, da sein Schmelzpunkt ursprünglich bei 116—117° liegt, nach dem Umkrystallisiren aber auf 121—122° C. steigt, eine Angabe, welche von einer Seite bestätigt, von anderer bestritten wird. Es ist zur Zeit die Frage, was Hydronaphthol ist und ob es mit β-Naphthol identisch ist, als eine offene zu bezeichnen.

Microcidin wird von Polaillon ein Präparat genannt, welches nichts anderes als „Naphtholnatrium" $C_{10}H_7 . O\,Na$ ist. Lösungen von 0,3—0,5 % sollen in der Wundbehandlung Verwendung finden. Innerlich wirkt es antithermisch und als Darmantisepticum; die Ausscheidung erfolgt als Aetherschwefelsäure. Das Präparat erscheint ziemlich überflüssig.

Naphthol-Kampher, *Camphora naphtholica*, wird durch Verflüssigen von 1 Th. Naphthol mit 2 Th. Kampher dargestellt.

Benzonaphtholum, Naphthylbenzoat, Benzoësäure-Naphtholäther $C_6H_5CO_2 . C_{10}H_7$.

Es wird durch Einwirkung von Benzoylchlorid auf β-Naphthol in der Wärme dargestellt:

$$C_6H_5CO_2 \; H \; + \; HO \; C_{10}H_7 \; = \; H_2O + C_6H_5CO_2 . C_{10}H_7.$$

Benzoësäure β-Naphthol   Benzonaphthol.

Das Reactionsproduct wird zunächst mit dünner Natronlauge gewaschen, alsdann aus heissem Alkohol umkrystallisirt.

Farblose, bei 107° C. schmelzende Nadeln, in Wasser sehr schwer (1 : 10000) löslich, leicht löslich in Alkohol und in Chloroform, schwerlöslich in Aether.

Das Präparat wird im Darme in Benzoësäure und Naphthol gespalten. Die erstere wird als Hippursäure, das letztere als Aetherschwefelsäure ausgeschieden. Yvon und Berlioz empfehlen das Benzonaphthol als Darmantisepticum an Stelle des Betols, angeblich weil es weniger toxisch wirken soll als dieses, was indessen zu bezweifeln ist. Erwachsene können bis zu 5 gr, Kinder bis zu 2 gr im Tage erhalten. S. auch Betol.

β - **Naphtholcarbonat**, Kohlensaurer β - Naphthylester. $CO_3(C_{10}H_7)_2$. Wird durch Einwirkung von Kohlenoxychlorid auf β-Naphtholnatrium erhalten:

$$CO \begin{cases} Cl \\ Cl \end{cases} + \begin{matrix} Na - O\,C_{10}H_7 \\ Na - O\,C_{10}H_7 \end{matrix} = 2\,NaCl + CO \begin{cases} O\,C_{10}H_7 \\ O\,C_{10}H_7 \end{cases}$$

Kohlenoxychlorid β-Naphtholnatrium β-Naphtholcarbonat.

Atlasglänzende, farblose, in Wasser unlösliche Blättchen, Schmelzpunkt 176° C. Soll an Stelle des β-Naphthols als Darmantisepticum verwendet werden, da es weniger reizend wirkt als dieses.

Asaprolum.

Asaprol.   β-Naphthol-α-monosulfosaures Calcium.

$$(C_{10} H_6 . \beta\ OH . \alpha\ SO_3)_2\ Ca + 3\ H_2 O.$$

Unter dem Namen „Asaprol" (von σαπρός faulig) empfahlen 1892 Stackler und Dubief das β-Naphthol-α-monosulfosaure Calcium zur therapeutischen Anwendung. Die Darstellung erfolgt durch Sättigen einer wässerigen Lösung der freien β-Naphthol-α-monosulfosäure mit Calciumcarbonat, Einengen der Lösung und gestörte Krystallisation.

Farbloses, neutrales Pulver, löslich in 1,5 Th. Wasser und in ungefähr 3 Th. Alkohol.

Das Asaprol, welches nicht reizend, aber antiseptisch wirkt, wird von den genannten Verfassern zur innerlichen Anwendung bei zahlreichen Krankheiten: Rheumatismus, Gicht, Typhus u. s. w. empfohlen. Die Tagesdosen sind 1—4 gr.   Eine Zukunft dürfte das Mittel kaum haben.

Bei der Verordnung des Asaprols sind lösliche Sulfate, Natriumbicarbonat und Kaliumjodid auszuschliessen, da diese Zersetzung des Präparates herbeiführen.

Saprol steht mit dem eben genannten Asaprol in keiner Beziehung, ist vielmehr ein Desinfectionsmittel und besteht aus Roh-Kresolen, welche durch Zusatz leichter Kohlenwasserstoffe specifisch so leicht gemacht sind, dass das Gemisch auf Wasser schwimmt.

Betolum.

Betol.   Naphthalol.   Naphthosalol.   Salinaphthol.
Salicylsäure-Naphthyläther.

$$C_6 H_4 (OH) COO . C_{10} H_7.$$

Mit diesen verschiedenen Namen wird der Salicylsäure-β-Naphthyläther bezeichnet. Salol und Betol sind Derivate der Salicylsäure, welche sich von einander dadurch unterscheiden, dass im ersteren Falle ein H-Atom der Salicylsäure durch den Phenylrest $C_6 H_5$ — im anderen Falle durch den Naphthylrest $C_{10} H_7$ — ersetzt ist.

$$C_6 H_4 < {}^{OH}_{COO\ H} \qquad C_6 H_4 < {}^{OH}_{COO\ C_6 H_5} \qquad C_6 H_4 < {}^{OH}_{COO\ C_{10} H_7}$$

Salicylsäure   Salol   Betol.

Das Betol wurde, wie das Salol, zuerst von Nencki erhalten und wird gegenwärtig fabrikmässig in grossem Maassstabe und in ausgezeichneter Reinheit dargestellt. Seine Darstellung ist der des Salols ganz analog.

Darstellung. (Nach Nencki und von Heyden Nachf.) Ein Gemisch von Natriumsalicylat und β-Naphtholnatrium wird mit Phosphoroxychlorid auf 120—130° C. erhitzt. Nach Beendigung der Reaction, welche nachfolgende Gleichung veranschaulicht:

$$2\,C_6\,H_4\,(OH)\,COO\,Na\,+\,2\,C_{10}\,H_7\,O\,Na\,+\,PO\,Cl_3\,=$$
$$2\,C_6\,H_4\,(OH)\,COO\,C_{10}\,H_7\,+\,Na\,PO_3\,+\,3\,Na\,Cl$$

wird das Reactionsproduct in Wasser gebracht, um es von dem gebildeten Chlornatrium und Natriumphosphat zu befreien, hierauf durch Umkrystallisiren aus Alkohol gereinigt.

(Nach Eckenroth.) Durch Einwirkung von Phosgen ($CO\,Cl_2$) auf ein Gemisch molecularer Mengen von Natriumsalicylat und β-Naphtholnatrium in der bei Salol angegebenen Weise, doch ist bisher nicht bekannt geworden, ob das Betol nach diesem Verfahren dargestellt wird.

Eigenschaften. In reinem Zustande bildet das Betol ein rein weisses, aus glänzenden Krystallen bestehendes Pulver, welches weder Geruch noch Geschmack besitzt und bei 95° C. schmilzt. In kaltem und in heissem Wasser ist es so gut wie unlöslich, desgleichen ist es unlöslich in kaltem wie in heissem Glycerin. Schwerlöslich ist es in kaltem Alkohol und in kaltem Terpentinöl, leicht löslich (1 : 3) in siedendem Alkohol, in Aether, in Benzol, sowie in heissem bez. warmem Leinöl.

In chemischer Beziehung ist das Betol ein ziemlich beständiger Körper. In der Kälte wird es weder von Alkalien noch von Säuren mittlerer Concentration verändert, erst bei Einwirkung concentrirter Säuren oder Aetzalkalien in der Hitze wird es in seine Componenten, d. h. in Salicylsäure und in β-Naphthol gespalten. Kocht man daher etwa 0,5 gr Betol mit ungefähr 5 ccm Natronlauge, so löst es sich auf. Uebersättigt man alsdann nach dem Erkalten die Lösung mit Salzsäure, so scheidet sich nach einiger Zeit Salicylsäure (event. mit β-Naphthol gemengt) in feinen Nadeln ab.

Prüfung. Löst man 0,1 gr Betol in 10 ccm Spiritus und bringt in diese Lösung 1 Tropfen stark verdünntes Eisenchlorid, so färbt sich die Flüssigkeit schön violett. Umgekehrt aber wird durch Eingiessen einiger Tropfen alkoholischer Betollösung in stark verdünntes Eisenchlorid keine Färbung, sondern nur eine milchige Trübung verursacht (Abwesenheit freier Salicylsäure).

Uebergiesst man 0,1 gr Betol mit 2—3 gr conc. reiner Schwefelsäure, so nimmt es eine rein citronengelbe Färbung an, nach einigen Secunden ergiebt sich eine ebenso gefärbte Lösung, in welcher durch Zufügung einer Spur Salpetersäure eine olivenbraungrüne Färbung entsteht. (Unterschied vom Salol, welches mit Schwefelsäure sehr hellgelbe Färbung und mit Salpetersäure keine braune Farbenerscheinung giebt.)

Der Schmelzpunkt des trocknen Präparates liege bei 95° C. — 0,5 gr Betol auf dem Platinblech erhitzt, müssen, ohne einen Rückstand zu hinterlassen, verbrennen (unorganische Verunreinigungen). Werden 0,5 gr des Präparates mit 10 ccm Wasser zum Sieden erhitzt, so darf das Filtrat nicht sauer reagiren (Salicylsäure, Salzsäure, Phosphorsäure) und nach dem Erkalten keine krystallinischen Abscheidungen aufweisen (β-Naphthol und Salicylsäure) und auf Zusatz von einigen Tropfen Silbernitrat sich nicht sofort trüben (Chlorverbindungen oder phosphorsaure Salze). — Unreine Präparate kennzeichnen sich meist dadurch, dass sie nach einiger Zeit der Aufbewahrung (bläuliche oder röthliche) Färbung annehmen.

Aufbewahrung. In der Reihe der indifferenten Arzneistoffe.

Anwendung. Therapeutisch steht das Betol dem Salol sehr nahe. Wie dieses vom Pankreassaft und von den Fermenten der Darmschleimhaut in Salicylsäure und Phenol gespalten wird, so erleidet jenes unter den gleichen Bedingungen eine Zerlegung in Salicylsäure und Naphthol. Kobert hat es in Dosen von 0,3—0,5 gr viermal täglich ohne störende Nebenerscheinungen mit gutem Erfolge bei verschiedenen Blasencatarrhen, namentlich bei der gonorrhoischen Cystitis mit alkalischer Zersetzung des Harns, ferner bei acutem Gelenkrheumatismus gegeben. Die Dosis kann ohne Bedenken auf 1—2 gr gesteigert werden. Eine weitere Verwendung dürfte das Betol ferner bei den verschiedensten Zuständen von Fäulniss im Darm finden.

Rp. Betoli   3,—5,—10,0
     Sacchari albi   3,0
M. f. plv. Div. in p. X.
S. 4 mal täglich ein Pulver.

Die Ausscheidung erfolgt durch den Urin als Salicylursäure und als Naphthylschwefelsäure.

Therminum.

Thermin.   Tetrahydro-β-naphthylamin.

$C_{10} H_{11} NH_2$.

Das „Thermin" oder „Tetra hydro-β-naphthylamin", $C_{10} H_{11} NH_2$, wurde von Bamberger und Rud. Müller durch Einwirkung von Natrium auf β-Naphthylamin in amylalkoholischer Lösung erhalten.

(Ber. d. Deutsch. chem. Ges. Band 21 S. 847.) Es bildet eine farblose, wasserhelle Flüssigkeit von piperidinartigem Geruch und besitzt so stark basische Eigenschaften, dass es selbst Kohlensäure energisch bindet. Das Chlorhydrat des Tetrahydro-β-naphthylamins krystallisirt in weissen, gut ausgebildeten, tafelförmigen Krystallen, welche sich leicht in Wasser, Aethyl- und Amylalkohol lösen und bei 237° C. schmelzen.

Wirkung. Das Thermin wurde von F i l e h n e physiologisch untersucht. Dieser fand, dass es mydriatisch wirkt und die merkwürdige Eigenschaft besitzt, die Körpertemperatur beträchtlich zu erhöhen. Als Arzneimittel hat es bis jetzt nur versuchsweise in Form des salzsauren Salzes Verwendung gefunden.

Thermifugin. Mit diesen Namen wird das „Methyltrihydrooxychinolincarbonsaure Natrium" $C_9H_8N.(CH_3)(OH)CO_2Na$ bezeichnet, welches in Gaben von 0,1—0,25 gr vorübergehend als Antipyreticum empfohlen wurde.

Acidum α-oxynaphthoïcum.

α-Oxynaphthoësäure. α-Naphtholcarbonsäure.

$$C_{10}H_6(OH)CO_2H.$$

Diese 1869 von E l l e r dargestellte, der Salicylsäure analoge Verbindung wird seit 1884 durch die chem. Fabrik vorm. Dr. v o n H e y d e n's N a c h f. erzeugt.

Darstellung. Durch Erhitzen von α-Naphtholnatrium im Kohlensäurestrome entsteht α-oxynaphthoësaures Natrium:

$$C_{10}H_6\genfrac{}{}{0pt}{}{H}{O}Na + CO_2 = C_{10}H_6{<}\genfrac{}{}{0pt}{}{CO_2Na}{OH}$$

Naphthol-Natrium   Naphthoësaures Natrium

aus welchem die freie Säure durch Mineralsäuren abgeschieden wird.

Eigenschaften. Weisses krystallinisches Pulver von beissendem Geschmack, die Nasenschleimhaut stark zum Niesen reizend. Sublimirbar, schwer löslich in Wasser, leicht löslich in Alkohol, Aether, Chloroform, Benzol, fetten Oelen, Glycerin. Die Lösungen werden durch Eisenchlorid blau gefärbt. Die völlig trockne Säure schmilzt bei 186° unter Zerfall in Kohlensäure und Naphthol.

Aufbewahrung. V o r s i c h t i g.

Anwendung. α-Oxynaphthoësäure wirkt weniger ätzend als Salicylsäure, aber fünfmal stärker gährungshemmend als diese. Sie ist empfohlen worden als Antisepticum und Antizymoticum (nach Schwimmer vorzüglich bei Krätze), in der Thierheilkunde als Antiparasiticum. Man benutzt sie als antiseptischen Ersatz des Jodoforms in Gestalt von 0,5 proc. Collodium, etwa 5 proc. Salben und Verbandwatte von 1 %/₀₀ und 1 % Gehalt. Die Hauptanwendung dürfte das Mittel in der Thierheilkunde (gegen Krätze und Räude) finden, da ihm neben seinen werthvollen Eigenschaften auch eine nicht zu unterschätzende Toxicität zukommt.

Natrium α **- oxynaphthoïcum,** α-oxynaphthoësaures Natrium $C_{10}H_6(OH)CO_2Na$, ein weisses, geruchloses, in Wasser leicht lösliches Pulver von neutraler oder schwach saurer Reaction. Es ist geschmacklos, erzeugt aber nach einiger Zeit auf der Zunge schwaches Brennen. Die wässerige Lösung wird durch Eisenchlorid blau gefärbt. **Vorsichtig aufzubewahren.**

Es ist als Antithermicum und Antisepticum empfohlen worden, indessen müsste die Anwendung unter grösster Vorsicht erfolgen.

Anthrarobinum.

Anthrarobin. Dioxyanthranol.

$$C_6H_4 < {}^{C(OH)}_{CH} > C_6H_2(OH)_2.$$

Unter dem Namen „Chrysarobinum" ist im Deutsch. Arzneib. eine pflanzliche Droge aufgenommen, welche ein in den Markhöhlungen von Andira Araroba natürlich vorkommendes Pulver, das „Goa-Pulver" darstellt. — Diese Droge sollte nach Attfield etwa 80 % Chrysophansäure als wirksamen Bestandtheil enthalten und man glaubte zunächst das Goa-Pulver und die Chrysophansäure in ihrer Wirkung mit einander identificiren zu dürfen. — Später wiesen Liebermann und Seidler nach, dass in dem Goapulver nicht Chrysophansäure, sondern ein Reductionsproduct derselben vorhanden sei, welches sie Chrysarobin[1]) nannten und als der Formel $C_{30}H_{26}O_7$ entsprechend erkannten.

Dieses Chrysarobin geht in alkalischer Lösung unter Aufnahme

---

[1]) Aus dem Gesagten ergiebt sich, dass in dem Goapulver (dem Chrysarobinum des Deutsch. Arzneib.) die chemische Verbindung Chrysarobin $C_{30}H_{26}O_7$ enthalten ist.

von Sauerstoff (der Luftsauerstoff genügt hierzu) in Chrysophansäure über

$$C_{30} H_{26} O_7 + 4 O = 3 H_2 O + 2 C_{15} H_{10} O_4$$

Chrysarobin   Chrysophansäure.

Der Umstand, dass das Chrysarobin bei verschiedenen parasitären Hautkrankheiten (Psoriasis etc.) heilkräftig wirkte, bei denen
die Chrysophansäure versagte, legte den Schluss nahe, dass die
Heilwirkung des Chrysarobins auf dessen reducirenden Eigenschaften beruhe und nicht auf die entstehende Chrysophansäure
zurückzuführen sei. Diese Ansicht ist durch die Darstellung und
Anwendung des Anthrarobins durch Liebermann experimentell bestätigt worden.

Der Chrysophansäure sehr nahe steht, wie nachfolgende Formeln
zeigen, das Alizarin; beide unterscheiden sich von einander dadurch,
dass die Chrysophansäure eine CH_3 - Gruppe mehr enthält, als das
Alizarin, ferner durch die verschiedene Stellung, welche die beiden
OH-Gruppen im Molecül einnehmen.

$$C_6 H_4 {<}{<}^{CO}_{CO}{>}{>} C_6 H_2 {<}{<}^{OH}_{OH} \qquad {}^{CH_3}_{HO}{>}{>} C_6 H_2 {<}{<}^{CO}_{CO}{>}{>} C_6 H_3\, OH$$

Alizarin   Chrysophansäure

Ein Reductionsproduct der Chrysophansäure, das „Chrysarobin“,
welches durch Reduction zweier Molecüle Chrysophansäure entsteht, kommt, wie schon erwähnt wurde, im Goapulver natürlich vor.

$$C_6 H_2 (CH_3)(OH) {<}^{CH\,(OH)}_{CH} {>} C_6 H_3 . OH \qquad C_6 H_2 (CH_3)(OH){<}^{CH\,.\,OH}_{CH}{>} C_6 H_3 . OH$$

$$O$$

Chrysarobin.

Die Erwägung, dass auch das Alizarin, welches seit seiner
künstlichen Darstellung aus dem Anthracen des Steinkohlentheeres
ja leicht beschaffbar ist, ein ähnliches Reductionsproduct liefern
müsse, leitete Liebermann zur Darstellung des Anthrarobins.

Darstellung. Käufliches Alizarin (Alizarin-Blaustich) wird in Ammoniak
gelöst. Man erwärmt hierauf die gebildete violette Lösung zum Sieden,
trägt allmälig Zinkstaub in dieselbe ein und setzt das Erhitzen so lange
fort, bis die violette Färbung verschwunden und in Gelb übergegangen ist.
Die Lösung filtrirt man unverzüglich in ein grösseres Gefäss mit Wasser,
welches genügend Salzsäure enthält, um die Reaction der Flüssigkeit bis
zum Schluss der Filtration deutlich sauer zu halten; ein etwaiger Ueberschuss von Salzsäure schadet nicht. Man wäscht den in der sauren Flüssig-

keit entstandenen Niederschlag zunächst durch Decanthiren, dann auf dem
Filter bis zum Verschwinden der sauren Reaction, saugt ihn auf Thon-
tellern ab und trocknet ihn bei 100° C.

Der chemische Vorgang ist ein ziemlich einfacher: Durch Einwirkung
von Zink auf Ammoniak entsteht freier Wasserstoff; 4 Atome Wasserstoff
wirken auf das Alizarin ein, wobei unter Austritt von Wasser das Anthrarobin entsteht.

$$C_6H_4 \overset{+}{\underset{}{\overset{}{\diagdown}}} \begin{matrix} CO \\ C\ O \end{matrix} \overset{H}{} C_6H_2 < \begin{matrix} OH \\ OH \end{matrix} \ = \ C_6H_4 < \begin{matrix} C(OH) \\ | \\ CH \end{matrix} > C_6H_2 < \begin{matrix} OH \\ OH \end{matrix}$$

$$+ \ H_2 \qquad H$$

Alizarin.   Anthrarobin.

Da das Alizarin des Handels kein ganz einheitlicher Körper ist, vielmehr noch Purpurine etc. enthält, so sind natürlich auch im Anthrarobin
noch andere Verbindungen enthalten, die indessen hier nicht in Betracht
kommen, übrigens auch sehr ähnlich constituirt sind.

Eigenschaften. Das käufliche Anthrarobin bildet ein gelblich-
weisses Pulver, welches sich in trocknem Zustande an der Luft gut
hält. In Wasser und in wässerigen Säuren ist es so gut wie unlöslich; dagegen löst es sich (als Phenolabkömmling) schon in der Kälte
mit der grössten Leichtigkeit in verdünnten wässerigen Alkalien
(KOH, NaOH, NH_4OH), auch in Erdalkalien auf. Die alkalischen
Lösungen sind braungelb gefärbt und absorbiren mit grosser Be-
gierde den Sauerstoff der Luft, wobei die Farbe der Lösung durch
Grün in Blau und schliesslich in Violett übergeht, indem sich
dabei wieder Alizarin zurückbildet.

$$C_6H_4 < \begin{matrix} C(OH) \\ | \\ CH \end{matrix} > C_6H_2 < \begin{matrix} OH \\ OH \end{matrix} + O_2 \ = \ H_2O + C_6H_4 < \begin{matrix} CO \\ CO \end{matrix} > C_6H_2 < \begin{matrix} OH \\ OH \end{matrix}$$

In Benzol und Chloroform ist das Anthrarobin schwer löslich,
etwas leichter in Eisessig, leicht (1 : 5) in Alkohol. Alkoholische
Lösungen bereitet man am besten unter Erwärmen, doch ist allzu
langes Kochen nicht zu empfehlen, da sich das Anthrarobin alsdann
zersetzen könnte. Die alkoholische Lösung lässt sich mit Glycerin
verdünnen, ohne dass Anthrarobin ausgeschieden wird.

Prüfung. 0,1 gr Anthrarobin löse sich in 1 ccm Natronlauge
mit gelber Farbe klar auf; durch Einblasen von Luft gehe die
Färbung in Violett über. — 1 gr Anthrarobin gebe beim Verbrennen
einen höchstens 0,01—0,02 gr betragenden feuerbeständigen Rückstand.

Aufbewahrung. In der Reihe der indifferenten Arzneimittel.

Anwendung. Nach G. Behrend gehört das Anthrarobin, wie das Chrysarobin und die Pyrogallussäure zu den reducirenden Arzneimitteln. Seine Anwendung wird bei allen jenen Hautkraukheiten (Psoriasis, Herpes tonsurans, Erythrasma etc.) empfohlen, bei denen bisher Chrysarobin mit Erfolg benutzt wurde. Es wirkt etwas schwächer wie Chrysarobin, dagegen energischer wie die Pyrogallussäure und hat vor beiden den Vorzug, dass es keine Hautentzündung hervorruft, weshalb es — abweichend von den genannten Mitteln — auch im Gesichte und an den Genitalien angewendet werden kann. Nach Untersuchungen von Th. Weil ist Anthrarobin für den Gesammtorganismus ungiftig, während Chrysarobin schon in kleinen Dosen giftig ist und Erbrechen, Diarrhoe und Albuminurie erzeugt. Durch den Urin wird das Anthrarobin als solches, nicht als Alizarin ausgeschieden.

c) Organische Basen.

Piperazinum.

Piperazin. Diäthylendiamin. Aethylenimin. Piperazidin. (Spermin.)

$$(C_2 H_4 NH)_2.$$

Bei der Einwirkung von Ammoniak auf Aethylenbromid erhielt Cloëz gegen 1850 mehrere Basen, welche er „Formyliak" $N(CH)H_2$, „Acetyliak" $N(C_2H_3)H_2$ und Propyliak $N(C_3H_5)H_2$ nannte. Aehnliche Substanzen erhielt Natanson. A. W. v. Hofmann klärte später die Zusammensetzung dieser Verbindungen auf und zeigte, dass dem Acetyliak die Formel $(C_2H_4NH)_2$ zukomme und nannte diesen Körper „Diäthylendiamin". 1888 erhielten Ladenburg und Abel durch Destillation von Aethylendiaminchlorhydrat eine von ihnen „Aethylenimin" genannte Base, für welche die Formel C_2H_4NH gefunden wurde. 1890 stellte Sieber durch Einwirkung von Aethylendiamin auf Aethylenbromid eine Base dar, welche er als identisch mit dem Diäthylendiamin erkannte.

1878 hatte Schreiner aus menschlichem Sperma eine von ihm „Spermin" genannte Base dargestellt, für welche die Zusammensetzung C_2H_5N ermittelt wurde. Als durch die Brown-Séquard'sche Entdeckung das Interesse für das Spermin zunahm, wurde dieses letztere vorerst einige Zeit für identisch gehalten mit den oben als Aethylendiamin, Aethylenimin und Piperazidin bezeichneten Verbindungen. Zu jener Zeit hatte die Chemische Fabrik auf Actien (vorm. E. Schering) in Berlin ein noch zu besprechendes Patent zur Darstellung einer Base angemeldet. Man war zunächst der Meinung, das wahre Spermin dargestellt zu haben, indessen zeigte sich doch bald, dass dies nicht der Fall war. — Heute ist eine Klärung der Ansichten in so weit erfolgt, als man erkannt hat, dass das Hofmann'sche Diäthylendiamin und das im Folgenden zu beschreibende

Piperazin (Piperazidin), sehr wahrscheinlich auch das Ladenburg'sche Aethylenimin untereinander identisch sind, während bisher weder die nähere Zusammensetzung des Spermins noch eine Synthese desselben bekannt ist.

Darstellung. Dieselbe erfolgt principiell durch Einwirkung von Ammoniak auf Aethylenchlorid oder -bromid im Sinne nachstehender Gleichung:

$$NH \begin{array}{c} H \quad Cl - CH_2 - CH_2 - Cl \quad H \\ + \\ H \quad Cl - CH_2 - CH_2 - Cl \quad H \end{array} NH = 4\,HCl + NH < \begin{array}{c} CH_2 - CH_2 \\ CH_2 - CH_2 \end{array} > NH$$

2 Mol. Aethylenchlorid   Piperazin.

Bei dieser Reaction entsteht indessen kein einheitliches Product, sondern stets ein Gemenge verschiedener Basen, ausser Piperazin noch Triäthylendiamin, Diäthylustriamin u. s. w. Um aus diesem Gemenge das Piperazin abzuscheiden, versetzt man die Lösung der Salze der entstandenen Basen mit etwas mehr als der theoretischen Menge von Kalium- oder Natriumnitrit und erwärmt auf 60—70°, wodurch sich Dinitrosopiperazin als blätterige Krystallmasse abscheidet;

$$H - N < \begin{array}{c} CH_2 - CH_2 \\ CH_2 - CH_2 \end{array} > N \; H \quad = 2\,H_2O + NO - N < \begin{array}{c} CH_2 - CH_2 \\ CH_2 - CH_2 \end{array} > N - NO$$
$$+ \, HO \; NO \qquad + \, NO \; OH$$

Dinitrosopiperazin.

Das letztere ist in kaltem Wasser schwer, in heissem Wasser leicht löslich und krystallisirt in Blättchen vom Schmelzpunkt 154°. Wird das Dinitrosopiperazin mit conc. Säuren, Alkalien oder Reductionsmitteln behandelt, so wird es wieder in Piperazin übergeführt. Letzteres wird in reinem Zustande aus seinen reinen Salzen durch Destillation mit Alkali abgeschieden.

Von anderen Darstellungsmethoden, welche inzwischen bekannt geworden sind, seien hier folgende angeführt:

1. Dinitrosodiphenylpiperazin setzt sich mit schwefliger Säure zu Piperazin und Amidophenoldisulfosäure um.

$$NO \, . \, C_6H_4 - N < \begin{array}{c} CH_2 - CH_2 \\ CH_2 - CH_2 \end{array} > N - C_6H_4 \, . \, NO \; + \; 4\,NaHSO_3$$

Dinitrosodiphenylpiperazin

$$= \; NH < \begin{array}{c} CH_2 - CH_2 \\ CH_2 - CH_2 \end{array} > NH \; + \; 2\,[C_6H_2 \, . \, OH \, . \, NH_2 \, (SO_3\,Na)_2]$$

Piperazin   Amidophenoldisulfosaures Natrium.

2. Aethylenoxamid wird durch Reductionsmittel (Zinkstaub und Natronlauge oder metall. Natrium) zu Piperazin reducirt.

$$CH_2 - NH - CO \atop CH_2 - NH - CO \quad + \; 8H \; = \; {CH_2 - NH - CH_2 \atop CH_2 - NH - CH_2} + 2H_2O$$

Aethylenoxamid   Piperazin.

Eigenschaften. Das Piperazin bildet farblose, feucht aussehende Krystallmassen, von schwachem aber characteristischem Geruche. Es zieht aus der Luft leicht Feuchtigkeit und Kohlensäure an und zerfliefst unter Uebergang in das kohlensaure Salz. Es ist schon bei gewöhnlicher Temperatur etwas flüchtig, wenigstens bildet es bei der Annäherung von Salzsäure Nebel. Piperazin schmilzt bei 104—107° und siedet bei 145° ohne Zersetzung. Die Dämpfe zeigen bemerkenswerthe Krystallisationsfähigkeit, indem sie sich beim Erkalten zu langen Krystallnadeln verdichten. Aus der wässerigen Lösung krystallisirt das Piperazin in durchsichtigen glänzenden Tafeln.

Seiner chemischen Natur nach ist das Piperazin eine starke Base. Es ist in Wasser leicht löslich, die wässerige Lösung bläut rothes Lackmuspapier stark. In Alkohol ist es etwas schwieriger löslich.

Die wässerige Lösung zeigt folgendes Verhalten: mit Nessler'schem Reagens entsteht ein weisser, mit Mercurichlorid ein rein weisser Niederschlag. Mit Kupfersulfat entsteht hellblaue Fällung ($Cu(OH)_2$?), welche durch einen Ueberschuss von Piperazin nicht in azurblaue Lösung übergeführt wird. Gerbsäure erzeugt einen missfarbigen hellen Niederschlag, der in heissem Wasser leicht löslich ist. — Auf Zusatz von Pikrinsäure fällt das Pikrat in citronengelben Nadeln aus, welche in heissem Wasser leicht löslich sind. Die salzsaure Lösung wird durch Platinchlorid pommeranzengelb gefällt, der Niederschlag ist in Wasser und in Alkohol schwer löslich. In nicht zu verdünnten salzsauren Lösungen erzeugt Goldchlorid das hellgelbe gut krystallisirte Golddoppelsalz, welches in heissem Wasser leicht löslich ist. — Ganz besonders characteristisch ist das Verhalten der schwach salzsauren Lösung gegen Kaliumwismuthjodid[1]), mit welchem dieselbe einen scharlachrothen krystallisirten Niederschlag giebt. S. w. unten.

Von wässeriger Chromsäure wird das Piperazin nicht angegriffen, Kaliumpermanganat dagegen oxydirt es schon in der Kälte.

---

[1]) Zur Darstellung desselben zerreibt man krystall. Wismuthnitrat mit so viel einer conc. Kaliumjodidlösung, dass Lösung erfolgt. Die filtrirte Lösung ist alsdann noch mit dem gleichen Volumen conc. Kaliumjodidlösung zu vermischen.

Aufbewahrung. Unter den indifferenten Arzneimitteln in wohl verschlossenen, kleinen Gefässen vor Feuchtigkeit und Säuren, auch Kohlensäure geschützt. Sollte das Piperazin einmal zerflossen sein, so ist es über Aetzkalk, nicht über conc. Schwefelsäure zu trocknen. Letztere würde die Base allmälig an sich saugen. Der bequemeren Handhabung wegen werden Pastillen aus reinem Piperazin von je 1 g Gewicht angefertigt.

Prüfung. Piperazin schmelze (nach dem Trocknen über Aetzkalk) bei 104—107° und siede bei 145°. Durch Anziehen von Wasser und Kohlensäure wird der Schmelzpunkt ganz ausserordentlich beeinflusst. Die wässerige Lösung werde durch Nessler'sches Reagens weiss, nicht roth gefällt (Ammoniaksalze). Nach dem Ansäuern mit Salpetersäure werde sie weder durch Silbernitrat (Chlor) noch durch Baryumnitrat (Schwefelsäure) verändert. Beim Erhitzen im Probirrohre sublimire Piperazin ohne einen Rückstand zu hinterlassen (unorgan. Verunreinigungen).

Anwendung. Die Voraussetzung, dass das Piperazin eine erregende Wirkung auf das Nervensystem des Menschen besitze, ist durch die Versuche nicht bestätigt worden. Dagegen hat es sich gezeigt, dass das Piperazin die Eigenschaft besitzt, ein lösliches Salz mit der Harnsäure zu bilden und zwar entsteht, in welchen Verhältnissen auch Harnsäure und Piperazin zusammengebracht werden mögen, stets das neutrale Piperazinurat $C_4H_{10}N_2$, $C_5H_4N_4O_3$, welches bei 17° C. in etwa 50 Theilen Wasser löslich ist. (Lithium-urat löst sich bei 19° in 368 Th. Wasser.)

Auf Grund dieser Eigenschaft ist das Piperazin empfohlen worden zur Anwendung bei solchen Leiden, welche auf harnsaurer Diathese beruhen, also zur Entfernung von Harnsäure aus der Blutbahn, zur Auflösung von Harnsäureablagerungen in den Gelenken und in den Nieren (Harnsäure-Gries und -Steine). Möglicherweise wird es auch gelingen, Blasensteine durch Piperazin-Spülungen zur Auflösung zu bringen. Durch Versuche ausserhalb des menschlichen Körpers ist festgestellt, dass die freie Base schon bei etwa 20° verhältnissmässig grosse Mengen Harnsäure löst und dass sie auch im Stande ist, die Bindesubstanz von Concrementen, welche nicht lediglich aus Harnsäure bestehen, aufzulösen und hierdurch diese Concremente mürbe zu machen und zum Zerfall zu bringen.

Man giebt es in Dosen von 0,1—0,5 gr mehrmals täglich in Form einer Mixtur, subcutan 0,05—0,3 gr pro dosi bis 2,0 gr pro die.

Die Ausscheidung des Piperazins erfolgt durch den Urin. Ein Theil der Base gelangt schon nach wenigen Stunden auf diesem Wege zur Ausscheidung, während der Rest einige Zeit im Organismus circulirt bez. langsamer ausgeschieden wird. Zum Nachweis des Piperazins im Urin wird der letztere mit Natronlauge versetzt, schwach erwärmt und nach dem Erkalten filtrirt (zur Ausscheidung der Phosphate). Das mit Salzsäure schwach angesäuerte Filtrat wird mit Jodkalium-Wismuthjodid versetzt, kurze Zeit auf 40—50° erwärmt, filtrirt und rasch abgekühlt. Das Wismuthdoppelsalz krystallisirt beim energischen Reiben mit dem Glasstabe und fällt als scharlachrothes Pulver zu Boden, welches unter dem Mikroskope characteristische Krystallform zeigt.

Schering's Gichtwasser s. S. 184.

Pyridinum.

Pyridin.

$C_5 H_5 N.$

Unter dem Namen „Pyridinbasen" werden eine Anzahl von Basen zusammengefasst, welche sich namentlich bei der trocknen Destillation vieler organischer, stickstoffhaltiger Körper bilden, und denen die allgemeine Zusammensetzung $C_n H_{2n-5} N$ zukommt. Die wichtigsten Glieder dieser Reihe, deren Repräsentant das Pyridin $C_5 H_5 N$ ist, sind die nachstehenden, sämmtlich im ätherischen Thieröl (Ol. animale aether.) enthaltenen.

Pyridin $C_5 H_5 N$	Lutidin $C_7 H_9 N$ (Dimethyl-Pyridin)
Picolin $C_6 H_7 N$ (Monomethyl-Pyridin)	Collidin $C_8 H_{11} N$ (Trimethyl-Pyridin)

Die drei zuletzt aufgeführten sind als Pyridin aufzufassen, in welchem 1, 2, 3 H-Atome durch 1, 2, 3 Methylgruppen $(CH_3{-})$ ersetzt wurden. — Indessen können an Stelle von Wasserstoffatomen in das Pyridin auch andere als CH_3-Gruppen, z. B. Aethyl-, Propyl-, Amylgruppen eintreten. Die so entstehenden Verbindungen sind mit den obigen Basen isomer (s. unten), besitzen aber mehr theoretisches Interesse.

Das Dimethylpyridin, (Lutidin) beispielsweise ist isomer mit dem Monoäthylpyridin, denn beiden kommt die Zusammensetzung $C_7 H_9 N$ zu.

$$C_5 H_5 N \qquad C_5 H_3 N {<}^{CH_3}_{CH_3} \qquad C_5 H_4 N - C_2 H_5$$

Pyridin   Dimethylpyridin   Aethylpyridin.
            (Lutidin)

Ebenso sind isomer Trimethylpyridin, (Collidin) und Propylpyridin, beide besitzen die Zusammensetzung $C_8 H_{11} N$.

$$C_5 H_5 N \qquad C_5 H_2 N{\overset{-CH_3}{\underset{-CH_3}{- CH_3}}} \qquad C_5 H_4 N - C_3 H_7$$

Pyridin   Trimethylpyridin   Propylpyridin.
            (Collidin)

Pyridin C_5H_5N bildet sich bei der trocknen Destillation vieler stickstoffhaltiger organischer Substanzen und ist daher im Steinkohlentheer und im Dippel'schen Thieröl (*Ol. animal. aether.*), ferner in den Destillationsproducten gewisser bituminöser Schieferarten und des Torfes enthalten. Auch im Tabakrauche ist es nachgewiesen, endlich von H. Ost im käuflichen Ammoniak aufgefunden worden. — Die synthetische Darstellung des Pyridins hat bisher zu praktisch verwerthbaren Resultaten noch nicht geführt, es wurden stets nur geringe Mengen dieses Körpers erhalten. — Chapmann und Smith bekamen es bei der Einwirkung von Phosphorpentoxyd auf Amylnitrat, Perkin erhielt es neben anderen Producten bei der Reduction einer alkoholischen Lösung von Azoamidonaphthalin mit Zinn und Salzsäure, Ramsay durch Vereinigung von Cyanwasserstoff mit Acetylen. Königs gewann geringe Mengen durch Ueberleiten von Aethylallyldiamin über rothglühendes Bleioxyd. — In grösseren Quantitäten kann es durch Destillation der Kalksalze der Pyridincarbonsäuren erhalten werden, deren Gewinnung vom Chinolin (s. dieses) aus möglich ist.

Darstellung. Die Gewinnung des Pyridins erfolgt gegenwärtig ausschliesslich durch Abscheidung desselben aus den Destillationsproducten stickstoffhaltiger organischer Substanzen, wobei in Betracht zu ziehen sind die Destillationsproducte von Steinkohlen, Braunkohlen, bituminösem Schiefer, Torf, besonders aber von Knochen.

Der bei der trockenen Destillation der Knochen erhaltene Theer (Knochentheer) wird mit verdünnter Schwefelsäure erwärmt. Es gehen dabei alle im Theer vorhandenen basischen Verbindungen — Pyridinbasen, Anilin und seine Homologen — in Form ihrer schwefelsauren Salze in Lösung. Die resultirende schwefelsaure Flüssigkeit wird durch Absetzenlassen und Filtriren von einem Theil der theerartigen Substanzen befreit, alsdann mit einem Ueberschuss von Natronlauge versetzt, wodurch die gegenwärtigen Basen in freiem Zustande als ölartige Massen sich abscheiden.

Das sich abscheidende Oel, im Wesentlichen ein Gemisch von Pyridinbasen mit Anilin und ähnlichen Basen, wird sorgfältig fractionirt, hierauf das Destillat, um die Anilinbasen zu beseitigen, mit Oxydationsmitteln, wie conc. Salpetersäure, Chromsäure, behandelt, welche nur die Anilinbasen angreifen, das Pyridin aber intact lassen (s. unten). Aus der nunmehr sauren Lösung werden die Pyridinbasen wiederum durch Natronlauge abgeschieden, gesammelt und durch wiederholte, sehr sorgfältige fractionirte Destillation isolirt, wobei dann Pyridin in der Hauptmenge, die homologen Basen in geringeren Quantitäten erhalten werden.

Kleinere Mengen sehr reinen Pyridins werden zweckmässig durch Destillation von pyridinmonocarbonsaurem (nicotinsaurem) Calcium mit Calciumhydroxyd dargestellt. (Laiblin.)

$$\begin{array}{c|cc|c} C_5H_4N & COO & & 0 & H \\ & & {>}Ca + Ca & & \\ C_5H_4N & COO & & 0 & H \end{array} \;=\; 2\,CaCO_3 + 2\,C_5H_5N$$

Nicotinsaures Calcium.

Eigenschaften. In reinem Zustande ist das Pyridin eine farblose Flüssigkeit von eigenthümlichem, brenzlichen Geruch und scharfem Geschmack. Sein spec. Gewicht ist bei 15° C. $= 0{,}980$, sein Siedepunkt liegt bei 117°. Mit Wasser ist es in jedem Verhältnisse leicht mischbar, die wässerige Lösung zeigt vorübergehend stark alkalische Reaction. Reines Pyridin ist ziemlich erheblich hygroskopisch, es zieht schon aus der Luft Feuchtigkeit an, wodurch sein spec. Gewicht ein wenig steigt, der Siedepunkt aber erheblich erniedrigt wird. Der basische Character des Pyridins zeigt sich u. a. darin, dass es in den Lösungen der meisten Metallsalze, nicht aber in Bleiacetat- und Magnesiumsulfatlösung Niederschläge hervorbringt.

Seiner chemischen Zusammensetzung nach lässt sich das Pyridin vom Benzol herleiten und zwar fasst man es auf als Benzol,

Benzol   Pyridin   Dimethyl-Pyridin (Lutidin

in welchem eine der vorhandenen $\equiv$CH-Gruppen durch ein dreiwerthiges Stickstoffatom ersetzt ist. — Die Homologen des Pyridins denkt man sich theoretisch so aus dem Pyridin enstanden, dass für die Wasserstoffatome des Pyridins organische Reste (Methyl-, Aethyl-, Propyl- etc. Gruppen) eintreten.

Seinem chemischen Character nach ist das Pyridin eine Base und zwar, wie durch das vorhandensein der $\equiv$N-Gruppe angedeutet wird, eine tertiäre Base. Der basische Character der Verbindung zeigt sich schon darin, dass ihre wässerige Lösung alkalisch reagirt. Mit Säuren, denen gegenüber es die Rolle einer einsäurigen Base spielt, vereinigt es sich zu gut krystallisirenden Salzen, von denen

Pyridinnitrat $C_5 H_5 N . HNO_3$ lange farblose Nadeln, leicht löslich in Wasser, weniger in Alkohol; beim vorsichtigen Erhitzen unzersetzt sublimirbar,

Pyridinsulfat $(C_5 H_5 N)_2 . SO_4 H_2$ krystallinisch, in jedem Verhältniss in Wasser und in Alkohol löslich, zum innerlichen Arzneigebrauch verwendet werden.

Von den, dem Pyridin und den Pyridinbasen sehr ähnlichen, Anilinbasen unterscheiden sich die ersteren dadurch, dass sie durch Oxydationsmittel, z. B. Salpetersäure, Chromsäure, so gut wie gar nicht verändert werden. Die Homologen des Pyridins dagegen verhalten sich bei der Oxydation wie Homologe des Benzols, d. h. jede von Methan derivirende Seitenkette wird, welche Constitution sie auch haben möge, stets in die Carboxylgruppe verwandelt; es entsteht aus:

$$C_5 H_4 N . CH_3 \qquad = \qquad C_5 H_4 N . CO\,OH$$
Picolin   Nicotinsäure

$$C_5 H_3 N \!<\!{}^{CH_3}_{CH_3} \qquad = \qquad C_5 H_3 N \!<\!{}^{CO\,OH}_{CO\,OH}$$
Lutidin   Pyridindicarbonsäure.

Wie alle tertiären Basen vereinigt sich auch das Pyridin sehr leicht mit (1 Mol.) Alkyljodiden zu dem Ammoniumjodid entsprechenden Verbindungen,

$$C_5 H_5 N + CH_3 J \qquad = \qquad C_5 H_5 N . CH_3 J$$
Pyridin   Methyljodid   Pyridin-Methylammoniumjodid

aus welchen beim Erhitzen mit festem Kalihydrat flüchtige, ausserordentlich heftig riechende Basen entstehen.

Brom erzeugt in einer Lösung von salzsaurem Pyridin einen orangefarbigen, krystallinischen Niederschag $C_5 H_5 NBr_2$ (Additionsproduct), der schon bei gelindem Erhitzen in Pyridin und in Brom zerfällt. Erhitzt man Pyridin mit Brom im geschlossenen Rohr auf 200° C., so entstehen Mono- und Dibrompyridin $C_5 H_4 BrN$ und $C_5 H_3 Br_2 N$.

Von ganz hervorragendem Interesse ist das Pyridin in theoretisch chemischer Beziehung, insofern es als die Muttersubstanz einer Reihe von wichtigen Verbindungen, speciell der Alkaloïde, angesehen werden muss. — So erhält man durch Oxydation des Nicotins $C_{10} H_{14} N_2$ einen Nicotinsäure genannten Körper, der sich als eine Pyridincarbonsäure $C_5 H_4 N . COOH$ herausgestellt hat und der künstlich durch Behandeln der zugehörigen Pyridinsulfonsäure mit

Cyankali und Verseifen des erhaltenen Productes nachgebildet worden ist.

Durch Reduction des Pyridins in alkoholischer Lösung mittels metallischen Natriums oder anderer Reductionsmittel entsteht Piperidin $C_5 H_{11} N$, ein Spaltungsproduct des in verschiedenen Pfeffersorten enthaltenen Piperins. Die Umwandlung des Pyridins in Piperidin erfolgt in der Weise, dass, unter Ueberführung der doppelten Bindungen des Pyridinkernes in einfache, 6 Wasserstoffatome aufgenommen werden.

$$+ 6H =$$

Pyridin   Piperidin.

Des weiteren ist das Coniin $C_8 H_{17} N$ als ein Derivat dieses Piperidins erkannt worden, so zwar, dass es als Piperidin aufzufassen ist, in welchem 1 H-Atom durch einen Propylrest ersetzt ist; vor einigen Jahren ist es Ladenburg gelungen, vom Pyridin

$$C_5 H_{11} N \qquad\qquad C_5 H_{10} N - C_3 H_7$$
Piperidin   Coniin

ausgehend das Coniin und damit das erste Alkaloïd synthetisch darzustellen.

Prüfung. Das Pyridin siede zwischen 116—118° C. und sei mit Wasser, Weingeist, Aether, Benzin, fetten Oelen klar mischbar. Sein spec. Gewicht betrage 0,980. — In den Lösungen der meisten Metallsalze (Zink, Eisen, Mangan, Aluminium) bringt es Niederschläge hervor, nicht aber in Bleiacetat- und Magnesiumsulfatlösung. Kupfersulfatlösung wird durch Pyridin im Ueberschuss tiefblau gefärbt. Die salzsaure Lösung des Pyridins giebt mit Jodlösung einen braunen, mit Bromwasser einen orangegelben, mit Platinchlorid einen gelben, krystallinischen Niederschlag.

Das Pyridin darf sich am Lichte nicht verändern. Die wässerige 10 procentige Lösung werde durch Phenolphthaleïn nicht geröthet

(Abwesenheit von Ammoniak); 5 ccm derselben mit 2 Tropfen der volumetrischen Kaliumpermanganatlösung versetzt, müssen die rothe Färbung mindestens eine Stunde bewahren (leicht oxydirbare organische Verbindungen).

0,79 gr (= 0,8 ccm) Pyridin sättigen sich mit 10 ccm Normalsalzsäure, wenn Cochenilletinctur als Indicator angewendet wird.

Aufbewahrung. Es werde in gut verschlossenen Gefässen vor Licht geschützt und, da es nach Vohl und Eulenburg toxische Eigenschaften besitzen soll, vorläufig auch vorsichtig aufbewahrt.

Anwendung. Es setzt die Reflexerregbarkeit und die Erregbarkeit des Respirationscentrums herab. Die Erwägung, dass im Tabaksrauch, welcher bekanntlich bei asthmatischen Beschwerden vielfach Erleichterung schafft, Pyridinbasen enthalten sind, veranlasste Prof. Germain-Sée zur Anwendung von Pyridin gegen Asthma. Nach G. Sée sind Pyridinbasen die wirksamen Producte der Asthmacigaretten, geradeso wie Morphium das wirksame Princip des Opium, Chinin dasjenige der Chinarinden ist, doch soll es nur bei nervösem Asthma wirklich von Erfolg sein. Bei Herzaffectionen und heruntergekommenen Personen ist sein Gebrauch zu vermeiden. — Die medicinische Anwendung geschieht in der Weise, dass man 3—5 gr des Pyridins auf einem Teller ausbreitet und diesen in das Zimmer des Asthmatikers stellt. Bei 20—25° C. Zimmertemperatur ist dieses Quantum etwa in 1 Stunde verdampft. Dreimal täglich eine Sitzung von 20 bis 30 Minuten Dauer. Es soll die Beschwerden des Kranken entschieden mildern, aber nur ein Palliativ-, kein Heilmittel sein. Neuerdings wird es innerlich auch bei Herzkrankheiten und äusserlich zu Pinselungen in 10 procentiger Lösung gegen Diphtherie empfohlen.

Bemerkenswerth ist, dass die Inhalationen des Pyridins eine sehr rasche Resorption der Base zur Folge haben. Schon nach wenigen Minuten lässt sich das Pyridin im Urin nachweisen.

Die Salze des Pyridins dienen zur inneren Darreichung des Mittels. Die Erfahrungen, welche man bisher mit innerer Darreichung von Pyridin an Säugethieren gemacht hat, fordern indessen vorläufig noch zu strenger Vorsicht auf.

Vorsichtig aufzubewahren.

Jodolum.

Jodol. Tetrajodpyrrol.

$C_4 J_4 NH.$

Unter den Producten der trocknen Destillation der Steinkohlen, von Horn, Federn, Wolle, namentlich aber unter denjenigen der Knochen ist, neben zahlreichen anderen Substanzen, eine basische

Verbindung aufgefunden worden, welche die empirische Zusammensetzung $C_4 H_5 N$ besitzt und **Pyrrol** genannt wurde.

Die nämliche Base wurde von Schützenberger durch Erhitzen von Albumin mit Barythydrat auf 150° C., von Schwanert bei der Destillation von schleimsaurem Ammoniak, von Goldschmidt bei der Destillation von schleimsaurem Ammoniak mit Glycerin, endlich durch Vereinigung von Acetylen und Ammoniak in der Glühhitze

$$2 C_2 H_2 + NH_3 = H_2 + C_4 H_5 N$$

erhalten. Soweit es sich indessen um die Gewinnung des Pyrrols zur practischen Anwendung handelt, kommt vorläufig noch lediglich dessen Abscheidung aus dem Knochentheer in Frage.

Darstellung von Pyrrol. Man destillirt Knochentheer, wäscht das Destillat mit Säure und fractionirt dasselbe. Die bei 98—150° C. übergehenden Antheile werden so lange mit Aetzkali mässig erhitzt, als noch Ammoniak entweicht, dann destillirt man sie von Neuem und fängt die zwischen 115 und 130° siedende Partie auf. Diese letztere wird nun mit einem grossen Ueberschuss von reinem Aetzkali am Rückflusskühler im Metall- oder Oelbade gekocht, bis die feste Masse vollkommen geschmolzen ist und zwei deutlich bemerkbare Schichten bildet. Man lässt nun erkalten, giesst das unverändert gebliebene Oel (Kohlenwasserstoffe und Pyridinbasen) ab und wäscht die feste, fein gepulverte Krystallmasse sorgfältig mit wasserfreiem Aether aus. Von den beiden krystallinischen Schichten, von denen eben die Rede war, ist die untere Aetzkali, die obere Pyrrolkalium.

$$C_4 H_4 N \boxed{H + HO} K = H_2 O + C_4 H_4 NK$$

Pyrrolkalium.

Das Gemisch von Aetzkali und Pyrrolkalium wird nun mit Wasser aufgenommen und im Dampfstrom destillirt, wobei wieder Rückbildung von Pyrrol eintritt

$$C_4 H_4 N \boxed{K + HO} H = HOK + C_4 H_4 NH.$$

In reinem Zustande ist das Pyrrol eine farblose, chloroformartig, hintennach etwas beissend riechende Flüssigkeit, welche bei 133° C. siedet. Das spec. Gewicht des Pyrrols ist $= 1{,}077$. An der Luft, und besonders dem Lichte ausgesetzt, verändert sich die Substanz ziemlich schnell, indem sie allmälig gelbe, dann braune Färbung annimmt. In Wasser, sowie verdünnten Alkalien, ist das Pyrrol unlöslich, leicht löslich dagegen in Alkohol und in Aether. In Säuren löst es sich nur langsam auf, weil es nur sehr schwach basischen Character besitzt. Kocht man es mit verdünnten Säuren, so tritt sofort Abspaltung von Ammoniak ein, gleichzeitig bildet sich ein rother Farbstoff: das **Pyrrolroth**.

Eine für das Pyrrol characteristische Reaction besteht darin, dass ein mit Salzsäure befeuchteter Fichtenspahn (z. B. ein ordinäres Streichholz) in

Pyrroldampf gehalten, sich erst blassroth, nach einiger Zeit intensiv karminroth färbt. — Die Zusammensetzung des Pyrrols ist C_4H_5N, über die Structur der Verbindung macht man sich die Vorstellung, dass derselben ein Kohlenstoffring mit 4 Kohlenstoffatomen (Tetrol) zu Grunde liegt.

$$H - C - C - H$$
$$H - C - C - H$$
Tetrol

$$H - C - C - H$$
$$H - C \quad C - H$$
$$N$$
$$H$$
Pyrrol.

Diese schwache Base, das Pyrrol, ist nun das Ausgangsmaterial zur Darstellung des uns vorzüglich interessirenden Jodols oder Tetrajodpyrrols.

Das **Jodol** oder **Tetrajodpyrrol** C_4J_4NH wurde im Jahre 1885 von Ciamician und Silber dargestellt und bald darauf auch zur arzneilichen Verwendung empfohlen.

Darstellung. (D.R.P. 35 130.) Man mischt eine Lösung von 1 Th. Pyrrol in 10 Th. Alkohol mit einer Auflösung von 12 Th. Jod in 240 Th. Alkohol und überlässt das Gemisch etwa 24 Stunden lang sich selbst. Nach dieser Zeit vermischt man das Ganze mit etwa der 4 fachen Menge Wasser, worauf das Tetrajodpyrrol (Jodol) in gelben krystallinischen Flocken sich abscheidet. — An Stelle von Alkohol können Methylalkohol und andere Flüssigkeiten, welche Jod auflösen, verwendet werden. Die Reaction verläuft nach folgender Gleichung:

$$C_4H_4NH + 8J \quad = \quad 4JH + C_4J_4NH$$
Pyrrol   Tetrajodpyrrol.

Die Bildung des Tetrajodpyrrols (Jodols) erfolgt indessen viel glatter, wenn man Sorge trägt, dass die bei der Reaction auftretende Jodwasserstoffsäure, welche zur Rückbildung von Pyrrol Veranlassung geben könnte, beseitigt wird. Man erreicht dies dadurch, dass man sie entweder durch gelöste Alkalien, organische Basen, Metalloxyde, kohlensaure, essigsaure oder basische Salze bindet, oder, was in mancher Hinsicht noch vortheilhafter ist, durch Eisenchlorid, Kupfervitriol, Chlor, Brom, Mangansuperoxyd, Bleisuperoxyd u. dergl. oxydirt. Die Reaction geht dann im Sinne nachstehender Gleichungen vor sich:

$$1) \quad C_4H_4NH + 4J + 2O = 2H_2O + C_4J_4NH$$
$$2) \quad C_4H_4NH + 4JH + 4O = 4H_2O + C_4J_4NH.$$

Man verfährt hierbei in folgender Weise:

1 Th. Pyrrol wird in 150 bis 300 Th. Wasser, welches 3,3 Th. Kali- oder 2,4 Th. Natronhydrat enthält, suspendirt resp. gelöst und mit einer wässerigen Lösung von 15 Th. Jod in Jodkalium oder Jodnatrium gemischt und, nachdem der Niederschlag sich abgesetzt, die klare, etwas braun gefärbte Flüssigkeit entfernt.

Der erhaltene Niederschlag wird in heissem Weingeist gelöst, mit Thierkohle bis zur Entfärbung gekocht und durch. Zusatz von Wasser gefällt.

In der zuerst abgegossenen Lösung ist Jodsäure enthalten welche durch Eindampfen concentrirt und zur Lösung von Jod verwendet werden kann.

Noch einfacher erhält man denselben Körper, wenn man 1 Th. Pyrrol in 300 Th. Weingeist löst, diese Lösung mit 10 Th. gefälltem Quecksilberoxyd versetzt und unter Umrühren eine Lösung von 15 Th. Jod in 300 Th. Weingeist zufliessen lässt und filtrirt.

Aus der klaren Lösung wird durch Zusatz von Wasser das Tetrajodpyrrol gefällt und, wie oben bemerkt, gereinigt.

Statt Quecksilberoxyd kann auch Zink-, Blei- oder ein ähnliches Metalloxyd verwendet werden.

Endlich empfiehlt es sich auch unter Umständen 1 Th. Pyrrol, 6 Th. jodsaures Kali und 7 Th. Jodkalium in Wasser zu lösen und zu dieser Lösung so lange Alkohol hinzuzusetzen, bis dieselbe anfängt, sich schwach zu trüben. Nun setzt man unter Umrühren tropfenweise verdünnte Schwefelsäure (1 : 5) hinzu, solange sich noch dadurch ein Niederschlag von Tetrajodpyrrol abscheidet.

Das so erhaltene Rohproduct bildet dunkelgefärbte, krystallinische Flocken. Man sammelt dieselben und reinigt sie durch wiederholtes Umkrystallisiren aus Alkohol.

Eigenschaften. In reinem Zustande bildet das Jodol ein sehr hellgelbes, fein krystallinisches, spec. leichtes Pulver, welches sich, zwischen den Fingerspitzen zerrieben, etwa wie Talcum venetum anfühlt, zu einer · sehr dünnen Schicht verreiben lässt und dann, dem Puder ähnlich, der Haut sehr gut anhaftet. Ein reines Präparat ist des weiteren vollkommen geruch- und geschmacklos. Riechende, dunkelgefärbte und Geschmack besitzende Präparate sind immer als unrein zu betrachten.

In Wasser ist das Jodol nur sehr wenig, etwa im Verhältniss von 1 : 5000 löslich. In wässerigen Alkalien ist es ein wenig löslich. Von Alkohol bedarf es das Dreifache seines Gewichtes zur Lösung, ein geringer Wasserzusatz zur Lösung bewirkt indessen sofort eine sich durch milchige Trübung anzeigende Ausscheidung des Jodols; Glycerin dagegen fällt das Jodol aus seiner alkoholischen Lösung nicht. — Wird eine alkoholische Jodollösung bis zum Siedepunkte des Alkohols erhitzt, so nimmt sie nach einiger Zeit in Folge partieller Zersetzung des Jodols dunkle Färbung an. Besonders leicht tritt die letztere durch Ueberhitzen der Glaswände ein. Es ergiebt sich hieraus die Nothwendigkeit, Jodollösungen in Alkohol entweder in der Kälte oder unter nur sehr gelinder Erwärmung (im Wasserbade!) zu bereiten. — Jodol löst sich in 1 Th. Aether, 15 Th. Oel oder 50 Th. Chloroform. In conc. Schwefelsäure löst es sich mit grüner, allmälig in's Braune übergehender Färbung.

Beim Erhitzen auf 100° C. bleibt es unverändert, bei stärkerem Erhitzen dagegen wird es zwischen 140 — 150° unter Ausstossung violetter Joddämpfe zerstört und muss, in einem Porzellanschälchen erhitzt, ohne Rückstand zu hinterlassen, verbrennen.

Die Formel des Jodols ist $C_4 J_4 NH$; über seine Structur kann man sich die Vorstellung machen, dass die 4 nicht mit dem Stickstoff verbundenen H-Atome des Pyrrols durch 4 Jod-Atome ersetzt sind.

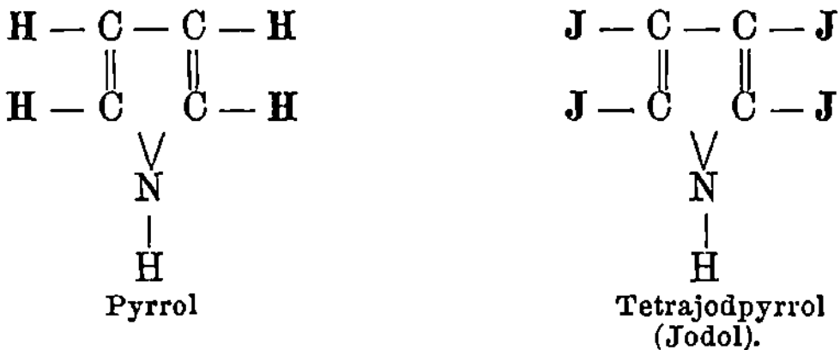

Der aus der obigen Formel sich ergebende und dem Präparate factisch eigenthümliche Jodgehalt beträgt 88,97 %.

Prüfung. Werden 0,2 gr Jodol im trocknen Reagensrohr erhitzt, so sollen schwere violette Joddämpfe auftreten. — Das Jodol sei nur ganz schwach gelblich gefärbt, ohne Geruch und ohne Geschmack (Abweichungen würden organische Verunreinigungen anzeigen).

0,5 gr Jodol, in einem Porzellanschälchen erhitzt, müssen, ohne einen wägbaren Rückstand zu hinterlassen, sich verflüchtigen (unorganische Verunreinigungen). — 0,25 gr in 10 gr Alkohol gelöst, dürfen durch Einleiten von Schwefelwasserstoff nicht verändert werden. (Metalle, wie Kupfer und Quecksilber.) — 0,5 gr sollen, mit 100 ccm Wasser geschüttelt, ein Filtrat geben, das durch Silbernitrat höchstens opalisirend getrübt wird. (Jodwasserstoffsäure oder deren Salze.)

Aufbewahrung. Vor Licht geschützt.

Anwendung. Gegenwärtig wird das Jodol noch ausschliesslich äusserlich in allen jenen Fällen angewendet, in denen bisher Jodoform benutzt wurde. Vor dem letzteren besitzt es den Vortheil vollkommen geruchlos und, soweit die Erfahrungen bis jetzt reichen, auch ungiftig zu sein. Dagegen leistet es als Antisepticum ungefähr das Gleiche wie Jodoform. — Die Anwendung des Jodols erfolgt entweder in Substanz als Streupulver, in alkoholischer oder ätherischer Lösung, mit Collodium combinirt, in Verbindung mit Fetten, Vaseline, Lanolin, mit Pflastern und als Jodolgaze.

Zu Einblasungen auf Schleimhäute (der Nase und des Rachens etc.) wird gegenwärtig ein fein krystallisirtes Jodol dargestellt, welches sich im Zerstäuber nicht zusammenballt und auf den Schleimhäuten gut haftet. Dasselbe bildet bräunliche Krystalle.

Jodollösung.		Jodolgaze.		Jodol-Collodium.	
nach **Mazzoni.**					
Jodoli	4,0	Jodoli	1,0	Jodol	10,
Spiritus	16,0	Colofonii	1,0	Alkohol 94 %)	16,
Glycerini	34,0	Glycerini	1,0	Aether	64,
Solve!		Spiritus	10,0	Pyroxylin	4,
		Sterilisirte Gaze ist mit		Ol. Ricini	6,
		dieser Lösung zu impräg-			
		niren.			

Im Urin findet man auch nach innerem Gebrauche von Jodol, wenigstens nach mässigen Dosen, keine unorganischen, sondern organische Jodverbindungen. Um die letzteren nachzuweisen, dampft man den Urin mit Natriumcarbonat ein und glüht den Salzrückstand. Die Schmelze wird in Wasser gelöst, mit verdünnter Schwefelsäure angesäuert und unter Zusatz einiger Tropfen rauchender Salpetersäure mit Chloroform ausgeschüttelt. Das in Freiheit gesetzte Jod färbt das letztere violett.

Vor Licht geschützt aufzubewahren.

Jodolum coffeïnatum. Coffeïn-Jodol. Lässt man nach Konteschweller gleiche Molecule Jodol und Coffeïn in conc. alkoholischer Lösung aufeinander einwirken, so erhält man die obige Verbindung $C_8 H_{10} N_4 O_2$. $C_4 J_4 NH$. Hellgraues, geruch- und geschmackloses, krystallinisches Pulver, in den meisten Lösungsmitteln wenig oder gar nicht löslich. Enthält 74,6 % Jodol und 25,4 % Coffeïn. Es ist nicht anzunehmen, dass diese Verbindung im Arzneischatz sich einbürgern wird.

Chinolinum.

Chinolin.

$C_9 H_7 N.$

Beim Schmelzen von Chinin mit Aetzkali erhielt Gerhardt 1842 einen basischen Körper der Zusammensetzung $C_{18} H_{22} N_2 O_2$, welchem er wegen seiner Abstammung vom Chinin und seiner ölartigen Beschaffenheit den Namen Chinoleïn beilegte. Die nämliche Verbindung glaubte er gewonnen zu haben durch Behandlung vom Cinchonin und Strychnin mit schmelzendem Aetzkali, doch deuteten die Analysen des vom Cinchonin derivirenden Körpers mehr auf die Formel $C_{38} H_{40} N_4$ also auf ein sauerstofffreies Product. Butlerow und Wischnegradsky zeigten später, dass unter den angegebenen Bedingungen aus dem Chinin in der That eine sauerstoffhaltige Base der Formel $C_{10}H_9NO$ entstehe; dieselbe wurde als identisch mit dem Paramethoxychinolin erkannt und von Königs „Chinolidin" genannt. Es stellte sich ferner heraus, dass durch Destillation von Cinchonin eine sauerstofffreie Base, das Chinolin sich bilde.

Runge schied aus dem Steinkohlentheer eine Base ab, welche er Leukolin nannte, (da sie vom Kyanol oder Anilin sich dadurch unterschied, dass sie durch Chlorkalklösung nicht gefärbt wurde), deren Identität mit Chinolin nunmehr feststeht. — Endlich wird Chinolin aus dem Stuppfett gewonnen, einem Nebenproduct bei der Destillation der Quecksilbererze in Idria.

Auch die synthetische Darstellung des Chinolins wurde allmälig erschlossen. So erhielt Bayer aus dem Hydrocarbostyril durch Behandeln mit Chlorphosphor ein schwach basisches Product der Zusammensetzung $C_9H_5NCl_2$, welches sich als Dichlorchinolin erwies und dann durch Erhitzen mit Jodwasserstoff und Eisessig auf 240° Chinolin lieferte.

Später stellte Königs das Chinolin durch Erhitzen von Acroleïnanilin dar; — Friedländer gewann es durch Condensation von Orthoamidobenzaldehyd mit Acetaldehyd bei Gegenwart von geringen Mengen Natronlauge. — Skraup endlich stellte Chinolin in technisch erfolgreicher Weise dar durch Erhitzen eines Gemenges von Nitrobenzol, Anilin, Glycerin und Schwefelsäure.

Seiner chemischen Zusammensetzung nach ist das Chinolin ein vollkommenes Analogon des Pyridins.

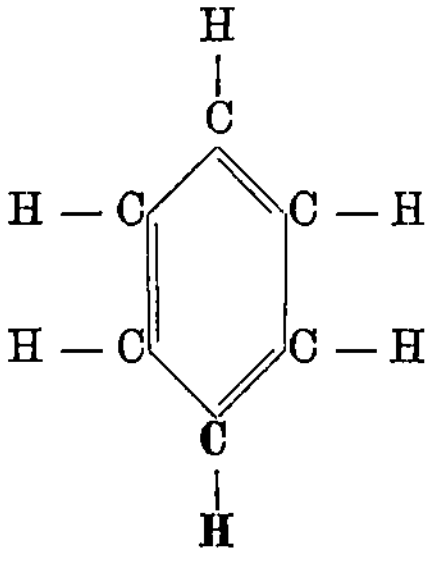

Benzol 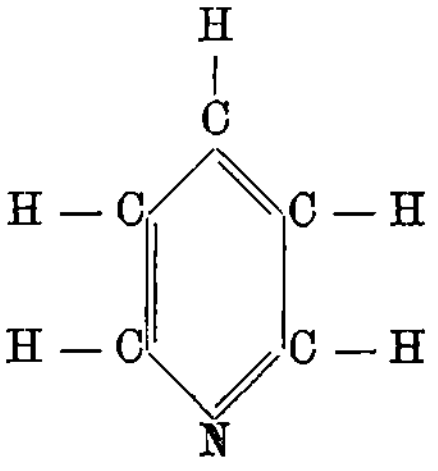   Pyridin

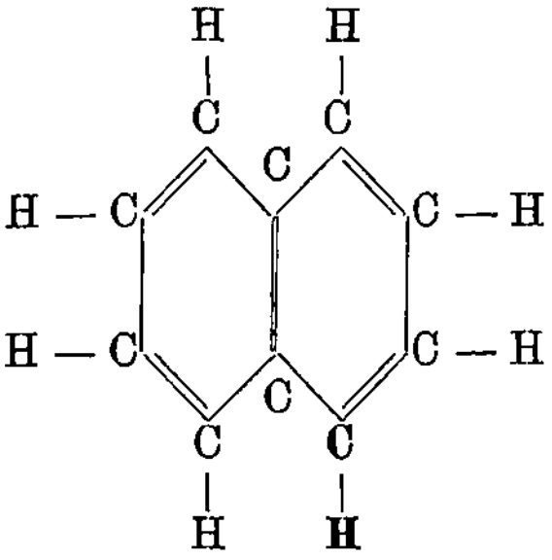

Naphthalin 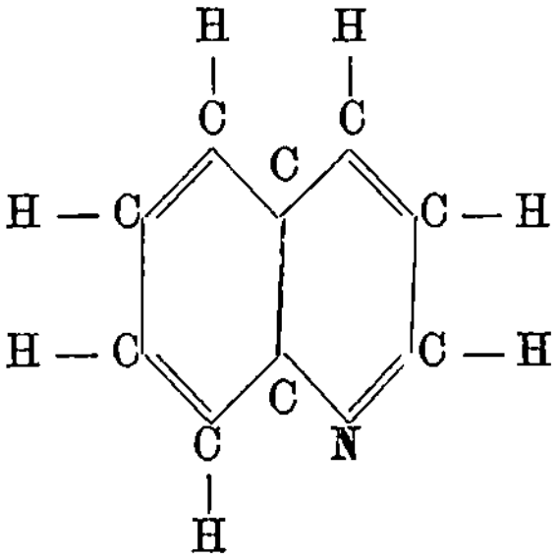   Chinolin.

16*

Gerade so, wie man das Pyridin vom Benzol ableiten kann, so lässt sich auch das Chinolin von Naphthalin ableiten. Es ist mit anderen Worten Naphthalin, in welchem eine $\equiv CH$-Gruppe durch ein N-Atom ersetzt ist.

Und gerade so, wie das Pyridin das Anfangsglied einer ganzen Basenreihe, der Pyridinbasen, ist, ebenso ist auch das Chinolin das erste Glied der nach ihm benannten Chinolinreihe. Alle Individuen dieser Reihe besitzen die allgemeine Zusammensetzung $C_n H_{2n-11} N$, die höheren Homologen leiten sich von Chinolin in der Weise ab, dass Wasserstoffatome desselben durch organische Reste (Methyl-, Aethyl- etc. Gruppen) ersetzt werden. So lassen sich ableiten

$$C_9 H_7 N \qquad C_9 H_6 N - CH_3 \qquad C_9 H_6 N - C_2 H_5$$

Chinolin   Methyl-Chinolin   Aethyl-Chinolin.

Mit den Pyridinbasen theilen die Chinolinbasen die Eigenschaft, dass sie durch Oxydationsmittel kaum angegriffen werden (sie unterscheiden sich dadurch von den leicht oxydationsfähigen Anilinbasen), dagegen sind die Chinolinbasen in Wasser sehr schwer löslich, während die Pyridinbasen sich darin leicht auflösen.

Darstellung. Die Skraup'sche Synthese des Chinolins.

Man mischt 24 Th. Nitrobenzol mit 38 Th. Anilin, 120 Th. Glycerin und 100 Th. conc. Schwefelsäure, erhitzt anfangs vorsichtig, da sonst eine sehr stürmische Reaction eintritt, dann erhitzt man noch einige Stunden am Rückflusskühler, verdünnt hierauf mit Wasser, destillirt das Nitrobenzol ab, giebt schliesslich zum Rückstand Natronhydrat bis zur stark alkalischen Reaction und destillirt im Wasserdampfstrom ab. Zur Reinigung wird das gewonnene Chinolin fractionirt und dann durch Lösen in 6 Th. Alkohol und Zufügen von 1 Mol. $H_2 SO_4$ als saures Chinolinsulfat niedergeschlagen (Anilinsulfat geht in Lösung), oder aber man kocht es mit Chromsäuremischung, welche (s. vorher) nur beigemengtes Anilin angreift.

Die Vorgänge, welche sich bei diesem synthetischen Process abspielen, lassen sich wie folgt interpretiren. Durch Einwirkung der Schwefelsäure auf das Glycerin bildet sich Acroleïn:

$$CH_2 = CH - C{\overset{\textstyle O}{\underset{\textstyle H}{\diagup\!\!\!\diagdown}}} \; .$$

Dieses condensirt sich, während das Nitrobenzol oxydirend wirkt, mit dem vorhandenen Anilin zu Chinolin.

H
O¹)
H
H H
H
C
C
C
C
H — C
CH
H — C
CH
C
C
N
H₂ O
Acroleïn
H
Anilin
H H
C C
C
HC
CH
HC
CH
C
C
N
H
Chinolin.

Nach dieser Methode werden etwa 60 % der theoretisch möglichen Ausbeute an Chinolin gewonnen, ausserdem aber gestattet sie auch zu den Homologen des Chinolins zu gelangen und zwar dadurch, dass man an Stelle von Anilin die Homologen des Anilins (der ParaReihe) anwendet. So erhält man aus dem p-Toluidin unter den gleichen Bedingungen das Toluchinolin u. s. w.

Eigenschaften. In reinem Zustande — und frisch destillirt — bildet das Chinolin eine schwach gelbliche Flüssigkeit, welche ein erhebliches Lichtbrechungsvermögen und einen characteristisch aromatischen, auf die Dauer unangenehmen Geruch besitzt. Der Siedepunkt liegt bei 237° C., das spec. Gewicht ist bei 0° C. $= 1{,}1081$, bei 15° C. $= 1{,}084$. In einem Kältegemisch aus fester Kohlensäure und Aether erstarrt es krystallinisch. — In Alkohol, Aether, Chloroform, Benzin ist es leicht löslich, sehr wenig löslich dagegen ist es in Wasser. Indessen zeigt das Chinolin doch die Neigung Wasser aufzunehmen: es ist hygroskopisch. Lässt man es längere Zeit in einer feuchten Atmosphäre stehen, so entspricht seine Zusammensetzung dem Hydrate $C_9 H_7 N + 1\frac{1}{2} H_2 O$. Dieses Hydrat trübt sich beim Erwärmen auf 40° C.

Unter dem Einfluss des Lichtes und der Luft bräunt sich ursprünglich ganz farbloses Chinolin sehr bald und ziemlich intensiv. Um ein so verändertes Präparat wieder in ungefärbten Zustand überzuführen, muss es mit etwas festem Kali- oder Natronhydrat geschüttelt und langsam rectificirt werden.

Seinen chemischen Eigenschaften nach ist das Chinolin eine Base, und zwar den tertiären Aminen zuzurechnen, da es die „Nitril-Gruppe" $N\equiv$ enthält. Als Base verbindet es sich mit

---

¹) Der Sauerstoff stammt von Nitrobenzol.

den Säuren, ähnlich dem Ammoniak, durch directe Addition zu
Salzen. Bei der Salzbildung zeigt es zumeist den Character einer
einsäurigen Base, d. h. 1 Mol. Chinolin verbindet sich mit 1 Mol.
einer einbasischen Säure. Die Salze krystallisiren ziemlich schlecht,
sind auch im Durchschnitt etwas hygroskopisch (Ausnahmen sind
das weinsaure und das salicylsaure Salz). Bemerkenswerth ist ferner
die Eigenschaft des Chinolins und seiner Salze, mit einigen Metallsalzen gut krystallisirende Doppelverbindungen einzugehen. So verbindet sich das salzsaure Salz $C_9 H_7 N . HCl$ mit Zinkchlorid zu dem
gut krystallisirenden Zinkdoppelsalz $(C_9 H_7 N . HCl)_2 . Zn Cl_2$, welches
sehr häufig zur Reinigung des Chinolins benutzt wird.

Wie alle tertiären Basen vereinigt sich auch das Chinolin unter
directer Addition mit Alkyljodiden. Von practischer Wichtigkeit ist
namentlich die Aufnahme von Amyljodid geworden, wegen der Umwandlung des so gebildeten Körpers in den blauen Farbstoff Cyanin.

Beim Kochen mit Salpetersäure oder Chromsäure wird das
Chinolin nur wenig verändert (Unterschied von den Anilinbasen),
durch Einwirkung von Kaliumpermanganat dagegen wird der Benzolkern gesprengt, die nun vorhandenen Seitenketten werden in
Carboxylgruppen (— CO OH) verwandelt, es bildet sich Pyridin-di-
carbonsäure.

Chinolin.

Pyridindicarbonsäure.

Unter dem Einfluss von Reductionsmitteln nimmt das Chinolin Wasserstoff auf, es entstehen Reductionsproducte, welche Hydrochinoline genannt werden. Die Aufnahme von Wasserstoff findet am leichtesten auf der stickstoffhaltigen Seite des Molecüls unter Auflösung der doppelten Bindungen statt. So entsteht durch Behandeln mit Zinn und Salzsäure aus Chinolin das Tetrahydrochinolin (Wischnegradsky).

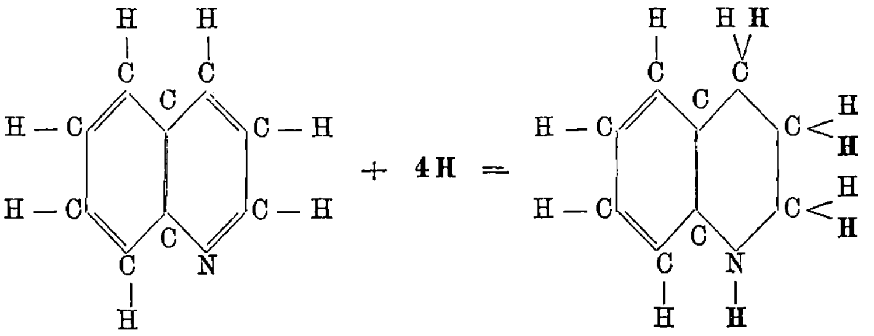

$$+ \; 4H \; =$$

Chinolin   Tetrahydrochinolin.

Durch Einwirkung von rauchender Schwefelsäure auf Chinolin entsteht Chinolinsulfosäure

$$C_9 H_6 N \;\boxed{H + HO}\; SO_3 H \;=\; H_2 O + C_9 H_6 N - SO_3 H$$

Chinolin   Chinolinsulfosäure

aus welcher durch Schmelzen mit Kalihydrat Oxychinolin $C_9 H_6 N . OH$ gebildet wird (s. Kairin).

Reactionen von Chinolin und seinen Salzen.

1. K a l i l a u g e bringt in Chinolinsalzlösungen milchige Trübung hervor; der Niederschlag löst sich nur schwer im Ueberschuss des Fällungsmittels, leicht in Aether, Benzin, Weingeist, schwieriger in Schwefelkohlenstoff, Chloroform und Amylalkohol. — N a t r i u m c a r b o n a t fällt Chinolin unter Entweichen von Kohlensäure aus seinen Salzlösungen weiss, im Ueberschuss unlöslich. — Ammoniak bringt weisse Fällung, im Ueberschuss ziemlich leicht löslich, hervor; — ähnlich verhält sich Ammoncarbonat.

2. J o d j o d k a l i u m erzeugt rothbraunen, in Salzsäure unlöslichen Niederschlag (Grenze 1 : 25000).

3. P i k r i n s ä u r e erzeugt gelben, amorphen Niederschlag, löslich in Alkohol, schwieriger in Salzsäure, in Kalilauge leicht mit röthlichgelber Farbe (1 : 17000).

4. Q u e c k s i l b e r c h l o r i d giebt einen weissen Niederschlag, der leicht in Salzsäure, schwieriger in Essigsäure löslich ist.

5. **Kaliumquecksilberjodid** erzeugt gelblich weissen, amorphen Niederschlag, der sich auf Zusatz von Salzsäure in zarte bernsteingelbe Krystallnadeln verwandelt (characteristisch! Grenze 1 : 3500).

6. **Kaliumbichromat**, vorsichtig zugesetzt, bildet zierliche dendritische Krystalle, im Ueberschuss des Reagens löslich.

Prüfung. Das Chinolin sei klar, nahezu farblos (stark gefärbte Präparate müssen in der oben angegebenen Weise rectificirt werden) und destillire zwischen 235—237° C. vollkommen über. (Wassergehalt erniedrigt den Siedepunkt, ein höherer Siedepunkt lässt auf Verunreinigungen durch Homologe schliessen.) — Werden 0,5 gr Chinolin mit 10 ccm Wasser geschüttelt, so darf das Filtrat auf Zusatz einer filtrirten Chlorkalklösung keine violette Färbung zeigen (Anilin). — Werden 5 ccm Chinolin mit 7,5 ccm conc. Salzsäure gemischt, so dürfen nach dem Erkalten — auch nicht wenn man alsdann mit 10 ccm Wasser verdünnt — ölige Tropfen sich abscheiden (Nitrobenzol, auch Kohlenwasserstoffe wie Benzol, Toluol etc.). — 1 gr Chinolin, auf dem Deckel eines Platintiegels über freier Flamme erhitzt, muss ohne Rückstand verbrennen (unorgan. Verunreinigungen, der Darstellung entstammend).

Aufbewahrung. Das Chinolin wird bis auf Weiteres vorsichtig aufzubewahren sein, und da es unter dem Einfluss von Licht und Luft sich verändert (nachdunkelt), ausserdem ziemlich hygroskopisch ist, so ist es vor Licht geschützt, in nicht zu grossen, aber gut verschlossenen Gefässen aufzubewahren.

Anwendung. Das Chinolin wurde zur medicinischen Anwendung auf Grund seiner von Donat festgestellten antiseptischen Eigenschaften empfohlen. In 0,2 procentiger Lösung verhindert es die Fäulniss von Urin und Leim, in 0,4 procentiger die Blutfäulniss, in 1 procentiger Lösung vernichtet es die Gerinnungsfähigkeit des Blutes, drückt es die Gerinnungsfähigkeit von Eiweiss herab. Es verhindert die Milchsäuregährung, erweist sich aber bei der alkoholischen Gährung schon entwickelten Hefezellen gegenüber wirkungslos. Innerlich angewendet, setzt es die Körpertemperatur herunter, wird aber meist nur in Form seiner Salze gegeben, da es in freiem Zustande auf die Magenschleimhaut stark reizend wirkt. Aeusserlich dient es als kräftiges Antisepticum, namentlich zu Mund- und Zahnwässern, zu Pinselungen und zu Gurgelwässern bei Diphtherie, und zwar wird es stets in alkoholisch-wässeriger Lösung benutzt. Zu Pinselungen dienen 5 procentige, zu Gurgelwässern 0,2 procentige Lösungen.

Rp. Chinolini	5,		Chinolin		1,0
Spiritus			Spiritus		50,
Aq. destill. ãā	50,		Aq. destill.		500,
D.S. Zu Pinselungen.			Ol. Menth. pip. gtt.		2,
			D. S. Gurgelwasser.		

Salze des Chinolins.

Von den Salzen des Chinolins haben sich besonders das weinsaure und das salicylsaure Chinolin eingebürgert. Sie werden sowohl zum inneren als auch zum äusseren Gebrauche angewendet.

Chinolinum hydrochloricum, salzsaures Chinolin, Chinolinchlorhydrat $C_9 H_7 N . H Cl$ bildet eine farblose zerfliessliche Masse, die in Wasser sehr leicht löslich ist, aber beissend und unangenehm schmeckt.

Chinolinum tartaricum, weinsaures Chinolin, Chinolintartrat $3 (C_9 H_7 N) . 4 (C_4 H_6 O_6)$. Zur Darstellung neutralisirt man Chinolin mit einer wässerigen Lösung von Weinsäure, wobei letztere in kleinem Ueberschuss zugesetzt wird, dampft zur Trockne und krystallisirt das erhaltene Salz aus Alkohol um.

Es bildet weisse, flache, rhombische Nadeln, welche schwach nach Bittermandelöl riechen und zugleich bitterlich und pfefferminzbez. bittermandelölartig schmecken. Es löst sich in etwa 70—80 Th. kaltem Wasser, leichter in heissem Wasser, erst in 150 Th. Alkohol, schwierig in Aether. Die wässerige Lösung ist neutral· oder nur sehr schwach sauer. Beim Erhitzen auf 125^0 C. zersetzt sich das Salz unter Abgabe von Chinolin.

Das Salz enthält 60,80 % Weinsäure und 39,2 % Chinolin.

Prüfung. 20 ccm einer 1 procentigen wässerigen Lösung müssen auf Zusatz von 2 ccm Kalilauge eine rein weisse, milchige Trübung zeigen (Färbung würde Verunreinigung durch heterogene Basen anzeigen). Beim Erwärmen dieser Flüssigkeit mit Ammoniumchlorid muss die Trübung verschwinden. — 0,5 gr müssen, auf dem Platinblech erhitzt, ohne Rückstand verbrennen (unorgan. Verunreinigungen). — 20 ccm der 1 procentigen Lösung dürfen durch Chlorkalklösung nicht gefärbt werden (Anilinsalze).

Dosis. Es wird zu 0,5—1,0 gr einige Male täglich, namentlich in Oblaten gegeben. Kinder erhalten $^1/_3$—$^1/_2$ der Dosis.

Mundwasser.

Chinolin. tartar.	1,5
Aq. destill.	140,
Spiritus	20,
Ol. Menth. pip. gtt.	2

D. S. Mit der 5—8 fachen Menge Wasser vermischt zu gebrauchen.

Chinolinum salicylicum, salicylsaures Chinolin, Chinolinsalicylat $C_9 H_7 N . C_7 H_6 O_3$ wird in analoger Weise durch Neutralisation

von Chinolin mit einer wässerig alkoholischen Lösung von Salicylsäure gewonnen.

Es bildet ein krystallinisch weissliches Pulver, welches in etwa
80 Th. Wasser, leicht in Alkohol, Aether, Benzol, Vaseline, Fetten
und fetten Oelen, auch in Glycerin löslich ist.

Der Geschmack der wässerigen Lösung ist dem des weinsauren
Salzes sehr ähnlich.

Die 1procentige Lösung wird durch Zusatz von Kalilauge unter
Abscheidung von Chinolin milchig getrübt. — Auf Zusatz von Salz-
säure scheidet sich aus der wässerigen Lösung Salicylsäure ab, die
von Aether leicht aufgenommen wird. — Die 1procentige wässerige
Lösung giebt mit Eisenchlorid die für Salicylsäure characteristische
Violettfärbung.

Prüfung wie unter Chinolinum tartaricum.

Dosis wie Chinolinum tartaricum.

Aufbewahrung. Das Chinolin ist vorsichtig und vor Licht
geschützt, die Chinolinsalze sind vorsichtig aufzubewahren.

Vorsichtig aufzubewahren.

Acetorthoamidochinolin. $C_9 H_6 N (NH CH_3 CO)$. Zur Darstellung
wird Ortho-Nitrochinolin durch Zinn uud Salzsäure zu o-Amidochinolin
reducirt und dieses mit Acetylchlorid oder Essigsäureanhydrid acetylirt.

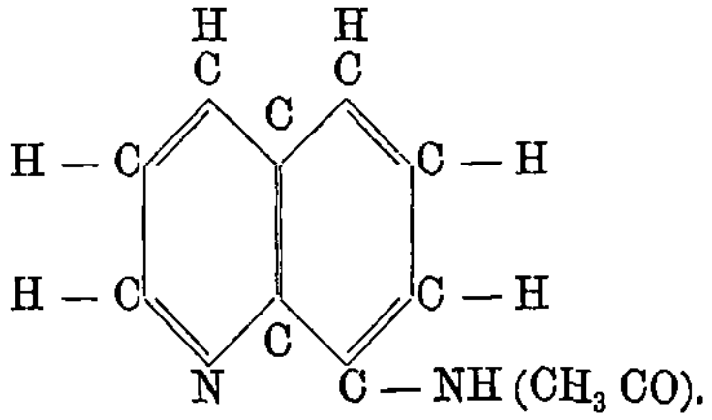

$$
\begin{array}{c}
\text{H} \qquad \text{H} \\
\text{C} \qquad \text{C} \\
\text{C} \\
\text{H} - \text{C} \diagup \qquad \diagdown \text{C} - \text{H} \\
\text{H} - \text{C} \qquad \text{C} - \text{H} \\
\text{C} \\
\text{N} \qquad \text{C} - \text{NH (CH}_3\text{ CO).}
\end{array}
$$

Das Präparat ist ein Analogon des Antifebrins. Es bildet farblose, bei $102{,}5^0$ schmelzende Krystalle und siedet jenseits 300^0.
Durch ätzende Alkalien oder conc. Salzsäure wird es beim Erhitzen
in o-Amidochinolin und Essigsäure gespalten.

Es wurde vorübergehend als Antipyreticum angewendet, hat sich
aber nicht einzubürgern vermocht.

Diaphtherin, Oxychinaseptol. Dieses neue Antisepticum ist
eine Verbindung von 1 Mol. Orthophenolsulfosäure mit 2 Mol. Ortho-
Oxychinolin; es kommt ihm somit die Formel zu:

$$
\underbrace{HO \,.\, C_9 H_6 N}_{\text{Oxychinolin}} \quad . \quad \underbrace{H SO_3 \,.\, C_6 H_4 \,.\, OH}_{\text{Phenolsulfosäure}} \quad . \quad \underbrace{C_9 H_6 N \,.\, OH}_{\text{Oxychinolin.}}
$$

Die Darstellung erfolgt durch Sättigung von o-Phenolsulfosäure mit berechneten Mengen von o-Oxychinolin. Der Name stammt von $\delta\iota\alpha\varphi\vartheta\varepsilon\iota\rho\omega$, ich vernichte.

Es bildet, aus Wasser krystallisirt, bernsteingelbe, durchsichtige, dem hexagonalen System angehörende, sechseckige Säulen, welche sich leicht, fast in jedem Verhältniss, in Wasser lösen und bei 85° C. schmelzen. Die·wässerige Lösung giebt mit Eisenchlorid eine blaugrüne Färbung. In kaltem Weingeist ist das Diaphtherin schwer löslich, leichter in heissem.

Das Diaphtherin ist von Emmerich bacteriologisch und von Kronacher klinisch geprüft worden, wobei sich ergab, dass demselben bedeutende bacterientödtende Kraft zukommt, und dass es in dieser Beziehung den am stärksten wirkenden Antisepticis, wie Phenol, Lysol, Kresol, u. s. w. gleichkommt. Dabei hat das Präparat den Vorzug, dass es relativ ungiftig ist und sich mit grösster Leichtigkeit in Wasser vollkommen klar löst. Zum Desinficiren nicht vernickelter Instrumente ist es unbrauchbar, da diese in Berührung damit schwarz anlaufen.

Kronacher hat in seiner chirurgischen Praxis mit dem Diaphtherin sehr gute Erfolge erzielt und ist zu dem Ergebniss gelangt, dass dasselbe ein ausgezeichnetes Antisepticum ist, welches anderen, ähnlich wirkenden Körpern gleichkommt, in einzelnen Fällen diese sogar übertrifft. Angewendet wird eine wässerige $1/2$ bis 2 procentige Lösung.

Jodolin ist **Chinolinchlormethylat-Chlorjod.** Man stellt zunächst aus Chinolin und Jodmetbyl des Chinolinjodmethylat her, welches sich durch directe Vereinigung der angegebenen Substanzen bildet, und setzt nun zu der salzsauren Lösung eine Lösung von Chlorjod in Salzsäure. Es fällt nun zunächst Jod aus unter Bildung von Chinolinchlormethylat, und wenn keine Jodfällung mehr, sondern ein gelber Niederschlag entsteht, filtrirt man ab und fällt dann aus dem Filtrate durch weiteren Zusatz von Chlorjod die gelbe Doppelverbindung, welche sich aus Salzsäure umkrystallisiren lässt.

Kairinum.

Kairin A.   Aethyl-Kairin.

$C_9 H_{10} (C_2 H_5) NO . H Cl.$

Unter dem Namen „Kairin" sind 1882 zwei von O. Fischer synthetisch dargestellte Körper beschrieben und später zur medicinischen Verwendung empfohlen worden, welche s. Z. als erste künstlich dargestellte Ersatzmittel des Chinins lebhaftes Interesse erregten.

Kairin M. ist salzsaures Oxychinolinmethylhydrür

. Kairin A. . - Oxychinolinäthylhydrür.

Das letztere Präparat ist dasjenige, welches früher schlechthin als „Kairin" bezeichnet zu werden pflegte.

Darstellung. Chinolin wird durch Erwärmen mit Schwefelsäure in α-Chinolinsulfosäure übergeführt und diese in der Natronschmelze (s. S. 155) in α-Oxychinolin verwandelt. Durch Reduction des letzteren mittelst Zinn und Salzsäure entsteht α-Oxychinolintetrahydrür, welches alsdann durch Erhitzen mit Jodäthyl in α-Oxychinolin-äthyl-tetrahydür übergeführt wird. Das salzsaure Salz der letztgenannten Base ist das Kairin A.

α-Chinolinsulfosäure.

α-Oxychinolin.

α-Oxychinolintetrahydrür.

α-Oxychinolin-äthyl-tetrahydrür.

Eigenschaften. Geruchloses, farbloses Krystallpulver, aus prismatischen Krystallen bestehend. Löslich in 6 Th. Wasser oder in 20 Th. Weingeist. Die wässerige Lösung schmeckt stechend-salzig, zugleich kampherartig kühlend und nimmt aus der Luft allmälig Sauerstoff auf unter Bräunung. Sie wird durch Eisenchlorid dunkelbraunroth, durch rauchende Salpetersäure blutroth gefärbt. Die Formel ist $C_9 H_5 (H_4) . C_2 H_5 . OH . N . HCl$.

Aufbewahrung. Vorsichtig. Lösungen dürfen nicht lange vorräthig gehalten werden.

Anwendung. Kairin hat heute nur noch historisches Interesse. Es war das erste synthetisch dargestellte Antipyreticum, und zwar erfolgte die pharmakologische Prüfung s. Z. durch Filehne. Es wurde damals Erwachsenen in Gaben von 0,5—1,0 gr, Kindern in solchen von 0,1—0,5 gr pro die gegeben. Heut ist es völlig verlassen, weil die Nebenerscheinungen (Cyanose, Collaps) doch zu bedrohlich waren und weil es die Bildung von Methaemoglobin veranlasste.

Kairin M., salzsaures α-Oxychinolinmethyltetrahydrür $C_9 H_{10} (CH_3) NO . HCl$ entsteht auf ganz analoge Weise wie das vorige, nur wird an Stelle von Jodäthyl zur Darstellung Jodmethyl benutzt. — Es ist dem vorhergehend beschriebenen physikalisch und chemisch sehr ähnlich, findet aber seiner unangenehmen Nebenwirkungen wegen medicinische Verwendung nicht mehr.

Falls „Kairinum" schlechthin verordnet ist, darf unter allen Umständen stets nur „Kairin A", niemals Kairin M dispensirt werden.

Kairolin A ist saures schwefelsaures Aethylchinolintetrahydrür $C_9 H_{10} (C_2 H_5) N . H_2 SO_4$.

Kairolin M ist saures schwefelsaures Methylchinolintetrahydrür $C_9 H_{10} (CH_3) N . H_2 SO_4$.

Analgenum.

Analgen. o-Aethoxy-ana-Monobenzoylamidochinolin. Benzanalgen[1]).

$$C_9 H_5 . OC_2 H_5 . NH . CO C_6 H_5 . N.$$

Diese Verbindung wurde G. N. Vis im März 1891 patentirt und gegen das Ende des Jahres 1892 unter dem Namen „Analgen[1])" von Vis und G. Loebell in die Therapie einzuführen versucht.

Darstellung. (D. R. P. No. 60 308.) Wird o-Oxychinolin mit Kalihydrat und Bromäthyl in alkoholischer Lösung erhitzt, so entsteht o-Aethoxychinolin $C_9 H_6 (OC_2 H_5) N$, welches durch Behandeln mit Salpetersäure in o-Aethoxy-ana-Nitrochinolin $C_9 H_5 (NO_2) (OC_2 H_5) N$ übergeht. Durch Reduction des letzteren mit Zinn und Salzsäure erhält man o-Aethoxy-ana-Amidochinolin $C_9 H_5 (NH_2) (OC_2 H_5) N$. Durch Erhitzen dieser Verbindung mit Essigsäureanhydrid oder mit Eisessig kann der Acetylrest, durch Erhitzen mit Benzoylchlorid kann der Benzoylrest eingeführt werden. Vergl. S. 166 u. 170.

---

[1]) Unter dem Namen Analgen wurde zunächst die Acetylverbindung o-Aethoxy-ana-monoacetylamidochinolin $C_9H_5.OC_2H_5NH(CH_3CO)N$ beschrieben. Die hier zu besprechende Benzoylverbindung hiess damals „Benzanalgen". Später wurde die Acetylverbindung fallen gelassen und so wurde der Name Analgen für die Benzoylverbindung frei.

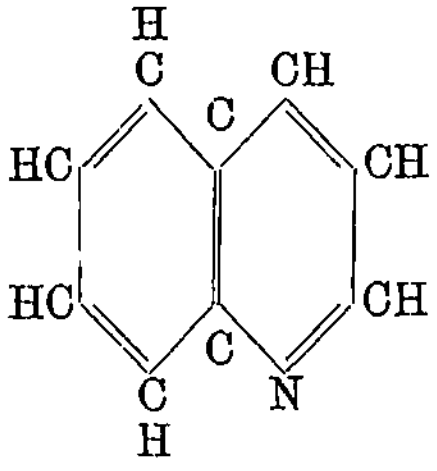

Chinolin

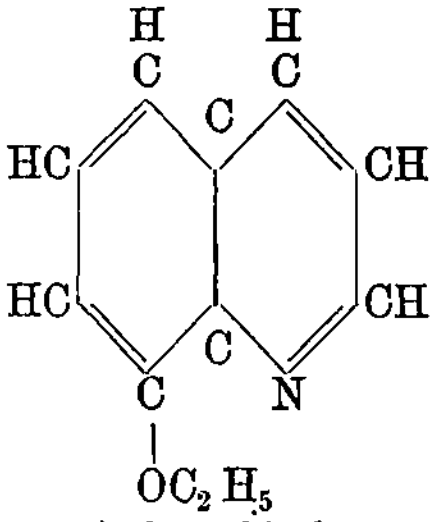

o-Aethoxychinolin

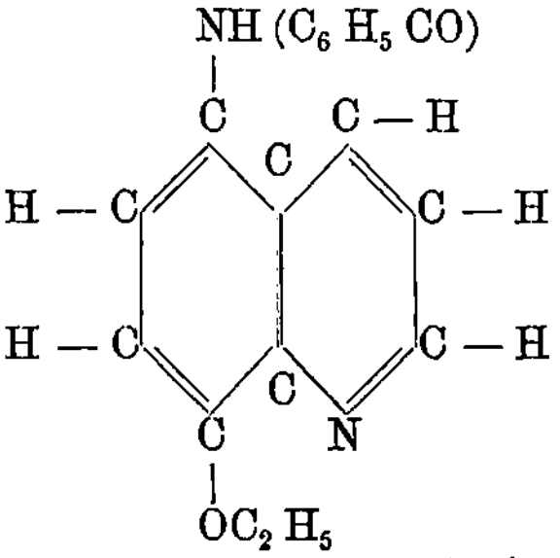

$NH (C_6 H_5 CO)$

$OC_2 H_5$

o-Aethoxy-ana-benzoylamidochinolin (Analgen).

Eigenschaften. Weisses iu Wasser fast unlösliches, vollkommen geschmackloses, neutrales Pulver; in kaltem Alkohol ist es schwer löslich, leichter löslich in heissem Alkohol, auch in verdünnten Säuren. Der Schmelzpunkt liegt bei 208°.

Die kalt gesättigte Lösung wird durch Eisenchlorid in der Kälte nur gelblich, beim Erwärmen braunroth gefärbt. — Conc. Schwefelsäure nimmt das Präparat zu einer hellgelb gefärbten Flüssigkeit auf; beim Verdünnen mit Wasser scheidet sich ein citronengelber Niederschlag ab. — Schüttelt man etwa 0,1 gr des Präparates mit 6—8 ccm Wasser an, so nimmt dasselbe auf Zusatz von Salzsäure oder verdünnter Schwefelsäure citronengelbe Färbung an. Beim Erwärmen der Flüssigkeit tritt Lösung ein, beim Erkalten krystallisirt die gelbgefärbte Verbindung aus.

Prüfung. Die kaltgesättigte wässerige Lösung reducire Silbernitrat weder in der Kälte noch in der Wärme. Das Präparat schmelze bei 208° und hinterlasse beim Verbrennen keinen Rückstand.

Aufbewahrung. Unter den indifferenten Arzneimitteln.

Anwendung. Das Präparat wurde von G. Loebell, Treupel, Knust und Krulle auf Grund seiner antifebrilen und antineuralgischen Eigenschaften empfohlen. Sie wandten es an gegen verschiedene Arten von Nervenschmerzen, Cephalaea, Migräne, Trigeminus-Neuralgie und gegen die im Gefolge von Tabes, Alkoholismus, Hysterie auftretenden Beschwerden, Gicht und Muskelrheumatismus. Dosis 0,5 gr bis zu Tagesdosen von 3—5 gr. Unangenehme Nebenwirkungen wurden nicht beobachtet. Die antifebrile Wirkung ist von Schweissen begleitet.

Im Organismus soll die Verbindung durch den Magensaft gelöst und zum Theil in Benzoësäure und o-Aethoxy-ana-Amidochinolin gespalten werden. Der Urin nimmt unter dem Gebrauche des Mittels blutrothe Färbung an, die durch Kalilauge oder Natriumcarbonat in Gelb umschlägt (Unterschied von Blut).

----

o-Aethoxy-ana-acetylamidochinolin $\quad C_9 H_5 (OC_2 H_5) NH (CH_3 CO) N$, schmilzt bei 155° C.

Orexinum hydrochloricum.

Orexin. *Phenyldihydrochinazolinchlorhydrat.*

$$C_{14} H_{12} N_2 . H Cl + 2 H_2 O.$$

Unter dem Namen „Orexin" oder „Orexin. hydrochloricum" wurde 1889 durch Penzoldt das salzsaure Salz des von Paal dargestellten „Phenyldihydrochinazolins" zur medicinischen Anwendung und zwar als Stomachicum empfohlen.

Darstellung. Durch Einwirkung von Natrium auf eine Lösung von Formanilid in Benzol entsteht zunächst Natriumformanilid.

$$C_6 H_5 NH_2 \qquad C_6 H_5 N{<}^{H}_{H\ CO} \qquad C_6 H_5 N{<}^{Na}_{H\ CO}$$

Anilin $\qquad\qquad$ Formanilid $\qquad\qquad$ Natriumformanilid.

Lässt man auf letzteres berechnete Mengen von o-Nitrobenzylchlorid einwirken, so entsteht o-Nitrobenzylformanilid.

$$C_6 H_5 N{<}^{Na\ +\ Cl\ \ CH_2 - C_6 H_4 . NO_2 (1:2)}_{H\ CO} =$$

Natriumformanilid $\qquad\qquad$ o-Nitrobenzylchlorid

$$Na Cl + C_6 H_5 N{<}^{CH_2 - C_6 H_4 - NO_2 (1:2)}_{H\ CO}$$

o-Nitrobenzylformanilid.

Wird das entstandene o-Nitrobenzylformanilid mit Zinn und Salzsäure reducirt, so entsteht intermediär o-Amidobenzylformanilid, welches unter Abspaltung von Wasser in Phenyldihydrochinazolin übergeht

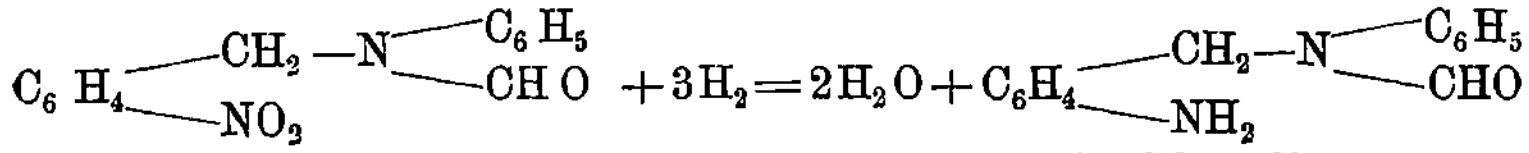

$$C_6H_4 \diagdown \diagup CH_2{-}N \diagdown \diagup C_6H_5 \diagdown CHO \;+\; 3H_2 \;=\; 2H_2O \;+\; C_6H_4 \diagdown \diagup CH_2{-}N \diagdown \diagup C_6H_5 \diagdown CHO$$

o-Nitrobenzylformanilid   o-Amidobenzylformanilid

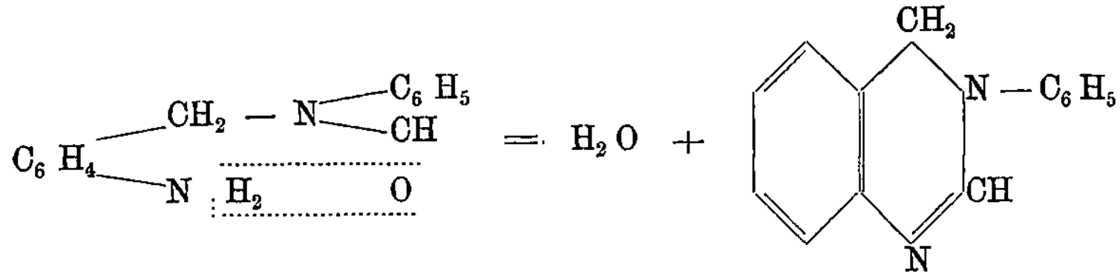

o-Amidobenzylformanilid   Phenyldihydrochinazolin.

Man erhält zunächst das Zinndoppelsalz $C_{14}H_{12}N_2 . HCl . SnCl_2$. Die heisse wässerige Lösung desselben wird durch Einleiten von Schwefelwasserstoff vom Zinn befreit und liefert alsdann beim Eindampfen das nachstehend zu beschreibende salzsaure Salz.

Eigenschaften. Unter dem Namen Orexin (von ὄρεξις = Ess-·lust) ist somit das salzsaure Phenyldihydrochinazolin $C_{14}H_{12}N_2 . HCl + 2H_2O$ zu verstehen. Dasselbe bildet farblose Krystallnadeln, welche bei 80° C. schmelzen. Bei längerem Stehen im Exsiccator gehen sie in das bei 221° C. schmelzende wasserfreie Salz über. Diese Abgabe von Krystallwasser erfolgt schon beim Liegen des Salzes an der Luft; in dieser Weise zum Theil verwitterte Präparate schmelzen beträchtlich höher als bei 80° C. Die Krystalle reizen die Schleimhäute heftig, verursachen, auf die Zunge gebracht, einen bitteren Geschmack und hinterlassen das Gefühl des Brennens. Die wasserhaltige Verbindung löst sich in 13—15 Th. Wasser, auch in Alkohol, während sie in Aether fast unlöslich ist. Die wässerige Lösung reagirt sauer.

Erhitzt man ein Gemisch von Orexin mit Zinkstaub kurze Zeit über freier Flamme, so tritt ein starker, carbylaminartiger Geruch (=Isonitril) auf. Behandelt man hierauf das Gemisch mit stark verdünnter Salzsäure, so nimmt das Filtrat auf Zusatz von Chlorkalklösung eine blaue Färbung an. — Diese Reaction beruht darauf, dass beim Erhitzen des Orexins mit Zinkstaub Benzonitril und Anilin entstehen.

Prüfung. In der 5 proc. wässerigen Lösung erzeugt Quecksilberchlorid einen weissen, Kaliumdichromat einen gelben, beim Stehen an der Luft sich nicht verändernden Niederschlag. Kaliumpermanganat wird schon in der Kälte entfärbt, Bromlösung wird unter Bildung eines gelblichen, amorphen Niederschlages entfärbt.

— Auf Platinblech erhitzt, verbrenne die Verbindung, ohne einen wägbaren Rückstand zu hinterlassen.

Aufbewahrung. Vorsichtig.

Anwendung. Das Orexin regt die Magenverdauung an und wurde daher als Stomachicum empfohlen. Seine Wirkung dürfte etwa als die combinirte eines Bittermittels und eines scharfen Gewürzes, z. B. Pfeffer, zu denken sein. Man giebt es zu 0,25—0,50 gr bis zu 1 gr pro die in Oblatenpulvern oder in Pillen. Contraindicirt ist es bei Magengeschwür.

Orexinum basicum. Mit diesem Namen bezeichnet Pentzold neuerdings die freie Orexinbase $C_{14}H_{12}N_2$. Dieselbe wirkt ebenso appetiterregend wie das salzsaure Salz, doch verursacht sie nicht das unangenehme Brennen gegenüber den Schleimhäuten. Als Oblatenpulver in mittleren Tagesgaben von 0,3 gr.

Antipyrinum.

Antipyrin. Dimethylphenylpyrazolon. Oxydimethylchinizin. Analgesin.
Anodynin. Parodyn. Phenazon. Sedatin[1]). Phenylon.

$$C_{11}H_{12}N_2O.$$

Das Antipyrin wurde 1884 von Ludwig Knorr dargestellt und hierauf von Filehne in den Arzneischatz eingeführt. Anfänglich hielt es Knorr für ein Derivat einer hypothetischen, „Chinizin" genannten Base und nannte es nach dieser Oxydimethylchinizin. Später erkannte Knorr das Antipyrin als ein Derivat des Pyrazols bezw. Pyrazolons und benannte es Phenyl-Dimethyl-Pyrazolon. Das Antipyrin war der directe Nachfolger des Kairins und somit von den synthetisch dargestellten Verbindungen der antipyretischen Gruppe die erste, welche einen dauernden und durchschlagenden Erfolg erzielte. Die durch Patent geschützte fabrikmässige Darstellung geschieht durch die Chem. Fabrik vorm. Meister, Lucius & Brüning in Höchst a. M.

Darstellung. Dieselbe erfolgt im Wesentlichen durch Condensation von Acetessigäther mit Phenylhydrazin; es ist daher nothwendig, zunächst diese beiden Substanzen in Kürze zu betrachten.

Acetessigäther $CH_3—CO—CH_2—COO\,C_2H_5$ oder Acetessigester lässt sich auffassen als Essigsäureäthyläther (Aeth. acetic.) $CH_3—COO\,.\,C_2H_5$.

---

[1]) Vergl. S. 180. Die angeführten Synonyma wurden zum Theil im Interesse illoyaler Concurrenz geschaffen.

in welchem ein H-Atom in der CH_3-Gruppe durch den Acetylrest $CH_3 CO$— ersetzt ist.

$$CH_2\text{—}COO \cdot C_2H_5 \qquad\qquad CH_2\text{—}COO \cdot C_2H_5$$
$$\mid \qquad\qquad\qquad\qquad\qquad\qquad \mid$$
$$H \qquad\qquad\qquad\qquad\qquad CH_3\text{—}C = O$$

Essigäther   Acetessigäther.

Theoretisch kann man sich den Acetessigäther dadurch entstanden denken dass 1 Mol. Essigäther und 1 Mol. Essigsäure unter Abspaltung von Wasser sich vereinigt haben:

$$+ CH_3\text{—}CO\text{—}\begin{array}{|c|} \hline CH_2 \;\; H \\ \hline OH \\ \hline \end{array}\begin{array}{c} COO\, C_2H_5 \end{array} = H_2O + CH_3\text{—}CO\text{—}CH_2\, COOC_2H_5$$

Acetessigester.

Phenylhydrazin wird gewonnen, indem man durch Einwirkung von Salpetriger Säure auf Anilin zunächst Diazobenzol darstellt

$$\underset{\text{Anilin}}{C_6H_5\,N\,H_2} + \underset{\text{Salpetrige Säure}}{N\,O\,OH} = H_2O + \underset{\text{Diazobenzol}}{C_6H_5\,N = N \cdot OH}$$

und dieses durch Reduction mit nascirendem Wasserstoff in Phenylhydrazin überführt

$$\overset{\text{Diazobenzol}}{C_6H_5 - N = N - OH} = H_2O + \underset{\text{Phenylhydrazin.}}{C_6H_5 - NH - NH_2}$$
$$+ H \quad\; H_2 \quad H$$

Darstellung von Antipyrin. (D.R.P. 26429.) 100 gr Phenylhydrazin werden zu 125 gr Acetessigester gegeben. Das beim Vermischen gebildete Wasser wird abgehoben und das ölige Condensationsproduct etwa 2 Stunden im Wasserbade erwärmt, bis eine Probe beim Erkalten oder Uebergiessen mit Aether ganz fest wird. Die noch warme, flüssige Masse wird unter Umrühren in wenig Aether eingegossen, die ausgeschiedene, rein weisse Krystallmasse mit Aether gewaschen und bei 100° getrocknet. Das so gebildete Product ist fast unlöslich in kaltem Wasser, Aether und Ligroin, leichter löslich in heissem Wasser, sehr leicht löslich in Alkohol. Aus Wasser krystallisirt es in derben Prismen, die bei 127° schmelzen.

Um aus diesem das Antipyrin darzustellen, erhitzt man es mit gleichen Gewichtstheilen Jodmethyl und Methylalkohol im geschlossenen Rohre einige Zeit auf 100° C. Die durch ausgeschiedenes Jod dunkel gefärbte Reactionsmasse wird durch Kochen mit schwefliger Säure entfärbt, der Alkohol abdestillirt und aus dem Rückstande das Antipyrin durch Natronlauge als schweres Oel abgeschieden. Durch Ausschütteln mit ziemlich viel Aether, in welchem es nicht sehr gut löslich ist, und Eindampfen der ätherischen Lösung erhält man das Antipyrin in farblosen, glänzenden Blättchen, die bei 113° C. schmelzen.

Bevor wir auf die von K n o r r gegebene Erklärung des Reactionsverlaufes bei der Darstellung eingehen können, wird es nötig sein, derjenigen Substanzen zu gedenken, von denen das Antipyrin abgeleitet wird.

Die Muttersubstanz ist das P y r a z o l, $C_3 H_4 N_2$, welches als ein Derivat des Pyrrols angesehen werden kann. Bei der Reduction geht das Pyrazol unter Aufnahme von 2 Atomen Wasserstoff in P y r a z o l i n, $C_3 H_6 N_2$, über. Denkt man sich in diesem eine $= CH_2$-Gruppe durch die $= CO$-Gruppe ersetzt, so resultirt das P y r a z o l o n $C_3 H_4 N_2 O$.

$$\text{Pyrrol} \qquad\qquad \text{Pyrazol}$$

$$\text{Pyrazolin} \qquad\qquad \text{Pyrazolon.}$$

Beim Vermischen von Phenylhydrazin mit Acetessigester bildet sich unter Wasserabspaltung zunächst ein ölartiges Product, wahrscheinlich der P h e n y l h y d r a z i n a c e t e s s i g e s t e r,

$$C_6 H_5 NH - N \begin{vmatrix} H_2 \\ O \end{vmatrix} = C <^{CH_3}_{CH_2 - COOC_2 H_5} \qquad = H_2 O +$$

$$C_6 H_5 NH - N = C <^{CH_3}_{CH_2 - COO\, C_2 H_5}$$

$$\text{Phenylhydrazinacetessigester}$$

welcher beim Erhitzen unter Abspaltung von Alkohol einen Abkömmling des Pyrazols, das „Phenylmethylpyrazolon", $C_{10} H_{10} N_2 O$, liefert.

$$\text{Phenylhydrazinacetessigester} \qquad = C_2 H_5 . OH + \qquad \text{Phenylmethylpyrazolon.}$$

Das Phenylmethylpyrazolon ist derjenige Körper, welcher früher als „M o n o m e t h y l o x y c h i n i z i n" bezeichnet wurde. Erhitzt man dasselbe in methylalkoholischer Lösung mit Jodmethyl, so wird Antipyrin gebildet, indem zunächst ein Molecül $CH_3 J$ addirt wird:

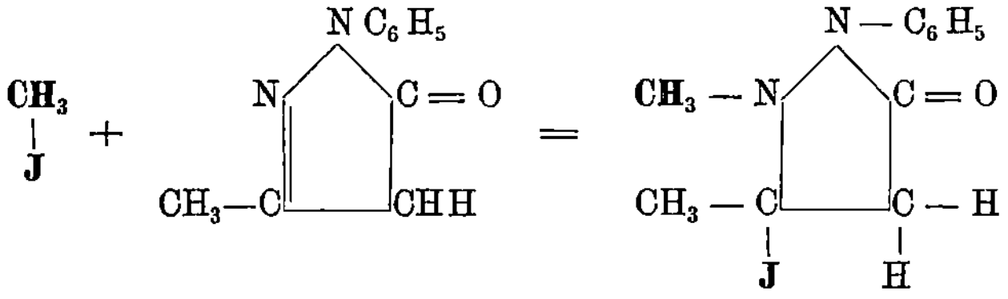

$$\mathrm{CH_3{-}J} \;+\; \text{Phenylmethylpyrazolon} \;=\; \text{Additionsproduct}$$

Phenylmethylpyrazolon   Additionsproduct

und das so entstandene Additionsproduct unter Abspaltung von Jodwasserstoff in Dimethylphenylpyrazolon (= Antipyrin) und Jodwasserstoff zerfällt, bez. jodwasserstoffsaures Antipyrin bildet.

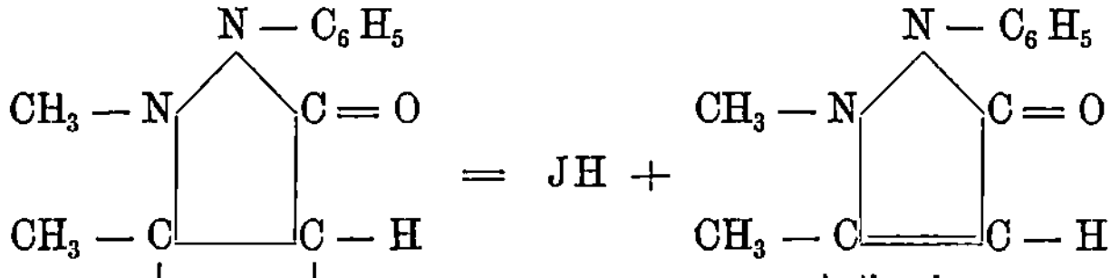

$$\text{(Additionsproduct mit J, H)} \;=\; \mathrm{JH} \;+\; \text{Antipyrin}$$

Antipyrin.

Eigenschaften. Das Antipyrin gelangt in den Handel in Form eines beinahe geruchlosen weissen Krystallmehles; durch Umkrystallisiren aus heissem Wasser kann es auch in wohlausgebildeten grösseren, säulenförmigen Krystallen erhalten werden. Der Schmelzpunkt des reinen Präparates liegt bei 113º C. In Wasser ist es — im Gegensatze zu dem Phenylmethylpyrazolon oder Oxymethylchinizin — sehr leicht löslich; 1 Th. Antipyrin löst sich schon in weniger als dem gleichen Gewicht kalten Wassers auf. 1 Th. Antipyrin löst sich ferner auf in etwa 1 Th. Alkohol, ebenso in 1 Th. Chloroform, dagegen erst in 50 Th. Aether.

Seinen chemischen Eigenschaften nach ist das Antipyrin eine wohlcharacterisirte Base und giebt als solche die für diese Körperklasse characteristischen Reactionen. Beispielsweise vereinigt es sich mit Säuren durch directe Addition zu Salzen, die denen des Ammoniaks analog constituirt sind. Abweichend von anderen Basen zeigt das Antipyrin das bemerkenswerthe Verhalten, gegen Lackmuspapier neutral zu sein.

In wässeriger Lösung zeigt das Antipyrin zwei sehr characteristische Reactionen, welche seine Identificirung ungemein erleichtern.

Durch Eisenchlorid wird es tiefroth gefärbt (s. unten). Die Reaction ist noch bei einer Verdünnung des Antipyrins von 1 : 100000 wahrnehmbar.

Durch salpetrige Säure entsteht in der verdünnten Lösung eine blaugrüne Färbung, in concentrirten Lösungen eine Ausscheidung grüner Krystalle. Die Reactionsgrenze liegt bei einer Verdünnung von 1 : 10000. Die Grünfärbung wird bedingt durch Bildung von Isonitrosoantipyrin, $C_{11}H_{11}N_3O_2$.

Prüfung. Das Antipyrin sei farblos und gebe mit 2 Th. Wasser eine ungefärbte oder nur schwach gelblich gefärbte Lösung. Dieselbe verhalte sich gegen Lackmuspapier neutral. Durch Einleiten von Schwefelwasserstoff werde sie nicht verändert (Metalle). — 0,5 gr Antipyrin sollen, auf dem Platinblech erhitzt, ohne einen Rückstand zu hinterlassen, verbrennen (unorganische Verunreinigungen) — Der Schmelzpunkt liege nicht unter 110°. (Geringe Verunreinigungen drücken den Schmelzpunkt erheblich herunter.) — 2 ccm einer sehr verdünnten (1 : 1000) Lösung geben mit einem Tropfen Eisenchloridlösung eine tiefrothe Färbung, welche auf Zusatz von 10 Tropfen concentrirter Schwefelsäure in eine durch das Eisensalz bedingte gelbliche Färbung übergeht. — Diese Prüfung richtet sich gegen einen Gehalt des Antipyrins an anderen organischen Substanzen, welche mit Eisenchlorid gleichfalls gefärbte Verbindungen geben, sich aber durch ihr Verhalten gegen einen Zusatz concentrirter Schwefelsäure unterscheiden.

Aufbewahrung. Das Antipyrin ist, da es in Tagesdosen bis zu 25 gr ohne Schädigung genommen worden ist, unter den indifferenten Mitteln aufzubewahren. Es ist in reinem Zustande unbegrenzt haltbar, bedarf daher keiner besonderen Vorschriften bezüglich seiner Aufbewahrung.

Anwendung. Das Antipyrin wird innerlich als kräftiges Antipyreticum bei fieberhaften Zuständen (Febris intermittens und recurrens) gegeben und setzt in Dosen von 4—6 gr die Temperatur sicher um 1,5 bis 3° C. herab, nur in sehr seltenen Fällen bleibt die Wirkung aus. Indessen verursacht es nicht selten Erbrechen und die Entstehung von Exanthemen, welche jedoch nach einigen Tagen zu verschwinden pflegen. — Gegen Malaria wirkt Antipyrin nicht. Dagegen ist es mit Erfolg bei Gelenkrheumatismus und als Antineuralgicum angewendet worden. Von französischen Aerzten wird es gegen einige Formen von Diabetes empfohlen. Aeusserlich angewendet zeigt es antiputride (fäulnisshemmende) und hämostatische (blutstillende) Eigenschaften und soll in letzterer Beziehung sogar Eisenchlorid und Ergotin übertreffen. Bei subcutaner Anwendung soll es nach Germain-Sée in der Nähe der Injectionsstelle schmerzstillend wirken, ohne die unangenehmen Nebenwirkungen des Morphiums zu zeigen. Die Dosis ist für Erwachsene 3—4 mal täglich 2—3 gr, für Kinder 3—4 mal täglich 0,2—0,5—0,8 gr.

Da Antipyrin mit einer ganzen Anzahl vielbenutzter Arzneimittel nicht erwartete Aenderungen eingeht, so beachte man folgende Winke:

1. Man vermeide es, Antipyrin mit Substanzen zusammenzubringen, welche salpetrige Säure enthalten oder entwickeln können, z. B. Amylium nitrosum und Spir. Aether. nitrosi, andernfalls kann sich das grüne Isonitroso-Antipyrin bilden. Das letztere wird von Einigen für ungiftig erklärt, andererseits ist behauptet worden, dass durch Einwirkung von salpetriger Säure auf Antipyrin neben Isonitroso-Antipyrin auch kleine Mengen Blausäure entstehen.

2. In Gemischen von Antipyrin mit Quecksilberchlorür (Calomel) soll eine organische, sehr giftige Quecksilberverbindung entstehen.

3. Antipyrin und Carbolsäure fällen sich schon in verdünnten Lösungen gegenseitig aus; man verordne diese beiden also nicht zusammen.

4. Antipyrin mit Natriumsalicylat in Pulverform zusammengerieben giebt nach einiger Zeit eine schmierige Masse. In Lösungen scheinen beide Substanzen nicht aufeinander einzuwirken.

5. Antipyrin mit Chloralhydrat geben beim Zusammenreiben eine ölige Flüssigkeit, welche die Reactionen ihrer Componenten nicht mehr zeigt. Ebenso giebt Antipyrin mit β-Naphthol eine feuchte Mischung.

6. Gerbsäure fällt Antipyrin aus seiner Lösung als Tannat.

7. Dagegen erhöht Antipyrin die Auflöslichkeit des Coffeïns und der Chininsalze in Wasser.

Physiologisches. Ueber die Schicksale, welche das Antipyrin im Organismus erleidet, ist Sicheres bis jetzt nicht ermittelt worden. Nach Umbach und v. Nencki wird nach Antipyringebrauch beim Menschen die gepaarte Schwefelsäure (Aetherschwefelsäure) nur wenig, bei Hunden dagegen in deutlicher Weise vermehrt. Nach Schweissinger scheint es, als ob ein Theil des Antipyrins unverändert in den Urin übergehe; wenigstens gab der Urin nach Einnahme von 1 gr Antipyrin nach Verlauf von 1 Stunde mit Eisenchlorid Rothfärbung, nach 24 Stunden blieb dieselbe aus. Enthält der Urin wenig Antipyrin, so wird er zunächst zur Sirupsconsistenz eingedampft und der Rückstand mit absolutem Aether ausgeschüttelt. Entfärbung des Urins durch Thierkohle vor dem Eindampfen erleichtert die Wahrnehmung der Reaction.

Antipyrinum citricum, Antipyrincitrat wird aus Missverständniss bisweilen verordnet, aber fabrikmässig nicht dargestellt, weil wegen der leichten Löslichkeit und des Mangels ätzender Eigenschaften des Antipyrins selbst im Allgemeinen kein Bedürfniss verliegt, Antipyrinsalze darzustellen. Der Apotheker setze das „citricum" in Klammern und gebe Antipyrin ab.

Antipyrinum salicylicum, Antipyrinsalicylat, Salipyrin, $C_{11} H_{12} N_2 O \cdot C_7 H_6 O_3$. Dieses Salz des Antipyrins wurde 1890 etwa gleichzeitig von Prof. Spica-Padua und J. D. Riedel-Berlin beschrieben.

Darstellung. Dieselbe erfolgt durch directe Vereinigung von Antipyrin mit Salicylsäure und zwar erwärmt man zweckmässig eine Mischung von 57,7 Th. Antipyrin und 42,3 Th. Salicylsäure auf dem Dampfbade. Beide Substanzen schmelzen zu einer öligen Flüssigkeit, welche nach dem Erkalten fest wird. Durch Umkrystallisiren aus Alkohol erhält man das Antipyrinsalicylat oder Salipyrin in reinem Zustande.

Eigenschaften. Farbloses Krystallpulver von dem herbsüsslichen Geschmack der Salicylsäure. Schmelzpunkt 92°. Es löst sich in etwa 200 Th. Wasser bei 15° C. oder in 25 Th. siedendem Wasser. Die Lösungen röthen Lackmuspapier. In Chloroform ist es leicht löslich, ziemlich leicht löslich in Alkohol und in Aether, nur wenig löslich ist es in Schwefelkohlenstoff. Beim Erwärmen mit Schwefelsäure wird Salicylsäure, beim Erwärmen mit Natronlauge Antipyrin in Freiheit gesetzt.

Prüfung. Eine gewogene Menge Salipyrin wird im Scheidetrichter in Wasser gelöst, die Lösung mit einer gemessenen Menge Doppelt-Normalnatronlauge im Ueberschuss versetzt und das ausgeschiedene Antipyrin mit Chloroform ausgezogen. Der Chloroformauszug wird in gewogenem Schälchen verdampft und das Gewicht des hinterbleibenden Antipyrins und dessen Schmelzpunkt, welcher bei 113° liegen muss, bestimmt. Die im Scheidetrichter zurückgebliebene Natriumsalicylatlösung wird mit Schwefelsäure titrirt, die Salicylsäure mit Aether ausgeschüttelt und nach Verdunstung des ätherischen Auszuges der Schmelzpunkt der erhaltenen Salicylsäure bestimmt. Derselbe muss bei 155° liegen (Scholvien). Es müssen 57,7 % Antipyrin und 42,3 % Salicylsäure erhalten werden.

Aufbewahrung. Unter den indifferenten Arzneimitteln.

Anwendung. Nach Guttmann erniedrigt das Salipyrin die Körpertemperatur des fiebernden Menschen, ferner beeinflusst es acuten und chronischen Gelenkrheumatismus günstig und ist ein brauchbares Antineuralgicum. Die Wirkung ist also die combinirte des Antipyrins und der Salicylsäure. Nebenwirkungen soll es nicht zeigen. Die Dosis ist doppelt so gross wie diejenige des Antipyrins. Man giebt es Erwachsenen zu 1—2 gr mehrmals täglich.

Jodopyrin, Jodantipyrin, $C_{11}H_{11}JN_2O$. Diese Verbindung ist 1885 von Dittmar durch Einwirkung von Chlorjod auf Antipyrin erhalten worden; neuerdings soll sie von Ostermeyer nach einem noch unbekannten Verfahren (Einwirkung von JO_3H und JH auf Antipyrin?) dargestellt werden. Glänzende, farblose, prismatische Nadeln, in kaltem Wasser schwer, leichter in heissem Wasser löslich. Schmelzpunkt 160°.

Nach Münzer soll die Verbindung im Magen in Antipyrin und Jod (?) gespalten werden. Demgemäss zeigt sie die combinirte Wirkung des Antipyrins und des Jods bezw. eines Jodides. Er gab sie in Gaben von 0,5—1,5 gr. Es ist nicht wahrscheinlich, dass das Mittel eine besondere Zukunft haben wird.

Naphthopyrin, β-Naphthol-Antipyrin. Ist eine moleculare Verbindung von β-Naphthol und Antipyrin; sie wird durch Zusammenreiben gleicher Mol.-Gewichte β-Naphthol und Antipyrin als zähe Masse erhalten, welche bisweilen krystallinische Beschaffenheit annimmt. Unlöslich in Wasser, löslich in Alkohol und in Aether. Wird kaum therapeutisch verwendet.

Antipyrin und Chloralhydrat.

Seit 1889 sind mehrere Verbindungen von Antipyrin mit Chloralhydrat dargestellt und zur medicinischen Verwendung empfohlen worden, welche nach den ersten, unklaren Veröffentlichungen nicht genügend auseinander zu halten waren.

I. **Monochloralantipyrin,** Hypnal, $C_{11}H_{12}N_2O \cdot CCl_3CH(OH)_2$. Diese von Béhal und Choay zuerst dargestellte Substanz wird erhalten, indem man 188 Th. Antipyrin mit 165,5 Th. Chloralhydrat bis zur Verflüssigung zusammenreibt, die ölige Flüssigkeit in heissem Wasser löst und an einem kalten Orte der Krystallisation überlässt. Farblose Krystalle (Octaeder), in etwa 15 Th. Wasser löslich. Schmelzpunkt 67—68°.

Die Verbindung wurde von Bardet „Hypnal" genannt und ist auch bis auf Weiteres zu dispensiren, wenn Hypnal verordnet wird.

Nach den ersten französischen Publicationen sollte dieselbe wesentliche Vorzüge vor dem Chloralhydrat besitzen: nämlich den Verdauungstractus nicht in gleicher Weise reizen wie dieses und auch den Blutdruck und die Herzthätigkeit nicht schädlich beeinflussen. Es hat sich indessen herausgestellt, dass die Verbindung in dieser Hinsicht dem Chloralhydrat nicht wesentlich überlegen ist. Sie besitzt im Grossen und Ganzen die Wirkung des Chloralhydrats und wird auch in gleichen Gaben wie dieses (höchste Gaben: 3 gr pro dosi und 6 gr pro die) gegeben.

II. **Bichloralantipyrin,** $C_{11}H_{12}N_2O \cdot + 2[CCl_3CH(OH)_2]$, ebenfalls von Béhal und Choay zuerst beschrieben. Zur Darstellung reibt man 94 Th. Antipyrin mit 165,5 Th. Chloralhydrat zusammen, löst den entstandenen Brei in heissem Wasser und lässt diese Lösung an einem kühlen Orte krystallisiren. In Wasser lös-

.liche Krystalle. Wirkung ungefähr gleich derjenigen des Monochloralantipyrins.

III. Dehydrotrichloraldehydphenyldimethylpyrazolon.

$C_{13} H_{13} N_2 O_2 Cl_3$. Diese Verbindung wurde von L. Reuter dargestellt, indem er je 1 Mol. Gew. Antipyrin und Chloralhydrat in einem Kolben einige Zeit auf 100—110° erwärmte. Aus der erkalteten öligen Flüssigkeit scheiden sich anfänglich nur vereinzelte Krystalle ab, später erstarrt die ganze Flüssigkeit zu einem Krystallbrei, welcher aus Alkohol umkrystallisirt wird.

Farblose, bei 186—187° schmelzende, geschmacklose Krystalle, welche in Wasser unlöslich sind.

Das Präparat wird namentlich vom gefüllten Magen schwer resorbirt. In den nicht überfüllten Magen gebracht, wirkt es hypnotisch. Indessen hat es bisher in die Therapie kaum Eingang gefunden.

Tolypyrinum.

Tolypyrin. Toly-Antipyrin.

$C_{12} H_{14} N_2 O.$

Unter dem obigen Namen wurde ein Homologes des Antipyrins 1892 zur medicinischen Anwendung empfohlen.

Darstellung. Dieselbe erfolgt in analoger Weise wie diejenige des Antipyrins (s. S. 259), nur wird an Stelle von Phenylhydrazin p-Tolylhydrazin angewendet, so dass also nicht Antipyrin, sondern ein in der Phenylgruppe methylirtes Antipyrin entsteht:

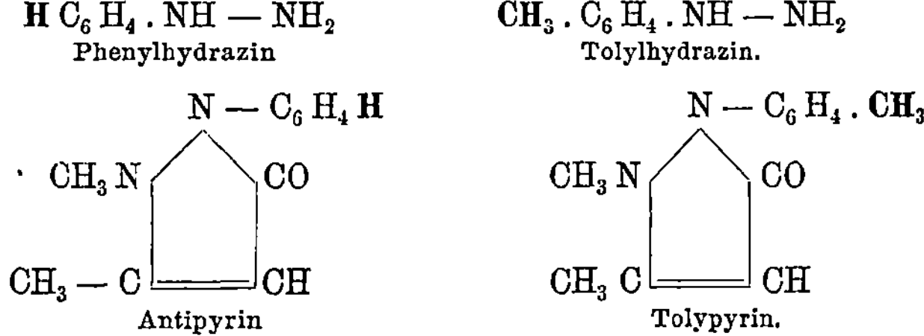

Eigenschaften. Farblose, bei 136—137° C. schmelzende Krystalle von sehr bitterem Geschmack, löslich in 10 Th. Wasser, leicht löslich in Alkohol, fast unlöslich in Aether. Die wässerige Lösung wird durch Zusatz von Eisenchlorid intensiv roth, durch salpetrige Säure grün gefärbt. Erhitzt man Tolypyrin in Substanz mit (25 proc.)

Salpetersäure, so färbt sich die Flüssigkeit weinroth, durch Zusatz von Ammoniak geht die Färbung in hellgelb über.

Anwendung. Tolypyrin wirkt ebenso wie Antipyrin antipyretisch und antineuralgisch. Erwachsene erhalten 4 gr pro die in Einzelgaben von 1 gr.

Tolysal, Tolypyrinsalicylat, $C_{12}H_{14}N_2O \cdot C_7H_6O_3$ wird durch directe Vereinigung von Tolypyrin und Salicylsäure gewonnen. Fast farblose (schwach röthliche) Krystalle von herbbitterlichem Geschmack, in Wasser nur wenig, schwer in Aether, leicht in Alkohol und in Essigäther löslich. Schmelzpunkt 101— 102° C. Ist das völlige Analogon des Salipyrins s. S. 262.

Anwendung. In Tagesgaben von 4—8 gr wirkt es antipyretisch, in kleineren Gaben (1—3 gr) antineuralgisch.

Hydracetinum.

Hydracetin. Pyrodin. Acetylphenylhydrazin. Acetylphenylhydrazid.

$$C_6H_5 NH — NH — CH_3 CO.$$

Unter dem Namen „Pyrodin" wurde gegen das Ende des Jahres 1888 das Acetylphenylhydrazid obiger Zusammensetzung durch Dr. Dreschfeld in England als ein äusserst wirksames Antipyreticum warm empfohlen; indessen schon wenige Wochen später musste der nämliche Arzt erklären, die von ihm „Pyrodin" genannte Substanz sei ein unreines Acetylphenylhydrazid gewesen und die inzwischen rein dargestellte Verbindung zeige derartig giftige Nebenwirkungen, dass er eigentlich vor der Anwendung warnen müsse.

Mehrere Monate später, im Jahre 1889, ist alsdann die Untersuchung der gleichen Verbindung, welcher inzwischen der nichtssagende Name „Hydracetin" gegeben worden war, deutscherseits namentlich von Guttmann fortgesetzt worden. Für die weiteren Ausführungen ist im Auge zu behalten, dass unter „Hydracetin" lediglich das reine Acetylphenylhydrazid zu verstehen ist, welches von E. Fischer zuerst beschrieben wurde.

Darstellung. Man vermischt 100 Th. (2 Mol.) Phenylhydrazin mit 50 Th. (1 Mol.) Essigsäureanhydrid, erhitzt kurze Zeit auf 150°, trägt das Reactionsproduct in siedendes Wasser ein und krystallisirt es aus demselben um. Oder man erhitzt 100 Th. Phenylhydrazin mit 100 Th. Eisessig 6—8 Stunden lang am Rückflusskühler, destillirt alsdann den Essigsäure-

überschuss ab und reinigt das gebildete Acetylphenylhydrazid durch Umkrystallisiren aus siedendem Wasser.

$$C_6H_5\,NH\,NH\,\big|\overline{\begin{matrix}H\\H\end{matrix}}+O\big|<\begin{matrix}O\,C\,.\,CH_3\\O\,C\,.\,CH_3\end{matrix} = 2\,[C_6\,H_5\,NH\,.\,NH\,.\,CH_3\,CO.] + H_2\,O$$

2 Mol. Phenyl-   1 Mol. Essigsäure-
hydrazin   anhydrid

$$C_6\,H_5\,NH\,.\,NH\,\boxed{H + HO}\,CH_3\,CO = H_2\,O + C_6H_5NH\,.\,NH\,.\,CH_3\,CO.$$

Da die Verbindung in jeder Beziehung ein Analogon des Antifebrins
ist, so wolle man über die Einzelheiten der Darstellung bei letzterem S. 166
nachlesen.

Eigenschaften. Das Hydracetin bildet farblose glänzende Krystalle (sechsseitige Prismen), die geruchlos und nahezu geschmacklos sind und bei 128—129° schmelzen. Es löst sich leicht in
Spiritus, ferner in etwa 50 Th. Wasser von gewöhnlicher Temperatur oder in 8—10 Th. siedenden Wassers. Beim Kochen mit conc.
Salzsäure wird es in Essigsäure und in salzsaures Phenylhydrazin
gespalten.

Seinen chemischen Eigenschaften nach steht es dem Phenylhydrazin sehr nahe. Ebenso wie dieses wirkt es sehr stark reducirend: Es scheidet nach längerem Stehen schon in der Kälte, beim
Erwärmen sehr schnell Kupferoxydul aus der Fehling'schen Lösung
aus. Es reducirt Silber-, Gold- und Quecksilbersalzlösungen zu
den betreffenden Metallen und führt Eisenoxydsalze in Eisenoxydul-
salze über.

Prüfung. Uebergiesst man 0,1 gr Hydracetin mit 5 ccm Schwefelsäure, so entsteht eine farblose Lösung, welche beim Hinzufügen
von 1 Tropfen concentrirter Salpetersäure blutrothe Färbung annimmt (Identität). Fügt man einige Tropfen einer gesättigten Hy-
dracetinlösung zu Silbernitratlösung hinzu, so entsteht in der Kälte
allmälig, schneller beim Erhitzen, Ausscheidung von regulinischem
Silber, welches sofort Metallglanz besitzt; war die Silberlösung eine
ammoniakalische, so fällt das Silber als dunkles Pulver aus. In
Goldchloridlösung entsteht durch Hydracetin blaugrüne bis violette
Färbung, hervorgerufen durch fein vertheiltes Gold, an der Oberfläche zeigen sich metallisch glänzende Goldflittern. (Identität.)

Das Hydracetin schmelze bei 128—129° C.; beim Erhitzen auf
dem Platinblech verflüchtige es sich, ohne einen Rückstand zu hinterlassen. Die wässerige Lösung reagire neutral (Essigsäure). Kocht

man 0,1 gr Hydracetin mit 3 ccm conc. Salzsäure 2—3 Minuten
lang und verdünnt die Lösung nach dem Erkalten mit 10 ccm
Wasser, so entstehe auf Zusatz von filtrirter Chlorkalklösung nur
eine gelbe, nicht aber violette Färbung. (Acetanilid.)

Aufbewahrung. Vorsichtig aufzubewahren.

Anwendung. Das Hydracetin ist von P. Guttmann innerlich als Antipyreticum und Antineuralgicum, äusserlich bei Psoriasis empfohlen worden.

Er gab es bei hohem Fieber in Dosen von 0,05—0,1 gr bis höchstens
0,2 gr pro die. Nach $\frac{1}{2}$ Stunde etwa trat ein 1,5—2° betragender Temperaturabfall unter starker Schweissabsonderung ein. Das Minimum trat
nach 2—3 Stunden ein, hielt aber nur kurze Zeit an. Der Wiederanstieg
erfolgte langsam, fast stets ohne Frost. Bei acutem Gelenkrheumatismus
beobachtete er nach Tagesgaben von 0,2—0,3 gr Schmerzlinderung, ebenso
bei Ischias.

Aeusserlich wendete Guttmann das Hydracetin mit gutem Erfolge bei Psoriasis an.

Hierzu ist zu bemerken, dass der Arzt bei innerer Darreichung von
Hydracetin nicht vorsichtig genug sein kann. Dasselbe ist unzweifelhaft
ein Blutgift. Guttmann selbst räth an, die Tagesmenge von 0,1 gr niemals länger als 3 Tage hintereinander zu geben. Oestreicher theilt mit,
dass er 20 procentige Lanolinsalben mit gutem localen Erfolge gegen Psoriasis benutzte; doch sei es bei der Mehrzahl der Patienten zu allgemeinen
Vergiftungserscheinungen gekommen, so dass er auch bei der äusseren Anwendung zu dringender Vorsicht rathet.

Der Arzt mache es sich zur Pflicht, den Namen „Hydracetin"
deutlich zu schreiben, damit nicht Verwechslungen mit Hydrastin
(einem Alkaloid aus *Hydrastis canadensis)* vorkommen.

Orthinum, Orthin. $C_7 H_8 N_2 O_2$. Mit diesem Namen bezeichnet
Kobert ein neues Hydrazinderivat, nämlich die „Orthohydrazinpara-
oxybenzoësäure".

Das freie Orthin ist ein in Substanz und in Lösung sehr leicht
zersetzlicher Körper. Das salzsaure Salz ist in Substanz haltbar,
seine Lösung dagegen unterliegt gleichfalls bald dem Verderben.

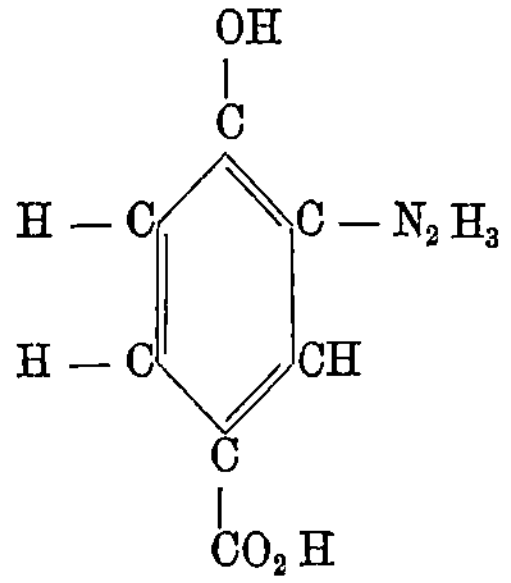

$$
\begin{array}{c}
OH \\
| \\
C \\
\diagup \quad \diagdown \\
H-C \qquad\qquad C-N_2H_3 \\
| \qquad\qquad\qquad | \\
H-C \qquad\qquad CH \\
\diagdown \quad \diagup \\
C \\
| \\
CO_2H
\end{array}
$$

Von **Kobert** nnd **Unverricht** wurde das salzsaure Orthin geprüft. Dasselbe wirkt antiseptisch und antipyretisch, indessen zeigt
es derartig unangenehme Nebenwirkungen, dass seine therapeutische
Verwendung als ausgeschlossen angesehen werden kann.
Vorsichtig aufzubewahren.

Antithermin.

Phenylhydrazin-Lävulinsäure.

$$C_6\,H_5\,N_2\,H = C<^{CH_3}_{CH_2}\ - CH_2\ - COOH.$$

Unter dem Namen „Antithermin", wurde im Jahre 1887 von
Nicot die „Phenylhydrazin-Lävulinsäure", ein Condensationsproduct
von Phenylhydrazin und Lävulinsäure, zur medicinischen Verwendung empfohlen.

Die Lävulinsäure ist ein Homologes der Acetessigsäure und
zwar β-Acetopropionsäure.

$$H - CH_2 - CH_2 - COOH \qquad CH_3\,CO - CH_2 - CH_2 - COOH$$

Propionsäure $\qquad\qquad\qquad$ β-Acetopropionsäure
oder Lävulinsäure.

Sie entsteht bei der Einwirkung von conc. Salzsäure auf Zucker
oder Stärke und stellt bei 33—34° C. schmelzende Krystallblätter
dar, welche in Wasser, Alkohol und Aether leicht löslich sind. Sie
siedet bei 245—246° ohne Zersetzung.

Darstellung des Antithermins. Man vermischt eine essigsaure Lösung von 108 Th. Phenylhydrazin mit einer wässerigen Lösung von 116 Th.
Lävulinsäure. Es entsteht sofort ein weisser Niederschlag von Phenylhydrazin-Lävulinsäure

$$C_6\,H_5\,NH - N\ \boxed{H_2 + O} = C<^{CH_3}_{CH_2}\ - CH_2 - COOH \quad =$$

$$H_2\,O + C_6\,H_5\,NH - N = C<^{CH_3}_{CH_2}\ - CH_2 - COOH.$$

Man lässt einige Stunden absetzen, filtrirt den Niederschlag ab, wäscht
ihn mit kaltem Wasser aus und krystallisirt ihn aus siedendem Wasser
event. unter Zusatz von etwas Thierkohle um.

Eigenschaften. Das Antithermin bildet farblose, glänzende, harte
Krystalle, die zwischen den Zähnen knirschen, besitzt kaum wahr-
nehmbaren Geschmack und erzeugt beim Kauen schwaches Brennen.
Es ist in kaltem Wasser nahezu unlöslich, schwer löslich in kaltem

Alkohol, leichter löslich im siedendem Wasser und siedendem Alkohol. Die wässerige Lösung reagirt neutral. Es schmilzt bei 108⁰ C.
und verwandelt sich beim Erhitzen auf 170⁰ C. unter Abgabe von
Wasser in Phenylhydrazin-Lävulinsäureanhydrid[1]), $C_{11} H_{12} N_2 O$,
welches bei 107⁰ schmilzt, bei weiterem Erhitzen unzersetzt destillirt und durch Umkrystallisiren aus Wasser leicht wieder in Phenylhydrazin-Lävulinsäure übergeführt werden kann. Durch Mineralsäuren werden die Säure sowohl wie ihr Anhydrid, besonders beim
Erwärmen, leicht wieder in ihre Componenten, d. h. in Phenylhydrazin
und Lävulinsäure gespalten, verdünnte Essigsäure dagegen ist ohne
Einwirkung.

Auf Fehling'sche Lösung wirkt es auch beim Erhitzen nicht
reducirend ein.

Prüfung. Das Antithermin sei farblos und schmelze bei 107 bis
108⁰ C. Die unter mässigem Erwärmen erzielte wässerige Lösung
bleibe auf Zusatz von Silbernitratlösung zunächst klar und färbe
sich nach kurzem Erwärmen in Folge Reduction des Silbersalzes
dunkel (Identität, beruht auf der reducirenden Wirkung des Phenylhydrazins).

Die heiss gesättigte wässerige Lösung färbt sich auf Zusatz
eines Tropfens Eisenchlorid unter schwachem Erwärmen braunroth
(durch Bildung von lävulinsaurem Eisen). — 0,1 gr Antithermin
müssen sich in 2 ccm conc. Schwefelsäure ohne Färbung auflösen
(fremde organische Substanzen). — 0,5 gr dürfen beim Verbrennen
auf dem Platinblech keinen feuerbeständigen Rückstand hinterlassen
(unorganische Verunreinigungen).

Aufbewahrung. Vorsichtig aufzubewahren.

Anwendung. Ist von Nicot als Antipyreticum empfohlen worden,
doch ist über seine Wirkung und Dosirung zur Zeit nichts Näheres bekannt geworden. Seiner Unlöslichkeit wegen dürfte es ausschliesslich in
Pulverform zu verordnen sein; mit Rücksicht auf seine Zugehörigkeit zur
Phenylhydrazingruppe beobachte man bei der Anwendung Vorsicht.

Vorsichtig aufzubewahren.

---

[1]) Ein Präparat von ausgezeichneter Reinheit, welches ich der Güte
der Herren Meister, Lucius & Brüning in Höchst a. M. verdanke, ist
dieses Lävulinsäureanhydrid. Es scheint daher, als ob dieses letztere
unter Antithermin zu verstehen ist. Die Frage ist übrigens ziemlich be-
langlos, da beide Substanzen leicht in einander übergehen; das Anhydrid
bietet indessen den Vortheil, dass es durch Destillation aus dem Hydrat
leicht rein zu erhalten ist.

Agathinum.

Agathin. Salicylaldehyd-Methylphenylhydrazin.

Diese Verbindung wurde Anfang 1892 von J. Roos zum Patent angemeldet und gegen die Mitte des nämlichen Jahres unter dem Namen „Agathin" (von $\dot{\alpha}\gamma\alpha\vartheta\acute{o}\varsigma$, gut) in den Handel gebracht. Die Darstellung. erfolgt durch die Höchster Farbwerke.

Darstellung. Man lässt gleiche Molecüle von asymmetrischem Methylphenylhydrazin und Salicylaldehyd auf einander einwirken und zwar geschieht dies entweder direct oder in einem Lösungsmittel wie Methylalkohol, Aethylalkohol. — Die Reaction geht schon ohne Wärmezufuhr vor sich; die Bildung der neuen Verbindung erfolgt unter Wärmeentwickelung und Abspaltung von Wasser im Sinne nachstehender Gleichung:

$$\frac{C_6H_5}{CH_3}{>}N-N\ H_2 + O\ HC.C_6H_4.OH$$

asymmetr. Methylphenylhydrazin Salicylaldehyd

$$= H_2O + \frac{C_6H_5}{CH_3}{>}N-N=HC-C_6H_4.OH$$

Agathin.

Das Reactionsproduct wird durch Umkrystallisiren aus heissem Alkohol gereinigt.

Eigenschaften. Weisse Krystallblättchen mit einem Stiche ins Grünliche, in Wasser unlöslich, löslich in Alkohol, Aether, Benzol, Ligroïn. Schmelzpunkt 74^0 C. Durch Erwärmen mit Salzsäure wird es zerlegt. Durch Eisenchlorid wird das in Wasser vertheilte Agathin nicht wahrnehmbar verändert. Durch Zusatz von verdünnter Schwefelsäure oder Salzsäure zu der Anschüttelung mit Wasser wird keine Färbung erzeugt.

Löst man etwa 0,05 gr des Agathins in conc. Schwefelsäure, so erhält man eine bräunlichgelbe Lösung; fügt man derselben spurenweise conc. Salpetersäure zu, so geht die Färbung durch Blau in Grün über.

Prüfung. Das Agathin schmelze bei 74^0 C. und verbrenne, auf dem Platinbleche erhitzt, ohne einen Rückstand zu hinterlassen. — Die kaltgesättigte wässerige Lösung werde durch Silbernitrat weder in der Kälte noch in der Wärme verändert.

Aufbewahrung. Vor Licht geschützt vorsichtig.

Anwendung. Das Präparat wird von E. Rosenbaum-Frankfurt als Antineuralgicum empfohlen. Er gab mit Erfolg bei rheumatischen Neuralgien, Ischias, 2—3 mal täglich 0,15—0,5 gr.

Es empfiehlt sich bei der Dosirung vorläufig etwas Vorsicht zu beobachten, da die näheren Derivate des Phenylhydrazins sich bisher durchweg als höchst energische Substanzen herausgestellt haben.

Vorsichtig, vor Licht geschützt aufzubewahren.

Thallinum.

Thallin.

$C_9 H_{10} N (OCH_3)$.

Das Thallin oder Tetrahydroparachinanisol wurde 1885 von Skraup, welcher auch die ergiebige Synthese des Chinolins gelehrt hatte, zuerst dargestellt und später durch v. Jacksch zum medicinischen Gebrauche empfohlen. Seinen Namen erhielt der Körper von der bemerkenswerthen Eigenschaft, in wässeriger Lösung durch Eisenchlorid tief smaragdgrün gefärbt zu werden.

Um das Verständniss für diese etwas complicirte Verbindung zu erleichtern, müssen wir auf einen bekannteren Körper, das Phenol (die Carbolsäure) $C_6 H_5 . OH$ zurückgreifen.

Ersetzen wir im Phenol $C_6 H_5 . OH$ das Wasserstoffatom der Hydroxylgruppe durch eine Methylgruppe $—CH_3$, so gelangen wir zu dem Methyläther des Phenols $C_6 H_5 OCH_3$, welcher, weil er zu dem im Anisöl vorkommenden Anethol in gewissen Beziehungen steht, Anisol genannt wird.

Phenol   Anisol.

Und ebenso nun, wie wir das Phenol als ein Hydroxylderivat des Benzols auffassen können, so leitet sich auch vom Chinolin ein analoges Hydroxylderivat, das Oxychinolin ab.

Chinolin

Paraoxychinolin.

Parachinanisol.

Wird nun in dem (Para)Oxychinolin das Wasserstoffatom der Hydroxylgruppe durch einen Methylrest ersetzt, so erhalten wir den Methyläther des Paraoxychinolins, der, um den Zusammenhang, in welchem er zum Anisol steht, zum Ausdruck zu bringen, Parachinanisol genannt wird.

Wird dieses Parachinanisol dem Einflusse von Reductionsmitteln unterworfen, so nimmt es auf der stickstoffhaltigen Seite des Molecüls unter Lösung der dort vorhandenen doppelten Bindungen 4 Atome Wasserstoff auf und geht in Tetrahydroparachinanisol über.

Dieses Tetrahydroparachinanisol, der Methyläther des Tetrahydroparaoxychinolins, ist das Thallin.

Darstellung. Bei der Synthese des Thallins wurde Skraup von ähnlichen Erwägungen geleitet, wie bei derjenigen des Chinolins. Indem er an Stelle von Anilin und Nitrobenzol Substitutionsproducte des Anilins und Nitrobenzols anwendete, musste er auch zu einem Substitutionsproducte des Chinolins gelangen.

Nach der Patentschrift (D.R.P. 28 324) wird ein Gemenge von Paraamidoanisol, Paranitroanisol, Glycerin und Schwefelsäure längere Zeit auf

140—155° erhitzt, das Reactionsproduct alkalisch gemacht und der Destillation unterworfen, wobei sich das gebildete Parachinanisol als eine ölige Flüssigkeit abscheidet, welche mit Salzsäure ein in Wasser leicht lösliches Salz liefert. Der chemische Vorgang ist dem bei der Darstellung des Chinolins sich abspielenden durchaus analog. Auch hier wird durch Einwirkung von Schwefelsäure auf das Glycerin zunächst Acroleïn $CH_2 = CH — CHO$ gebildet, welches sich mit dem vorhandenen Paraamidoanisol unter dem wasserentziehenden Einfluss der Schwefelsäure condensirt. Gleichzeitig wirkt das gegenwärtige Paranitroanisol als Oxydationsmittel (es liefert den zur Oxydation nöthigen Sauerstoff); beide Processe führen schliesslich zur Bildung von Parachinanisol:

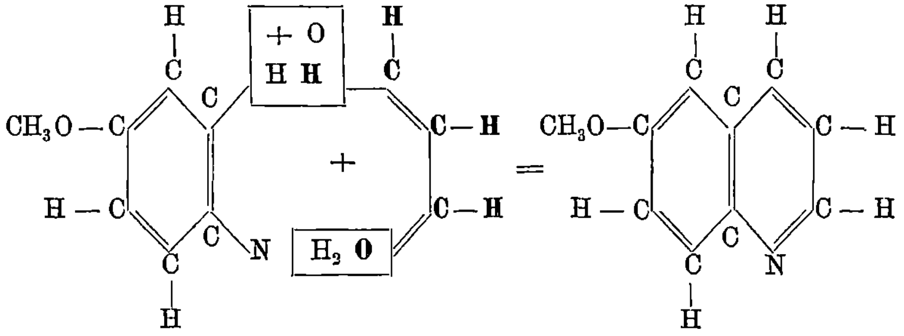

Paraamidoanisol + Acroleïn = Parachinanisol.

Wird nun dieses Parachinanisol der Einwirkung reducirender Agentien, z. B. von Zinn und Salzsäure ausgesetzt, so nimmt es auf der stickstoffhaltigen Seite des Molecüls unter Auflösung der dort vorhandenen doppelten Bindungen noch 4 Wasserstoffatome auf; das Parachinanisol geht in Tetrahydroparachinanisol über:

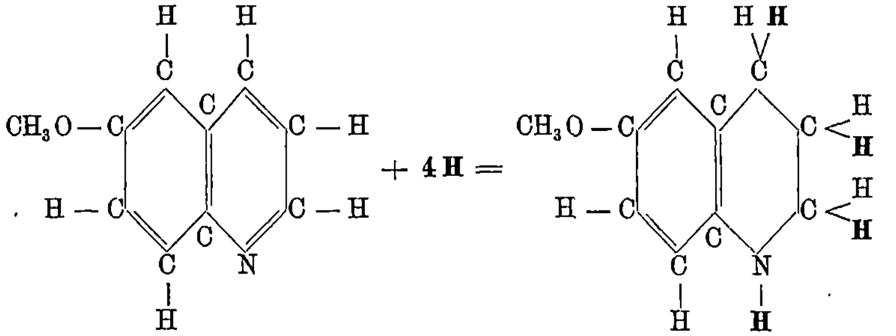

Parachinanisol + 4 H = Tetrahydroparachinanisol.

Dieses Tetrahydroparachinanisol, oder der Methyläther des Tetrahydroparaoxychinolins, das freie Thallin, ist eine wohlcharacterisirte, bei gewöhnlicher Temperatur ölig flüssige, beim Abkühlen zu gelblichen Krystallen erstarrende Base, welche stark nach Cumarin riecht und mit Säuren, ähnlich wie das Ammoniak, Chinolin und andere Basen, wohlcharacterisirte Salze liefert. Zum medicinischen Gebrauche dient nun nicht die freie Base oder das freie Thallin, sondern Salze des letzteren, gegenwärtig namentlich das schwefelsaure Salz und das weinsaure Salz.

. Als characteristische Eigenschaft dieser Base, welche ihr auch den Namen „Thallin" — von $\vartheta\acute{\alpha}\lambda\lambda o\varsigma$, grüner Zweig — eingetragen hat, ist die Thatsache zu registriren, dass die Thallinsalzlösungen durch Einwirkung oxydirender Agentien, [Chlor, Brom, Jod, Silbernitrat, Mercurinitrat, Chromsäure, Eisenchlorid] intensiv smaragdgrüne Färbung annehmen. Am besten eignet sich zum Hervorbringen der grünen Färbung das Eisenchlorid. Von einer wässerigen Thallin(salz)lösung 1 : 10 000 geben 5 ccm mit einem Tropfen Liq. ferri sesquichl. nach wenigen Stunden eine tief smaragdgrün werdende Flüssigkeit; bei einer Verdünnung von 1 : 100 000 tritt die Färbung nach einiger Zeit noch deutlich auf. Durch Zusatz eines Tropfens reiner conc. Schwefelsäure wird die Grünfärbung nicht beeinträchtigt. Wohl aber geht die grüne Färbung schon beim Stehen der Lösung nach einigen Stunden in eine gelbrothe über. Reductionsmittel dagegen heben die Grünfärbung sehr bald auf; Natriumthiosulfat verwandelt sie in violett, dann in weinroth, Oxalsäure bei gewöhnlicher Temperatur in hellgelb, beim Erhitzen in safrangelb.

Durch rauchende Salpetersäure werden Thallinsalzlösungen besonders beim Erwärmen tiefroth gefärbt, beim Schütteln einer solchen Flüssigkeit mit Chloroform geht der gebildete Farbstoff in letzteres über.

Gerbsäure bringt in Thallinsalzlösungen einen weissen Niederschlag, Quecksilberchlorid dagegen keine Veränderung hervor. Aetzkali, Aetznatron, auch Ammoniak scheiden aus einigermaassen concentrirten Thallinsalzlösungen die freie Base aus; es entsteht eine milchige Trübung, welche indessen auf Zusatz genügender Mengen von Wasser verschwindet; durch geeignete Lösungsmittel (Aether, Petroläther, Benzin etc.) kann einer solchen milchigen Flüssigkeit die freie Base durch Ausschütteln natürlich entzogen werden.

Pikrinsäure erzeugt in Thallinsalzlösungen einen starken gelben Niederschlag.

Die Lösungen der Thallinsalze verändern sich unter dem Einflusse von Licht und Luft allmälig, sie dunkeln nach. Nach

Vulpius kommt diese Eigenschaft nicht dem reinen Thallin, sondern einem dieses begleitenden Körper zu. Jedenfalls empfiehlt es sich, Thallinsalzlösungen nur *ad dispensationem* anzufertigen.

Thallinum sulfuricum, Thallinsulfat, schwefelsaures Thallin $(C_{10} H_{13} NO)_2 . H_2 SO_4$ bildet ein gelblich weisses, krystallinisches Pulver von cumarinartigem Geruch und säuerlich-salzigem, zugleich bitterlich gewürzigem Geschmack. Es löst sich in 7 Th. kalten oder 0,5 Th. siedenden Wassers, auch in etwa 100 Th. Alkohol; in Chloroform ist es sehr schwer —, in Aether nahezu unlöslich. — Die wässerige Lösung reagirt sauer, bräunt sich allmälig am Lichte und wird durch Jodlösung braun, durch Gerbsäure weiss, durch Nessler'sches Reagens citronengelb gefällt.

Baryumchlorid erzeugt in ihr einen weissen, in Salzsäure unlöslichen Niederschlag von Baryumsulfat; Aetzalkalien, auch Ammoniak, verursachen eine weisse Trübung, die beim Schütteln mit Aether verschwindet, indem die freie Base in den letzteren übergeht. Die 1 procentige wässerige Lösung wird durch Eisenchlorid smaragdgrün gefärbt, nach einigen Stunden geht die Färbung in tiefroth über, rauchende Salpetersäure färbt die verdünnte wässerige Lösung röthlich. Schwefelsäure löst das Thallinsulfat farblos auf (Dunkelfärbung würde Verunreinigungen oder Verfälschungen z. B. Zucker anzeigen); diese Lösung wird durch Zusatz von etwas Salpetersäure zuerst tiefroth gefärbt, welche Färbung bald in gelbroth übergeht.

Beim Erhitzen über 100⁰ C. schmilzt das Thallinsulfat, bei weiterem Erhitzen zersetzt es sich und hinterlässt eine tiefschwarze, stark aufgeblähte Kohle, welche ohne Rückstand (anorgan. Verunreinigungen) zu hinterlassen, verbrennen muss. Es enthält 76,9% Thallin und 23,1% Schwefelsäure.

Aufbewahrung. Vor Licht geschützt vorsichtig aufzubewahren.

Anwendung. Das Thallinsulfat besitzt antipyretische, antiseptische und gährungshemmende Eigenschaften und wird innerlich in Dosen von 0,125—0,5 gr bei den verschiedensten fieberhaften Krankheiten als Antipyreticum, meist in wässeriger Lösung gegeben. An Stelle des Wassers kann auch zweckmässig Wein verwendet werden. Geschmackscorrigens ist Sir. cort. Aurant. Unangenehme Nebenwirkungen beim Gebrauch, wie Erbrechen, Cyanose, Collaps sollen bei Anwendung kleiner Dosen ausbleiben; grössere Dosen sind mit grosser Vorsicht anzuwenden. — Der Harn nimmt nach Thallingebrauch gelb- bis dunkelbraune Färbung an, mit einem leichten Stich in's Grüne. Thallinharne nehmen auf Zusatz von

Eisenchlorid purpurrothe Farbe an. Zum Theil wird das Thallin durch den Urin unverändert, zum Theil als Aetherschwefelsäure abgeschieden. Schüttelt man nämlich Thallinharn mit Aether aus, so nimmt dieser eine Substanz auf, die durch Eisenchlorid grün gefärbt wird. Chinin kann durch Thallin nicht ersetzt werden, da letzteres wohl die Körpertemperatur herabzusetzen vermag, eigentliche antitypische Eigenschaften aber nicht besitzt. Aeusserlich wird es als Antisepticum, namentlich bei Gonorrhöe empfohlen und gegen diese in Form von Injectionen und von Bougies (Antrophoren) mit sehr gerühmten Erfolge angewendet.

Thallinum tartaricum, Thallintartrat, weinsaures Thallin. $C_{10} H_{13} NO . C_4 H_6 O_6$ enthält 52,2% Thallin und 47,8% Weinsäure.

Es bildet ein gelblichweisses, krystallinisches Pulver, schwach nach Fenchel bez. Anis, zugleich etwas nach ·Cumarin riechend, welches in 10 Th. Wasser gewöhnlicher Temperatur löslich ist. Von Alkohol sind zur Lösung mehrere hundert Theile erforderlich, in Aether und in Chloroform ist es fast unlöslich. — In conc. kalter Schwefelsäure löst es sich ohne Färbung auf (s. Thallin. sulfur.). Die wässerige Lösung verhält sich Eisenchlorid und Salpetersäure gegenüber wie diejenige des Thallinsulfates; auf Zusatz von Baryumnitrat jedoch bleibt die Lösung klar (Unterschied von Thallinsulfat). Auf Zusatz von Kaliumacetat dagegen scheidet sich ein krystallinischer Niederschlag (von Kaliumbitartrat), auf Zusatz von Kalkwasser ein flockiger Niederschlag (von Calciumtartrat) ab. ·

Aufbewahrung. Vor Licht geschützt, vorsichtig aufzubewahren.

Anwendung und Dosis genau wie bei dem vorhergehenden Thallin. sulfuric.

Vorsichtig, vor Licht geschützt aufzubewahren.

Antiseptolum.

Antiseptol. Cinchoninum jodosulfuricum. Cinchonin-Herapathit.

Diese dem gewöhnlichen (Chinin-) Herapathit entsprechende Verbindung ist 1891 von Yvon als Ersatz des Jodoforms empfohlen worden.

Darstellung. Man versetzt eine Lösung von 25 gr Cinchoninsulfat in 2000 gr Wasser mit einer Lösung von 10 gr Jod und 10 gr Kaliumjodid in Wasser, worauf sich die neue Verbindung abscheidet, welche zu sammeln, mit Wasser zu waschen und bei mässiger Wärme zu trocknen ist.

Eigenschaften. Das Jodcinchoninsulfat hat je nach der Bereitung eine wechselnde Zusammensetzung. Im Allgemeinen lässt sie

sich durch den Ausdruck x $C_{19} H_{22} N_2 O . x_1 H_2 SO_4$, y JH . y_1 J + aq.
veranschaulichen. Das nach obiger Vorschrift dargestellte Präparat
bildet ein leichtes, zartes, rothbraunes Pulver, welches in Wasser
unlöslich, dagegen in Alkohol und in Chloroform löslich ist. Es
enthält etwa 50 % Jod.

Anwendung. Von Yvon wurde es als Ersatz des Jodoforms empfohlen, doch liegt kein Bedürfniss vor, das Heer der Jodderivate um ein
weiteres Glied zu vermehren, umsomehr, als die frühere Prüfung des gewöhnlichen Herapathits keine besonders günstigen Resultate geliefert hat.

Areka-Alkaloïde.

Aus den Arekanüssen (Betelnüssen), den Samen von *Areca
Catechu L.*, welche in Indien seit Alters als anregendes Genussmittel (Betelkauen) in ähnlicher Weise wie die Coca in Amerika
verwendet werden, wurde 1886 von Bombelon eine flüchtige, von
ihm Arekan benannte Base isolirt. Eine gründliche Bearbeitung
der Basen der Arekanüsse wurde alsdann von E. Jahns vorgenommen, welcher ausser Cholin nachstehende Basen isolirte:

Arekaïn $C_7 H_{11} NO_2 + H_2 O$ Arekaïdin $C_7 H_{11} NO_2 + H_2 O.$
Arekolin $C_8 H_{13} NO_2$ Guvacin[1]) $C_6 H_9 NO_2$

Darstellung. Zur Gewinnung der Basen schlug E. Jahns folgendes
Verfahren ein: Die grobgepulverten Arekanüsse wurden mit schwefelsäurehaltigem Wasser kalt ausgezogen, die Auszüge eingeengt und mit Kaliumwismuthjodid gefällt. Der entstandene Niederschlag wurde mit Baryumcarbonat und Wasser gekocht, die Filtrate eingedampft, mit Aetzbaryt im
Ueberschuss versetzt und sofort mit Aether ausgeschüttelt. Die Aetherlösung enthielt das bei ihrem Eindunsten als Oel hinterbleibende Arekolin.
Die mit Aether ausgeschüttelte Flüssigkeit wurde mit Schwefelsäure
neutralisirt und bis zur völligen Abscheidung der Jodwasserstoffsäure mit
Silbersulfat versetzt. Das Filtrat wurde durch Schwefelwasserstoff von
Silber befreit, alsdann wurde die Schwefelsäure sorgfältig durch Zusatz
von Aetzbaryt gefällt und das Filtrat bis fast zur Trockne verdampft und
der Rückstand wiederholt mit kaltem Alkohol ausgezogen. Hierdurch
wurde Cholin gelöst, während ein Gemenge von Arekaïn, Arekaïdin
und Guvacin zurückblieb. Ueber die Trennung der letzteren vergl.
Archiv. Pharm. 1891, 674.

____

[1]) Nach der alt-indischen Bezeichnung der Arekapalme „Guvaca" so
genannt.

Arekolin, $C_8 H_{13} NO_2$. Farblose, geruchlose, ölige Flüssigkeit von stark alkalischer Reaction, in Wasser, Alkohol, Aether, Chloroform in jedem Verhältniss löslich, mit Wasserdämpfen flüchtig, siedet unter Verharzung gegen 209° C. Durch Erhitzen des Arekolins mit Salzsäure wird unter Abspaltung von Methylchlorid — durch Erhitzen mit Kalilauge unter Abspaltung von Methylalkohol — Arekaïdin gebildet:

$$C_8 H_{13} NO_2 + H\, Cl = CH_3\, Cl + C_7 H_{11} NO_2$$
$$\text{Arekolin} \qquad\qquad \text{Arekaïdin.}$$

Arekolin-Bromhydrat, $C_8 H_{13} NO_2 . HBr$. Krystallisirt aus der heissen alkoholischen Lösung wasserfrei in langen, dünnen, nicht hygroskopischen Prismen. Schmelzpunkt 167—168°. In Wasser leicht löslich, neutral.

Arekaïdin, $C_7 H_{11} NO_2 + H_2 O$. In geringer Menge in den Arekanüssen fertig gebildet; entsteht aus dem Arekolin durch die oben angegebene Behandlung. Farblose, luftbeständige, 4- und 6-seitige Tafeln, welche bei 100° wasserfrei werden und dann bei 223 bis 224° schmelzen. Der Methyläther dieser Base ist das Arekolin.

Guvacin, $C_6 H_9 NO_2$. Farblose, luftbeständige Krystalle, in Wasser leicht löslich, unlöslich in absolutem Alkohol, Aether, Chloroform, Benzol. Die wässerige Lösung ist neutral und wird durch Eisenchlorid tiefroth gefärbt. Schmilzt unter Zersetzung bei 271 bis 272°.

Arekaïn, $C_7 H_{11} NO_2 + H_2 O$. Methylguvacin. Farblose, glänzende, luftbeständige Krystalle, in Wasser leicht löslich, schwer löslich in absolutem Alkohol, fast unlöslich in Aether, Chloroform, Benzol. Die wässerige Lösung ist neutral und wird durch eine Spur Eisenchlorid schwach röthlich gefärbt. Wird bei 100° wasserfrei und schmilzt dann bei 213—214°.

Homo-arekolin, $C_7 H_{10} (C_2 H_5) NO_2$, der Aethyläther des Arekaïns. Farblose, alkalisch reagirende Flüssigkeit, mit Wasser in jedem Verhältniss mischbar, mit Wasserdämpfen flüchtig.

Wirkung. Nach Marmé sind Arekaïdin, Arekaïn und Guvacin unwirksam, während Arekolin eine sehr wirksame Substanz ist. Letzteres wirkt innerlich oder subcutan gegeben in ähnlicher Weise auf das Herz wie Muscarin, ferner auf die Respiration, endlich auch lähmend auf das Hirn und steigert die Thätigkeit der Speicheldrüsen. Auf die Conjunctiva des Auges wirkt es stark myotisch. Durch 1 Tropfen einer 0,04 proc. Lösung wird die Pupille innerhalb weniger Minuten auf $^1/_3$ ihres Durchmessers verringert. Die Wirkung hält etwa 1 Stunde an, die Accomodation wird nicht beeinflusst.

Therapeutische Erfahrungen liegen über das Arekolin bisher nicht vor. Möglicherweise wird es einmal als Bandwurmmittel Verwendung finden. Von seinen Salzen ist das oben erwähnte Bromhydrat das zweckmässigste. Erwachsenen würden von dem bromwasserstoffsauren Arekolin etwa 0,004—0,006 gr zu geben sein. Homoarekolin wirkt giftig.

Cocaïnum.

Cocaïn. Methyl-Benzoylecgonin.

$$C_{17} H_{21} NO_4.$$

Niemann isolirte zuerst 1860 das Cocaïn aus den Cocablättern. Er gab ihm die Formel $C_{16} H_{20} NO_4$. Die richtige Formel $C_{17} H_{21} NO_4$ wurde von Lossen aufgestellt. Lossen isolirte auch das Hygrin aus den Cocablättern und warf das erste Licht auf die Constitution des Cocaïns, indem er die Spaltung desselben in Ecgonin, Benzoësäure und Methylalkohol ausführte und aufklärte. W. Merck stellte das erste künstliche Cocaïn durch Erhitzen von Benzoylecgonin mit Jodmethyl und Methylalkohol dar. A. Einhorn klärte die Constitution des Cocaïns auf. Demarle beobachtete schon 1862 die locale, anästhesirende Wirkung des Cocaïns. Moréno wies 1868 auf die practische Verwendbarkeit des Cocaïns hin. Die medicinische Anwendung desselben erfolgte jedoch in grösserem Maassstabe erst nach den Mittheilungen der Versuche Freud's und Koller's 1884. Seit dieser Zeit erschienen zahlreiche Publicationen über die Wirkung und Anwendungsweise dieses für den Arzneischatz so wichtigen Alkaloïdes.

Der **Cocastrauch,** *Erythroxylon Coca* Lam., Gattung der nach ihm benannten Familie, wird bis 1,5 m hoch. Er trägt kleine gestielte Blüthen, die blattwinkelständig einzeln und in Büscheln mit 2 Vorblättern vorhanden sind. Die Corolle ist gelbweiss, 4 blätterig, jedes Blatt mit einer aufrechten Ligula versehen. Zehn Staubgefässe, am Grunde zu einer Röhre verwachsen. Fruchtknoten 3 fächerig, oberständig. Blätter wechselständig, an 5—7 mm langen Stielen, mit kleinen Nebenblättern, eiförmig bis elliptisch, kahl, 4—8 cm lang, 2—4 cm breit, an der Spitze oft ausgerandet mit einem kleinen Stachelspitzchen, ganzrandig, der Rand etwas nach unten umgerollt. Neben dem Mittelnerven verlaufen in einem flachen Bogen bei den meisten Blättern 2 feine Streifen[1]), die dadurch zu Stande kommen,

---

[1]) Dieselben gelten als Erkennungsmerkmal für Cocablätter.

dass die Ränder der Blätter in der Knospe an diesen Stellen nach oben umgeknickt sind. Der Strauch folgt in Südamerika dem Zuge der Anden bis zu 1800 m Höhe, im Norden bis 11° n. B., im Süden bis 24° s. B., ist also heimisch in Peru, Bolivia, Ecuador, Columbien, Brasilien. Er wird auch vielfach cultivirt, ausser in Südamerika auch in Westindien, Sansibar, Australien, Ostindien. Besonders die letzteren Culturen scheinen gute Erfolge zu erzielen.

Als Bestandtheile der Cocablätter werden angegeben: Cocaïn $= C_{17} H_{21} NO_4$, amorphe Cocabasen namentlich Truxillin, ($=$ Truxillcocaïn, Isatropylcocaïn, Cocamin) $C_{19} H_{23} NO_4$, Hygrin (nach Hesse $= C_{12} H_{13} N$, nach Liebermann ein Gemisch mehrerer Basen), Cinnamylcocaïn $C_{19} H_{23} NO_4$, ferner Spuren eines flüchtigen Oeles, ein in Aether und in siedendem Alkohol lösliches Wachs $C_{32} H_{36} O_2$ und Cocagerbsäure, welche nach Warden die Formel $C_{17} H_{22} O_{10} + 2 H_2 O$ besitzen soll.

Darstellung. Die Darstellung des Cocaïns ist eine fabrikmässige, und werden die Darstellungsmethoden von den einzelnen Fabriken als Geheimniss bewahrt. Rohcocaïn wird in grossen Mengen in Amerika dargestellt, von da nach Europa eingeführt und hier verarbeitet.

Man kann in folgender Weise verfahren:

Die fein gepulverten Cocablätter werden mit einer 20 proc. Sodalösung angefeuchtet, hierauf mit Mineralölen — wie z. B. Benzin, Petroläther, Petroleum — angerührt oder ausgeschüttelt. Man verwendet hierzu etwa 10 Theile des Mineralöls auf 1 Th. Blätter. Die in das Oel übergegangenen Cocaalkaloide werden demselben mit verdünnter Schwefelsäure entzogen. In gleicher Weise werden noch weitere Oelauszüge bis zur völligen Erschöpfung der Cocablätter gemacht. Die saure Lösung der Alkaloide wird mit überschüssiger Sodalösung versetzt; es fällt Cocaïn mit Isatropylcocaïn, Cinnamylcocaïn und etwas Hygrin aus. In der Lauge verbleibt der grössere Theil des Hygrins. Das abfiltrirte und abgepresste Rohcocaïn wird zur Reinigung aus Alkohol umkrystallisirt. Das gewonnene reine Cocaïn wird zur Ueberführung in das Chlorhydrat in wenig starkem Alkohol gelöst und die Lösung mit alkoholischer Salzsäure neutralisirt. Es krystallisirt alsdann das Chlorhydrat aus.

Eigenschaften des Cocaïns. Das freie Cocaïn krystallisirt aus Alkohol in grossen, farblosen, monoklinen, 4- bis 6 seitigen Prismen. Es schmilzt bei 98° C., hat einen bitterlichen Geschmack und macht die Zungennerven vorübergehend gefühllos. Es löst sich in etwa 700 Theilen Wasser von 12° C. und ist leicht löslich in Alkohol, Aether, Benzol, Toluol, Schwefelkohlenstoff, Chlorkohlenstoff, Chloroform, Aceton, Essigäther, Petroleum. Die Lösungen drehen die Ebene des polarisirten Lichtes nach links. Die Formel des Cocaïns ist $C_{17} H_{21} NO_4$. Cocaïn wird von verdünnten Säuren leicht gelöst und bildet mit ihnen meist krystallisirbare Salze. Die wässerigen Lösungen werden durch Ammoniak, Alkali- oder Alkalicarbonatlösungen gefällt.

Saure Cocaïnlösungen geben mit Kaliumferrocyanid- und Chromsäurelösungen Niederschläge, ferner geben die Cocaïnsalzlösungen starke Niederschläge mit den allgemeinen Alkaloïdreagentien. Characteristisch für Cocaïn ist die folgende Reaction: Mischt man einige Tropfen einer Cocaïnlösung mit 2 bis 3 ccm Chlorwasser und fügt einige Tropfen einer 5 proc. Palladiumchlorürlösung hinzu, so entsteht ein schön rother Niederschlag, unlöslich in Alkohol und in Aether, löslich in unterschwefligsaurem Natrium. (Greittherr.)

Therapeutische Verwendung finden ausser dem Chlorhydrat die folgenden Salze:

Cocaïnsalicylat, $C_{17} H_{21} NO_4$, $C_7 H_6 O_3$. Bildet dicke kurze Tafeln. Leicht löslich in Wasser, in Alkohol und in Aether.

Cocaïnnitrat, $C_{17} H_{21} NO_4, HNO_3$. Bildet grosse Tafeln. Leicht löslich in Wasser und in Alkohol, schwer löslich in Aether.

Cocaïnbromhydrat, $C_{17} H_{21} NO_4$, HBr, verhält sich dem Chlorhydrat analog, in den verschiedenen Lösungsmitteln etwas schwerer löslich wie dieses.

Zersetzungsproducte des Cocaïns und Constitution.

1. Cocaïn spaltet sich beim Kochen mit Wasser in Methylalkohol und Benzoylecgonin.

2. Beim Erhitzen mit concentrirter Salzsäure, verdünnter Schwefelsäure entstehen Benzoësäure, Methylalkohol und Ecgonin.

3. Ecgonin giebt beim Erhitzen mit Phosphorpentachlorid oder Phosphoroxychlorid Anhydroecgonin.

Dieses letztere entsteht auch direct beim 8 stündigen Erhitzen von Cocaïn mit Eisessig, welcher mit Salzsäuregas gesättigt ist.

4. Beim Erhitzen von Anhydroecgonin mit concentrirter Salzsäure auf 280° C. ensteht Tropidin.

5. Ecgonin oxydirt sich in verdünnter wässeriger Lösung durch allmäliges Eintragen einer verdünnten Chamäleonlösung zu Cocayloxyessigsäure.

6. Ecgonin giebt bei der Destillation mit Kalk und Zinkstaub α-Aethylpyridin.

Diese Zersetzungen des Cocaïns klären dessen Constitution auf; sie zeigen, dass dasselbe in nachfolgender Weise constituirt ist:

$$C_6 NH_{10} . CHO (CO\ C_6H_5)\ CH_2\ COO\ CH_3.$$

Die sub 1 bis 5 angeführten Spaltungen verlaufen demnach wie folgt:

1. $C_6 NH_{10} . CHO (CO\ C_6 H_5)\ CH_2\ COO\ CH_3 + H_2 O$
   Cocaïn   Wasser

$$= C_6 NH_{10} . CHO (CO\ C_6 H_5)\ CH_2\ COOH + CH_3\ OH$$
   Benzoylecgonin   Methylalkohol.

2. $C_6 NH_{10} . CHO (CO\ C_6 H_5)\ CH_2\ COO\ CH_3 + 2\ H_2 O$
   Cocaïn   Wasser

$$= C_6 NH_{10} . CHOH . CH_2COOH + C_6 H_5\ COOH + CH_3\ OH$$
   Ecgonin   Benzoësäure   Methylalkohol.

3. $C_6 NH_{10} . CHO (CO\ C_6 H_5)\ CH_2\ COO\ CH_3 + H_2 O$
   Cocaïn   Wasser

$$= C_6 NH_{10} . CH : CH\ COOH + C_6 H_5\ COOH + CH_3\ OH$$
   Anhydroecgonin   Benzoësäure   Methylalkohol.

4. Anhydroecgonin $=$ Tropidin $+ CO_2$ (Kohlensäure)

5. $2 (C_6 NH_{10} . CH\ OH\ CH_2\ COOH) + 3\ O_2$
   Ecgonin   Sauerstoff

$$= 2 (C_6 NH_{10} . CH . OH . COO\ H) + 2\ CO_2 + 2\ H_2 O$$
   Cocayloxyessigsäure   Kohlensäure   Wasser.

No. 4 zeigt ferner die nahen Beziehungen des Cocaïns zum Atropin. Auf diesem Wege ist die Ueberführung des ersteren Alkaloïds in das letztere ermöglicht.

Synthetisches Cocaïn. Ecgoninderivate.

Aus dem stickstoffhaltigen Spaltungsproducte des Cocaïns, dem Ecgonin, kann auf 2 Wegen Cocaïn synthetisch dargestellt werden:

1. Man benzoylirt zunächst das Ecgonin durch Behandlung

desselben mit Benzoylchlorid oder Benzoësäureanhydrid und methylirt hierauf das gewonnene Benzoylecgonin durch Auflösen desselben in Methylalkohol und Einleiten von Salzsäuregas. (C. Liebermann und F. Giesel. D.R.P. 47 602.)

2. Man stellt aus Ecgonin zunächst durch Auflösen desselben in Methyalkohol und Einleiten von Salzsäuregas den Methylester dar und führt diesen durch Erhitzen mit Benzoylchlorid in das Benzoylderivat: das Cocaïn über (C. F. Böhringer & Söhne D.R.P. 47 713).

Diese Verfahren werden technisch verwerthet, indem aus den in den Cocablättern enthaltenen Ecgoninderivaten, (den sog. „Nebenalkaloïden" der Coca), dem Cinnamyl- und dem Isatropylcocaïn, durch Spaltung derselben mit Salzsäure zunächst Ecgonin und aus letzterem mit Hülfe dieser Methoden künstliches Cocaïn mit denselben Eigenschaften wie das natürliche gewonnen werden kann. Die bei der Spaltung des Isatropylcocaïns neben Ecgonin erhaltene Säure $C_9 H_8 O_2$ wird Isatropasäure, Cocasäure, Truxillsäure genannt.

Substituirt man in dem obigen Verfahren den Methylalkohol durch andere Alkohole, das Benzoylchlorid durch andere Säurechloride, so erhält man eine ganze Anzahl von alkylirten Acylirungsproducten des Ecgonins, welche in ihrer physiologischen Wirkung dem Cocaïn nahe stehen.

Von solchen Körpern sind unter anderen folgende bekannt:

Benzoylecgoninäthylester (Homococaïn, Cocäthylin),

$$C_6 NH_{10} . CHO (COC_6 H_5) CH_2 COOC_2 H_5,$$

krystallisirt aus Alkohol in glänzenden Prismen. Schmelzpunkt 109°.

Cinnamylcocaïn, $C_6 NH_{10} CHO (C_9 H_7 O) CH_2 COO CH_3$, bildet kurze, glänzende, prismatische Krystalle. Schmelzp. 121°. Es ist aus Ecgoninmethylester und Cinnamylchorid synthetisch dargestellt worden und ist auch in den Cocablättern enthalten, aus welchen es mit dem künstlichen völlig identisch isolirt werden kann. Dieses Cocaalkaloid wird durch Kaliumpermanganat sehr leicht oxydirt und können Verunreinigungen des Cocaïns mit demselben dadurch leicht erwiesen werden.

γ-Isatropylcocaïn, $C_{19} H_{23} NO_4$, wurde synthetisch durch Einleiten von Chlorwasserstoff in die methylalkoholische Lösung von γ-Isatropylecgonin gewonnen, welches am besten durch Einwirkung von γ-Isatropasäureanhydrid $(C_9H_7O)_2O$ auf Ecgonin dargestellt wird. In den Cocablättern ist dieselbe Base enthalten. Dieses Alkaloid ist amorph und bildet amorphe Salze. Es ist leicht löslich in Alkohol und in Aether und unterscheidet sich vom Cocaïn durch seine schwerere Löslichkeit in Ligroïn und in Ammoniaklösung. Es ist sehr giftig, wird aber durch Kaliumpermanganat nicht oxydirt. S. unter Prüfung.

Rechtsecgonin. Rechtscocaïn.

Erwärmt man Ecgonin oder Ecgoninderivate (Benzoylecgonin, Cocaïn u. a. m.) 24 bis 72 Stunden lang mit einer concentrirten (30 proc.) Aetzkalilösung, so lässt sich aus dem Reactionsgemisch eine neue, optisch rechtsdrehende Base, das Rechtsecgonin isoliren. Das Rechtsecgonin krystallisirt aus Alkohol in tafelförmigen Krystallen vom Schmelzpunkt 254⁰ (der Schmelzpunkt des Ecgonins liegt bei 198⁰). Rechtsecgonin ist in absolutem Alkohol viel schwerer löslich wie Ecgonin.

Aus dem Rechtsecgonin lassen sich auf dieselbe Weise wie aus dem Ecgonin alkylirte und acylirte Derivate gewinnen, welche das polarisirte Licht nach rechts drehen und den Linksecgoninderivaten analog physiologisch wirken. Ein das meiste Interesse beanspruchender Repräsentant dieser Reihe ist das Rechtscocaïn. Dieses Alkaloid kann in prismatischen Krystallen erhalten werden; Schmelzpunkt 43—45⁰.

Das Chlorhydrat krystallisirt aus Alkohol in grossen (wahrscheinlich monoklinen) Blättern vom Schmelzpunkt 205⁰. (Das Linkscocaïnchlorhydrat bildet, aus absolutem Alkohol krystallisirt, breite (wahrscheinlich rhombische) Tafeln, Schmelzpunkt 181,5.) Es ist in Wasser viel schwerer löslich wie das Chlorhydrat des gewöhnlichen Cocaïns.

Eigenschaften des Cocainhydrochlorids. Das Cocaïnhydrochlorid bildet entweder farblose, durchscheinende, wasserfreie, prismatische Krystalle, oder breite Tafeln, oder weisse, glänzende Blättchen vom Schmelzpunkt 181,5⁰[1]). Es ist in 0,75 Thl. kalten Wassers, leicht in wasserhaltigem, schwer in absolutem Alkohol löslich. Das Salz ist unlöslich in Aether, Petroleum, Benzin, Benzol und Toluol, löslich in Aceton und in Chloroform. Die Lösungen reagiren neutral. Aus concentrirter wässeriger Lösung krystallisirt es mit 2 Molecülen Wasser in prismatischen Nadeln, welche ihr Wasser sehr leicht abgeben. Das aus Alkohol krystallisirte Salz ist wasserfrei und nach der Formel: $C_{17}H_{21}NO_4HCl$ zusammengesetzt. Es enthält 89,25 % freie Base. Das Moleculargewicht ist 339,1.

Die Lösungen besitzen einen bitteren Geschmack und rufen auf der Zunge eine vorübergehende Gefühllosigkeit hervor. Die concentrirten wässerigen Lösungen werden durch Ammoniak und Alkalien gefällt. Kaliumpermanganat giebt in denselben einen krystallinischen, violetten Niederschlag von Cocaïnpermanganat. (Giesel.) Pikrinsäure fällt ein gelbes Pikrat. Verdünntere Lösungen geben mit Platin- und Goldchlorid einen gelben, mit

---

[1]) Nach Kinzel liegt der Schmelzpunkt des reinen Cocaïnchlorhydrates bei 201—202⁰ C.

Quecksilberchlorid einen weissen, mit Jodlösung einen braunen Niederschlag. Die ziemlich stark mit Salzsäure angesäuerte verdünnte, wässerige Lösung giebt mit Kaliumchromat einen orangegelben Niederschlag. (Mezger.)

Die wässerigen Lösungen zersetzen sich nach einiger Zeit; es ist daher räthlich, solche nicht zu lange aufzubewahren.

Prüfung. I. Identitätsreactionen. Man bereite eine Lösung von 0,25 gr des Salzes mit 25 ccm Wasser. Die Lösung muss völlig klar und neutral sein.

1. 5 ccm dieser Lösung geben auf Zusatz von einem Tropfen Kalilauge zuerst eine weisse, milchige Trübung, aus welcher sich zunächst weisse, harzige Klümpchen, später feine, weisse Nädelchen abscheiden. — Diese Abscheidung (von freiem Cocaïn) löse sich sehr leicht in Weingeist und Aether auf.

2. Je 5 ccm der gleichen Lösung geben, mit einigen Tropfen Salzsäure angesäuert, auf Zusatz einiger Tropfen Quecksilberchloridlösung einen weissen, flockigen Niederschlag (das Quecksilberdoppelsalz), auf Zusatz von Jodlösung einen braunen Niederschlag.

3. Setzt man zu 5 ccm der Lösung 5 Tropfen einer 5 proc. Chromsäurelösung, so bildet sich bei jedem einfallenden Tropfen ein deutlicher Niederschlag, welcher sich sofort wieder löst. Fügt man zu der klaren Lösung 1 ccm reine conc. Salzsäure, so entsteht sofort ein mehr oder weniger harziger, orangegelber Niederschlag (von Cocaïnchromat). Bei allmäligem Zusatz der Salzsäure wird der Niederschlag mehr pulverig flockig. (K. Mezger.)

4. 5 ccm der Lösung geben auf Zusatz von 2 ccm gesättigter Kaliumpermanganatlösung einen violetten Niederschlag von Cocaïnpermanganat. (Giesel.)

5. Erwärmt man eine kleine Menge des Salzes mit alkoholischer Kalilauge in einem Reagircylinder, so trete alsbald der eigenartige Geruch des Benzoësäureäthyläthers auf. (Nachweis der Benzoylgruppe im Cocaïn.)

6. Eine Lösung von 0,1 gr des Salzes in 1 ccm conc. Schwefelsäure (siehe 9) gebe, mehrere Minuten im Wasserbade erhitzt, auf Zusatz einiger Cubikcentimeter Wasser eine weisse krystallinische Ausscheidung von Benzoësäure. Nachweis der Benzoylgruppe im Cocaïn. (Biel.)

7. Die wässerige, mit Salpetersäure angesäuerte Lösung des Salzes gebe mit Silbernitrat eine weisse Fällung von Chlorsilber.

II. Nachweis von Verunreinigungen.

8. Eine kleine Probe des Salzes hinterlasse beim Verbrennen auf dem Platinbleche keinen Rückstand (anorganische Stoffe).

9. 0,1 gr des Salzes löse sich in 1 ccm conc. Schwefelsäure unter Gasentwickelung (HCl) farblos auf. (Eine Gelb- oder Braunfärbung deutet auf mangelhafte Reinigung des Cocaïns. Eine Beimengung von Zucker oder von anderen organischen Stoffen giebt eine Braunfärbung, eine solche von Salicin eine Rothfärbung.)

10. 0,1 gr des Salzes löse sich in 1 ccm Salpetersäure farblos auf. (Eine zufällige Verunreinigung mit Morphin giebt eine rothe Färbung.)

11. Permanganatprobe.

0,1 gr des Salzes werden in 5 ccm Wasser unter Zusatz von 3 Tropfen verdünnter Schwefelsäure gelöst. Ein Tropfen einer 1proc. Kaliumpermanganatlösung rufe eine Violettfärbung hervor, welche im Laufe einer halben Stunde keine Abnahme zeige. Man achte hierbei darauf, dass kein Staub in die Lösung hineinfalle, welcher event. eine Reduction der Permanganatlösung bewirken kann.

Diese Probe zeigt Verunreinigungen des Cocaïns mit Cinnamylcocaïn an, welches Alkaloid von Kaliumpermanganat vollkommen zerstört wird. Sind grössere Mengen dieser Cocabase in dem Cocaïn anwesend, so können mehrere Tropfen Permanganatlösung bei dieser Probe reducirt werden. Man kann hierbei annähernd rechnen, dass 1 Tropfen verbrauchter Permanganatlösung 0,4 % Nebenalkaloidverunreinigung entspricht.

Diese Probe kann man verschärfen, indem man statt eines Tropfens einer 1proc. Permanganatlösung einen solchen einer 1promilligen Lösung zugiebt. Chemisch reines Cocaïnhydrochlorid hält diese Probe regelmässig (dasselbe gilt von guten im Handel anzutreffenden Waaren). Um die Färbung bei dieser verschärften Probe deutlicher hervortreten zu lassen, löse man besser 0,1 gr des Salzes in 1 ccm Wasser und 1 Tropfen verdünnter Schwefelsäure.

12. Mac Lagan's Ammoniakprobe.

0,1 gr des Salzes werden in 87 ccm Wasser gelöst und 3 Tropfen Ammoniak hinzugefügt. Die Lösung bleibe einen Moment lang klar, sie gebe dagegen bei heftigem Rühren mit einem

Glasstabe sehr rasch einen krystallinischen Niederschlag (von freiem Cocaïn). In jedem Falle muss bei einem reinen Cocaïnhydrochlorid bei heftigem Rühren im Laufe von 5 Minuten eine Krystallisation erfolgen.

Tritt eine solche nicht ein, so ist das Cocaïnhydrochlorid, von mangelhafter Reinigung herrührend, mit Substanzen verunreinigt, welche die Krystallisation hindern. — Eine sofort beim Ammoniakzusatze auftetende milchige Trübung deutet auf eine Verunreinigung mit mehreren Procenten Isatropylcocaïn (welches in Ammoniak schwerer löslich ist wie Cocaïn). —

13. Eine Probe des Salzes, bei 100⁰ erhitzt, gebe keine wesentliche Gewichtsabnahme (Abwesenheit von Krystallwasser). Vor mehreren Jahren war das bereits erwähnte wasserhaltige Cocaïnchlorhydrat $C_{17} H_{21} NO_4 + 2 H_2 O$ vorübergehend einmal im Handel. Es bildete feucht aussehende, völlig durchsichtige Säulen; seine Anwendung in der Therapie wird vom Arzte nicht vorausgesetzt.

Aufbewahrung. Das Präparat werde in gut verschlossenen Gefässen vorsichtig aufbewahrt.

Anwendung. Das Cocaïn zeichnet sich durch seine Eigenschaft aus, die Endigungen der sensiblen Nerven vorübergehend zu lähmen, und zwar werden nur solche Nerventheile durch die Cocaïnwirkung beeinflusst, welche in directe Berührung mit der Cocaïnlösung gelangen. Diese Eigenschaft hat dem Cocaïn seine weitgehende Anwendung als locales Anästheticum verschafft.

Die Schleimhäute resorbiren Cocaïn aus seiner wässerigen Salzlösung mit grosser Leichtigkeit und werden daher solche sehr rasch anästhesirt. Um an anderen Körperstellen eine Gefühllosigkeit hervorzurufen, muss man, da die Epidermis die Einwirkung der auf die Haut gebrachten Cocaïnlösung auf die Nervenendigungen verhindert, die Lösung subcutan injiciren, um sie mit den Nerven in Berührung zu bringen. Die Wirkung des Cocaïns tritt in einigen Minuten ein und hält 10—15 Minuten lang an.

Das Cocaïn hat in den wenigen Jahren seiner practischen Verwendung eine sehr weitgehende therapeutische Bedeutung erlangt. Es findet Anwendung bei chirurgischen Operationen, Zahnextractionen, zur Beseitigung von Zahn- und Brandwundschmerzen. Es ist ein unschätzbares Mittel bei operativen Eingriffen in die Nase, den Rachen, den Kehlkopf, die Urogenitalapparate, wie in der Ophthalmologie geworden. — Man verwendet zu Bepinselungen von Schleimhäuten 10—20 proc. Cocaïnhydrochloridlösungen, zu Einträufelungen in das Auge 2—10 proc., zu Injectionen 5—10 proc. Lösungen.

Bei Zahnextractionen wird das Fleisch des kranken Zahnes zuerst mit der Cocaïnlösung eingerieben, hierauf $^1/_4$ bis $^1/_2$ Pravazspritze einer 5 proc. Lösung eingespritzt. Man kann auf solche Weise in den meisten Fällen mit 0,0125—0,025 gr Cocaïn. mur. nach 5—10 Minuten eine völlig schmerzlose Extraction vornehmen.

Cocaïn, innerlich genommen, unterdrückt das Hunger- und Durstgefühl. Man verwendet es, um den Brechreiz bei Schwangerschaften und bei der Seekrankheit zu beseitigen. Es findet ferner Anwendung zur Bekämpfung des Morphinismus. Vor dem länger fortgesetzten, regelmässigen Cocaïngebrauch ist unbedingt zu warnen, da derselbe eine Nervenzerrüttung, entsprechend der chronischen Morphiumvergiftung, hervorruft (Cocaïnismus).

Grösste Einzelgabe 0,05 gr, grösste Tagesgabe 0,10 gr.

Rechtscocaïn, Isococaïn. Ueber die Darstellung s. S. 285. Die Salze dieser Base sind schwerer löslich als diejenigen des gewöhnlichen Cocaïns. Es bewirkt rascher Anästhesie als das gewöhnliche (L.) Cocaïn, soll aber local stärker reizen als dieses, weshalb es das Cocaïn in der Augenheilkunde nicht verdrängen dürfte. Das Chlorhydrat schmilzt bei 205° C.

Tropacocaïn, Benzoyl-Ψ-Tropeïn $C_8 H_{14} NO (C_7 H_5 O)$, von Giesel aus javanischer schmalblättriger Coca isolirt und von Liebermann synthetisch dargestellt. Chadbourne und Liebreich haben das Chlorhydrat dieser Base geprüft und gefunden, dass die 3 proc. Lösung rascher Anästhesie bewirkt als gewöhnliches Cocaïn, dass ferner das sog. Tropacocaïn erheblich weniger giftig ist als Cocaïn. Eigentliche mydriatische Wirkung kommt der Verbindung nicht zu. Die freie Base schmilzt bei 49°, das salzsaure Salz hat die Zusammensetzung $C_8 H_{14} NO (C_7 H_5 O) . HCl$ und schmilzt bei 271°.

Cytisinum nitricum.

Cytisinnitrat. Ulexinnitrat.

$$C_{11} H_{14} N_2 O . H NO_3 + H_2 O.$$

Aus den reifen Früchten des Goldregens (*Cytisus Laburnum L.*), sowie aus anderen Theilen dieser Pflanze isolirten A. Husemann und Marmé 1864 ein von ihnen „Cytisin" genanntes Alkaloid, welchem sie die Formel $C_{20} H_{27} N_3 O$ zutheilten. Spätere Untersuchungen von van de Moer und Plugge gelangten zu dem Ausdruck $C_{11} H_{16} N_2 O$ für das Cytisin, während nach den Arbeiten von Partheil einerseits und von Buchka und Magalhaes andrerseits die Formel des Cytisins $C_{11} H_{14} N_2 O$ ist. Nach den letztgenannten ist das Cytisin identisch mit der von Gerrard aus dem Samen von *Ulex europaeus L.* abgeschiedenen Base „Ulexin".

Darstellung. Nach Partheil werden die gepulverten Samen des Goldregens mit Salzsäure enthaltendem Alkohol ausgezogen. Nach Verdampfen des Alkohols wird der Rückstand alkalisch gemacht und mit Chloroform oder Amylalkohol ausgeschüttelt.

Eigenschaften. Aus absolutem Alkohol krystallisirt, erhält man das freie Cytisin als farblose prismatische Krystalle. Schmelzpunkt 152—153° (Partheil), 156° (Buchka). In Wasser, Alkohol, Chloroform ist es leicht löslich, schwieriger in Aether, Benzol, Amylalkohol. Bei höherer Temperatur kann es sublimirt werden. Als characteristische Reaction giebt v. d. Moer an: Uebergiesst man das freie Alkaloid oder seine Salze mit der Lösung eines Ferrisalzes, so entsteht eine rothe Färbung; fügt man zu diesem roth gefärbten Cytisin einige Tropfen Wasserstoffsuperoxyd, so verschwindet die Farbe, um alsdann bei Erwärmung auf dem Wasserbade sich in Blau zu verwandeln. Empfindlichkeit 0,00005 gr. Seiner chemischen Natur nach ist das Cytisin eine secundäre Base, welche bei der Salzbildung einsäurig und zweisäurig auftritt.

Cytisinnitrat, Cytisinum nitricum, wird durch Neutralisation der Base mit verdünnter Salpetersäure in wässeriger Lösung erhalten und bildet Nadeln oder Blättchen der Zusammensetzung $C_{11} H_{14} N_2 O . HNO_3 + H_2 O$. Es ist in Wasser verhältnissmässig leicht löslich, die wässerige Lösung reagirt sauer. Leicht löslich ist es ferner in wässerigem Alkohol, schwierig in absolutem Alkohol und in Amylalkohol, unlöslich in Aether. Bei 100—110° werden die Krystalle wasserfrei und alsdann undurchsichtig.

Aufbewahrung. Sehr vorsichtig.

Wirkung. Nach Marmé wirkt es auf das Rückenmark und die peripherischen motorischen Nerven und das respiratorische Centrum, welche zunächst erregt, dann gelähmt werden. Der Blutdruck wird enorm gesteigert ohne Beeinflussung des Herzens (Husemann, Kobert). Kraepelin hat günstige Erfolge durch subcutane Injectionen von 0,003 — 0,005 gr Cytisinnitrat erzielt bei sog. paralytischer Migraine, bei welcher Erweiterung der Blutgefässe vorhanden ist. Abgeschlossene therapeutische Versuche liegen nicht vor, doch ist eine ausgedehntere therapeutische Verwendung nicht ausgeschlossen. Dosis 0,003—0,005 (!) gr subcutan.

Sehr vorsichtig aufzubewahren.

Hydrastininum hydrochloricum.

Hydrastininchlorhydrat. Salzsaures Hydrastinin.

$$C_{11} H_{11} NO_2 . HCl.$$

In dem Rhizom von *Hydrastis canadensis L* finden sich vorzugsweise zwei Alkaloide: Berberin $C_{20} H_{17} NO_4$ und Hydrastin $C_{21} H_{21} NO_6$. Das letztere, das Hydrastin, wird durch Einwirkung von verdünnter Salpetersäure in Opiansäure und Hydrastinin gespalten.

Darstellung. 10 gr Hydrastin werden mit 50 ccm Salpetersäure von 1,3 spec. Gewicht und 25 ccm Wasser vorsichtig auf 50—60° so lange erwärmt, bis eine Probe mit Ammoniak keine Fällung mehr giebt. Es ist Sorge zu tragen, dass beträchtliche Kohlensäureentwickelung vermieden wird. Aus der erkalteten Lösung scheiden sich nach längerem Stehen reichliche Mengen krystallisirter Opiansäure aus. Im Filtrate entsteht durch Uebersättigen mit conc. Kalilauge eine weisse, krystallinisch erstarrende Fällung. Durch Umkrystallisiren des Niederschlages aus Benzol oder Essigäther erhält man das Hydrastinin in schön ausgebildeten Krystallen.

$$C_{21} H_{21} . NO_6 \ + \ O \ = \ H_2 O \ + \ C_{11} H_{13} NO_3 \ + \ C_{10} H_{12} O_5$$

Hydrastin   Hydrastinin   Opiansäure.

Eigenschaften. Hydrastinin bildet farblose oder schwach gelbliche, bei 116—117° schmelzende Krystalle, welche in Alkohol, Aether und Chloroform äusserst leicht, in warmem Wasser schwerer löslich sind. Die Formel ist $C_{11} H_{13} NO_3$. Nach der Salzbildung aber erscheint es, dass die nähere Zusammensetzung als $C_{11} H_{11} NO_2 +$ $H_2 O$ anzunehmen ist. Dieses eine Molecül $H_2 O$ ist sehr fest gebunden, findet sich aber in den Salzen nicht wieder. Das Hydrastinin ist eine secundäre Base und verhält sich bei der Salzbildung einsäurig und zweisäurig.

Seine Constitutionsformel ist nach Freund:

CH (OH)

N . CH$_3$

$CH_2 O_2$

CH$_2$

CH$_2$

Demnach ist das Hydrastinin ein Derivat des Isochinolins.

Hydrastininchlorhydrat, *Hydrastininum hydrochloricum,* $C_{11} H_{11} NO_2 . H Cl$. Man löst Hydrastinin in conc. Salzsäure, dampft die Lösung bis zur Bildung einer Krystallmasse ein und löst diese in wenig Alkohol. Durch Versetzen der alkoholischen Lösung mit Aether bis zur beginnenden Trübung gesteht die Flüssigkeit zu einem Brei von Krystallnadeln, welche man nach dem Absaugen im Vacuum trocknet.

Gelbliche Krystallnadeln, Schmelzpunkt 212°. Das Salz ist in Wasser leicht löslich. Die wässerige Lösung besitzt bläuliche Fluorescenz, schmeckt stark bitter und ist optisch inactiv. Aus derselben wird durch Kali- oder Natronhydrat das freie Hydrastinin abgeschieden, dagegen wirken Ammoniak oder Natriumcarbonat nicht in gleicher Weise zersetzend auf die Hydrastininsalze. — Durch Kaliumdichromat entsteht in der wässerigen Lösung ein gelber, in kaltem Wasser schwerlöslicher Niederschlag $C_{11} H_{11} NO_2 . H_2 Cr_2 O_7$.

Prüfung. 0,2 gr Hydrastininchlorhydrat werden in 6 ccm Wasser gelöst; dazu lässt man 6 Tropfen Natronlauge laufen. Jeder Tropfen verursacht eine milchweisse Fällung, die beim Umschütteln verschwindet, so dass eine völlig klare Lösung bleibt. Aus dieser krystallisirt beim Schütteln, oder rascher durch Rühren mit dem Glasstabe, das freie Hydrastinin aus; setzt man nachträglich noch etwas Natronlauge zu, so ist nach einiger Zeit die Abscheidung eine vollkommene. Das ausgeschiedene Hydrastinin mus r e i n w e i s s aussehen, die überstehende Lauge muss k l a r und fast farblos sein. Säuert man nun mit Salzsäure an, so löst sich das Hydrastinin auf und sofort entsteht wieder der gelbe Farbenton der Lösung.

Präparate, welche in der angeführten Weise, mit Natronlauge geprüft, milchweisse Fällungen geben, die beim Umschütteln nicht v ö l l i g verschwinden, sondern eine t r ü b l i c h e Flüssigkeit zeigen, sowie solche, die nach der Krystallisation des Hydrastinins t r ü b e oder gar g e f ä r b t e Mutterlaugen geben, sind zu verwerfen, denn sie enthalten fremde Beimengungen. V o r s i c h t i g aufzubewahren.

Anwendung. Hydrastinin bewirkt Gefässcontraction durch Einwirkung auf die Gefässe selbst und steigert in Folge dessen den Blutdruck, gleichzeitig wird der Puls verlangsamt. Die Gefässcontraction ist stärker als nach Hydrastin, andauernd und nicht durch Erschlaffungszustände unterbrochen. Man giebt es bei den durch Endometritis oder Myome bedingten Uterusblutungen, ferner bei congestiver Dysmenorrhoe und bei profusen menstruellen Blutungen subcutan in 10 procentiger Lösung oder innerlich in Pillen in Gaben von 0,05—0,1 gr. Bei unregelmässigen Blutungen giebt man jeden zweiten Tag, bei profuser Menstruation 6—8 Tage vor der zu erwartenden Menstruation täglich 0,05 gr und sobald die Blutung eintritt 0,1 gr täglich bis zum Aufhören derselben. Vor dem Hydrastin hat das Hydrastinin den Vorzug, dass dieses nicht wie jenes ein ausgesprochenes Herzgift ist.

Sparteïnum sulfuricum.

Schwefelsaures Spartëin.   Spartëinsulfat.

$C_{15} H_{26} N_2 . H_2 SO_4 + $ aqua[1]).

Dass der Besenginster, Spartium scoparium, Genista sco-
paria, Sarothamnus scoparius, jene allgemeine, überall wach-
sende Pflanze aus der Familie der Papilionaceen in allen seinen
Theilen einen bitter schmeckenden und widerlich riechenden Saft
enthält, diese Thatsache war schon recht lange bekannt. Leicht
nachweisbar ist ferner, dass die Pflanze früher, besonders in England, namentlich als Diureticum in wohlverdientem Ansehen stand,
indessen geriethen ihre medicinischen Kräfte allmälig in Vergessenheit; der modernen Zeit erst war es vorbehalten, sie wieder an's
Tageslicht zu ziehen.

Stenhouse, der sich mit der Untersuchung des Besenginsters
beschäftigte, fand in demselben im Jahre 1851 zwei gut characterisirte Körper. Der eine, welcher saure Eigenschaften und die Zusammensetzung $C_{21} H_{22} O_{10}$ zeigte, wurde von ihm Scoparin, der
andere, eine gut characterisirte Base der Formel $C_{15} H_{26} N_2$, Spartëin
genannt. Beiden Verbindungen kommen angeblich diuretische Eigenschaften zu, doch soll uns im Nachstehenden lediglich das Spartëin
beschäftigen.

Darstellung des Spartëin. Man zieht nach Mills die ganze Pflanze
mit schwefelsäurehaltigem Wasser aus, verdampft den Auszug auf ein
kleines Volumen und destillirt nun mit Aetznatron, bis das Destillat nicht
mehr alkalisch reagirt. Dieses wird nach Uebersättigung mit Salzsäure
im Wasserbade bis zur Trockne gebracht und darauf der Rückstand mit
festem Kalihydrat der Destillation unterworfen. Es entweicht erst Ammoniak,
dann geht die Base als dickes Oel über. Dasselbe wird zur Entwässerung
mit metallischem Natrium im Wasserstoffstrome mässig erwärmt und dann,
vom Natrium getrennt, noch einmal rectificirt.

Mills erhielt aus 150 Pfd. der Pflanze 22 ccm Spartëin. Nach Stenhouse geben an schattigen Orten gewachsene Pflanzen kaum ein Viertel
der Ausbeute, welche an sonnigen Plätzen gesammelte Exemplare liefern.

Nach Houdé wird die Pflanze in ein mittelfeines Pulver verwandelt
und dieses in einem Deplacirapparat mit 60 procentigem Alkohol extrahirt,

---

[1]) Der Wassergehalt des krystallisirten Spartëinsulfates ist ein wechselnder. Es kommen im Handel vor Salze mit 3 Mol. auch 5 Mol. $H_2 O$.
Ausserdem ist in der Litteratur beschrieben ein mit 8 Mol. $H_2 O$ krystallisirendes Salz, ferner das wasserfreie Salz.

bis in der ablaufenden Flüssigkeit durch Jod-Jodkalium kein Niederschlag mehr entsteht. Von den vereinigten Flüssigkeiten wird der Alkohol bei niedriger Temperatur abgezogen, der Rückstand wird mit Weinsäurelösung aufgenommen. Um sich abscheidende schleimige etc. Substanzen zu beseitigen, filtrirt man die weinsaure Lösung, übersättigt sie mit Kaliumcarbonat und zieht mehrmals mit Aether aus. Der ätherischen Lösung entzieht man das Spartëin durch Schütteln mit schwacher Weinsäurelösung und entzieht es der letzteren nach dem Uebersättigen mit Kaliumcarbonat wieder durch Ausschütteln mit Aether. Man wiederholt diese Operation so lange, bis nach dem Verdampfen des Aethers das Spartëin als farblose Flüssigkeit zurückbleibt. H o u d é will aus 1 kg trocknem Kraut die ansehnliche Menge von 12 gr Spartëin gewonnen haben!

In ganz reinem Zustande bildet das Spartëin eine vollkommen farblose, ölige Flüssigkeit, welche bei 287⁰ siedet. Sein spec. Gewicht ist schwerer als dasjenige des Wassers. Das Spartëin riecht ähnlich wie Anilin, schmeckt intensiv bitter und löst sich nur wenig in Wasser, dagegen löst es sich leicht in Alkohol, in Aether und in Chloroform. Unlöslich ist es hinwiederum in Benzin und in Petroläther.

Selbst das reinste Spartëin ist ein ungemein zur Veränderung neigender Körper. Unter dem Einfluss von Luft und Licht nimmt es sehr schnell Sauerstoff auf, wobei es sich gelblich bis dunkelbraun färbt und erheblich verdickt. Diese leichte Zersetzlichkeit ist so bedeutend, dass die Fabrikanten es für gewöhnlich ablehnen, die freie Spartëinbase abzugeben.

Seinen chemischen Eigenschaften nach ist das Spartëin eine starke und zwar 2säurige Base. Seine wässerige Lösung reagirt stark alkalisch; nähert man dem freien Spartëin einen mit Salzsäure befeuchteten Glasstab, so entstehen — ähnlich wie beim Ammoniak unter gleichen Bedingungen — weisse Nebel von salzsaurem Spartëin.

Es verbindet sich mit Säuren und bildet sehr schnell krystallisirende Salze. Spartëinlösungen geben mit Kalium- und Ammoniumsulfat einen weissen, im Ueberschuss des Reagens unlöslichen Niederschlag; kalte Natriumbicarbonatlösung giebt keinen Niederschlag, aber mit warmer wird die Flüssigkeit trübe und giebt einen weisslichen Bodensatz. Mit concentrirten Mineralsäuren tritt keine Veränderung ein. Cadmiumjodid giebt mit Spartëin einen weisslichen, käsigen Niederschlag; Natriumphosphomolybdat ein weissliches, beim Erhitzen lösliches Präcipitat. Mit Kupfersalzen entstehen grünliche Niederschläge. Platinchlorid bildet einen krystallinischen, gelblichen Niederschlag. Durch Reduction geht es in Dihydrosparteïn $C_{15} N_{28} N_2$, durch Oxydation in eine sauerstoffhaltige Base $C_{15} H_{26} N_2 O_2$ über. ·

Von den Salzen des Sparteïns, welche durchweg recht gut haltbar sind, hat bis jetzt das schwefelsaure Sparteïn allein Anwendung gefunden.

Sparteïnum sulfuricum, schwefelsaures Sparteïn, wird durch Neutralisation der reinen Sparteïnbase mit verdünnter Schwefelsäure und darauf folgendes rasches Eindampfen gewonnen. Es bildet farblose, nadelförmige Krystalle, die in Wasser leicht löslich sind. Die wässerige Lösung reagirt sauer, wird durch Gerbsäure gelblich weiss, durch Jodlösung rothbraun gefällt. Kalilauge verursacht zunächst milchige Abscheidung, die sich zu Oeltröpfchen vereinigt. Quecksilberchlorid fällt die 10 procentige Lösung nicht, Fällung tritt erst nach Zusatz von Salzsäure ein. In conc. Schwefelsäure löst es sich ohne Färbung; diese Lösung wird auch durch Zusatz von Salpetersäure nicht gefärbt.

Prüfung. Das Sparteïnsulfat sei farblos. Beim Erhitzen auf dem Platinbleche verbrenne es, ohne einen Rückstand zu hinterlassen (anorganische Verunreinigungen). — 0,1 gr, mit 5 Tropfen Chloroform und 1 ccm alkoholischer Kalilauge erhitzt, sollen keinen widerlichen Geruch, von Isocyanphenyl herrührend, verbreiten (Anilinsulfat).

Aufbewahrung. Dieselbe geschehe in gut geschlossenen Gefässen, vorsichtig.

Anwendung. Das Sparteïn soll nicht der Träger der diuretischen Wirkung des Besenginsters, vielmehr ein auf das Centralnervensystem wirkendes Mittel sein, welches in grossen Dosen den Tod herbeiführt. Es wurde von Germain-Sée bei Affectionen des Herzmuskels empfohlen, wenn derselbe nicht im Stande ist, die Circulationswiderstände auszugleichen, sowie bei irregulärem, aussetzendem, arythmischem, langsamem Pulse. Es wird in Dosen von 0,02 gr 2—4 Mal täglich bis 0,1 gr pro die in Pillen oder in Lösung gegeben. Im Allgemeinen sollen auch die in Deutschland mit dem Mittel gemachten Versuche günstig ausgefallen sein, doch scheint festzustehen, dass es die Digitalis zu ersetzen nicht im Stande ist.

Rp. Sparteïni sulfurici 0,5	Rp. Sparteïni sulfurici 0,2
Rad. Liquirit.	Sacchari albi 3,0
Pulv. Liquirit. ͡aa 2,0	Divide in partes X.
Fiant. pil. No. 30.	Det. ad. caps. amylac.
S. 3—4 Mal täglich 1—2 Pillen.	S. 3 Mal täglich 1 Pulver.

Vorsichtig aufzubewahren.

Antispasminum.

Antispasmin.   Narceïnnatrium-Natriumsalicylat.

$C_{23} H_{28} NO_9 Na + 3 [C_6 H_4 OH CO_2 Na]$.

Mit dem Namen „Antispasmin" bezeichnet E. Merck eine Verbindung von Narceïnnatrium mit Natriumsalicylat, welche nach dem Typus des Diuretins zusammengesetzt ist.

Dasselbe bildet ein weisses, schwach hygroscopisches Pulver, welches schwach alkalisch reagirt, in Wasser leicht löslich ist und etwa 50 Proc. Narceïn enthält. Zur Feststellung des Narceïngehaltes ist wie folgt zu verfahren:

Man löst 1 gr Antispasmin in 30 ccm Wasser, säuert mit Essigsäure an und lässt 1—2 Stunden stehen, worauf sich das Narceïn zugleich mit Salicylsäure abscheidet. Man bringt den Niederschlag auf ein Filter, saugt mittels der Luftpumpe gut ab und wäscht mit soviel kaltem Wasser nach, dass die Gesammtmenge des Filtrates etwa 50 ccm beträgt. Das Filter wird getrocknet, darauf die Salicylsäure durch Aether ausgezogen, so dass reines Narceïn zurückbleibt. Das Gewicht desselben muss 0,4 gr betragen.

Es werden durch diese Bestimmung nur 40% Narceïn (an Stelle von 50%) in dem Antispasmin gefunden, weil das Narceïn sich aus seinen Salzlösungen nicht ohne Verlust abscheiden lässt. Bringt man das erhaltene Narceïn in conc. Schwefelsäure, so entsteht eine gelblich-röthliche Färbung, welche beim Erwärmen auf 150° dunkelblutroth wird.

Aufbewahrung. Vorsichtig, vor Luft (Kohlensäure) und Feuchtigkeit geschützt.

Anwendung. Als Hypnoticum und Sedativum bei schmerzhaften Leiden, besonders aber bei mit Schmerzen verbundenen Krampfzuständen in Tagesgaben von 0,01—0,1 gr. Demme empfiehlt es auch als Hypnoticum und Sedativum in der Kinderpraxis.

Vorsichtig aufzubewahren.

d) Terpene, Kampher etc.

Tereben, Terpinhydrat, Terpinol.

Eine nicht unwichtige Klasse von pflanzlichen Producten sind die ätherischen Oele; leider aber ist über die chemische Natur der Mehrzahl von ihnen noch wenig bekannt. Bei einigen allerdings ist es gelungen, das riechende Princip zu isoliren und seiner chemischen Individualität nach zu bestimmen, ja sogar auf synthetischem Wege darzustellen. Zur Illustration des eben Gesagten brauchen wir nur daran zu erinnern, dass als Hauptbestandtheil der respectiven ätherischen Oele erkannt wurde und zwar:

Im Wintergreenöl — Salicylsäuremethyläther
- Bittermandelöl — Benzaldehyd
- Thymianöl   — Thymol
- Zimmtöl   — Zimmtaldehyd
- Senföl   — Isothiocyansäureallyläther.

Bei der Mehrzahl der übrigen ätherischen Oele dagegen befinden wir uns bezüglich ihrer n ä h e r e n chemischen Zusammensetzung vorläufig noch ziemlich im Dunkeln, wenngleich die letzten Jahre auch nach dieser Richtung, insbesondere durch die klassischen Arbeiten W a l l a c h's, hier Bresche zu legen begonnen haben.

Abgesehen von den eben angeführten, ihrer Zusammensetzung nach genau bekannten Individuen aber können wir verallgemeinernd sagen, dass in den meisten ätherischen Oelen namentlich zwei Arten von Verbindungen anzutreffen sind, nämlich Kohlenwasserstoffe, welche in der Regel flüssig, meist nach der allgemeinen Formel $C_{10}H_{16}$ zusammengesetzt sind und welche T e r p e n e, auch Elaeoptene (d. h. die flüssigen Principien) genannt werden. Ausserdem kommen in ihnen noch sauerstoffhaltige Körper vor, welche nur ausnahmsweise flüssig, in der Regel fest sind, deren Zusammensetzung ziemlich verschieden ist, meist aber den Formeln $C_{10}H_{16}O$, $C_{10}H_{18}O$, $C_{10}H_{20}O$ entspricht. Sie können als Sauerstoffderivate der Terpene aufgefasst werden, welche im Pflanzenorganismus eine Oxydation erfahren haben. Diese sauerstoffhaltigen Körper führen die Namen C a m p h e n e oder S t e a r o p t e n e. Die meisten ätherischen Oele nun sind Gemische dieser Terpene und Camphene, einige von ihnen jedoch, wie *Ol. Aurant. flor., Ol. Calami, Ol. Citri, Ol, Lavandulae, Ol. Juniperi, Ol. Rosmarini, Ol. Terebinthinae*, bestehen n u r oder f a s t n u r aus Kohlenwasserstoffen, d. h. Terpenen.

Noch bis in die allerjüngste Zeit hielt man an der Ansicht fest, die Terpene seien die Träger der riechenden Eigenschaften der betreffenden Oele, und die Verschiedenartigkeit der Gerüche habe in verschiedenartiger Zusammensetzung der Terpene, also in Isomerieverhältnissen chemischer oder physikalischer Natur ihre Ursache. Demgemäss legte man den aus den verschiedenen Oelen isolirten

Terpenen — trotzdem sie sämmtlich der Formel $C_{10}H_{16}$ entsprechen — auch verschiedene Namen bei. So hiessen die Terpene des *Ol. Citri* = Citren bez. Citrylen, dasjenige des *Ol. Macidis* = Macen u. s. w.

Diese Anschauung hat inzwischen an Wahrscheinlichkeit verloren, seitdem Wallach auf das Bestimmteste die Identität früher für verschiedenartig gehaltener Terpene (aus verschiedenen ätherischen Oelen dargestellt) nachwies und sämmtliche von ihm untersuchte Terpene auf acht verschiedene typische Terpene zurückzuführen vermochte. Ist somit diese Frage der Lösung ein wenig näher gerückt, so sind zur Zeit die riechenden Principien noch nicht aus allen ätherischen Oelen isolirt.

Wie man sich nun auch zu der Frage bezüglich der Identität oder Verschiedenheit der einzelnen Terpene stellen mag, so ist die Thatsache im Auge zu behalten, dass die einzelnen Glieder, namentlich in gewissen physikalischen Beziehungen, allerdings Verschiedenheiten aufweisen; und so verhalten sie sich z. B. verschieden dem polarisirten Lichte gegenüber. Einige von ihnen lenken die Polarisationsebene nach rechts, andere nach links ab. Dagegen zeigen sie auch wieder manche Uebereinstimmung in ihrem chemischen Verhalten. Beispielsweise lassen sich sämmtliche Terpene durch länger dauerndes Erhitzen, am besten durch Einwirkung von kleinen Mengen conc. Schwefelsäure, in eine und dieselbe optisch inactive Flüssigkeit, das Tereben, umwandeln.

Der einfachste Repräsentant aller ätherischen Oele ist das Terpentinöl, *Oleum Terebinthinae*. Von den verschiedenen Sorten dieser Droge finden namentlich das amerikanische und das französische medicinische Verwendung. Das erstere lenkt die Polarisationsebene nach rechts, das letztere nach links ab. Beiden gemeinsam indessen ist, dass sie der Hauptsache nach aus Terpenen $C_{10}H_{16}$ bestehen.

Tereben $C_{10}H_{16}$ (?) optisch inactiv.

Darstellung. Man mischt Terpentinöl allmälig mit 5% conc. Schwefelsäure und destillirt das Reactionsproduct nach längerem Stehen im Wasserdampfstrom ab. Das Destillat wird mit dünner Natriumcarbonatlösung gewaschen, abgehoben, mit Chlorcalcium entwässert und sodann sorgfältig fractionirt. Die zwischen 156—160° C. übergehenden Antheile sind das Tereben.

Eigenschaften. Das Tereben bildet eine schwachgelbliche, nicht unangenehm [nach Thymian] riechende Flüssigkeit, welche in Wasser nur wenig, leichter in Alkohol, sehr leicht in Aether löslich ist. In ganz reinem Zustande reagirt es neutral, bei längerer Aufbewahrung verharzt es und nimmt unter dem Einfluss von Licht und Luft saure Reaction an, die auf Bildung verschiedener Säuren, z. B. Ameisensäure, Essigsäure zurückzuführen ist. So verändertes Tereben ist zum Zweck seiner Reinigung mit Sodalösung oder Kalkwasser zu waschen und hierauf zu rectificiren. — Es siedet bei 156—160° C. und gleicht in seinen sonstigen Eigenschaften dem Terpentinöl ausserordentlich. Seiner chemischen Zusammensetzung nach ist es als ein Gemenge von Terpinen, Dipenten, vielleicht auch Cymol anzusehen.

Prüfung. Das Tereben röthe blaues Lackmuspapier nicht, es gehe zwischen 156—160° C. vollständig über, besitze keinen unangenehmen Geruch und übe auf die Ebene des polarisirten Lichtes keinen Einfluss aus.

Diese letztere, optische Probe ist die einzige, mittels deren sich die völlige Reinheit des Präparates, bez. die Abwesenheit gewöhnlicher Terpene nachweisen lässt.

Anwendung. Das Tereben gelangt in allen jenen Fällen zur Anwendung, in welchen bisher auch das Terpentinöl benutzt wurde. Vor dem letzteren besitzt es den Vorzug, nicht so unangenehm zu riechen und zu schmecken.

Es wirkt antiseptisch und secretionsbeschränkend. Man bedient sich desselben daher zu Verbänden bei brandigen Wunden, ebenso wird es innerlich und in Form von Inhalationen gegen Bronchialcatarrhe, Bronchorroë und fötide Bronchitis gebraucht.

Zu Verbänden wird es mit 20 Th. Wasser vermischt angewendet. Innerlich wird es anfänglich zu 4—6 Tropfen, später steigend bis zu 20 Tropfen dreimal täglich gegeben.

Inhalationen von Tereben sind mehrmals täglich vorzunehmen und zwar so, dass in einer Woche etwa 50 gr verbraucht werden. Der Urin nimmt unter dem Gebrauch des Terebens einen eigenthümlichen, characteristischen Geruch an.

Aufbewahrung. Vor Licht geschützt unter den indifferenten Mitteln.

Terpinhydrat, $C_{10}H_{20}O_2 . H_2O$ oder $C_{10}H_{16} . 3H_2O$ oder $C_{10}H_{16} . 2H_2O + H_2O$. Diese interessante Verbindung bildet sich zuweilen, wenn man Terpentinöl mit wenig Wasser längere Zeit sich selbst überlässt. In reichlicheren Mengen wird dieser Körper erhalten, wenn man den Eintritt von Wasser durch Alkohol vermittelt; Gegenwart von Säuren befördert die Bildung des Terpinhydrates gleichfalls.

Darstellung. Ein Gemisch von 4 Th. rectificirtem Terpentinöl, 3 Th. Alkohol (von 80° T.) und 1 Th. Salpetersäure wird in grossen flachen Porzellanschalen (Porzellantellern) einige Tage bei Seite gestellt, alsdann sammelt man die in der Flüssigkeit abgeschiedenen Krystalle, lässt sie gut abtropfen, presst sie zwischen Filtrirpapier ab und krystallisirt sie aus 95 procentigem Alkohol, welchem zur Bindung noch vorhandener Salpetersäure etwas Alkalilösung zugesetzt ist, in der Kälte um. Die Ausbeute beträgt etwa 12 % des angewendeten Terpentinöles. Die Darstellung ist besonders in der kalten Jahreszeit vorzunehmen, da bei hoher Sommertemperatur statt Krystallbildung Verharzung eintritt. Die Darstellung der Verbindung als Uebungspräparat für pharmaceutische Laboratorien ist sehr zu empfehlen.

Eigenschaften. Das Terpinhydrat bildet grosse farblose und geruchlose rhombische Krystalle, welche schwach aromatisch schmecken. Es löst sich in 32 Th. siedenden Wassers, auch in 250 Th. Wasser von 15° C., in 10 Th. Alkohol, 100 Th. Aether, 200 Th. Chloroform, Schwefelkohlenstoff, Benzol, wenig dagegen in Terpentinöl. Es schmilzt im Capillarrohr zwischen 116 und 117° C. und verwandelt sich dabei unter Abgabe von Wasser in eine Terpin oder wasserfreies Terpin genannte, weisse krystallinische Masse von der Zusammensetzung $C_{10} H_{16} . 2 H_2 O$ oder $(C_{10} H_{18} [OH]_2)$ oder $C_{10} H_{20} O_2$, welche bei 102—103° schmilzt und bei 258° unzersetzt siedet.

Prüfung. Das Terpinhyhrat verbrenne beim Erhitzen, ohne einen Rückstand zu hinterlassen. Es löse sich leicht in den oben erwähnten Lösungsmitteln, die wässerige Lösung reagire neutral. Es sei vollkommen geruchlos und farblos.

Aufbewahrung. In gut verschlossenen Gefässen unter den indifferenten Mitteln.

Anwendung. Es vermehrt in kleinen Dosen die Secretion der Bronchialschleimhaut, steigert in grösseren Dosen die Diurese und wird daher wie das Tereben als gutes Expectorans bei chronischer und subacuter Bronchitis und bei chronischer Nephritis gegeben. Die Dosis beträgt 0,2 bis 0,4 gr, am geeignetsten erscheint die Pillenform und die der Oblaten-Pulver. Die anfangs gehegten Erwartungen, das Präparat werde sich bei Diphtherie besonders wirksam erweisen, scheinen nicht in Erfüllung gegangen zu sein, dagegen soll es sich bei Bronchialcatarrhen der Emphysematiker und Phthisiker mit geringer und zäher Secretion bewährt haben.

Rp. Terpini hydrati,	Rp. Terpini hydrati 2.
Sacchari	Spiritus
Gummi arabici ãã 1,0	Aq. destillat.
F. pil. No.30.	Sir. Menthae pip. ãã 50.
S. 3 mal täglich 1—4 Pillen.	M.D.S. 3—6 mal täglich einen Esslöffel.

Terpinol nicht zu verwechseln mit Terpineol!

Wird Terpinhydrat oder Terpin mit mässig verdünnten Mineralsäuren gekocht, so bildet sich unter Wasserabspaltung ein neuer Körper, nach Wigger's das T e r p i n o l,

$$2\,C_{10}\,H_{20}\,O_2 - 3\,H_2\,O = C_{20}\,H_{34}\,O\ (?)$$
$$\text{Terpin} \qquad\qquad\qquad \text{Terpinol.}$$

In der Regel wird es durch Destillation von Terpinhydrat mit verdünnter Schwefelsäure dargestellt. Das hierbei resultirende ölige Product, welches etwa zwischen 160—220° C. übergeht, soll fractionirt werden. Nur die bei 168° C. übergehenden Antheile sollen als Terpinol aufgefangen werden. Sie bilden ein angenehm nach Hyacinthen riechendes Oel, welches in Wasser nahezu unlöslich, leicht löslich dagegen in Alkohol und in Aether ist. Das spec. Gewicht beträgt 0,852. Nach W a l l a c h ist Terpinol indessen keine einheitliche Substanz, sondern ein Gemenge von einigen verschiedenen Körpern; nämlich dem (sauerstoffhaltigen) T e r p i n e o l $C_{10}H_{18}O$ und drei (sauerstofffreien) Terpenen $C_{10}H_{16}$: T e r p i n e n, T e r p i n o l e n und D i p e n t e n. Für die Mengenverhältnisse, in denen die einzelnen Substanzen sich bilden, ist die Concentration und die Natur der gewählten Säure nicht gleichgültig. Bei einer Verdünnung der Schwefelsäure mit Wasser im Verhältniss von 1 : 2 werden relativ viel Terpineol, Terpinolen und Dipenten erhalten, mit sehr verdünnter Säure (1 : 7), dagegen bilden sich vorwiegend Terpinen. Es wäre daher für die therapeutische Verwendung des Präparates erwünscht, zunächst eine bindende Vorschrift auszuarbeiten, welche die Erlangung eines constanten Präparates gewährleistet.

Anwendung. Das Terpinol wird namentlich von G u e l p a und M o r r a als ein die Schleimhaut der Bronchien anregendes Mittel empfohlen, doch sind die Ansichten über seine Wirkungen noch sehr getheilte.

So viel scheint festzustehen, dass es zu den ziemlich indifferenten Substanzen gehört und auf die Harnwege ohne besondere Einwirkung ist. Da es durch die Lungen ausgeschieden wird, hat man es angewendet, um modificirend auf die Schleimhaut der Luftwege einzuwirken. Man giebt es zur Vermehrung der Secretion und zur Erleichterung der Hustenanfälle bei Bronchialcatarrhen zu 0,5—1,0 gr pro die in Kapseln. Grössere Dosen stören die Verdauung.

<table>
<tr><td>

Rp. Terpinoli
    Ammon. benzoïc.
    Cerae flavae rasp.
    Pulv. constituent. ᾱᾱ 10,
    Mucil. Traganth. q. s.
ut fiant pil. No. 100.

</td><td>

Rp. Terpinoli
    Natrii benzoïci ᾱᾱ 0,1
    Sacchari albi 0,5.
Dos. tal. X. ad capsul. amylaceas.
S. 1—2 stündlich 1 Kapsel.

</td></tr>
</table>

Das Pulv. constituens besteht aus
einer Mischung von Gummi arab.
Rad. Althaeae u. Sacch. alb. ããa.

Rp. Terpinoli 0,1
Ol. Olivarum 0,3,
ad capsul. gelatinosas.

Kaspar.

Acidum camphoricum.

Acidum camphoratum. Kamphersäure.

$$C_{10} H_{16} O_4.$$

Kosegarten erhielt 1785 durch Behandeln von Kampher mit
Salpetersäure eine Säure, welche zunächst für Oxalsäure, dann für
Benzoësäure gehalten wurde, bis ihre Zusammensetzung u. a. durch
Liebig festgestellt wurde.

Darstellung. Man bringt 150 gr Kampher und 2 Liter Salpetersäure
vom spec. Gewicht 1,27 in einen Kolben von 4 Liter Inhalt, kittet in den
Hals mit Gips ein Ableitungsrohr für die Stickstoffoxyde und erwärmt dann
auf lebhaft siedendem Wasserbade bis die Dämpfe nur schwach gefärbt
sind und nach dem Erkalten sich Kampher nicht mehr ausscheidet, was
etwa 50 Stunden dauert. Alsdann verjagt man die Salpetersäure durch
Eindampfen und krystallisirt den Rückstand aus siedendem Wasser um.
Um die Säure ganz frei von Kampher zu erhalten, führt man sie
durch Sättigen mit Natriumcarbonat in das Natriumsalz über und zerlegt
die Lösung desselben durch Salpetersäure. Ausbeute etwa 50% des
Kamphers. (Wreden.)

Eigenschaften. Kamphersäure krystallisirt aus siedendem Wasser
in farblosen und geruchlosen Blättchen, welche bei 178° schmelzen.
In Weingeist ist sie leicht, schwerer in Wasser löslich. 100 Th.
Wasser lösen bei 15° etwa 1 Th., bei 100° etwa 10 Th. Kamphersäure. Die aus gewöhnlichem Kampher dargestellte Säure ist rechts-
drehend, die aus linksdrehendem Kampher erhaltene linksdrehend.
Beide Modificationen vereinigen sich zu der inactiven Parakampher-
säure.

Beim Erhitzen über ihren Schmelzpunkt hinaus zerfällt die
Kamphersäure in Wasser und das bei 216 — 217° schmelzende
Kamphersäureanhydrid (Camphoryloxyd) $C_{10} H_{14} O_3$. Kamphersäure
ist zweibasisch, doch kennt man vorzugsweise nur die neutralen
Salze; diejenigen der Alkalien sind leicht löslich und krystallisiren
schwierig, besser krystallisiren diejenigen der alkalischen Erden und
des Magnesiums.

$$\text{Kampher} \quad + \; 3\,O \; = \quad \text{Kamphersäure.}$$

$$
\begin{array}{cc}
\underset{\text{Kampher}}{
\begin{array}{c}
CH_3 \\ | \\ C \\
H_2C \diagup \quad \diagdown CO \\
H_2C \diagdown \quad \diagup CH_2 \\
C \\ | \\ C_3H_7
\end{array}}
&
\underset{\text{Kamphersäure.}}{
\begin{array}{c}
CH_3 \\ | \\ C \\
H_2C \diagup \quad \diagdown CO_2H \\
H_2C \diagdown \quad \diagup CO_2H \\
C \\ | \\ C_3H_7
\end{array}}
\end{array}
$$

Prüfung. Kamphersäure sei farblos, nahezu geruchlos und schmelze bei 178°. — Die kalt gesättigte Lösung, auf eine Mischung gleicher Volumina conc. Schwefelsäure und Ferrosulfatlösung geschichtet, erzeuge an der Berührungsfläche keine braune Zwischenzone (Salpetersäure). — Erhitzt verbrenne sie, ohne einen Rückstand zu hinterlassen (unorgan. Verunreinigungen).

Aufbewahrung. Unter den indifferenten Arzneimitteln.

Anwendung. Aeusserlich wirkt Kamphersäure als mildes aber nachhaltiges, leicht excitirendes und desinficirendes Adstringens bei verschiedenen acuten und chronischen Entzündungen des Pharynx, Larynx und der Nase, ferner bei Geschwüren, Pusteln, chronischer Urethritis. Fürbringer empfiehlt sie bei chronischer Cystitis, Leu zu Waschungen gegen pathologische Schweisse. Man benutzt bei acuten Affectionen Lösungen von 0,5—2%, bei chronischen Affectionen Lösungen von 3—6%. Die Lösungen sind unter Zusatz von Alkohol zu bereiten; für 1% Kamphersäure lässt man 11% Alkohol zusetzen. — Innerlich giebt man Kamphersäure gegen colliquative Schweisse und zwar Abends 1—3—5 gr in kurzen Zwischenräumen als Oblatenpulver.

Kalium camphoricum, kamphersaures Kalium $C_{10}H_{14}O_4 \cdot K_2$ bildet völlig trocken eine krystallinische Masse, in der Regel in Folge Wasseranziehung einen dicken Syrup. Es ist in Wasser leicht löslich und wird aus diesem Grunde bisweilen an Stelle der Kamphersäure angewendet.

Anilinum camphoricum, kamphersaures Anilin
$$C_{10}H_{16}O_4\,(C_6H_5NH_2)_2.$$
Zur Darstellung trägt man in 46,5 Th. Anilin, welche im Wasserbade erhitzt sind, 50 Th. Kamphersäure ein. Sobald Auflösung der letzteren erfolgt ist, giesst man die Mischung in flache Gefässe und setzt sie in dünner Schicht niederer Temperatur aus, worauf Krystallisation erfolgt (Vulpius).

Es bildet krystallinische Massen, welche sich in 30 Th. Wasser auflösen. In Alkohol und in Aether ist es leicht löslich; Chloroform und Schwefelkohlenstoff extrahiren nur das Anilin und hinterlassen reine Kamphersäure. 1 Th. des Präparates löst sich in 10 Th. Glycerin; diese Lösung kann mit dem gleichen Volumen Wasser verdünnt werden.

Das kamphersaure Anilin ist von Tomaselli als Antispasmodicum empfohlen worden.

Camphora formylica, Kampheraldehyd, $C_{11}H_{16}O_2$.

Darstellung. Man löst 1 Atom Natrium in einer Lösung von 1 Mol. Kampher in Toluol auf und fügt unter Abkühlung 1 Mol. Ameisensäureäthyläther hinzu. Nach längerem Stehen wird in Eiswasser gegossen und die alkalische Lösung, welche den Kampheraldehyd in Form des Natriumsalzes enthält, von dem aufschwimmenden Toluol getrennt. Die alkalische Lösung wird mit Essigsäure angesäuert und der ausgeschiedene, ölartige Aldehyd mit Aether aufgenommen. Nach dem Verdunsten des letzteren hinterbleibt die Verbindung als Oel, welches später krystallinisch erstarrt. D.R.P. 49165.

$$C_8H_{14}\begin{array}{l} \diagup CH_2 \\ \quad | \\ \diagdown CO \end{array} \qquad C_8H_{14}\begin{array}{l} \diagup CH{-}CHO \\ \quad | \\ \diagdown CO \end{array}$$

Kampher   Kampheraldehyd.

Der so erhaltene Kampheraldehyd schmilzt bei 76—78°; er hat saure Eigenschaften, ist leicht in Alkalien löslich und giebt mit Kupferacetat und Zinkacetat ein krystallinisches Kupfer- bezw. Zinksalz. Mit Eisenchlorid liefert er in alkalischer Lösung eine intensive Dunkelviolettfärbung.

Der Kampheraldehyd ist zur Verwendung als Arzneimittel und als Ausgangsproduct für Arzneimittel in Aussicht genommen.

Mentholum.

Menthol. Pip-Menthol. Pfefferminzcampher.

$$C_{10}H_{20}O.$$

Menthol oder Pfefferminzkampher wurde in China und Japan schon in den ältesten Zeiten als Hausmittel benutzt. In Europa scheint es erst viel später bekannt geworden zu sein, denn es wird zuerst von Gaubius im Jahre 1771 als „*Camphora Europae Menthae Piperitidis*" erwähnt (Flückiger). Noch im Anfange dieses Jahrhunderts hielt man das Menthol für identisch mit dem gewöhnlichen Kampher, bis Dumas sowie Blanchet und Sell das Irrige dieser Ansicht nachwiesen und im Jahre 1832 die procentische Zusammensetzung ermittelten. Walter stellte dann (1838) auf Grund einer Dampfdichtebestimmung die Formel $C_{10}H_{20}O$ auf. Oppenheim endlich bewies im Jahre 1881 durch Darstellung mehrerer Ester die Alkoholnatur und führte den Namen „Menthol" ein. Ausgedehntere practische Verwendung fand das Menthol 1880 zu Migränestiften.

Vorkommen und Gewinnung. Menthol ist neben ähnlichen Körpern, der wichtigste Bestandtheil der Pfefferminzöle, welche je nach ihrer Herkunft verschieden grosse Quantitäten davon enthalten. Während die englischen und amerikanischen Oele das Menthol erst beim Einstellen in ein Kältegemisch auskrystallisiren lassen, ist das japanische Pfefferminzöl oft so reich an Menthol, dass es schon bei gewöhnlicher Temperatur fest ist. Anfangs der 80er Jahre war die Darstellung aus dem amerikanischen Oele noch lohnend. Später wurde dieselbe jedoch aufgegeben, als das billige japanische Pfefferminzöl auf den Markt kam. Letzteres kommt meist schon als Pfefferminzöl in Krystallen, also als Roh-Menthol in den Handel und braucht nur durch mehrmaliges Umkrystallisiren gereinigt zu werden. Soll ein bei gewöhnlicher Temperatur flüssiges Pfefferminzöl zur Mentholgewinnung benutzt werden, so entfernt man durch fractionirte Destillation mit Wasserdampf die leichter flüchtigen Antheile desselben und lässt aus den höher siedenden Bestandtheilen das Menthol auskrystallisiren.

Menthol ist ein secundärer Alkohol der Formel $C_{10}H_{20}O$. Als solcher vermag es beim Erhitzen mit Säuren oder Säureanhydriden leicht die entsprechenden Ester zu bilden. Auf diese Weise sind die Ester der Essigsäure, Buttersäure, Bernsteinsäure und Benzoësäure dargestellt worden. Besonders die letztere Verbindung, der Benzoësäurementhylester, ist von Wichtigkeit, da man mit Hülfe desselben das Menthol in ätherischen Oelen quantitativ bestimmen kann.

Durch gemässigte Oxydation mit Kaliumdichromat und Schwefelsäure erhält man aus Menthol das Menthon $C_{10}H_{18}O$, das dem secundären Alkohol entsprechende Keton. Menthon, ebenfalls ein Bestandtheil der Pfefferminzöle, liefert bei geeigneter Behandlung mit Hydroxylamin das gut krystallisirende, bei 58° schmelzende Menthon-oxim $C_{10}H_{18} . NOH$.

$$C_{10}H_{20}O \quad + \quad O \quad = \quad C_{10}H_{18}O \quad + \quad H_2O$$

Menthol   Menthon.

Durch reducirende Mittel lässt sich Menthon wieder in Menthol zurückverwandeln, zu dem es also in derselben Beziehung steht, wie der Kampher zum Borneol.

Wasserentziehende Agentien führen Menthol in Kohlenwasserstoffe über und zwar wird durch Behandlung mit Phosphorsäureanhydrid oder Zinkchlorid hauptsächlich Menthen $C_{10}H_{18}$ gebildet, während durch Schwefelsäure vorzugsweise Di-menthen $(C_{10}H_{18})_2$ Siedepunkt 320^0, entsteht:

$$C_{10}H_{20}O \quad = \quad H_2O + C_{10}H_{18}.$$

Menthen, eine schwach riechende, rechtsdrehende, bei 167^0 siedende Flüssigkeit, vereinigt sich mit 4 Atomen Brom zu einem Bromid, welches beim Erhitzen in Bromwasserstoff und Cymol zerfällt:

$$C_{10}H_{18}Br_4 \quad = \quad 4\,BrH + C_{10}H_{14}$$

Tetrabrom-
menthen   Cymol.

Eigenschaften. Das Menthol bildet farblose, dem hexagonalen System angehörige Nadeln oder Spiesse, und besitzt einen erfrischenden, pfefferminzartigen Geruch und einen zuerst brennenden, später angenehm kühlenden Geschmack. Auf die Haut gebracht, erzeugt es Kältegefühl und Brennen. Menthol schmilzt bei $42—43^0$, siedet bei 212^0, ist leicht flüchtig und sublimirt schon bei gewöhnlicher Temperatur. Während es sich in Alkohol, selbst in verdünntem, sowie in Aether, Chloroform, Schwefelkohlenstoff, Petroläther und Eisessig leicht löst, wird es von Wasser nur sehr wenig aufgenommen. Die alkoholische Lösung des Menthols lenkt den polarisirten Lichtstrahl nach links ab.

Aufbewahrung. An einem kühlen Orte, in wohlverschlossenen Gefässen — dem Kampher analog — unter den indifferenten Arzneimitteln.

Prüfung. 1. Reines Menthol fühlt sich vollkommen trocken an und giebt zwischen Fliesspapier gepresst an dieses keine Feuchtigkeit ab, während ein schlecht gereinigtes Präparat beim Reiben zwischen den Fingern diese beschmiert und auf Filtrirpapier feuchte Stellen zurücklässt. 2. Bestimmung des Schmelzpunktes, der bei 41—43° liegen soll. Verunreinigungen drücken den Schmelzpunkt herab. 3. Menthol muss sich, in einer Schale auf dem Wasserbade erhitzt, vollständig verflüchtigen; anorganische Bestandtheile (Bittersalz soll als Verfälschung vorgekommen sein) bleiben hierbei im Rückstande. 4. Beim Hineinbringen von etwas Menthol in eine Mischung von 1 ccm Essigsäure mit 3 Tropfen Schwefelsäure und 1 Tropfen Salpetersäure soll keine Färbung entstehen. Diese Prüfung bezweckt den Nachweis eines etwaigen Thymolgehaltes, der sich durch Auftreten einer schmutzig blaugrünen Färbung zu erkennen giebt. Abgesehen davon, dass schwerlich Jemand auf den Gedanken kommen wird, das billigere Menthol mit dem theureren Thymol zu verfälschen, ist ein derartiger Zusatz schon aus dem Grunde unmöglich, weil ein nur geringer Procentsatz von Thymol genügt, um dem Menthol eine schmierige Beschaffenheit zu ertheilen, und es bei Sommertemperatur sogar vollkommen zu verflüssigen.

Dispensation. Pulver, welche Menthol enthalten, müssen in Wachskapseln dispensirt werden. Mentholstifte können leicht auf folgende Weise dargestellt werden: Ueber ein in Form eines Mentholstiftes gedrechseltes Stückchen Holz wird Stanniol ganz glatt gestrichen, hierauf das Holz entfernt, die Stanniolformen in ein Suppositoriengestell vertheilt und das geschmolzene Menthol hineingegossen.

Anwendung. Seit seiner ersten Verwendung zu Mentholstiften hat sich das Menthol zum äusserlichen wie zum innerlichen Gebrauch ein immer grösseres Feld erobert und, wie es scheint, sich eine dauernde Stellung als Arzneimittel erworben. Aeusserlich dient es mit Kaffeepulver und Milchzucker gemischt als beliebtes Schnupfenmittel (Mentholin). Als Menthol-Vaseline zum Einreiben bei Rheumatismus und Neuralgie. Mit Lanolin gemischt gegen Frostbeulen, als Menthol-Crême zum Reinigen der Zähne. Bei asthmatischen Beschwerden wird es zum Inhaliren benutzt. Innerlich giebt man es bei Rheumatismus, Neuralgien und Hüftweh, ferner bei Diarrhoeen und bei Collaps. Mit gutem Erfolge ist es auch gegen Diphtherie verwendet worden. Besonders werthvolle Dienste endlich leistet es gegen Erbrechen Schwangerer. Die Ausscheidung des Menthols erfolgt als Mentholglycuronsäure.

Mentholum carbonicum, Mentholcarbonat, $(C_{10}H_{19})_2 \cdot CO_3$, nach einem Dr. von Heyden's Nachf. patentirten Verfahren darge-

stellt, ist ein weisses Krystallpulver, schwer löslich in Alkohol.
Schmelzpunkt 105°. Geruchlos, geschmacklos, ohne Reizwirkung
auf die Schleimhäute.

Eucalyptolum.

Eucalyptol. Cineol. Cajeputol. Eucalyptuskampher.

$$C_{10} H_{18} O.$$

In dem ätherischen Oele verschiedener Eucalyptusarten, z. B.
Eucalyptus globulus und E. amygdalina kommt neben Terpenen (Phel-
landren) ein sauerstoffhaltiger Körper vor, dessen Zusammensetzung
von E. Jahns zu $C_{10} H_{18} O$ festgestellt und der von ihm als Eucalyptol[1]) bezeichnet wurde. Ferner stellte Jahns fest, dass dieses
Eucalyptol identisch ist mit dem im Cajeputöl enthaltenen „Cajeputol" uud dem aus Wurmsamenöl abgeschiedenen „Cineol", deren
beider Gewinnung von Wallach und Brass kurz vorher gelehrt
worden war. Gildemeister endlich zeigte, dass das Eucalyptol
nicht nur im ätherischen Oele von E. globulus, sondern auch in demjenigen von E. amygdalina enthalten sei. Zur Darstellung des Eucalyptols dient für gewöhnlich das besonders Eucalyptol-reiche Oel von
E. globulus und zwar benutzt auch die Technik das von Wallach
und Brass angegebene Verfahren.

Darstellung. Man kühlt das Eucalyptusöl oder die zwischen 170 bis
180° siedenden Antheile desselben in einer Kältemischung stark ab und
leitet einen Strom trocknen Salzsäuregases ein, bis die Flüssigkeit zu einem
Krystallbrei erstarrt ist. Die entstehende Eucalyptol-Salzsäureverbindung
$C_{10} H_{18} O . HCl$ wird scharf abgepresst, mit Wasser (in Salzsäure und Eucalyptol) zerlegt und das abgeschiedene Oel nochmals mit Salzsäure in
gleicher Weise behandelt. Schliesslich wird das Eucalyptol mit etwas
alkoholischer Kalilauge erwärmt, mit Wasser bis zum Entfernen der letzten
Reste Salzsäure gewaschen, durch Chlorcalcium getrocknet und über metallischem Natrium rectificirt.

Eigenschaften. Das Eucalyptol bildet eine farblose, kampherartig
riechende Flüssigkeit, die in Wasser nahezu unlöslich ist, sich dagegen mit absolutem Alkohol, Aether, Chloroform und fetten Oelen
mischen lässt. Das spec. Gewicht ist bei 15° C. = 0,930, der Siedepunkt liegt constant bei 176—177°. Kühlt man das Eucalyptol in
einer Kältemischung von Eis und Kochsalz ab, so erstarrt es voll-

---

[1]) Unreine Producte hatten vor ihm schon Cloëz und Faust und
Homeyer unter den Händen gehabt und gleichfalls Eucalyptol benannt.

kommen zu langen Krystallnadeln, deren Schmelzpunkt bei etwa
—1⁰ C. liegt. Die Ebene des polarisirten Lichtes beeinflusst Eucalyptol nicht, es ist optisch inactiv.

Prüfung. Das Eucalyptol sei farblos, habe bei 15⁰ C. ein spec.
Gewicht von 0,930 und destillire bei 176—177⁰ C. in seiner ganzen
Menge über. — Befeuchtet man die Wandung eines Reagirglases
mit etwas Eucalyptol und lässt dann Bromdampf einfliessen, so bilden sich an den Wandungen des Reagirglases ziegelrothe Krystalle
eines Bromadditionsderivates $C_{10}H_{18}OBr_2$. (Characteristische Reaction.) — Es erstarre in einer Kältemischung zu langen Krystallnadeln, die bei — 1⁰ C. schmelzen (Terpene verhindern das Erstarren) und sei optisch inactiv. (Terpene.) — Mit dem gleichen
Volumen Paraffin. liquidum sei es klar mischbar. (Prüfung auf
Wassergehalt.)

Aufbewahrung. Vor Licht geschützt unter den indifferenten Arzneimitteln.

Anwendung. Eucalyptol dient äusserlich zu reizenden Einreibungen
bei Rheumatismus, Neuralgien. Ferner zum desinficirenden Wundverbande
bei atonischen Geschwüren, Hospitalbrand, Gangrän (Verbandpäckchen
der britischen Colonialtruppen). Innerlich wird es bei chronischer
Bronchitis, Lungengangrän, Asthma, catarrhalischen Affectionen der Harnwege und bei Intermittens gegeben. Man reicht mehrmals täglich 5 Tropfen
in Gelatinecapseln oder in Emulsionsform. S. auch Myrtol.

Nicht zu verwechseln mit dem Eucalyptol ist das

Eulyptol, von Schmelz als energisches antifermentatives
Mittel empfohlen. Dasselbe besteht aus 6 Th. Salicylsäure, 1 Th.
Carbolsäure und 1 Th. Eucalyptusöl und soll angeblich eine che-
mische Verbindung (?) sein.

Myrtolum.

Myrtol. Myrrthol. Myrtenölkampher.

Das ätherische Myrtenöl, aus den Blättern von Myrtus com-
munis gewonnen, wurde vor längerer Zeit von französischen
Aerzten (Linarix und Delioux de Savignac) als Desinficiens
und Antisepticum empfohlen und in Pariser Krankenhäusern bei
Erkrankungen der Athmungsorgane und der Harnblase, sowie in
Form von Einreibungen gegen Rheumatismus mit gutem Erfolge angewendet.

Neuerdings ist unter dem Namen Myrtol ein rectificirtes Myrtenöl wiederum von Frankreich her empfohlen worden und hat auch in Deutschland Beachtung gefunden. Dieses französische Myrtol ist jedoch kein einheitlicher Körper, vielmehr ist unter diesem Namen der zwischen 160 und 170° siedende Antheil des ätherischen Myrtenöles zu verstehen.

E. Jahns hat sowohl dieses Myrtol als auch das ätherische Myrtenöl untersucht und gefunden, dass das letztere aus Rechts-Pinen $C_{10} H_{16}$, Eucalyptol (= Cajeputol oder Cineol) $C_{10} H_{18} O$ und einem Kampher, wahrscheinlich der Formel $C_{10} H_{16} O$ besteht.

Das sog. „Myrtol" ist nach E. Jahns ein Gemenge von Rechts-Pinen und Eucalyptol und wäre zweckmässiger als „rectificirtes Myrtenöl" zu bezeichnen. Da nun die heilkräftigen Eigenschaften des Myrtols zweifellos auf seinem Gehalte an Eucalyptol beruhen, so empfiehlt Jahns, an Stelle des in seinen Mischungsverhältnissen stets wechselnden Myrtols das reine Eucalyptol arzneilich zu verwenden. Sollte aus irgend einem Grunde die gleichzeitige Anwendung eines Terpens angezeigt sein, so hat es der Arzt in der Hand, durch Vermischen des Eucalyptols mit rectificirtem Terpentinöl in beliebigem Verhältniss ein dem Myrtol identisches Gemenge zu verordnen.

Aufbewahrung. Vor Licht geschützt unter den indifferenten Arzneistoffen.

Anwendung. Nach Eichhorst lässt sich das Myrtol erfolgreich benutzen als Desinficiens und Desodorans bei putrider Bronchitis und Lungengangrän. Er giebt zweistündlich 2—3 Gelatinecapseln zu 0,15 gr Myrtol; nach grösseren Dosen folgt leicht Störung des Appetites. Der üble Geruch der Exspirationsluft und des Auswurfes schwindet sehr schnell, der Auswurf nimmt an Menge ab und es sollen sogar schon Heilungen beobachtet worden sein. Gegen Tuberkelbacillen indessen ist das Myrtol unwirksam.

Apiolum album crystallisatum.

Petersilien-Kampher.

$C_{12} H_{14} O_4.$

Die Früchte der Petersilie (von Petroselinum sativum) enthalten ausser einem Apiin genannten Glycosid der Zusammensetzung $C_{27} H_{32} O_{16}$ etwa 1,0—2,5 % eines flüchtigen ätherischen Oeles, welches aus einem zwischen 160 und 170° siedenden, noch nicht näher

bekannten Terpen und einem festen, gut krystallisirenden Stearopten (Camphen), dem Petersilien-Kampher oder Apiol $C_{12}H_{14}O_4$,
besteht.

Darstellung. Man zieht die zerkleinerten Petersiliensamen mit Alkohol
bis zur Erschöpfung aus, destillirt den Alkohol ab und behandelt den
Rückstand mit Aether, wobei Apiol in Lösung geht und nach dem Verdunsten des Aethers in Krystallen gewonnen wird, welche durch Umkrystallisiren aus Aether in reinem Zustande erhalten werden.

Eigenschaften. Das Apiol bildet lange weisse Nadeln von schwachem Petersiliengeruch, welche bei + 32⁰ C. schmelzen und bei etwa
294⁰ C. unzersetzt destilliren. In Wasser ist es nahezu unlöslich,
leicht löslich dagegen ist es in Alkohol und in Aether, sowie in fetten
und in ätherischen Oelen. In conc. Schwefelsäure löst es sich bei
geringem Erwärmen mit purpurrother Farbe auf (characteristische
Reaction!), von wässerigen Alkalien (Kalilauge, Natronlauge) wird es
nicht verändert, beim Erwärmen mit Salpetersäure wird es zu Oxalsäure oxydirt. Beim längerem Kochen mit alkoholischer Kalilauge
entsteht das isomere **Isapiol** $C_{12}H_{14}O_4$ Schmelzp. 55—56⁰. Die
nähere Zusammensetzung des Apiols lässt sich nach **Ciamician** und
Silber durch die Formel

$$C_6 H < \!\!\!\begin{array}{c} O \\ O \end{array}\!\!\! > CH_2$$
$$(OCH_3)_2$$
$$C_3 H_5$$

ausdrücken.

Prüfung. Der schwache Petersiliengeruch des krystallisirten Präparates, sowie die Unlöslichkeit in Wasser und die angeführte Färbung mit conc. Schwefelsäure bieten genügende Anhaltspunkte für
die Erkennung des Präparates. Die Reinheit ergiebt sich aus dem
bei + 32⁰ liegenden Schmelzpunkt, der völligen Löslichkeit in Alkohol und in Aether und daraus, dass es beim Erhitzen auf dem
Platinblech, ohne einen Rückstand zu hinlassen, mit leuchtender
Flamme verbrennt.

Aufbewahrung. Das Apiol werde in gut verschlossenen Gefässen
unter den indifferenten Mitteln aufbewahrt.

Anwendung. Das Apiol wird besonders in Frankreich gegen Wechsel-
fieber häufig verordnet und dort als ein Surrogat des Chinins betrachtet.
Auch bei Dysmenorrhoë (Menstruat.-Beschwerden) soll es gute Dienste
leisten. Die Verordnung erfolgt in Dosen von 0,25 gr.

Grössere Gaben, von 2—4 gr, rufen, ähnlich wie Chinin, eine Art
Trunkenheit, Störungen des Sehvermögens, Schwindel, Ohrensausen, Uebel-
keit u. s. w. hervor.

Nicht zu verwechseln mit diesem Apiolum alb. cryst. ist ein früher als Apiolum ebenfalls in Frankreich viel gebrauchtes Präparat, welches durch Verdunsten eines alkoholischen Auszuges der Petersiliensamen und nachfolgende Reinigung des Rückstandes in Form einer öligen Flüssigkeit erhalten wurde. Dieses flüssige Apiol ist ein Gemenge des krystall. Apiols mit dem noch nicht näher bekannten Terpen des Petersilienöles und wurde in Dosen bis zu 1,0 gr gegeben. Es empfiehlt sich daher, den krystallisirten Petersilienkampher ausdrücklich als Apiolum album cryst. zu bezeichnen.

Helenin.

Alant-Kampher.

$C_6 H_{10} O$ oder $C_6 H_8 O$ (?).

Die Alantwurzel (von Inula Helenium) enthält neben Inulin, wachs- und harzartigen Substanzen, Extractivstoffen und Proteïnsubstanzen ein Alantol genanntes flüssiges Stearopten der Zusammensetzung $C_{10} H_{16} O$, das in farblosen Nadeln krystallisirende Alantsäureanhydrid $C_{15} H_{20} O$ und ein festes, Helenin genanntes Stearopten, für welches von Kallen die Formel $C_6 H_8 O$ aufgestellt wurde, dessen Zusammensetzung aber wahrscheinlieh der Formel $C_6 H_{10} O$ entspricht.

Darstellung. Zerkleinerte frische Alantwurzeln werden mit 80 procentigem Alkohol ausgekocht. Man filtrirt den Auszug, erhitzt das Filtrat und versetzt es mit 3—4facher Menge kalten Wassers, worauf das Helenin innerhalb 24 Stunden in weissen Nadeln anschiesst, welche durch Umkrystallisiren aus verdünntem Alkohol gereinigt werden. — Man kann auch die Wurzeln mit Wasserdämpfen destilliren; das Helenin geht dann in das Destillat über und scheidet sich in demselben entweder direct in krystallisirtem Zustande oder aber in Form eines bald erstarrenden Oeles ab.

Eigenschaften. Das Helenin bildet in reinem Zustande farblose und geruchlose Krystallnadeln, welche auf Lackmusfarbstoff ohne Einwirkung sind; in Wasser ist es nahezu unlöslich, leicht löslich dagegen in heissem Alkohol, in Aether, sowie in fetten und in ätherischen Oelen. Der Schmelzpunkt der reinen Verbindung liegt bei 68—70° (Merck).

Mit Wasserdämpfen ist es unzersetzt flüchtig, beim Erhitzen für sich allein dagegen zersetzt es sich theilweise und siedet unter partieller Zersetzung zwischen 275—280° C. Mässig verdünnte Salpetersäure löst das Helenin in der Kälte auf, ohne es zu zersetzen, heisse Salpetersäure aber oder kalte rauchende Salpetersäure verwandeln es in **Nitrohelenin**, welches als gelbe amorphe Masse durch Wasser gefällt wird. Wässerige, alkoholische, ätzende Alkalien sind auf das Helenin ohne Einwirkung. Von conc. Schwefelsäure wird es mit rother Farbe gelöst; setzt man dieser Lösung unmittelbar wieder Wasser zu, so wird das Helenin der Hauptmenge nach wieder unverändert abgeschieden (characteristisch). Rauchende Schwefelsäure bildet mit Helenin unter Abscheidung harziger Producte Heleninschwefelsäure. Dem polarisirten Lichte gegenüber erweist sich das Helenin als stark rechts drehend (r⁰).

Prüfung. Zum Identitätsnachweise dürften die völlige Geruchlosigkeit und die Bestimmung des Schmelzpunktes, das Verhalten gegen conc. Schwefelsäure und die Unlöslichkeit in Wasser genügen. Die Reinheit des Präparates ergiebt sich aus dem zutreffenden Schmelzpunkt (68—70°), der vollständigen Flüchtigkeit beim Erhitzen auf dem Platinblech und der klaren Löslichkeit in Alkohol und in Aether.

Aufbewahrung. Dieselbe erfolgt in gut verschlossenen Gefässen unter den indifferenten Mitteln.

Anwendung. Das Helenin wird neuerdings als ein ausgezeichnetes Antisepticum empfohlen, welches bei kräftiger Wirkung den Vorzug vollständiger Geruchlosigkeit besitzt. Es ist vorläufig bei Malaria, Tuberculose, catarrhalischen Diarrhöen, Keuchhusten, chronischer Bronchitis mit Erfolg angewendet worden. Bezüglich seiner antiseptischen Eigenschaften wird angegeben, dass es noch in einer Verdünnung von 1 : 10 000 Th. Urin vor Fäulniss zu schützen im Stande ist, dass es ferner den Mikroben der Tuberculose zu tödten vermag. Dosis: 0,01 gr Helenin 10 mal pro die in Pulvern oder in alkoholischer Lösung.

Nicht zu verwechseln mit diesem krystallisirten Helenin ist ein unter dem Namen „**Hélénol du Dr. Korab**" in Frankreich gebräuchliches Präparat. Dieses letztere ist wahrscheinlich eine alkoholische Lösung (1 : 5) des krystallisirten Helenins. Die Dosis desselben ist 3 mal täglich 5 Tropfen.

Als **Helenin de Korab** wurden im Jahre 1884 von der **Pharmacie Chapès** in Paris gefüllte Gelatinekapseln in den Handel gebracht, deren Inhalt sich nach **Th. Lehmann's** Untersuchungen als reines Alantwurzelpulver herausstellte. Der Preis stand zum wirklichen Werthe natürlich in keinem Verhältnisse.

Nach **Marpmann** kommen von den Bestandtheilen der Alantwurzel dem Alantol und der Alantsäure bez. dem Alantsäureanhydrid antibacterielle und antiseptische Eigenschaften in höherem Grade zu als dem Helenin.

e) Substanzen unbestimmter Zusammensetzung.

Arbutinum.

Arbutin.

$$C_{12} H_{16} O_7 \, (?) + \tfrac{1}{2} H_2 O.$$

Dieser zur Gruppe der Glycoside gehörige Körper wurde 1852 zuerst von Kavalier in den Blättern der Bärentraube (Arctostaphylos offic. Wimmer seu Arbutus Uva Ursi L.) gefunden. Später wiesen es Zwenger und Himmelmann auch im Wintergrün (Chimaphila umbellata Nutt. seu Pyrola umbellata L.), wies es Maisch in Calluna vulgaris, Ledum palustre, Vaccinium, Epigaea, Gaultheria nach, so dass die Verbreitung dieser Verbindung keine sehr beschränkte zu sein scheint. Auch der früher als „Vaccinin" bezeichnete Bitterstoff von Vaccinium vitis idaea ist mit dem Arbutin identisch. — Die Gewinnung des Arbutins erfolgt zur Zeit noch auschliesslich aus den Bärentraubenblättern (Folia Uvae Ursi), in welchen es wohl auch relativ am reichlichsten vorhanden ist.

Die trocknen Blätter der Bärentraube enthalten in 100 Theilen etwa: 3,5 Arbutin, wechselnde Mengen Urson $C_{10} H_{16} O$ (?), 16 eisengrünenden und 18 eisenblaufärbenden Gerbstoff, 6 Gallussäure, 10 zuckerhaltigen Extractivstoff, 11 gummiartige Substanzen, 3 Harz, 2 wachsartigen Stoff, 5 Kalkverbindungen, 3 organische Säuren, 17 Faser, 6 Feuchtigkeit und Spuren flüchtigen ätherischen Oeles. Aus dieser Musterkarte gilt es nun das Arbutin zu isoliren.

Darstellung. Die zerkleinerten Blätter werden zunächst mit kaltem Wasser macerirt, dann mehrere Male mit Wasser ausgekocht. Die vereinigten Auszüge werden durch Absetzenlassen geklärt, hierauf colirt und nun in der Kälte mit basischem Bleiacetat (Liquor Plumbi subacetici) so lange versetzt, als das klare Filtrat durch einen weiteren Zusatz von Bleiessig nach Verlauf von 10—15 Minuten noch einen deutlichen Niederschlag zeigt. Ist dieses nicht mehr der Fall, so lässt man die Flüssigkeit gut absetzen, zieht die über dem voluminösen Niederschlage stehenden flüssigen Antheile ab, filtrirt dieselben und leitet in das klare, mässig erwärmte Filtrat Schwefelwasserstoff im Ueberschuss ein. Die vom gebildeten Schwefelblei abfiltrirte Flüssigkeit liefert nach dem Eindampfen bis zu einem gewissen Concentrationsgrade Krystalle von unreinem Arbutin, welche meist schon durch einmaliges Umkrystallisiren aus siedendem Wasser unter Zusatz von frisch geglühter Thierkohle rein erhalten werden. — Der

Mechanismus der Methode ist ein sehr einfacher. Durch das Ausziehen mit Wasser gehen ausser Arbutin noch eine Reihe von Extractivstoffen, auch die Gerbsäuren, in Lösung, welche das Arbutin am Krystallisiren verhindern würden. Diese störenden Stoffe fällt man durch Zusatz von Bleiessig als unlösliche Verbindungen, so dass nach dem Entbleien der Lösung durch Schwefelwasserstoff eine nur wenig verunreinigte Arbutinlösung resultirt, welche der Krystallisation keine Schwierigkeiten entgegensetzt. Wesentlich für die Darstellung ist, dass während der ganzen Dauer der Abscheidung Zusatz von Mineralsäuren vermieden wird, welche eine Spaltung des Arbutins herbeiführen würden.

Eigenschaften. Das Arbutin krystallisirt aus Wasser in langen, farblosen, seidenglänzenden Krystallnadeln ohne Geruch mit 2 Mol. Krystallwasser (Zwenger und Himmelmann), von denen beim Trocknen an der Luft $1^1/_2$ Mol. entweichen, so dass dem völlig lufttrocknen Präparate die Zusammensetzung $C_{12}H_{16}O_7 + ^1/_2 H_2O$ zukommt. Durch Trocknen bei 100^0 entweicht auch dieses halbe Molecül Krystallwasser, es hinterbleibt alsdann das wasserfreie Arbutin. Das lufttrockne Präparat schmilzt in reinem Zustande bei 170^0 C., das völlig wasserfreie — d. h. bei 100^0 C. getrocknete — bei $144—146^0$ zu einer farblosen Flüssigkeit, welche beim Erkalten zu einer amorphen Masse erstarrt. Zum medicinischen Gebrauche wird das lufttrockne, der Zusammensetzung $C_{12}H_{16}O_7 + ^1/_2 H_2O$ entsprechende Präparat herangezogen.

Es löst sich in etwa 8 Th. kaltem oder in 1 Th. siedendem Wasser, auch in 16 Th. Alkohol, während es in Aether so gut wie unlöslich ist. Die wässerige Lösung (auch die alkoholische) schmeckt bitter und reagirt neutral und zeigt Reagentien gegenüber ziemliche Beständigkeit.

Sie wird zwar von kleinen Mengen Eisenchloridlösung blau, durch grössere Mengen grün gefärbt, es rufen in ihr aber bei gewöhnlicher Temperatur weder Säuren, noch Alkalien, noch auch Metallsalze Fällungen hervor, auch bewirkt sie in Fehling'scher Lösung selbst beim Erwärmen keine Ausscheidung von rothem Kupferoxydul. Alle diese Verhältnisse ändern sich mit einem Schlage, wenn die Lösung mit verdünnten Mineralsäuren, z. B. verdünnter Schwefelsäure, erhitzt wird, es tritt dann der Glycosidcharacter des Arbutin auf das Deutlichste zur Erscheinung.

Unter Glycosiden verstehen wir bekanntlich Substanzen, welche durch Einwirkung von Fermenten oder verdünnten (Mineral-) Säuren in Zucker (meist Glycose) und in gewisse andere Bestandtheile gespalten werden. Das Arbutin nun ist ein solches Glycosid und

wird beim Erwärmen mit verdünnten Säuren sehr leicht und zwar
unter Aufnahme von Wasser in Zucker und Hydrochinon gespalten.

$$C_{12}H_{16}O_7 + H_2O = C_6H_{12}O_6 + C_6H_6O_2$$
$$\text{Arbutin} \qquad\qquad \text{Zucker} \qquad \text{Hydrochinon.}$$

Diese Zersetzung wurde schon von Kavalier beobachtet; derselbe nannte den neben Zucker auftretenden Körper „Arctuvin".
Es ist indessen später nachgewiesen worden, dass dieses Arctuvin
identisch mit Hydrochinon ist. Auf diesen Spaltungsvorgang sind
nun eine Reihe von Reactionen zurückzuführen, welche demnächst
besprochen werden sollen, in denen wir die Eigenschaften des
Hydrochinons und des Zuckers unschwer wieder erkennen werden,
da beide Substanzen ganz hervorragende Reductionsmittel sind. Nicht
unbemerkt darf es bleiben, dass bei der Spaltung einiger Arbutin-
präparate nicht blos das Auftreten von Hydrochinon und Zucker,
sondern auch dasjenige von Methylhydrochinon $C_6H_3(CH_3)(OH_2)$
beobachtet worden ist, so dass wahrscheinlich gewisse Sorten von
Arbutin Gemenge von Arbutin $C_{12}H_{16}O_7$ und Methylarbutin
$C_{12}H_{15}(CH_3)O_7$ sind. Der Schmelzpunkt des letzteren wird zu
188⁰ C. angegeben.

Prüfung. Die wässerige Lösung (1 : 20) gebe mit wenig Eisenchlorid versetzt eine blaue, auf Zusatz von mehr Eisenchlorid eine
grüne Färbung (Identität). — Wird 1 Th. Arbutin mit einer Mischung
von 2 Th. Schwefelsäure, 1 Th. Wasser und 8 Th. Braunsteinpulver
erhitzt, so tritt ein durchdringender, chlorähnlicher Geruch auf. (Identität). Die Reaction beruht darauf, dass zunächst durch Einwirkung
der Säure Hydrochinon gebildet wird, welches durch Oxydation in
das characteristisch riechende Chinon $C_6H_4O_2$ verwandelt wird.
(s. S. 158). Wurde die wässerige Lösung mit einigen Tropfen verdünnter Schwefelsäure erhitzt, so bringt sie alsdann in ammoniakalischer Silberlösung Ausscheidung von schwarzem metallischen Silber
(die Reduction wird durch das entstandene Hydrochinon bewirkt),
in Fehling'scher Lösung Ausscheidung von rothem Kupferoxydul
hervor (die Reduction erfolgt hier sowohl durch den gebildeten
Zucker, als auch durch das Hydrochinon). — In conc. Schwefelsäure löst sich das Arbutin zunächst ohne Färbung auf, die Lösung
färbt sich indessen nach kurzer Zeit röthlich, weil Spaltung der
Verbindung erfolgt. Die Reinheit des Arbutins ergiebt sich aus
seinem farblosen Aussehen, ferner daraus, dass das lufttrockne

Präparat zwischen 167—168° C. schmilzt. (Doch sind hier Abweichungen um einige Grade zulässig). — Würde es sich in conc. Schwefelsäure unter sofortiger Färbung auflösen, so könnte es durch Zucker verunreinigt sein. — Die 5procentige Lösung werde durch Schwefelwasserstoff nicht verändert (Metalle, namentlich Blei, von der Darstellung herrührend).

Aufbewahrung. Es werde in gut verschlossenen Gefässen in der Reihe der indifferenten Substanzen aufbewahrt.

Anwendung. Das Arbutin wird in Dosen bis zu 5 gr pro die innerlich gegen Blasencatarrhe und Nierenaffectionen gegeben und soll sich in vielen Fällen vortrefflich bewährt haben. Die Wirkung ist wohl darauf zurückzuführen, dass dasselbe im Organismus in Zucker und Hydrochinon zerfällt. Dass ihm die üblen Nebenwirkungen des Hydrochinons fehlen, rührt nach Lewin daher, dass das in Freiheit gesetzte Hydrochinon in die Aetherschwefelsäure verwandelt wird. Ein Theil des Arbutins scheint jedoch den Organismus unverändert zu passiren, wenigstens giebt der Urin nach Gebrauch von Arbutin mit Eisenchlorid deutliche Blaufärbung.

<table>
<tr><td>Rp.</td><td>Arbutini</td><td>1,0</td><td></td><td>Rp.</td><td>Arbutini</td><td>10,</td></tr>
<tr><td></td><td>Sacchari</td><td>0,5</td><td></td><td></td><td>Aq. destillat.</td><td>200.</td></tr>
<tr><td>M. f.</td><td colspan="2">plv. Dos. tal. X.</td><td></td><td colspan="3">D. S. 2 stündlich 1 Ess-</td></tr>
<tr><td>S.</td><td colspan="2">3—4 Mal täglich</td><td></td><td colspan="3">löffel.</td></tr>
<tr><td></td><td colspan="2">1 Pulver.</td><td></td><td></td><td></td><td></td></tr>
</table>

Agaricinum.

Agaricin. Agaricinsäure. Agaricussäure.

$$C_{16} H_{30} O_5 . H_2 O.$$

Unter dem Namen „Agaricin" wird ein bestimmter Bestandtheil des Lärchenschwammes, des Fruchtkörpers von Polyporus officinalis Fries, seu Agaricus albus, seu Boletus laricis verstanden.

Der Lärchenschwamm ist wiederholt der Gegenstand chemischer Untersuchungen gewesen, ohne dass die älteren derselben zu wirklich abschliessenden Resultaten geführt hätten. Bisher wurden namentlich drei Substanzen als in ihm vorhanden angesehen: die Agaricinsäure von Fleury, das Agaricin von Schoenbrodt und ein indifferenter Körper, das Agaricoresin. E. Jahns stellte später (1883) fest, dass die Agaricinsäure Fleury's und das Agaricin Schoenbrodt's identische Substanzen seien, und isolirte noch einige andere Körper in reinem Zustande. Neuerdings hat J. Schmieder sich mit diesem Gegenstande eingehender befasst und giebt als Bestandtheile des Lärchenschwamms folgende an: Weichharz $C_{15} H_{20} O_4$, Agaricol $C_{10} H_{16} O$, Cholesterin $C_{26} H_{44} O . H_2 O$, Cetylalkohol $C_{16} H_{34} O$, verschiedene Kohlenwasserstoffe und feste Säuren, vier als α, β, γ und δ unterschiedene Harze, stickstoffhaltige Substanz, wahrscheinlich Eiweiss und Cellulose. Aus dem β-Harz wurde von ihm diejenige Substanz in reinem Zustande abgeschieden, welche uns hier als Agaricin beschäftigt.

Darstellung. Wird der gepulverte Lärchenschwamm mit Alkohol bis zur Erschöpfung extrahirt, so gehen eine Anzahl (4) von Harzen in Lösung. Concentrirt man die alkoholischen Auszüge, so scheiden sich beim Erkalten weisse Harze aus, während rothe Harze in Lösung bleiben. Die weisse Harzmasse enthält das Agaricin, welches durch Behandeln derselben mit 60 procentigem warmen Alkohol in ziemlich reinem Zustande ausgezogen werden kann. Um es vollkommen zu reinigen, wird es durch Erwärmen in heissem Alkohol gelöst und mit einer Lösung von Kalihydrat in Alkohol versetzt. Das α-Harz bildet nun ein in Alkohol lösliches Kalisalz, das γ-Harz bildet gar kein Salz, das Kalisalz des β-Harzes dagegen ist in absolutem Alkohol vollkommen unlöslich. — Man filtrirt also nach einiger Zeit ab, wobei das α-Harz in das Filtrat geht, löst den Rückstand in Wasser und filtrirt wiederum, wobei das γ-Harz zurückbleibt, und versetzt das Filtrat mit Chlorbaryum. Es bildet sich nun das unlösliche Baryumsalz (der Agaricussäure), welches mit 30 procentigem Alkohol erhitzt und in siedendheisser Lösung mit verdünnter Schwefelsäure zersetzt wird. Das Filtrat scheidet noch heiss die gutkrystallisirte Verbindung aus, welche durch Umkrystallisiren aus 30 procentigem Alkohol ganz rein erhalten wird.

Eigenschaften. In reinem Zustande bildet das Agaricin ein weisses, seidenglänzendes Krystallmehl von schwachem Geruch und Geschmack, welches sich unter dem Mikroskop aus vierseitigen Blättchen bestehend zu erkennen giebt. Aus heissem Chloroform krystallisirt es in mit blossen Augen sichtbaren Prismen. Der Schmelzpunkt liegt bei etwa 140^0 C. In Wasser ist es nur wenig löslich, doch ertheilt es dem Wasser deutlich saure Reaction. Beim Erhitzen mit Wasser löst es sich langsam unter Aufquellen zu einer schleimigen, stark schäumenden Flüssigkeit, aus welcher es sich beim Erkalten wieder krystallisirt abscheidet. Es löst sich in etwa 130 Th. kaltem, 10 Th. heissem Weingeist, noch leichter in heisser Essigsäure, wenig in Aether, kaum in Chloroform. Aetzende Alkalien (Kali-. oder Natronlauge) nehmen es zu einer beim Schütteln stark schäumenden Flüssigkeit auf.

Die Zusammensetzung der Verbindung ist gegenwärtig mit hinreichender Sicherheit zu $C_{16} H_{30} O_5 . H_2 O$ festgestellt. Durch Trocknen bei 80^0 C., auch schon beim Aufbewahren über Schwefelsäure wird das 1 Mol. Krystallwasser abgespalten. Bei höherer Temperatur als 80° C. wird ausserdem noch intramolecular Wasser abgegeben.

In chemischer Beziehung ist das Agaricin eine Säure, weshalb ihm zweckmässiger der Name Agaricinsäure beigelegt werden sollte. Dieselbe besitzt zwei Carboxylgruppen, ist also eine zweibasische Säure. Ihre Constitution wird durch nachstehende Formel ausgedrückt:

$$C_{14} H_{27} (OH) {\displaystyle {<}{COOH \atop COOH}} + H_2 O.$$

Von den Salzen ist das Kaliumsalz das wichtigste, welches durch vollkommene Unlöslichkeit in absolutem Alkohol characterisirt ist.

Prüfung. 0,1 gr Agaricin in 15 ccm absolutem Alkohol gelöst und mit einigen Tropfen alkoholischer Kalilösung versetzt, geben einen weissen Niederschlag, der in Wasser vollkommen löslich ist (Identität, Abwesenheit von anderen Harzen).

0,1 gr auf dem Platinblech erhitzt, verbrennen, ohne einen Rückstand zu hinterlassen.

Aufbewahrung. In gut verschlossenen Gefässen vorsichtig.

Anwendung. Das Agaricin ist der Träger der schweissbeschränkenden Wirkung des Lärchenschwammes, ohne — falls es frei von anderen Harzen ist — dessen purgirende Eigenschaften zu besitzen. Man giebt es in Dosen von 0,005—0,01 am besten in Pillen mit Plv. Doweri namentlich gegen die profusen Schweisse der Phthisiker, auch die durch gewisse Medicamente (Antipyrin) erzeugten Schweisse. Die Wirkung tritt erst nach 5—6 Stunden in vollem Maasse ein. Subcutane Injectionen sind schmerzhaft.

Rp.	Agaricini	0,5	Rp.	Agaricini	0,05
	Pulv. Doweri	7,5		Spiritus	4,5
	Rad. Althaeae pulv.			Glycerini	5,5
	Mucil. Gummi arabici a͡a q. s.			Solve.	
	ut fiant pilulae 100.		S.	zur subcutanen Injection.	
S.	Abends 1—3 Pillen.			Dosis 1 Spritze.	

Nicht zu verwechseln mit Agaricin ist das Agarythrin, ein 1881 von Phipson aus dem Agaricus ruber dargestelltes Alkaloid, welches intensiv giftig wirkt!

Kalium cantharidinicum.

Cantharidinsaures Kalium. Kaliumcantharidat.

Diese schon länger bekannte Verbindung wurde 1891 von O. Liebreich gegen einige Formen der Tuberculose empfohlen.

Darstellung. 0,2 gr Cantharidin und 0,4 gr Kalihydrat — beide genau gewogen — werden in einem 1 Liter-Kolben mit Marke mit 20 ccm Wasser im Wasserbade erwärmt, bis klare Lösung erfolgt ist. Alsdann fügt man unter fortdauernder Erwärmung allmälig Wasser bis ungefähr zur Marke zu, mischt gut durch und füllt nach dem Erkalten mit Wasser bis zur Marke auf. Die völlig erkaltete Lösung wird filtrirt. (Liebreich.)

Eigenschaften. Das in verschiedenen Blasenkäfern (s. den Commentar zum deutschen Arzneibuche von Hager-Fischer-Hartwich I. 420), ferner auch in dem früher gegen die Hundswuth benutzten Maiwurm (*Meloë majalis*) enthaltene Cantharidin $C_{10} H_{12} O_4$ hat die Eigenschaften eines Säureanhydrides. Das diesem Anhydrid entsprechende Hydrat, $C_{10} H_{14} O_5$

$$C_8 H_{12} O < {CO \atop CO} > O \qquad\qquad C_8 H_{12} O < {COOH \atop COOH}$$
$$\text{Cantharidin} \qquad\qquad\qquad \text{Cantharidinsäure}$$

die hypothetische Cantharidinsäure, ist in freiem Zustande nicht bekannt, dagegen kennt man Salze, welche sich von ihr ableiten lassen. Das Kalium-Salz z. B. entsteht durch Auflösen von Cantharidin in Kalilauge:

$$C_8 H_{12} O \, {COO \atop CO} \, + \, {K \atop O} \, \underline{H + HO \cdot K} \, = \, H_2 O \, + \, C_8 H_{12} O < {CO\,OK \atop CO\,OK}$$
$$\text{Kaliumcantharidat.}$$

Das Kaliumcantharidat kann krystallisirt erhalten werden und hat die Formel $C_{10} H_{12} K_2 O_5 + 3 H_2 O$ und löst sich in etwa 25 Th. Wasser auf. Auf Zusatz von stärkeren Säuren zu dieser Lösung fällt nicht, wie man erwarten sollte, Cantharidinsäure, sondern Cantharidin aus.

Die vorstehend angegebene Vorschrift geht nun nicht von dem krystallisirten Kaliumcantharidat aus, sondern mit Rücksicht auf die Dosirung vom Cantharidin. 1 ccm obiger Lösung enthält 0,0002 gr Cantharidin in der Form des Kalium-Salzes.

Aufbewahrung. Vorsichtig. Subcutane Injectionen obiger Lösung wurden von Liebreich zur Bekämpfung einiger Formen von Tuberculose empfohlen. Eine Heilwirkung ist bisher beobachtet worden bei Hautkrankheiten (Psoriasis, Lepra), Kehlkopftuberculose, Diphtherie.

Für die practische Anwendung ist genaue Individualisirung erforderlich; kräftige Personen erhalten 0,0002—0,0003 gr Cantharidin (als Kalium-Salz), schwächere 0,0001 gr, Kinder von 4 Jahren 0,000025 gr. Die Injection darf nicht täglich gemacht werden. Vor jeder Injection ist der Harn auf Eiweiss zu prüfen. Bei bestehender Nephritis ist von Einspritzungen Abstand zu nehmen. Während der Kur ist für kräftige Diät Sorge zu tragen.

Vorsichtig aufzubewahren.

Cannabis-Präparate.

Der in Europa cultivirte Hanf, *Cannabis sativa,* (fam. Urticaceae) ist eine aus Ostindien stammende Pflanze, welche bei uns ihrer ölreichen Samen und ihrer Bastfasern wegen angebaut wird.

Eine Varietät dieser Pflanze, *Cannabis sativa indica*, indischer Hanf, Bangh, Gunjah, Guaza, ist in Indien einheimisch und wird dort, sowie in anderen tropischen Ländern (Persien, Arabien) cultivirt. Systematisch ist sie von der bei uns angebauten Varietät kaum verschieden, dagegen characterisirt sich die indische Varietät ausserordentlich scharf durch die in ihr enthaltenen, eigenthümlich wirkenden Bestandtheile. — Die kurz vor Beginn der Fruchtreife gesammelten Zweigspitzen der weiblichen Pflanzen, deren Inflorescenzen durch ein harzartiges Secret förmlich verklebt erscheinen, werden in den Productionsländern zu eigenthümlichen anregenden Präparaten verarbeitet, welche man mit einem Collectivnamen als „Hachish" (Haschisch) zu bezeichnen pflegt. Die Bereitung des letzteren geschieht entweder in der Weise, dass die getrockneten Zweigspitzen mit indifferenten Zusätzen für sich allein, oder aber mit Tabak oder mit Opium oder mit beiden zugleich zu Pasten verarbeitet werden.

Die Materia medica bediente sich bisher des Cannabiskrautes in zwei Formen, nämlich als *Tinctura Cannabis indicae* und als *Extr. Cannabis indicae.*

Um die Eigenthümlichkeiten der neuerdings in Aufnahme gelangten Cannabis-Präparate leichter überblicken zu können, wird es sich empfehlen, zunächst eine Uebersicht der in dem Cannabiskraute enthaltenen Substanzen zu geben.

Das Cannabiskraut enthält etwa $0,3\%$ eines characteristisch riechenden **ätherischen Oeles**, welches nach Personne aus Cannaben $C_{18}H_{20}$ und Cannabenwasserstoff $C_{18}H_{22}$ bestehen soll, ein **braunes Weichharz** (Cannabinon) ein **Cannabin** [auch Haschischin] genanntes Glycosid, welches schlaferregende Wirkung besitzt, **Harzsäuren** ohne physiologische Wirkung, **Chlorophyll**, **Hanföl**, herrührend von den anhängenden, eingeklebten Früchten, deren gänzliche Entfernung unmöglich ist. Ferner ein **Tetanin**[1] (Tetano-

---

[1] Nach Jahns existirt Tetanin nicht.

Cannabin) genanntes Alkaloïd, dessen Zusammensetzung nicht näher bekannt ist, welches aber dem Strychnin ähnliche Wirkung besitzen soll. Ausserdem eine eigenthümliche krystallisirende Säure, die Hanfsäure, endlich Gerbsäure, wässerige Extractivstoffe, mineralische Salze.

Diese Stoffe sind in der Tinctura Cannabis indicae sowohl, wie in dem Extractum Cannabis indicae zum Theil wenigstens enthalten, woraus sich leicht erklärt, dass diese Formen besonders geschätzte Arzneimittel nicht werden konnten, umsomehr, als der Gehalt der einzelnen Substanzen in den Rohmaterialien ein stets schwankender ist. Erst der Neuzeit war es vorbehalten, in dieses Gemenge stark wirkender Substanzen, welches ein ausgezeichnetes Analogon des Opiums darstellt, einiges System hineinzubringen.

Cannabinum tannicum. Unter diesem Namen wird von E. Merck ein Cannabis-Präparat in den Handel gebracht, welches im Wesentlichen eine Verbindung des im indischen Hanfe enthaltenen Glycosides Cannabin mit Gerbsäure ist. Die genauere Darstellung entzieht sich der Oeffentlichkeit, die Reindarstellung soll sehr schwierig sein. Immerhin aber wird man nicht fehlgehen anzunehmen, dass die Gewinnung etwa in nachstehender Weise erfolgt:

Das durch Destillation vom giftigen ätherischen Oel befreite Kraut wird mit Wasser extrahirt und die Auszüge mit neutralem Bleiacetat versetzt, wodurch die vorhandenen Gerbsäuren als Bleitannate abgeschieden werden. Hierauf fügt man basische Bleiacetatlösung zu (Liq. Plumbi subacet.), worauf die Glycoside als unlösliche Bleiverbindungen niedergeschlagen werden, welche durch Behandeln mit Schwefelwasserstoff entbleit und nach wiederholter Reinigung an Gerbsäure gebunden werden. Wahrscheinlich enthalten die als Cannabium tannicum bezeichneten Präparate nicht ein einheitliches, sondern mehrere Glycoside. Wichtig indessen ist, dass in ihnen das energisch wirkende Alkaloïd Tetanin abwesend ist.

Eigenschaften. Das Cannabinum tannicum ist ein amorphes, gelblich oder bräunlich graues Pulver von sehr schwachem Hanfgeruch und etwas bitterem, stark zusammenziehendem Geschmack, welches, auf Platinblech erhitzt, unter starkem Aufblähen und Hinterlassung nur geringer Spuren weisser Asche verbrennt, sich in Wasser, Weingeist und Aether nur wenig löst, dagegen von mit Salzsäure angesäuertem Wasser in der Wärme und von ebenso angesäuertem Weingeist schon in der Kälte ziemlich leicht aufgenommen wird. Wenn man 0,01 gr des Präparates mit 5 ccm Wasser und 1 Tropfen Eisenchloridlösung zusammenschüttelt, so entsteht eine schwarzblaue Mischung (gerbsaures Eisen). Die Lösung in sehr verdünnter erwärmter Salzsäure liefert nach dem völligen Erkalten ein Filtrat, welches durch Alkalien weisslich gefällt, durch Jodlösung braun getrübt wird. (Cannabin.) Mit Natronlauge und Aether geschüttelt[1]) giebt das Präparat an letzteren eine bei dessen freiwilliger Verdunstung zurückbleibende Substanz von narcotischem Geruch und alkalischer Reaction ab (freies Cannabin).

Prüfung. Das Cannabintannat darf nicht stark betäubend riechen (giftiges äth. Cannabis-Oel), beim Verbrennen auf Platinblech höchstens 0,1 % Rückstand hinterlassen und muss sich in 10 Th. eines mit 10 % Salzsäure angesäuerten Weingeistes ohne Rückstand auflösen.

Aufbewahrung. In wohl verschlossenen Gefässen vorsichtig.

Anwendung. Das Cannabinum tannicum wird in Dosen von 0,25 bis 0,5 gr als ein sicheres Hypnoticum bei einfacher Schlaflosigkeit ohne schmerzhafte und psychische Ursachen gegeben. Es kann weder Morphium noch Chloral ersetzen, wird aber in jenen Fällen versucht, wo diese contraindicirt sind. Störungen des Allgemeinbefindens und üble Nachwirkungen soll es nicht veranlassen. Die maximale Einzeldosis ist $=$ 1 gr, die maximale Tagesdosis 2 gr.

Rp. Cannabini tannici   1,
       Sacchari albi   2,
   M. f. plv. Div. in partes IV,
   Abends vor dem Schlafengehen 1 Pulver.

Cannabinum purum hat E. Bombelon durch Einwirkung von Zinkoxyd auf Cannabintannat [wobei sich Zinktannat und Cannabin bilden] als braunes, lufttrocken nicht klebriges Pulver erhalten, welches auf Platinblech ohne Rückstand verbrennt und geschmacklos, in Wasser unlöslich, in Weingeist, Aether, Chloroform leicht löslich ist. In Dosen von 0,05 bis 0,1 gr wirkt es sicher schlaferregend. Als Vehikel dienen Coffea tosta plv. oder Cacao exoleat. plv.

Haschisch purum. Behandelt man das alkoholische Extract des vom ätherischen Oele befreiten Hanfkrautes mit Alkalien, so werden alle Bestandtheile saurer Natur an die letzteren gebunden und meist

---

[1]) Die Thatsache, dass das Cannabin durch Natronlauge aus seiner Verbindung mit Gerbsäure abgeschieden wird, dass es ferner durch Jodlösung gefällt wird, zeigt, dass das Cannabin trotz seiner glycosidartigen Natur den Alkaloïden doch nahe steht.

in wasserlösliche Form gebracht. Durch diese Behandlung gelingt es, die Harzsäuren, Chlorophyll, fettes Hanföl (letzteres unter Verseifung) fortzuschaffen. Es hinterbleibt ein Product, welches als reiner Haschisch bezeichnet wird und welches im Wesentlichen ein Tetanin-haltiges Cannabinon ist.

Der reine Haschisch ist ein braunes Weichharz, welches auf Platinblech ohne Rückstand zu hinterlassen verbrennt, in Wasser unlöslich, dagegen mit goldgelber Farbe löslich ist in Alkohol, Aether, Chloroform, Benzol, Benzin, Schwefelkohlenstoff, Amylalkohol, Essigäther, Aceton.

Die Wirkung dieses reinen Haschisch ist eine umstimmende. Anfangs wirkt er erregend, später beruhigend und erweist sich daher als ein vortreffliches Mittel für trübselige Gemüthskranke. Als Vehikel bez. Geschmackcorrigens empfiehlt sich Pulv. Coffeae tostae oder Pulv. Cacao.

Bei Dosen von 0,02 gr tritt Erregung ein, welche bei Dosen von 0,04 gr eine bedeutend gesteigerte ist. Eine Gabe von 0,06 gr erzeugt vollständigen Hanfrausch mit nachfolgendem guten Schlaf, ohne Kopfweh. Nach dem Erwachen stellt sich Durst und Hunger ein. Die Wirkung des Haschisch kommt nur in feiner Vertheilung (mit Caffee oder Cacao) zur Geltung. In Pillenform ist Haschisch fast unwirksam, am geeignetsten ist die Darreichung in Pastillenform. Am besten und schnellsten scheint die Resorption vom Darm aus zu erfolgen.

Cannabinonum. Fällt man aus dem oben besprochenen reinen Haschisch das Tetanin durch Gerbsäure aus, so hinterbleibt unter Abscheidung von gerbsaurem Tetanin ein braunes Weichharz, welches Cannabinon genannt wird. Dem letzteren fehlen die anregenden Wirkungen des Haschisch, welche auf dessen Tetaningehalt zurückzuführen sind, vielmehr besitzt es rein schlafmachende Wirkung.

Das Cannabinon hat das gleiche Aussehen wie der reine Haschisch, auch Lösungsmitteln gegenüber verhält es sich genau wie dieser.

Die **Anwendung** des Cannabinons erfolgt gleichfalls in möglichst feiner Vertheilung, so in Pastillenform mit Pulv. Coffea tostae oder Pulv. Cacao combinirt. Die Dosis beträgt 0,03 gr—0,1 gr (0,1 gr die maximale Einzeldosis!). — Der leichteren Dispensirbarkeit wegen wird das Cannabinon auch in einer mit Milchzucker bereiteten, 10procentigen Verreibung dargestellt, deren Dosis nach den vorigen Ausführungen 0,3 gr—1 gr betragen würde.

Die Wirkung des Cannabinon ist eine rein schlaferregende. Dabei soll das Präparat vor anderen wesentliche Vorzüge besitzen. Es verursacht keine Kopfschmerzen, keine Verstopfung; die Esslust wird bei seinem Gebrauch gesteigert. Bei Frauen wirkt es im Allgemeinen doppelt so stark als bei Männern. Man fängt daher bei jedem Patienten mit kleinen Dosen, etwa 0,03 gr an. Für Hysterische und Geisteskranke ist das Präparat warm empfohlen worden, bei Herzkrankheiten ist bei seiner Verwendung Vorsicht geboten. Das Gleiche gilt für alle Cannabis-Präparate. Es darf jedoch nicht verschwiegen werden, dass neuen Erfahrungen zufolge der Genuss von Cannabinon unter Umständen recht bedenkliche Nebenwirkungen zur Folge haben kann, so dass bei seiner Dosirung Vorsicht dringend geboten erscheint.

Aufbewahrung. Die angeführten Cannabis-Präparate sind vorsichtig aufzubewahren.

Vorsichtig aufzubewahren.

Keratin-Präparate.

Keratinpillen. Dünndarmpillen.

Seit längerer Zeit schon war von Seiten der Aerzte der Wunsch geäussert worden, eine Arzneiform zu schaffen, welche es ermöglichte, ein eingeführtes Medicament erst im Darme seine Wirkung entfalten zu lassen. Am meisten zu einer derartigen Verbesserung geeignet musste die Pillenform erscheinen; es handelt sich also nur darum, die Pillen so zu präpariren, dass sie den Magen unverändert passiren und erst im Darme gelöst werden, so dass dort die Wirkung des Medicamentes voll und ganz zur Geltung gelangt. Dieses Problem scheint zur Zeit dadurch gelöst zu sein, dass die Form der keratinirten, d. h. mit einem Keratinüberzuge versehenen Pillen in die Materia medica aufgenommen wurde.

Keratin. Die oberste Schicht der Haut besteht aus Zellenplatten, welche sich von den tieferliegenden Zellen der Epidermis sehr wesentlich unterscheiden. Dieselben sind aus den tieferliegenden Epidermiszellen durch eine chemische Metamorphose entstanden, welche man mit dem Namen Verhornung bezeichnet, die übrigens nicht etwa auf blosse Wasserabspaltung zurückzuführen ist. Diese oberste Hautschicht fasst man mit gewissen, ihr morphologisch und chemisch nahestehenden Gebilden, wie Nägel, Klauen, Hufe, Haare, Federn, Stacheln, Hörner, Schildpatt, unter dem Namen Horngewebe zusammen, an welches sich chemisch auch das Fischbein anschliesst.

Behandelt man diese Horngebilde in fein zerkleinertem Zustande

hintereinander mit geeigneten Lösungsmitteln, z. B. mit siedendem
Wasser, Alkohol, Aether, verdünnten Säuren, so hinterbleibt ein in
diesen Lösungsmitteln unlöslicher Rückstand, welcher Keratin oder
Hornstoff genannt wird. Das reinste Product, ein weisses, fast
aschefreies Pulver, erhält man durch geeignete Behandlung aus der
Schalenhaut des Hühnereies, während andere Horngebilde mehr oder
weniger gefärbte Keratinpräparate liefern. Die chemische Zusammensetzung des Keratins schwankt in ziemlich weiten Grenzen; von
gleichfalls sehr wechselnden Mengen mineralischer Substanzen abgesehen besteht es im Durchschnitt aus:

Kohlenstoff	50—52,5 %	Sauerstoff	20,7—25,0 %
Wasserstoff	6,4—7 %	Schwefel	0,7— 5,0 %
Stickstoff	16,2—17,7 %		

Ein so dargestelltes Keratin ist in heissem Wasser, auch in verdünnten Säuren unlöslich, wird aber bei längerer Einwirkung sowohl
von Essigsäure, wie von Ammoniakflüssigkeit aufgelöst.   .

Solche Lösungen von Keratin in Ammoniak oder Essigsäure
benutzte Unna, welcher in Gemeinschaft mit Beiersdorf diese
Materie bearbeitete, um mit ihnen Pillen zu überziehen, welche den
Magen unangegriffen passiren sollen und erst von der alkalischen
Darmverdauung gelöst werden. Die ersten derartigen Präparate
waren bereits 1883 auf der Hygiene-Ausstellung zu Berlin vorgeführt
worden, aber erst durch entsprechende Mittheilungen auf dem medicinischen Congress zu Berlin 1884 wurde ihnen die gebührende
Aufmerksamkeit zu Theil.

Zur Darstellung dieser Arzneiform bedarf man in erster Linie
geeigneter Keratinlösungen. Je nach der Art des medicamen-
tösen Zusatzes benutzt man ammoniakalische oder essigsaure Lösungen. Es wird daher nothwendig sein, stets beide Arten von Lösungen vorräthig zu halten.

Darstellung. 10 Th. geschabte Federspulen werden mit einer Mischung
aus 50 Th. Aether und 50 Th. Weingeist in einem geschlossenen Kolben
8 Tage lang unter öfterem Umschütteln ausgezogen, nach dem Abgiessen
der Flüssigkeit mit lauem Wasser gut ausgewaschen, dann mit einer Lösung
von 1 Th. Pepsin und 5 Th. Salzsäure in 1000 Th. Wasser 1 Tag lang bei
etwa 40° unter häufigem Bewegen in Berührung gelassen, abermals gut
ausgewaschen und nach dem Trocknen mit 100 Th. Essigsäure 30 Stunden
lang im Kolben mit Rückflusskühler gekocht, worauf man vom ungelösten
Theile durch Glaswolle abfiltrirt, das Filtrat in einer Porzellanschale zur
Sirupdicke eindampft und den Rückstand, auf Glasplatten gestrichen, zur
Trockne verdunstet.

Zur Herstellung der Keratinlösungen löst man das erhaltene Keratin entweder in Eisessig oder Ammoniak event. unter mässigem Erwärmen auf, lässt die Lösung einige Zeit absetzen und giesst sie dann klar ab oder filtrirt sie durch Glaswolle. Am zweckmässigsten wird je eine essigsaure und eine ammoniakalische Lösung vorräthig zu halten sein.

Ammoniakalische Keratinlösung: 7 Th. Keratin werden durch Digeriren, event. unter mässigem Erwärmen, in einer Mischung von je 50 Th. Liquor Ammonii caustici und 50 Th. Spiritus dilutus gelöst.

Essigsaure Keratinlösung: 7 Th. Keratin werden in 100 Th. Essigsäure (Acidum aceticum glaciale) durch Digeriren, event. unter schwachem Erwärmen, gelöst.

Mit diesen Lösungen sind die zu keratinirenden Pillen zu überziehen. Ob das verwendete Keratin brauchbar war, lässt sich durch den unten angegebenen Versuch mit Schwefelcalciumpillen feststellen.

Darstellung der Keratinpillen. Dem Ueberziehen der Pillen mit einer Keratinschicht lag, wie schon erwähnt, die Erwägung zu Grunde, dieselben mit einer Hülle (einem Panzer) zu umgeben, die ihre Auflösung durch den sauren Magensaft verhindern sollte. Theoretisch betrachtet musste ein von seinen im Magensaft löslichen Bestandtheilen befreites Keratin sich hierzu vortrefflich eignen. Practisch aber waren noch manche Schwierigkeiten zu beseitigen. Pillen, welche nach der gewöhnlichen Methode, mit dem üblichen Wasserzusatz bereitet waren, trockneten nach und nach etwas aus, der Keratinpanzer schrumpfte, bekam Risse. Andererseits musste in Betracht gezogen werden, dass die Keratinhülle Feuchtigkeit durch sich hindurch diffundiren lässt, so dass, falls die Masse Pflanzenpulver oder andere quellbare Substanzen enthält, die Continuität des Keratinüberzuges durch Quellung der Masse aufgehoben wird. Es haben sich infolge dessen in der Praxis nachstehende Grundsätze herausgebildet:

Zur Bildung der Pillenmassen vermeidet man die Verwendung von Wasser oder wässerigen Substanzen, bedient sich hierzu vielmehr eines geschmolzenen Gemisches von 1 Th. gelben Wachses und 10 Th. Sebum oder Ol. Cacao. Zusätze von pflanzlichen oder quellungsfähigen Substanzen sind nach Möglichkeit auszuschliessen, dagegen lassen sich als Constituens Kaolin, Bolus, Kohlepulver verwenden. Hat man mit Hülfe der Fettmischung und einer der angegebenen Substanzen das Medicament in Form von Pillen gebracht, so werden dieselben mit einer Hülle von Fett überzogen, indem man sie in geschmolzene Cacaobutter taucht, hierauf werden sie, um ihnen ein gefälligeres Aeussere zu verleihen, in Graphitpulver rolirt und schliesslich mit einem Keratinüberzuge versehen. Die letztere Operation geschieht in der Weise, dass man die Pillen mit der

für sie geeigneten (s. unten) Keratinlösung befeuchtet und sodann in fortwährend er Bewegung erhält, bis das Lösungsmittel verdunstet ist. Das
Befeuchten muss so oft (bis zu 10 Malen) geschehen, bis der Ueberzug
erfahrungsmässig stark genug ist. Die Pillen hierbei auf Nadeln aufzu-
spiessen, ist unzulässig, da der Ueberzug auch nicht die geringste Lücke
haben darf.

Flüssigkeiten nicht wässeriger Natur können durch Zusammenschmelzen mit Wachs mit oder ohne Fettzusatz zur Pillenmasse ge-
formt werden, wässerige Flüssigkeiten oder dünnflüssige Extracte
werden mit Gummipulver oder Traganth verdickt und dann mit
möglichst wenig quellbaren Pflanzenpulvern zur Masse verarbeitet.
Unter Umständen lässt sich auch eine beträchtliche Menge der eben
angegebenen Fettmischung unter die Masse verarbeiten. Indessen
lassen sich ganz allgemein gültige Vorschriften nicht aufstellen.
Jeder Practiker wird nach den erörterten allgemeinen Gesichtspunkten
das Richtige zu treffen leicht im Stande sein. Es würde sich nunmehr darum handeln, zu untersuchen, in welchen Fällen zum Kera-
tiniren die essigsaure, in welchen die ammoniakalische Lösung zu
benutzen ist. Principiell wird die Entscheidung natürlich so ausfallen, dass man stets diejenige Lösung wählt, welche den medica-
mentösen Bestandtheil der Pillen möglichst nicht verändert.

Es wird sich daher empfehlen: die essigsaure Lösung zu
benutzen bei Pillen, welche enthalten: Silbersalze, Goldsalze, Queck-
silbersalze, Eisenchlorid, Arsen, Kreosot, Salicylsäure, Salzsäure.

Die ammoniakalische Lösung dagegen bei solchen, welche
Pankreatin, Trypsin, Galle, Ferrum sulfuratum einschliessen.

Dagegen giebt es auch eine Anzahl chemisch neutraler Körper,
bei denen es gleichgültig ist, welche Keratinlösung zur Anwendung
kommt. Hierher gehört z. B. das Naphthalin.

Bevor eine Keratinlösung practisch in Gebrauch genommen wird,
ist es nothwendig festzustellen, ob dieselbe im Stande ist, Pillen
mit einem genügend schützenden Ueberzuge zu versehen. Zu diesem
Zwecke fertigt man nach den oben gegebenen allgemeinen Anwei-
sungen Probepillen an, deren jede 0,05 gr Calciumsulfid (Calcium
sulfuratum) enthält. Erzeugt eine solche Pille im Verlaufe einiger
Stunden nach dem Einnehmen keinen ructus (Aufstossen) von
Schwefelwasserstoff, so ist der Keratinüberzug als ein genügender
und ausreichender anzusehen.

Anwendung finden die Keratinpillen in allen jenen Fällen, in denen
man eine medicamentöse Wirkung nicht im Magen, sondern erst im Darm

zur Entfaltung bringen will, also bei allen Medicamenten, welche die Magenschleimhaut reizen, wie Salicylsäure, Quecksilberpräparate, solchen, welche die Verdauungsthätigkeit des Magens beeinträchtigen, wie Tannin, Alaun, Bismuthnitrat, welche vom Magensaft zu unwirksamen Verbindungen zersetzt werden, wie Silbernitrat, Eisensulfid, Quecksilberjodide, ferner solchen, welche man möglichst concentrirt in den Dünndarm gelangen lassen will, z. B. Alkalien, Seife, Galle und alle Wurmmittel.

Kefir.

Kephir. Kapir.

Unter dem Namen Kumiss (Weinmilch) ist seit Jahren ein Getränk bekannt, welches bei den nomadisirenden Völkerschaften der südöstlichen Steppen Russlands als anregendes und ernährendes Mittel eine ganz hervorragende Rolle spielt. Seiner chemischen Zusammensetzung nach ist der Kumiss im Wesentlichen weiter nichts als in alkoholischer Gährung begriffene Stutenmilch. Die Einleitung der weingeistigen Gährung wird von den Kirgisen und Baschkiren in der Weise besorgt, dass sie die frischgemolkene Stutenmilch in grosse, aus geräuchertem Fell bereitete Schläuche, oder in hölzerne Bottiche giessen, in welche alsdann ein eigenthümliches Ferment eingetragen wird. An Stelle des letzteren kann auch ein Rest von altem, noch in Gährung begriffenen Kumiss — Kor genannt — zugegeben werden. Bei der nun eintretenden Gährung wird der in der Stutenmilch sehr reichlich (8—9 %) enthaltene Milchzucker in Glykose verwandelt, die weiterhin zu Alkohol und Kohlensäure vergährt. Die günstigen Erfolge, welche man in Russland durch die Darreichung von Kumiss in Bezug auf den Stoffwechsel und die Ernährung von Patienten erreichte, legten es nahe, dieses Präparat auch in anderen Ländern zu bereiten. Indessen stand dem die Thatsache entgegen, dass nur in Russland und zwar in den dortigen Steppen Stutenmilch ein relativ leicht beschaffbares Material ist. Man versuchte alsdann mit einigem Erfolge die Milch von Ziegen und Eselinnen, schliesslich diejenige von Kühen zu substituiren und bereitete zeitweise sogenannten „Kumiss" aus Kuhmilch, Wasser und Milchzucker unter Zusatz von etwas Hefe.

Ein solcher künstlicher Kumiss wird nach Dujardin-Beaumetz in der Weise bereitet, dass man

Trockene Hefe
Zuckerpulver
Wasser von 25⁰ C. ââ 7,5

1—2 Stunden lang sich selbst überlässt. Es tritt heftige Gährung ein, worauf man das Gemisch unter Umschütteln in Milch von 14—17⁰ C. einschüttet und die Flaschen verschliesst. Nach 48 Stunden soll die Gährung der Lactose beendet sein.

Im Jahre 1867 erschien eine Mittheilung von Dr. Sipowitsch, nach welcher die Höhenbewohner des Kaukasus ein dem Kumiss ähnliches, als Kefir bezeichnetes Getränk als Erfrischungs- und Nahrungsmittel gebrauchten. Etwa 10 Jahre später erschien ·eine andere Abhandlung über den Kefir von Dr. Schublowsky, ein Beweis, wie wenig Beachtung der ersten Publication geschenkt worden war. Es folgten dann rasch hintereinander eine ganze Reihe von Mittheilungen und Schriften, so von E. Kern 1881, von W. N. Dimitrijew (1884 von Bothmann ins Deutsche übertragen). H. Struve brachte 1884 in den Berichten der deutschen chemischen Gesellschaft zwei Mittheilungen über den Gegenstand und seitdem wurde dem Kefir die ausgedehnteste Aufmerksamkeit zu Theil.

Um nun von vornherein das Verhältniss zwischen Kumiss und Kefir klarzustellen, sei nochmals betont, dass beide Gährungsproducte von Milch, ursprünglich wahrscheinlich mit Hülfe des gleichen Fermentes hergestellt sind, dass aber der echte Kumiss lediglich aus Stutenmilch, der Kefir dagegen aus Kuhmilch gewonnen wird. Man kann daher ganz zweckmässig auch den Kefir als Kumiss aus Kuhmilch bezeichnen.

Zur Darstellung des Kefir bedarf man ausser der Kuhmilch noch des eigenthümlichen Kefirfermentes, mit welchem wir uns zunächst beschäftigen wollen.

Das Kefirferment. Die Höhenbewohner des Kaukasus bereiten ihren Kefir mit Hülfe eines eigenthümlichen Fermentes, welches sie wie der Brauer die Bierhefe und der Bäcker den Sauerteig stets von Neuem sich bilden lassen. Woher die ersten Bereiter des Kefir dieses Ferment entnahmen, ist vorläufig vollständig unbekannt, nicht unmöglich ist es, dass das Kefirferment ursprünglich nichts anderes als gewöhnliche Hefe war, welche sich im Verlaufe der Zeit zu dem modificirte, was wir gegenwärtig Kefirferment nennen. So viel steht fest, dass Ed. Kern am 1. December 1884 in der Kaiserlichen Gesellschaft der Naturforscher zu Moskau einen Vortrag über ein neues Milchferment aus dem Kaukasus hielt und die von ihm mitgebrachten „Kefirkörner" vorzeigte.

In lufttrocknem Zustande bildet das Kefirferment schmutzig gelbliche, bis gelbliche Klümpchen, die namentlich in Milch leicht quellen, dabei an Volumen zunehmen und alsdann elastische, mehr weissliche, blumenkohlartige Gebilde darstellen. H. Struve hat das lufttrockne Ferment analysirt und nachstehende Zahlen gefunden.

In 100 Th. lufttrockner Kefirkörner waren enthalten:

Wasser . . . . 11,21 %
Fett . . . . 3,99 -
Peptonartige Substanz, löslich in Wasser . 10,98 -
Proteïnsubstanz, löslich in Ammoniak . . 10,32 -
   -    - - Kali . . . . . . 30,39 -
Unlöslicher Rückstand . . . . 33,11 -

100,00 %.

Betrachtet man das Ferment unter dem Mikroskope, so sieht man, dass es ein inniges Gemenge zweier niederer Pilze, nämlich von Hefezellen, Saccharomyces cerevisiae Meyen und einer Bacterienart ist, die zur Art Bacillus gerechnet wird und von Kern wegen ihrer Neigung, an beiden Enden Sporen zu bilden, Dispora caucasica genannt wurde. Neben diesen beiden Organismen finden sich noch cylindrische oder viereckige Zellen, welche von Sarokin für Oïdium lactis (Bacillus acidi lactici) angesehen werden.

Struve hat auch den in obiger Analyse angegebenen unlöslichen Rückstand mikroskopisch untersucht und gefunden, dass gerade dieser im Wesentlichen aus Zellen von Saccharomyces cerevisiae Meyen, innig gemengt mit Dispora caucasica besteht, und dass nur in einzelnen Fällen, gleichsam als zufällige Beimengungen, Leptothrix-Ketten und Oïdium lactis eingelagert sind. Die Bacterien bilden die Hauptmasse der Klümpchen; die feste, elastische, schleimige Masse der letzteren rührt von ihnen her.

Wie Kern in seiner Arbeit bemerkt, bietet das Kefirferment ein interessantes Beispiel von geselligem Zusammenleben (Commensalismus) der Hefezellen und der Bacterien.

Wesentlich für das Zustandekommen eines guten Kefirgetränkes ist nun die Qualität des verwendeten Fermentes. In letzter Instanz wird ja allerdings erst der Versuch entscheiden lassen, ob dasselbe brauchbar ist oder nicht. Indessen giebt es doch auch einige physikalische Merkmale, welche die Entscheidung erleichtern. Das lufttrockne Ferment muss zunächst gelblich aussehen (grünliche Körner sind in der Regel unbrauchbar) und in Wasser oder Milch nach 4—5 Stunden zum 3—4 fachen seines Volumens aufquellen, dabei eine elastische, derbe, keineswegs schmierige Masse bilden. — Aber auch ein ursprünglich gutes und brauchbares Ferment kann bei verkehrter Behandlung seine fermentativen Eigenschaften ganz einbüssen oder sehr schlechte Kefirpräparate liefern. Daran also wolle man festhalten, dass nur ein gutes Ferment einen wirklich guten Kefir liefert, dass dagegen ein schlechtes Ferment nicht blos unbrauchbares, sondern sogar direct schädliches Getränk erzeugt. Wie lange der lufttrockne Pilz seine fermentativen Eigenschaften behält, ist noch nicht mit voller Sicherheit festgestellt. Immerhin kann man, ohne einen Irrthum zu begehen, annehmen, dass dies mindestens für die Dauer eines Jahres der Fall ist. — Als Verfälschungen bez. Verunreinigungen des aus Russland importirten Fermentes sind beobachtet worden: Brotkrumen, Mehl- und Hefeklümpchen, Fellstücke; auf solche Beimengungen ist scharf zu achten, da sie das Getränk ungeniessbar zu machen vermögen.

Bereitung des Kefir. Die lufttrockenen Kefirknollen werden mit Wasser von 30° C. übergossen und einige (4—5) Stunden sich selbst überlassen. Sie quellen in dieser Zeit zum 2—3 fachen ihres Volumens auf und schwimmen an der Oberfläche. Man giesst nun das Wasser ab und wäscht die Knollen durch mehrmaliges Schütteln mit destillirtem Wasser gut ab. Alsdann übergiesst man sie mit dem zehnfachen Gewicht der lufttrockenen Knollen an Milch, welche vorher abgekocht und alsdann auf + 20° C. abgekühlt wurde und schüttelt die Mischung während der Tageszeit stündlich einmal um, so dass die oben aufschwimmenden Pilze zu Boden sinken. Diese Procedur erneuert man jeden Morgen und Abend und zwar so, dass man die alte Milch weggiesst, und nach dem Abspülen der Körner mit Wasser frische[1]) aufgiesst, bis nach 5—7 Tagen der Geruch des Gemisches ein rein sauermilchartiger geworden ist und die Kefirkörner nach oben steigen, also vollkommen aufgequellt sind. — Nunmehr sind sie zum Ansetzen reif! Man übergiesst sie mit dem zehnfachen Gewicht der lufttrocknen Körner an abgekochter und später auf + 20° C. abgekühlter Milch, lässt das Gemisch unter bisweiligem Umschütteln $1/_2$—1 Tag stehen, colirt durch Gaze und kann das zurückbleibende Ferment nun zu einem weiteren Ansatz benutzen. Von der Colatur werden je 75 ccm in eine wohl gereinigte Champagnerflasche gegossen, diese hierauf mit abgekochter und auf + 20° C. abgekühlter Milch nahezu angefüllt und gut verschlossen (Patentverschluss ist am empfehlenswerthesten).

---

[1]) Es ist immer abgekochte und wieder erkaltete Milch verstanden.

Die so gefüllten Flaschen werden nun, indem man sie bisweileg umschüttelt, bei einer 15° C. nicht übersteigenden Temperatur stehen gelassen; der Inhalt kann in 1—2—3 Tagen genossen werden.

Zu beachten ist, dass bei der Bereitung die allerpeinlichste Sauberkeit statthaben muss; so müssen alle Geräthschaften, die mit dem Ferment irgendwie in Berührung kommen, unmittelbar nach dem Gebrauche mit siedendem Wasser, am besten mit Wasserdampf, gereinigt (sterilisirt) werden. Den Pilzen selbst ist die grösste Sorgfalt zu widmen. Mindestens zweimal in der Woche müssen sie aus der Milch herausgenommen und mit Wasser, schliesslich mit einer 0,5 procentigeu Sodalösung abgewaschen werden. Unter diesen Umständen behalten sie ihre fermentativen Eigenschaften lange Zeit und gedeihen, resp. wachsen recht gut. Als wichtig wird ferner übereinstimmend von mehreren deutschen Practikern angegeben, dass abgekochte und wieder erkaltete Milch angewendet wird; man soll so ein gleichmässigeres, auch wohlschmeckenderes Getränk erzielen als mit roher Milch. (Neuss, Rudeck.)

Für Bereitung von Kefir in grösserem Maassstabe hat Rudeck einen Apparat construirt, der an Einfachheit nichts zu wünschen übrig lässt. (Ph. Ztg. 1886 No. 39.) — Der zur Aufnahme der Milch bestimmte Kessel $\beta\beta$ ist durch den nach der Peripherie hin aufklappbaren zweitheiligen Deckel m in b geschlossen. Durch die Mitte des Deckels geht das Blechrohr γ, welches, in s drehbar eingelassen, das siebartig perforirte, mit dem abnehmbaren Deckel D versehene Gefäss K trägt. Die Bereitung des Kefirs geschieht hiermit in der einfachen Weise, dass der Behälter K mit dem ordnungsmässig vorbereiteten Kefirferment gefüllt wird. Hierauf bringt man in das Gefäss $\beta\beta$ die zu verarbeitende Milch und versetzt den Behälter K durch Drehen der Kurbel in rotirende Bewegung. Hierdurch wird das Ferment auf die es umgebende Milch übertragen. Nach einiger Zeit unterbricht man die Bewegung und füllt die Milch durch den Hahn v in starkwandige Flaschen ab.

Noch sei einer von Russland aus empfohlenen Bereitungsweise Erwähnung gethan, welche besonders für den Hausgebrauch sich als practisch erweisen dürfte[1]). Sie setzt, von Milch abgesehen, nichts weiter als eine einzige Flasche guten Kefirs voraus. — Man besorgt sich eine Flasche guten Kefirs, trinkt dieselbe bis auf $^1/_5$ ihres Inhaltes aus, füllt sie darauf wieder mit vorher abgekochter Milch von 20° C. nach, verstopft die Flasche gut und setzt sie einer Temperatur von 20° C. aus, wobei sie stündlich gut durchgeschüttelt

---

[1]) Nach Rudeck wäre dieses Verfahren nicht zu empfehlen; dagegen hat es mir Dr. Plaskuda in Cöln als brauchbar erklärt.

weregn muss. Im Sommer muss sie im Keller aufbewahrt werden.
Nach zweimal 24 Stunden erhält man einen guten zweitägigen Kefir.
Nachdem man die Flasche wiederum bis auf $^1/_5$ ihres Inhaltes ge-
leert, füllt man sie wieder mit Milch voll u. s. w. Die nämliche
Flasche kann auf diese Weise monatelang dienen. Es ist ein Fall
bekannt, wo eine ganze Familie fünf Monate lang ihren Kefirbedarf
von einer einzigen Flasche fertigen Kefirs deckte. Selbstverständlich
kann man die Originalflasche, anstatt einen Theil zu verbrauchen,
auch benutzen, um 5 Serien anzusetzen.

Fig. 6.

Diese Darstellungsweise ist um so beachtenswerther, als zur
Zeit der Preis guter Kefirkörner noch ein ganz respectabler ist.

Behandlung des Kefirfermentes. Wie schon erwähnt wurde,
wachsen die Kefirkörner am besten in Milch; ihre Entwickelung geht im
Frühjahr und im Sommer am lebhaftesten vor sich, weniger lebhaft in der
kühlen Jahreszeit. Je öfter man die Milch wechselt, und je mehr Milch
man aufgiesst, desto energischer ist das Wachsthum; bei 2—3 maligem
täglichen Wechseln der Milch kann sich die Quantität des Fermentes
innerhalb 14 Tagen auf das Doppelte vermehren. Wünschenswerth ist es,
dass die Grösse der einzelnen Körner über die einer Wallnuss nicht hinausgeht. Lässt sich durch Schütteln in dem Ansatzgefässe eine Vertheilung
etwaiger grösserer Massen nicht erzielen, so ist es nöthig, die grösseren
Stücke mit den Fingern durch sanften Druck zu zerkleinern.

Auch während das Ferment bei der Kefirbereitung functionirt, ist es
nöthig, dasselbe wie schon vorher angegeben wurde, bisweilen zu waschen
und mit dünner Sodalösung zu entsäuern.

Will man im Gebrauch gewesene Kefirkörner trocknen, so müssen
sie aus der Milch herausgenommen und solange sorgfältig durchwaschen
werden, bis das abfliessende Wasser vollkommen rein abläuft. Hierauf
breitet man sie auf ein sauberes Leinentuch oder auf Filtrirpapier aus und
legt sie womöglich an einem der Luftcirculation günstigen Orte in die
Sonne. Sie nehmen beim Trocknen allmälig Pilzgeruch und gelbliche
Färbung an. Würde das Trocknen unter ungünstigen Bedingungen (feuchter Platz, mangelhafte Luftcirculation) vorgenommen werden, so könnten
die Pilze schimmeln, was natürlich nicht wünschenswerth ist. In gut ge-
trocknetem Zustande behält das Ferment lange Zeit (1 bis 2 Jahre) seine
fermentativen Eigenschaften, doch kommt es vor, dass bei Benutzung lange
Zeit aufbewahrter Körner die ersten Kefiransätze weggegossen werden
müssen und erst spätere Ansätze brauchbare Getränke liefern.

Krankheiten des Fermentes. Eine wiederholt und unzweifelhaft constatirte Krankheit der Kefirkörner ist das Schleimigwerden
derselben. Man beobachtet, dass unter den gesunden, derbelastischen
Körnern plötzlich einige sich mit einer Schleimschicht überziehen,
ganz weich werden und sich zwischen den Fingern leicht zerdrücken
lassen. Diese Krankheit scheint ansteckend zu sein, und wenn man
nicht frühzeitig eingreift, erkranken die zur Zeit noch gesunden
Körner gleichfalls. Die Ursache der Krankheit ist gegenwärtig noch
nicht definitiv festgestellt, doch vermuthet man in ihr die Thätigkeit
eines specifischen Mikrococcus. Die Behandlung ist damit zu be-
ginnen, dass man die erkrankten Körner sorgfältig ausliest und den
gesunden nun eine um so erhöhte Aufmerksamkeit zuwendet, indem
man die Milch häufig wechselt und das Ferment öfter mit destillirtem Wasser abwäscht.

Zur Regenerirung der kranken Körner wird auch vorgeschlagen,
dieselben einige Zeit in 3 procentiger Borsäurelösung zu belassen
und sie alsdann rasch zu trocknen.

Die chemischen Vorgänge bei der Kefirbildung.

Die Theorie der Kefirbildung, wenn man so sagen darf, ist
durchaus noch nicht so klipp und klar als es wohl wünschenswerth
wäre. Im Nachstehenden sei indessen ein Versuch gemacht, die
wichtigsten thatsächlichen Momente zu skizziren.

Die Milch enthält bekanntlich, von Wasser und einer kleinen
Menge unorganischer Salze abgesehen, Eiweissstoffe, Butterfett

und li Milchzucker. Dabei ist gegenwärtig die Ansicht ziemlich allgemein acceptirt, dass die verschiedenen, hier in Frage kommenden Milcharten, nämlich Frauenmilch, Kuhmilch und Stutenmilch, sich qualitativ nicht von einander unterscheiden, dass die unter ihnen existirenden Differenzen vielmehr lediglich auf quantitative Unterschiede zurückzuführen seien. Die Thatsache, dass das Caseïn der Frauenmilch in feineren Flocken gerinnt, als dasjenige der Kuhmilch, beruht demnach nicht auf qualitativen Unterschieden der in Frage kommenden Caseïne selbst, vielmehr darauf, dass die Frauenmilch eine verhältnissmässig grössere Menge Hemialbumose oder Propepton enthält als die Kuhmilch.

Procentische Zusammensetzung des Eiweisses der

(nach Schmidt)

	Caseïn	Albumin	Hemialbumose
Kuhmilch	87,3	8,2	4,5
Frauenmilch	45,7	24,2	30,1

Auf die Kuhmilch wirkt nun das Kefirferment ein, in welchem wir wesentlich drei Pilzformen: *Saccharomyces cerevisiae* Meyen, *Dispora caucasica* und *Bacillus acidi lactici* unterschieden haben. Jedem dieser drei Organismen fällt bei der Kefirbildung anscheinend eine besondere Rolle an. Die Hefe spaltet einen Theil des vorhandenen Milchzuckers in Alkohol und Kohlensäure, ein anderer Theil des Milchzuckers aber wird von dem Milchsäureferment, B. acidi lactici, in Milchsäure verwandelt. Die letztere wirkt auf das in der Milch gelöste Caseïn ein und bringt es zum Gerinnen. Da aber die Bildung der Milchsäure eine allmälige ist, so erfolgt auch die Abscheidung des Caseïns allmälig, und zwar in sehr feinen Flocken ähnlich denjenigen, wie sie in geronnener Frauenmilch vorhanden sind. Ausserdem wirkt aber die gebildete Milchsäure zugleich auflösend auf das in feinen Flocken ausgeschiedene Caseïn, indem sie dasselbe in Hemialbumose oder Propepton, jene Verbindung verwandelt, welche den Uebergang des Albumins zu den Peptonen bildet. Zugleich werden auch der Dispora caucasica — ob mit Recht bleibe dahingestellt — peptonisirende Eigenschaften zugeschrieben, so dass man unter Berücksichtigung dieser Thatsachen die sich abspielenden Vorgänge dahin zusammenfassen kann, dass unter dem Einfluss des Kefirfermentes in der Milch gebildet werden: Alkohol,

Kohlensäure, Milchsäure, Hemialbumose und Pepton, während das Caseïn
in zarten Flocken ausgeschieden wird, welche das Butterfett einhüllen
und sich durch sanftes Schütteln emulsionsartig vertheilen lassen.

Da nun der Process ein continuirlich fortschreitender ist, so ist
von vornherein anzunehmen, dass die quantitativen Verhältnisse, in
denen jene Bestandtheile sich vorfinden, abhängig sein werden von
der Zeitdauer, während welcher man das Ferment einwirken lässt.
Diese Verschiedenartigkeit tritt in den nachstehenden Analysenresul-
taten deutlich zu Tage. Principiell ist bei der Kefirbereitung darauf
hinzuwirken, dass die alkoholische Gährung in den Vordergrund
tritt und die Milchsäuregährung eine beschränkte bleibt. Man erreicht dies dadurch, dass man den Gährungsvorgang sich bei einer
15^0 C. nicht übersteigenden Temperatur abspielen lässt.

Es zeigt sich einerseits (aus der Analyse von Tuschinsky),
dass thatsächlich eine Umwandlung des Milchzuckers in Milchsäure bez. in Alkohol stattfindet, andererseits (aus der Analyse von
Dr. Weber), dass der Gehalt an diesen Umwandlungsproducten mit
der Dauer der Einwirkung steigt.

Analyse von Dr. Weber in Zürich.

In 100 Theilen	2—3 tägiger Kefir	3—4 tägiger Kefir
Eiweissstoffe . .	3,30	3,25
Lactose	1,93	0,80
Fett	2,25	2,25
Milchsäure . .	0,35	0,63
Alkohol . . .	0,53	1,30
Salze	0,70	0,71

Analyse von Tuschinsky in Jalta.

In 1000 Theilen	Milch Spec. Gew. 1,028 [1])	Zweitägiger Kefir aus abgerahmter Milch Spec. Gew. 1,026
Eiweissstoffe	48,0	38,000
Fett	38,0	20,000
Lactose	41,0	20,025
Milchsäure	—	9,000
Alkohol	—	8,000
Wasser und Salze . .	873,0	904,975

[1]) Die Zahlen beziehen sich hier auf Vollmilch, während zur Bereitung
des Kefir — was übrigens nicht empfehlenwerth ist — abgerahmte Milch

Nach diesen Gesichtspunkten pflegt man nun von schwachem und vom starkem Kefir zu sprechen und versteht unter ersterem ein solches Präparat, bei welchem die Fermentation noch in den Anfängen besteht, unter letzterem ein solches, bei welchem sie eine höhere Entwickelung aufweist. Es ist wohl auch die Ansicht ausgesprochen worden, „schwacher Kefir ist zweitägiger, starker drei- bis viertägiger". Solche Angaben sind indessen mit Vorsicht aufzunehmen. Gerade Gährungsvorgänge sind in ihrem Verlaufe von begleitenden Umständen wesentlich abhängig. Und wie es Niemandem einfallen würde zu behaupten, ein nach der und der Methode gebrautes Bier muss nach zwei Tagen diesen und nach vier Tagen jenen Character aufweisen, so wird man sich auch beim Kefir danach richten müssen, welche Beschaffenheit er nach einer vorher nicht zu bestimmenden Zeit haben soll und nicht seine Trinkbarkeit von der Zeit abhängig zu machen haben. Temperatur, Wirksamkeit des Fermentes und die bei der Darstellung angewendete Sorgfalt (häufiges Schütteln) bilden durchaus nicht zu unterschätzende Factoren.

Im Allgemeinen lässt sich nur so viel sagen, dass der sog. schwache Kefir, wie er durchschnittlich nach 1—2 Tagen resultirt, weniger sauer und von dickflüssigerer Consistenz ist als der sog. stärkere, wie er nach durchschnittlich 3 tägiger Einwirkung sich bildet. Bei noch längerem Stehen wird er immer saurer und dünnflüssiger und in diesem Zustande nur von wenigen Personen gut vertragen. Man sieht, es ist hier wie mit der Beurtheilung aller Getränke; die Erfahrung lässt sich nicht durch Regeln ersetzen!

Nach Biel, dessen Arbeiten zur Kenntniss des Kefirgetränkes wesentlich beigetragen haben, ist die leichtere Verdaulichkeit des Kefir gegenüber der Kuhmilch neben dem reichlichen Gehalt an Alkohol und Kohlensäure in der veränderten Beschaffenheit des Caseïns begründet. Das letztere ist im Verlaufe des Gährungsvorganges aus seiner natürlichen Verbindung mit Kalk (die Kuhmilch enthält Caseïncalciumphosphat) in Freiheit gesetzt und hat die Eigenschaft, durch Magensaft zu gerinnen, verloren. Zu gleicher Zeit erleiden die Eiweissstoffe der Milch im Verlaufe der Peptonisirung Veränderungen, indem sie in Acidalbumin, Hemialbumose und Pepton übergehen.

---

verwendet wurde; es ergiebt sich hieraus die Differenz bei dem Eiweiss- und Fettgehalt.

Analysen von Kefirgetränk nach Dr. Biel.

In 100 Theilen	1 tägiges	2 tägiges	3 tägiges
	Kefirgetränk		
Milchsäure	0,540	0,5625	0,6525
Milchzucker	3,75	3,22	3,094
Caseïn	3,34	2,872	2,997
Albumin	0,115	0,03	—
Acidalbumin	0,095	0,1075	0,250
Hemialbumose	0,190	0,2815	0,4085
Pepton	0,035	0,046	0,0815
Alkohol	nicht bestimmt		

Physikalische Eigenschaften. Aeusserlich stellt sich ein guter Kefir als eine stark mussirende, schaumige Flüssigkeit dar von der Consistenz des Rahmes, von angenehm säuerlichem Geschmack und dem Geruche nach frischem sauren Rahm oder nach Buttermilch. Er muss das gefällte Caseïn in äusserst feiner, emulsionsartiger Vertheilung enthalten, auf der Zunge dürfen sich Gerinnsel nicht bemerkbar machen. Hatten sich nach einiger Zeit der Ruhe zwei gesonderte Schichten gebildet, so muss ein sanftes Neigen der Flasche genügen, um die ursprüngliche Emulsion wieder herzustellen. — Sogenannter stärkerer Kefir ist etwas saurer an Geschmack, ein wenig dünnflüssiger, auch enthält er erheblich mehr Kohlensäure.

Ob ein Präparat zum Trinken reif ist, sieht man in geschlossener Flasche daran, dass der beim Schütteln sich bildende Schaum erst nach einigen Minuten wieder verschwindet.

Wirkung und Anwendung. Der Werth des Kefirs ergiebt sich nach dem Gesagten eigentlich von selbst. Ein Getränk, welches dem Organismus Caseïn in so feiner Vertheilung, Hemialbumose in relativ bedeutenden Quantitäten zuführt, muss als ein wichtiges diätetisches Präparat angesehen werden. Dazu kommt, dass die in ihm enthaltene Kohlensäure einen wohlthätig reizenden Einfluss auf die Magenschleimhaut ausübt, dass ferner der eingeführte Alkohol gleichfalls befördernd auf den Gesammtstoffwechsel einwirkt. Die Milchsäure unterstützt in geeigneter Weise die Functionen des Magens, und die im fertigen Getränk noch vorhandene Dispora caucasica soll peptonisirende Eigenschaften besitzen. Das Vorausgeschickte als richtig angenommen, wird der Kefir in allen jenen Zuständen zu empfehlen sein, welche auf Ernährungsstörungen zurückzuführen sind, also bei Anämie, Abmagerung und Kräfteverfall. Bei Phthisis vermag er wohl das Allgemeinbefinden zu heben, nicht aber die Krankheit zu heilen. In allen Fällen documentirt sich ein günstiger Erfolg der Kefirkur auf das

Prägnanteste durch eine baldige Zunahme des Körpergewichtes. In wie weit der Kefir zur Ernährung von Kindern, namentlich Säuglingen, dienen kann, muss abgewartet werden.

Man beginnt die Kur mit Quantitäten von etwa 300 ccm und steigt allmälig bis zu 1,5 Liter, indem man je ein Glas einige Zeit vor oder nach den Mahlzeiten nimmt. Es empfiehlt sich, ein Glas niemals auf einen Zug, sondern in Absätzen zu leeren und alsdann sich einige Bewegung zu machen. Als bemerkenswerthe Beobachtung verdient diejenige registrirt zu werden, dass schwacher Kefir stuhlbefördernd, stärkerer dagegen stopfend wirkt.

Ueber den Zeitraum, welchen eine Kefirkur umfassen soll, sind die bedeutendsten Practiker darüber einig, dass man ihn so lange trinken soll, als er gut bekommt und gut schmeckt. Sobald Widerwillen gegen Kefirgenuss sich einstellt, soll man die Kur abbrechen.

Eine Mittheilung Kogelmann's, dass das nämliche Getränk auch ohne Benutzung von Kefirkörnern durch Zusatz von saurer Milch zu frischer Milch bereitet werden könne, ist als unzutreffend zurückzuweisen, seitdem beobachtet wurde, dass in solchen Getränken Alkohol nicht anwesend ist. — Etwas anderes freilich ist es, ob nicht einem solchen Präparate ein dem Kefir analoger diätetischer Werth zukommen dürfte. Diese Frage ist zur Zeit noch nicht entschieden, auch nur von secundärem Interesse, da die Züchtung ausreichender Mengen von Pilzen ja keine Schwierigkeiten bieten kann.

Ichthyol-Präparate.

Unter diesem Namen werden eine Reihe von Präparaten zusammengefasst, welche sämmtlich die Salze einer Säure, der Ichthyolsulfosäure, sind, deren medicinische Wirkung zur Zeit ziemlich ausführlich behandelt wird, über deren chemische Zusammensetzung aber nur sehr spärliche Mittheilungen fliessen.

Bei Seefeld in Tirol findet sich in mächtigen Lagern und ganz bedeutender Höhe (3—4000 Fuss) über dem Meeresspiegel ein bituminöses Gestein, welches nach den in ihm enthaltenen, zum Theil noch vorzüglich erhaltenen Petrefacten die animalischen Ueberreste von vorweltlichen Fischen und Seethieren enthält. Solche Petrefacten von ausgezeichneter Schönheit und in selten gut erhaltenem Zustande erregten beispielsweise auf der Ausstellung gelegentlich der Naturforscher-Versammlung zu Berlin das Interesse der Palaeontologen in hohem Grade. — Dieses bituminöse Gestein liefert bei seiner trocknen Destillation neben einem zum Theil schwer flüchtigen bez. nicht flüchtigen Rückstande ein flüchtiges Oel, welches hier als rohes **Ichthyolöl** oder **Ichthyolrohöl** bezeichnet werden soll. Der Name Ichthyol, von dem griechischen Worte $\mathit{i\chi\vartheta\acute{v}\varsigma}$ Fisch abgeleitet, soll die Provenienz der Präparate von Fischen zum Ausdruck bringen.

Dieses **Rohöl** bildet ein braungelbes, vollkommen durchsichtiges Oel, dessen spec. Gewicht etwa 0,865 beträgt. Es besitzt einen eigenthümlich durchdringenden, nicht näher zu characterisirenden aromatischen Geruch und ist in Wasser so gut wie unlöslich. Es siedet zwischen 100° und 225° C. Unterwirft man es einer groben fractionirten Destillation, so gehen etwa 6% zwischen 100 und 120° über, 53% zwischen 120—160°, bis 33% zwischen 160—225°, und 5 bis 6% sieden bei 225—255° C. Die verschiedenen Fractionen besitzen einen eigenthümlichen Geruch, welcher an denjenigen der Mercaptane und zugleich an den Geruch der Paraffin- oder Grenzkohlenwasserstoffe erinnert. Durch verdünnte Säuren wird dem Oel eine nicht unbeträchtliche Menge stickstoffhaltiger Basen entzogen, unter denen sich unzweifelhaft das Chinolin und dessen Homologe befinden. Durch Alkalien können dem Rohöl etwa 0,8% vorläufig nicht näher characterisirter organischer Säuren entzogen werden. Letztere sind in Aether löslich und reduciren alkalische Kupferlösung. Phenole sind in dem Oele nicht aufgefunden worden.

Wird das Oel neben concentrirter Schwefelsäure unter eine Glasglocke gestellt, so färbt sich die Schwefelsäure bald violett bis blau. Durch die Dämpfe rauchender Salpetersäure wird das Oel schön roth gefärbt. Beide Farbenreactionen treten nicht ein, wenn man das Oel direct mit den genannten Säuren mischt, weil in diesem Falle sehr schnell eine heftige Reaction erfolgt, die zur Bildung weiterer Umwandlungsproducte führt. Die Analyse des Oeles ergab die folgende procentische Zusammensetzung:

	I	II
Kohlenstoff	77,25	77,94
Wasserstoff	10,52	10,48
Schwefel	10,72	—
Stickstoff	1,10	—
	99,59	

Berechnet man das Atomverhältniss von Kohlenstoff und Schwefel, so ergiebt sich, dass auf 28 Atome Kohlenstoff ungefähr $1\frac{1}{2}$ Atome Schwefel kommen.

Durch Kochen mit wässerigem oder alkoholischem Kali wird aus dem Oele kein Schwefel abgespalten, ebensowenig bei der Behandlung mit Natriumamalgam. Beim Erwärmen mit Jodmethyl entsteht keine krystallinische Verbindung, wie dies von den Sulfiden der fetten Reihe bekannt ist.

Acidum sulfoichthyolicum. Ichthyolsulfosäure.

Darstellung. Das Ichthyol-Rohöl wird mit einem Ueberschuss von concentrirter Schwefelsäure vermischt. Unter freiwilliger Erwärmung bis auf 100° C. bildet sich Ichthyolsulfosäure, wobei Ströme von schwefliger Säure entweichen. Nach Beendigung der Reaction wird das Reactionsproduct mehrere Male mit concentrirter Kochsalzlösung behandelt, um freie Schwefelsäure und schweflige Säure zu entfernen. Die in Wasser sehr leicht lösliche Ichthyolsulfosäure ist in concentrirter Kochsalzlösung unlöslich und scheidet sich auf ihr als dunkle extractähnliche Masse ab.

Die so dargestellte Ichthyolsulfosäure, welcher nach Baumann und Schotten in wasserfreiem Zustande die Formel $C_{28} H_{36} S_3 O_6 H_2$ zukommen würde, enthält noch unverändertes flüchtiges Oel, durch welches ihr characteristischer Geruch bedingt wird. Man könnte dieses flüchtige Oel durch Destillation mit Wasserdampf abscheiden, indessen erfährt die Säure selbst hierbei tiefgreifende Zersetzungen, so dass auf diesen Reinigungsprocess verzichtet wird.

Diese beiläufig bemerkt zweibasische Ichthyolsulfosäure ist das Ausgangsproduct der verschiedenen Ichthyolpräparate, welche die Salze der Ichthyolsulfosäure repräsentiren und durch Sättigung der Ichthyolsulfosäure mit Basen erhalten werden. Die wichtigsten dieser Salze sind zur Zeit das ichthyolsulfosaure Ammonium, Natrium, Lithium, Zink, Quecksilber.

Ammonium sulfoichthyolicum, Ammoniumsulfichthyolat, Ichthyol. $C_{28} H_{36} S_3 O_6 (NH_4)_2$. Dieses Präparat wird nach Unna's Vorschlag zur Zeit als Ichthyol schlechthin bezeichnet.

Seine Darstellung geschieht einfach dadurch, dass die freie Ichthyolsulfosäure mit stärkstem Ammoniak neutralisirt wird.

Es bildet eine rothbraune, klare sirupdicke Flüssigkeit von brenzlich-bituminösem Geruch und Geschmack, beim Erhitzen unter starkem Aufblähen zu Kohle verbrennend, bei fortgesetztem Glühen ohne Rückstand flüchtig. Wasser löst sie zur klaren, rothbraunen Flüssigkeit von schwach saurer Reaction, desgleichen eine Mischung gleicher Volumina Weingeist und Aether; reiner Weingeist oder Aether lösen sie jedoch nur theilweise, Petrolbenzin nimmt nur wenig davon auf. Die wässerige Lösung scheidet bei Zusatz von

Salzsäure eine dunkle Harzmasse aus, die, nach dem Absetzen getrennt, sich in Aether, sowie in Wasser auflöst, aus letzterer Lösung sich jedoch durch Salzsäure oder Chlornatrium wieder ausscheidet. Mit Kalilauge versetzt, entwickelt das Präparat den Geruch nach Ammoniak; diese Mischung liefert, eingetrocknet und verbrannt, eine hepatische Kohle, die mit Salzsäure Schwefelwasserstoff entwickelt.

Das Ammoniumsulfichthyolat verliert beim Eintrocknen im Wasserbade etwa 45 Proc. seines Gewichtes.

Die Analyse des Salzes hat ergeben, dass nach Analogie des Natronsalzes für das wasserfreie Ammoniumsalz die Formel $C_{28}H_{36}S_3O_6(NH_4)_2$ bis auf Weiteres für die wahrscheinlichste anzunehmen ist.

Natrium sulfoichthyolicum, Natriumsulfichthyolat, Ichthyolsulfosaures Natrium, $C_{28}H_{36}S_3O_6Na_2$, wurde früher unter Ichthyol schlechthin verstanden.

Seine Darstellung erfolgt durch Neutralisation der freien Sulfoichthyolsäure mit Aetznatronlauge.

Braunschwarze, theerartige Masse von bituminösem Geruch, beim Erhitzen unter Aufblähen zu alkalisch reagirender, hepatischer Kohle verbrennend, welche die Flamme intensiv gelb färbt und bei fortgesetztem Glühen eine Asche hinterlässt, deren wässerige Lösung, mit Salpetersäure übersättigt, durch Baryumnitrat sofort stark getrübt wird. Wasser löst das Präparat zu einer etwas trüben, dunkelbraunen, grünschillernden, fast neutralen Flüssigkeit auf; eine Mischung aus gleichen Theilen Weingeist und Aether löst es mit tiefbrauner Farbe klar auf, ebenso Benzol; reiner Weingeist aber oder Aether lösen es nur theilweise, Petrolbenzin kaum auf. Die wässerige Lösung scheidet beim Uebersättigen mit Salzsäure eine dunkle Harzmasse aus, die, nach dem Absetzen getrennt, sich in Aether, sowie in Wasser auflöst, aus letzterer Lösung jedoch durch Salzsäure oder Chlornatrium sich wieder ausscheidet. Beim Erwärmen mit Natronlauge entwickelt die wässerige Lösung kein Ammoniak.

Der Wassergehalt, durch Verdunsten über Schwefelsäure bestimmt, beträgt 25—30%. Die chemische Zusammensetzung des Salzes ist von Baumann und Schotten der Formel $C_{28}H_{36}S_3O_6Na_2$ entsprechend gefunden worden.

Lithium sulfoichthyolicum, Ichthyolsulfosaures Lithium,

$C_{28} H_{36} S_3 O_6 Li_2$ wird durch Neutralisation der freien Ichthyolsulfo-säure mit Lithiumcarbonat dargestellt. Es steht physikalisch dem vorigen sehr nahe. Der beim Erhitzen des Präparates auf dem Platinblech hinterbleibende Rückstand erzeugt, mit Salzsäure in eine farblose Flamme gebracht, eine prächtige rothe Färbung derselben. Der Wassergehalt des Präparates bewegt sich zwischen 30 bis 35%. Eine Analyse der Verbindung hat obige Zusammensetzung ergeben.

Zincum sulfoichthyolicum, $[C_{28} H_{36} S_3 O_6 H]_2 Zn$, **Ichthyol-sulfosaures Zink** wird durch Neutralisation der freien Sulfoichthyolsäure mit Zinkoxyd dargestellt, steht physikalisch dem vorigen sehr nahe. Beim Verbrennen des Salzes auf Platinblech hinterbleibt Zinkoxyd als gelblichweisse Asche.

Hydrargyrum sulfoichthyolicum. **Ichthyolsulfosaures Quecksilber,** nach **Unna** durch Umsetzen von 10 Th. Natrium sulfoichthyolicum mit 3 Th. Hydrarg. bichlorat. corrosivum darzustellen, kann zur Zeit auf den Character einer chemischen Verbindung keinen Anspruch machen.

Aufbewahrung. Die Ichthyolpräparate sind, soweit die ihnen zu Grunde liegenden Basen nicht das Gegentheil erforderlich machen, den ungefährlichen Mitteln beizugesellen. Ihre Aufbewahrung geschehe an einem gut temperirten Orte, da sowohl zu hohe als zu niedrige Temperatur eine Ausscheidung von wässeriger Flüssigkeit aus den Präparaten verursachen kann.

Anwendung. Die Ichthyol-Präparate finden äusserlich Verwendung und zwar in fast allen Formen (als Salben, Linimente, in Form von Watte, Seife) gegen Rheumatismus, Ischias, Migräne, Brandwunden, Frostbeulen, namentlich aber gegen diverse specifische Hauterkrankungen, bei denen sie in manchen Fällen geradezu Wunder bewirken sollen. Innerlich wird besonders das Ammoniumsalz und das Lithiumsalz, mit Wasser vermischt, mehrmals täglich zu 15—20 Tropfen zur Unterstützung der äusseren Behandlung, dann aber auch als Specificum gegen Erkrankungen der Verdauungs- und der Athmungsorgane, also bei chronischen Magen- und Lungencatarrhen gereicht. Neuerdings soll auch eine ausgezeichnete Wirkung auf den Uro-genitalapparat beobachtet und das Mittel namentlich mit Erfolg bei Nephritis und Hydrops angewendet worden sein.

Zur bequemeren Verwendung bringt die Ichthyolgesellschaft Ichthyolcapseln, Ichthyolpillen (auch candirt), Ichthyolpflaster, Ichthyolwatte und ätherisch-alkoholische Ichthyollösung in den Handel.

<table>
<tr><td>Rp.</td><td>Ichthyoli</td><td>10,</td><td></td><td>Ichthyoli</td><td>10,</td></tr>
<tr><td></td><td>Lanolini</td><td>90,</td><td></td><td>Ungt. Diachylon</td><td>200.</td></tr>
<tr><td>D. S.</td><td>Aeusserlich!</td><td></td><td>M. S.</td><td>zum Einreiben.</td><td></td></tr>
<tr><td></td><td>(Rheumat. art. acut.,</td><td></td><td></td><td>(Ekzem.)</td><td></td></tr>
<tr><td></td><td>Psoriasis, Prurigo, Ver-</td><td></td><td></td><td></td><td></td></tr>
<tr><td></td><td>brennung.)</td><td></td><td></td><td></td><td></td></tr>
</table>

Thiolum.

Thiolum siccum und Thiolum liquidum.

Mit dem Namen „Thiol" bezeichnet E. Jacobsen ein dem Ichthyol nachgebildetes Product, welches in der Weise gewonnen wird, dass ungesättigte Kohlenwasserstoffe (aus sog. Gasöl) zunächst durch Erhitzen mit Schwefel sulfurirt und das so erhaltene geschwefelte Product durch Einwirkung von conc. Schwefelsäure sulfonirt, also in löslichen Zustand übergeführt wird.

Wenn hochsiedende Kohlenwasserstoffe mit Schwefel erhitzt werden, so entwickelt sich Schwefelwasserstoff, eine Reaction, die John Galletly zur Gewinnung des genannten Gases für Laboratoriumszwecke vorschlug.

Galletly verwendete dazu Paraffin; Emil Jacobsen fand, dass nicht alle Paraffine oder Paraffinöle diese Reaction zeigen, z. B. weder das aus amerikanischen Petroleumrückständen bereitete Paraffinum solidum noch das Paraffinum liquidum des Arzneibuchs, sondern dass nur die ungesättigten hochsiedenden Kohlenwasserstoffe beim Erhitzen mit Schwefel Schwefelwasserstoff und zwar unter Aufnahme von Schwefel abspalten.

Die meisten festen oder flüssigen hochsiedenden Kohlenwasserstoffe des Handels aber sind Gemenge gesättigter und ungesättigter Kohlenwasserstoffe, daher wird beim Erhitzen derselben mit Schwefel das rückständige Product ein Gemenge von unangegriffenen gesättigten und geschwefelten ungesättigten Kohlenwasserstoffen bilden.

Letztere lassen sich nach E. Jacobsen durch geeignete Lösungsmittel (z. B. Alkohol) aus dem Gemenge ausziehen.

Wird das flüchtige Lösungsmittel durch Destillation entfernt, so bleibt das Gemenge geschwefelter Kohlenwasserstoffe (Thiolrohöl) als tief dunkelbraun gefärbtes Oel zurück. Bei der Destillation zersetzt es sich zum Theil unter Abgabe von Schwefelwasserstoff.

Wird Thiolrohöl mit concentrirter Schwefelsäure behandelt, so wird es dadurch in ein in Wasser lösliches Product verwandelt, und zwar entstehen dabei zum allergrössten Theil Gemenge neutraler Körper, die **Thiole**.

Wendet man einen Ueberschuss sehr starker Schwefelsäure an, so liefert das Thiolrohöl neben den neutralen auch eine· geringe Menge ausgesprochen saurer Körper, deren Gegenwart zuerst Veranlassung gab, die Thiole als Sulfosäuren anzusprechen, was sie jedoch nach der gegenwärtigen Anschauung nicht sind.

Den Thiolen aus natürlichen geschwefelten Kohlenwasserstoffen haften geringe Mengen mercaptanähnlich riechender flüchtiger Körper an, welche in dem in den Handel kommenden, aus bestimmten Fractionen von schwerem Braunkohlentheeröl (Gasöl) dargestellten Thiol nicht zugegen sind.

Darstellung. (D. R. P. No. 38416.) Zur Darstellung des Thiols wird nicht erst das Thiolrohöl (durch Erhitzen von Gasöl mit Schwefel gewonnen) isolirt, sondern die nach dem Aufhören der Schwefelwasserstoffentwickelung erhaltene Masse direct mit einem gleichen Gewichtstheil starker Schwefelsäure behandelt und das Reactionsproduct in Wasser gegossen.

Die sich hierbei ausscheidende harzartige Masse wird durch Auskneten mit Wasser von der anhängenden Säure und dem unveränderten Mineralfett möglichst befreit. Dann löst man die Masse in Wasser, neutralisirt die noch vorhandene Mineralsäure mit Ammoniak oder einer anderen ähnlichen Base, entfernt das Mineralfett durch geeignete Extractionsmittel (z. B. Schütteln mit Ligroïn), fällt das gelöste Thiol durch ein indifferentes Salz (Kochsalz, Glaubersalz) aus und reinigt die ausgeschiedene Masse von anhängenden Salzen.

Ein gehörig gereinigtes, von Mineralfett und Salzen freies, neutrales Thiol giebt, unter den nöthigen Vorsichtsmaassregeln getrocknet, ein nicht hygroskopisches, in Wasser lösliches, festes Product.

In den Handel wird Thiol in fester Form (**Thiolum siccum in lamellis und pulveratum**) und in concentrirter wässeriger Lösung (**Thiolum liquidum**) gebracht.

Eigenschaften. Das **Thiolum siccum** stellt braunschwarze Lamellen oder ein dunkelbraunes Pulver von schwach bituminösem Geruch und etwas bitterlichem, adstringirenden Geschmack dar. In Wasser löst es sich zu einer braunrothen, neutralen Flüssigkeit. In Chloroform ist das Thiol ebenfalls löslich, in Alkohol und Benzol nur wenig, in Petroleumbenzin, Aether, Aceton fast unlöslich. Erhitzt, verbrennt es unter starkem Aufblähen und hinterlässt nach anhaltendem Glühen nur einen geringen Aschenrückstand. Mit Aetznatron geschmolzen liefert es eine Masse, welche auf Zusatz von Salzsäure Schwefelwasserstoff entwickelt.

Das Thiolum liquidum bildet eine dunkelrothbraune sirup-dicke Flüssigkeit, welche mit Wasser in jedem Verhältnisse mischbar ist, aus welcher Lösung aber durch Kochsalz oder Salzsäure eine dunkle, klebrige Masse abgeschieden wird, die, ausgewaschen, in Wasser vollkommen löslich ist. In der wässerigen Thiollösung erzeugen Zinksulfat, Baryumchlorid, Bleiacetat amorphe Niederschläge, die auch nach dem Auswaschen mit Wasser von diesem nicht gelöst werden. Ein bestimmtes specifisches Gewicht der gesättigten wässerigen Thiollösung lässt sich nicht fixiren, weil bei der Darstellung des Thiols nicht immer gleich lösliche Producte entstehen und Schwankungen bis zu 5 % vorkommen (Lösungen von 35 bis 40 % Thiol). Aus jedem festen Thiol kann aber eine 40procentige Lösung erhalten werden, wenn man die Lösung durch Zusatz von Glycerin unterstützt.

Prüfung. Digerirt man 1 Theil festes Thiol mit 20 Theilen eines Gemisches aus gleichen Theilen Salpetersäure und Wasser und filtrirt, so darf das Filtrat durch Baryumnitrat nicht verändert werden, mit Silbernitrat nur eine opalisirende Trübung geben. Mit Petroleumbenzin geschüttelt giebt es an dieses nur wenig einer färbenden Substanz ab, auch darf, wenn dasselbe verdunstet wird, kein erheblicher Rückstand bleiben.

Flüssiges Thiol (Th. liquid.) darf, mit Natronlauge gekocht, kein Ammoniak entwickeln. Petroleumbenzin und Aether mit demselben geschüttelt, kann etwas von demselben aufnehmen. Durch Alkohol oder Aether-Alkohol wird das Thiol aus concentrirter wässeriger Lösung theilweise abgeschieden.

Vermischt man 1 gr Thiol mit einer Mischung von 4 gr Salpetersäure und 4 gr destill. Wasser und filtrirt, so darf das Filtrat mit Baryumnitrat keine Veränderung, mit Silbernitrat nur eine opalisirende Trübung geben. (Schwefelsäure, Chloride.)

Aufbewahrung. Unter den indifferenten Mitteln.

Anwendung. Nach Versuchen von Reeps und Buzzi besitzt das Thiol die dem Ichthyol als Repräsentanten der Gruppe reducirender Mittel nach Unna zukommenden therapeutischen Eigenschaften. Es kommen somit dem Thiol als Haupteigenschaften eine wasserentziehende, eine keratoplastische, eine gefässverengernde und eine leicht antiseptische Wirkung zu.

Das pulverförmige Thiol eignet sich besonders zur inneren Darreichung. Ausserdem findet es nach Buzzi eine natürliche Verwendung als Streupulver bei Hautaffectionen, so bei activen Erythemformen, dann bei Ekzemen, besonders den intertriginösen, bei Erysipel, Verbrennungen ersten Grades, bei Blasenaffectionen, Pemphigus, Dermatitis herpetiformis, Impetigo, Zoster u. s. w. In allen diesen Fällen eignen sich 10—20procentige Thiolpulver, je nach Umständen mit Talcum, Amylum, Zinc. oxydat. und dergleichen gemengt. — In der Veterinärpraxis wird von Möller (Leipzig) das Thiol den Theerpräparaten vorgezogen, besonders bei chronischem Ekzem.

Tumenol-Präparate.

Diese 1892 von Neisser in die Therapie eingeführten Präparate sind als Analoga des Ichthiols und Thiols aufzufassen.

Alle Mineralöle, sowohl die dem Erdboden natürlich entströmenden als auch die durch Destillation bituminöser Stoffe künstlich gewonnenen, enthalten neben gesättigten Kohlenwasserstoffen auch noch ungesättigte Kohlenwasserstoffe, welche sich mit Schwefelsäure zu Sulfosäuren verbinden. Die Darstellung des Tumenols (der Name ist von *Bitumen* abgeleitet) basirt nun principiell darauf, dass diese ungesättigten Kohlenwasserstoffe aus bestimmten Fractionen gewisser durch Destillation bituminöser Gesteine erhaltener Mineralöle abgeschieden werden.

Darstellung. 100 kg Mineralöldestillat von 0,860 bis 0,890 spec. Gewicht, welche zuvor mit Aetznatron von Phenolen und Säuren und durch verdünnte Schwefelsäure von Basen und pyrrolartigen Körpern befreit wurden, werden auf 80° erwärmt, und bei dieser Temperatur unter kräftigem Umrühren mit 20 kg rauchender Schwefelsäure (von 10% Anhydridgehalt) versetzt. Es tritt eine wahrnehmbare Temperaturerhöhung und Entwickelung von Schwefeldioxyd ein. Nach dem Erkalten wird das unveränderte Oel von dem abgesetzten dunklen Sirup durch Decanthiren getrennt. Der letztere wird unter Umrühren in heisses Wasser eingetragen, und die Lösung nach Bedürfniss bis zur Abscheidung der Sulfosäure mit Kochsalz versetzt. Durch wiederholtes Auflösen in Wasser und Aussalzen der Lösung mit Kochsalz wird das Product von Schwefelsäure gereinigt. (D. R. P. 56 401.)

Ueber die chemische Zusammensetzung des Tumenols lässt sich nur wenig sagen. Im Wesentlichen besteht das nach obiger Vorschrift erhaltene Product aus sulfonirten Kohlenwasserstoffen. Führt man das Product in das Natriumsalz über, so lässt sich durch Aether eine „Tumenolsulfon" genannte Substanz extrahiren, während tumenolsulfosaures Natrium ungelöst zurückbleibt.

Tumenolsulfon (nach dem Typus R_2SO_2 zusammengesetzt?) ist eine dunkelgelbe, dicke Flüssigkeit, unlöslich in Wasser, aber löslich in einer wässerigen Lösung von Tumenolsulfosäure, sowie in Aether, Ligroïn und Benzol.

Tumenolum venale, Rohes Tumenol, ist das nach obiger Darstellungsvorschrift erhaltene Product, welches aber nicht in das Natriumsalz übergeführt und mit Aether extrahirt wurde.

Dieses Product ist unter der Bezeichnung „Tumenol" schlechthin zu verstehen. Dasselbe bildet eine braune zähe Masse, welche dem Ichthyol ähnlich ist und besteht aus einem Gemenge von Tumenolsulfon mit Tumenolsulfosäure.

Acidum sulfo-tumenolicum, Tumenolsulfosäure, Tumenolpulver, wird durch Zerlegen des Natriumsalzes und Aussalzen der wässerigen Lösung durch Kochsalz dargestellt.

Es ist ein dunkelgefärbtes, schwach bitter schmeckendes Pulver, leicht löslich in Wasser. Aus der wässerigen Lösung wird es durch Salze abgeschieden. Gelatinelösungen geben mit schwach sauren Lösungen der Tumenolsulfosäure fadenziehende Niederschläge. Die Alkalisalze sind löslich in Wasser, werden aber aus der wässerigen Lösung durch Kochsalz gefällt. Löslich ist das Quecksilber- und das Antimonsalz, während die Salze der alkalischen Erden und diejenigen der übrigen Schwermetalle unlöslich sind. Tumenolsulfosäure reducirt Mercurichlorid zu Calomel, Eisenoxydsalze zu Oxydulsalzen, ferner Kaliumpermanganat und Chromsäure.

Aufbewahrung. Unter den indifferenten Arzneimitteln.

Anwendung. Neisser empfiehlt die Tumenolpräparate bei Hautkrankheiten als austrocknendes, die Entzündung mässigendes, Ueberhornung bewirkendes Mittel, welches besonders bei nässenden Ekzemen, Erosionen, Excoriationen, Pruritus anwendbar ist. Antiparasitäre Wirkung kommt den Präparaten nicht zu.

Roh-Tumenol wird in 2—5 procentiger wässeriger Lösung oder als 5—10 procentige Paste (Zink-Amylum) angewendet.

Tumenolpulver gelangt theils rein, theils mit Zinkstreupulver gemischt zur Verwendung.

Tumenolöl kann unverdünnt oder als Paste benutzt werden. Es reizt weniger als Tumenol.

Solveol und Solutol.

Solveole nennt Hueppe klare, concentrirte, neutrale Lösungen von Kresolen $C_6H_4(CH_3)OH$. Die Kresole sind in Wasser sehr schwer löslich, geben aber bei Gegenwart von salicylsaurem Natrium, kresotinsaurem Natrium oder benzoësaurem Natrium mit Wasser klare, concentrirte, neutrale, auch bei weiterem Vermischen mit Wasser klar bleibende Lösungen.

Als „Solveolum purum" bringt die Chem. Fabrik Dr. von Heyden Nachf. eine Lösung von Kresolen in kresotinsaurem Natrium in den Handel.

Braune, durchsichtige, klare, ölige Flüssigkeit von neutraler Reaction und mildem, theerartigem Geruch, der beim Verdünnen fast verschwindet. Mit Wasser mischbar ohne Kresolabscheidung, löslich in Alkohol. Spec. Gewicht 1,153 bis 1,158.

In 37 ccm (=42,4 gr) Solveol sind 10 gr freie Kresole enthalten.

Aufbewahrung. Vor Licht geschützt, vorsichtig.

Anwendung. Zur medicinischen und chirurgischen Desinfection wie Carbolsäure, ausserdem in der Thierheilkunde. Die chirurgische Solveol-Lösung wird dargestellt, indem man zu 2—3 Liter Wasser 37 ccm (= 10 gr Kresol) giesst und kräftig umschüttelt. Diese Lösung entspricht der 2 bis 5 procentigen Carbolsäure, ist aber für Menschen weniger giftig als diese. Vor Sapocarbol, Creolin und Lysol hat das Solveol den Vorzug, dass es neutral ist, keine stinkenden Bestandtheile enthält und zu jeder Zeit von constantem Gehalt an Kresolen erhalten werden kann.

Vorsichtig, vor Licht geschützt aufzubewahren.

Solutol ist durch Kresolnatrium löslich gemachtes Kresol, eingeführt durch Dr. von Heyden's Nachf.

Braune, durchsichtige, klare, stark ätzende, ölige Flüssigkeit von stark alkalischer Reaction und theerartigem Geruch; mit Wasser mischbar. Spec. Gewicht=1,17.

Solutol enthält in 100 ccm constant 60,4 gr Kresole, davon $^3/_4$ als Kresol-Natrium, $^1/_4$ als Kresol.

Aufbewahrung. Vorsichtig, vor Licht geschützt.

Anwendung. An Stelle von ·Roh-Carbolsäure, Carbolkalk, Carbolschwefelsäure, Creolin, Chlorkalk als Desinfectionsmittel. Die Wirkung ist die combinirte der Kresole und der Natronlauge (Hammer, Hueppe); für die grobe Desinfectionspraxis genügt ein aus Rohkresolen hergestelltes Solutol.

Vorsichtig, vor Licht geschützt aufzubewahren.

Haemol und Haemogallol.

Unter diesen Namen werden von E. Merck zwei neue organische Eisenpräparate fabricirt und in den Handel gebracht, welche von Kobert zuerst dargestellt und physiologisch geprüft worden sind. .

Die Einzelheiten der Darstellung entziehen sich vorläufig noch der Oeffentlichkeit.

Beide Präparate werden erhalten durch Einwirkung von Reductionsmitteln auf defibrinirtes Blut. Es scheidet sich dabei ein Niederschlag ab, welcher etwa 47,5% C, 12% N und bis zu 1% Fe enthält. Diese Substanz unterscheidet sich von anderen Eisenpräparaten wie Eisenalbuminat und -Peptonat, den gewöhnlichen Haemoglobinpräparaten, durch grössere Verdaulichkeit bei nur geringer Inanspruchnahme der Verdauungsthätigkeit der betreffenden Organe, weil die Substanz den Reductionsprocess, welchen andere Eisenpräparate im Darmcanale erst noch durchzumachen haben, bereits durchlaufen hat.

Als Reductionsmittel dienen vorzugsweise Zinkstaub und Pyrogallussäure.

Haemol wird unter Anwendung von Zinkstaub als Reductionsmittel erhalten und bildet ein schwarzbraunes Pulver.

Zinkhaemol ist Haemol, welches eine kleine, stets gleichbleibende Menge Zink in organischer Bindung enthält.

Haemogallol wird unter Anwendung von Pyrogallussäure als Reductionsmittel gewonnen und bildet ein schön braunrothes Pulver.

Beide Präparate werden dreimal täglich zu 0,1—0,5 gr in Oblaten oder mit Zucker vermischt gegeben. Sie gelangen auch in Form von Chocoladenplätzchen mit 0,5 gr Gehalt in den Handel. Als Vorzug beider Präparate vor anderen Eisenpräparaten wird angegeben, dass beide von dem Magen Chlorotischer leicht vertragen und sicher resorbirt werden, ferner dass sie sich im Organismus geschwächter Personen leichter als andere Präparate in Blutfarbstoff umzuwandeln vermögen.

Nachtrag.

Thiuretum sulfocarbolicum.

p-Phenolsulfosaures Thiuret. Thiuret.

$$C_8 H_7 N_3 S \cdot C_6 H_4 OH \cdot SO_3 H.$$

Unter dem Namen „Thiuret" wurde 1893 von F. Blum das p-phenolsulfosaure Salz des Thiurets zu medicinischer Anwendung empfohlen. Die Thiuretbase selbst wurde von E. Fromm 1892 dargestellt und beschrieben. Die fabrikmässige Herstellung der Thiuretbase und ihrer Salze erfolgt durch die Farbenfabriken vorm. Friedr. Bayer & Co. in Elberfeld.

Darstellung. Vom Harnstoff leitet sich durch Austritt von Ammoniak das Biuret ab:

$$H_2 N - CO - \overline{NH_2 + H}\, NH - CO - NH_2 \quad =$$
2 Mol. Harnstoff

$$NH_3 \quad + \quad NH_2 - CO - NH - CO - NH_2$$
Biuret.

In ähnlicher Weise sollte sich vom Thioharnstoff NH_2—CS—NH_2 das „Dithiobiuret" $NH_2 - CS - NH - CS - NH_2$ ableiten. — Dieser Körper ist zwar selbst noch nicht bekannt, wohl aber kennt man Substitutionsproducte desselben, z. B. das Phenyldithiobiuret $C_6 H_5 NH - CS - NH - CS - NH_2$. Das letztere kann auf verschiedenen Wegen gewonnen werden:

Löst man Persulfocyansäure $H_2 N_2 C_2 S_3$ in heissem Anilin, so spaltet sich Schwefel ab, und die ganze Flüssigkeit erstarrt zu einem Krystallbrei von Phenyldithiobiuret:

$$C_6 H_5 NH_2 \quad + \quad H_2 N_2 C_2 S_3 \quad = \quad S + C_6 H_5 NH - CS - NH - CS - NH_2$$
Anilin   Persulfocyansäure   Phenyldithiobiuret.

Durch Umkrystallisiren aus verdünntem Alkohol, durch Lösen in Alkali und Fällen mit Säuren wird das so erhaltene Phenyldithiobiuret vom Schwefel und vom Ueberschuss des Anilins befreit und gereinigt.

Auf einem anderen Wege erhält man das Phenyldithiobiuret vom „Phenylthiocarbamincyamid" ausgehend, und zwar, indem man dieses mit Schwefelammonium kocht.

$$C_6H_5\,NH\,.\,CS\,.\,NH\,.\,CN\ +\ H_2S\ =\ C_6H_5\,.\,NH\,.\,CS\,.\,NH\,.\,CS\,.\,NH_2$$

Phenylthiocarbamincyamid   Phenyldithiobiuret.

Der Schwefelharnstoff sowohl, als auch das Dithiobiuret sind Thioamide von Säuren. Alle Säurethioamide aber zeigen die Eigenschaft der „Tautomerie", d. h. sie können in zwei verschiedenen tautomeren Formen auftreten und reagiren.

So kommen dem Thioharnstoff die folgenden 2 Formeln zu:

I.   II.

$$NH_2 - CS - NH_2 \qquad\qquad NH_2 - C\,(SH) = NH.$$

Die beiden tautomeren Formen des Phenyldithiobiurets lassen sich durch die nachstehenden Formelbilder ausdrücken:

I.   II.

$$
\begin{array}{ccccccccc}
C_6H_5 & - & N & - & C & - & N & - & C & - & N & - & H \\
& & | & & \| & & | & & \| & & | \\
& & H & & S & & H & & S & & H
\end{array}
\qquad
\begin{array}{ccccccc}
C_6H_5 & - & N & = & C & - & N & - & C & = & NH. \\
& & & & | & & | & & | \\
& & & & SH & & H & & SH
\end{array}
$$

In Formel II enthält das Phenyldithiobiuret zweimal die Sulfhydratgruppe — SH; demnach ist es also ein Mercaptan. — Alle Mercaptane aber werden durch gelinde wirkende Oxydationsmittel wie Jod, Eisenchlorid, Ferricyankalium u. s. w. zu Disulfiden oxydirt z. B.

$$2\,C_2H_5\,SH\ +\ J_2\ =\ 2\,JH\ +\ (C_2H_5\,S)_2$$

Aethylmercaptan   Diäthyldisulfid.

Lässt man nun solche Oxydationsmittel (J_2, Fe Cl$_3$, Fe Cy$_6$ K$_3$) auf das Phenyldithiobiuret einwirken, so ensteht ein basisches Disulfid, die Thiuretbase, oder ein Salz derselben.

$$
\begin{array}{ccccccccc}
C_6H_5\,N & = & C & - & NH & - & C & = & NH & + & J_2 & = \\
& & | & & & & | \\
& & S & & & & S \\
& & | & & & & | \\
& & H & & & & H
\end{array}
$$

Phenyldithiobiuret

$$
\begin{array}{ccccccc}
JH & + & C_6H_5\,N & = & C & - & NH & - & C & = & NH\,.\,JH \\
& & & & | & & & & | \\
& & & & S & \text{------} & & & S
\end{array}
$$

Jodwasserstoff   Jodwasserstoffsaures Thiuret

Darstellung. Dieselbe geschieht, um das eben Ausgeführte kurz zusammenzufassen, wie folgt: In eine alkoholische Lösung von Phenyldithiobiuret wird eine conc. alkoholische Jodlösung so lange eingetragen, als

Jod aufgenommen und die Lösung entfärbt wird. Aus der erkaltenden Lösung krystallisirt das jodwasserstoffsaure Thiuret mit 1 Mol. Krystallalkohol. Löst man dieses in viel siedendem Wasser, lässt erkalten, filtrirt und versetzt das erkaltete Filtrat mit verdünntem Ammoniak unter Vermeidung eines Ueberschusses an letzterem, so fällt das freie Thiuret als voluminöses Krystallpulver krystallwasserhaltig sofort aus. — Durch Auflösen der freien Base in p-Phenolsulfosäure erhält man das p-phenolsulfosaure Thiuret.

Eigenschaften. Das p-phenolsulfosaure Thiuret ist ein gelblichweisses, spec. leichtes, geruchloses, krystallinisches Pulver von intensiv bitterem Geschmack. Es schmilzt bei 215º C. und löst sich in 350 Th. Wasser von 15º C. In Alkohol, Aether und in Oel ist es unlöslich.

Die wässerige Lösung wird durch Eisenchlorid violett gefärbt. Durch verdünntes Ammoniak entsteht in der wässerigen Lösung sofort eine voluminöse Fällung der freien Thiuretbase. — In kochendem Alkali löst sich das Thiuret auf; säuert man eine solche Lösung an, so entwickelt sich Schwefelwasserstoff, und Phenyldithiobiuret wird gefällt. Beim Kochen mit Säuren (Eisessig) entwickelt das Thiuret Schwefelwasserstoff, während sich aus der Lösung Schwefel abscheidet. Das Phenyldithiobiuret entwickelt beim Kochen mit Säuren zwar auch Schwefelwasserstoff, aber es scheidet keinen Schwefel ab. Hieraus erklärt es sich wohl, dass das Thiuret stark desinficirende Eigenschaften besitzt, während solche dem Phenyldithiobiuret abgehen.

Aufbewahrung. Vorsichtig.

Anwendung. Nach F. Blum kommen dem Thiuret antibacterielle Eigenschaften in hervorragendem Maasse zu. Pudert man es·trocken auf Gelatine- oder Agar-Platten auf, so macht es nicht nur die Nährböden für jedes Wachsthum ungeeignet, sondern es vermag auch die Mikroorganismen abzutödten. Das Thiuret ist vorläufig als Jodoformersatz in der Wundbehandlung in Aussicht genommen.

Von anderen Salzen des Thiurets werden nachfolgende beschrieben:

Salzsaures Thiuret $C_8H_7N_3S_2 . HCl$; krystallisirt aus Wasser mit 3 Mol. H_2O, aus Alkohol mit 1 Mol. Krystallalkohol. Schmelzpunkt der letzteren Verbindung 214º.

Bromwasserstoffsaures Thiuret $C_8H_7N_3S_2 . HBr$. Schmelzpunkt 253º.

Salicylsaures Thiuret $C_8H_7N_3S_2 . C_7H_6O_3$. Schmelzp. 76º.

o-krësotinsaures Thiuret $C_8H_7N_3S_2 . C_8H_8O_3$. Schmelzp. 75º.

Tabelle über die Aufbewahrung der neueren Arzneimittel.

Sehr vorsichtig aufzubewahren.

Cytisinum nitricum
Hydrargyrum benzoicum
*   „   bichlorat. carbamidat. solut.
*   „   carbolicum
*   „   formamidatum solut.
     „   imidosuccinicum
*   „   peptonatum
*   „   pyroboricum

*Hydrargyrum resorcino-aceticum
     „   salicylicum
     „   sozojodolicum
*   „   thymicum
*   „   thymico-aceticum
*   „   tribromphenol-acetic.
*   „   -Zinco cyanatum
*Nitroglycerinum

Vorsichtig aufzubewahren.

*Acidum cressylicum
*   „   hyperosmicum
     „   oxynaphthoicum (α)
Aethoxycoffeïnum
*Aethylenum bromatum
*   „   chloratum
*Aethylidenum chloratum
*Aethylum bromatum
*   „   chloratum
Agaricinum
*Agathinum
*Amylenum hydratum
Anilinum camphoricum
Antifebrinum
Antispasminum
Antitherminum
*Argentum sozojodolicum
Bismutum pyrogallicum
Cannabinonum
Cannabinum tannicum
*Chinolinum
     „   hydrochloricum
     „   salicylicum
     „   tartaricum
Chloral-ammonium

Chloral-cyanhydratum
     „   formamidatum
     „   imidum
     „   Urethanum
Chloralose
Cocaïnum hydrobromicum
     „   hydrochloricum
     „   nitricum
     „   salicylicum
*Coffeïnum trijodatum
Diuretinum
Formalinum
Formanilidum
*Gallacetophenonum
*Guajacolum
Haschisch
Hydracetinum
*Hydrargyrum tannicum oxydulatum
Hydrastininum hydrochloricum
*Hydrochinonum
Hydroxylaminum hydrochloricum
Hypnalum
Hypnonum
*Jodum tribromatum
*Jodum trichloratum

---

*) Die mit einem Stern bezeichneten sind ausserdem vor Licht ge-
schützt aufzubewahren.

Kairinum
Kalium cantharidinicum (sol.)
*   „   osmicum
Kreosotum carbonicum
Methacetinum
· Methylalum
*Methylenum chloratum
Natrium oxynaphthoicum (α)
Orexinum hydrochloricum
Orthinum
*Paraldehydum
Phenacetinum
*Plumbum sozojodolicum
*Pyridinum
Solutolum

*Solveolum
Sparteïnum sulfuricum
Sulfonalum   .
Tetronalum
*Thallinum sulfuricum
*   „   tartaricum
Thiosinaminum
Thiuretum
*Tribromphenolum
Trionalum
Tropacocaïnum
Urethanum
Zincum sozojodolicum
    „   sulfurosum.

Vor Licht geschützt aufzubewahren.

Acidum cressylicum   ·
    „   hyperosmicum
    „   sozolicum
Aethylenum bromatum
    „   chloratum
Aethylidenum chloratum
Aethylum bromatum
    „   chloratum
Agathinum
Amylenum hydratum.
Argentum sozojodolicum
Aristolum
Bismutum oxyjodatum
Chinolinum
Coffeïnum trijodatum
Eucalyptolum
Europhenum
Gallacetophenonum
Guajacolum
Hydrarg. bichlorat. carbamidat. sol.
    „   carbolicum
    „   formamidatum
    „   peptonatum
    „   pyroboricum
    „   resorcino-aceticum
    „   tannicum oxydulatum

Hydrargyrum thymicum
    „   thymico-aceticum
    „   tribromphenoloacetic.
    „   Zincum cyanatum
Hydrochinonum
Jodolum
Jodum tribromatum
    „   trichloratum
Kalium osmicum
Methylenum chloratum
Myrtolum
Naphtholum (β)
Nitroglycerinum
Paraldehydum
Phenylurethanum
Plumbum sozojodolicum
Pyridinum
Resorcinum
Solveolum
Terebenum
Terpinolum
Thallinum sulfuricum
    „   tartaricum
Thiophenum bijodatum
Tribromphenolum
Zincum permanganicum.

Preise der aufgenommenen neueren Arzneimittel.

		Pf.
Acetorthoamido-Chinolin		
Acidum anisicum . . .	1 g	20
„ camphoricum .	1 g	10
„ cressylic. (meta)	1 g	5
	10 g	40
„ dijodosalicylic. .	1 g	30
	10 g	2,00
„ guajacolo - carbonicum . .	1 g	35
	10 g	2,85
„ hyperosmicum .	0,1 g	1,00
	1 g	7,00
„ jodosobenzoic. .		
„ oxynaphthoic.(α)	10 g	20
„ parakresotinic. .	1 g	10
	10 g	70
„ sozolicum . .	1 g	25
Aethoxycoffeïn. . . .	1 g	40
Aethyl-Phenacetin . .		
Aethylen. bromatum . .	1 g	10
	10 g	60
„ chloratum . .	10 g	50
Aethyliden. chloratum .	1 g	10
	10 g	80
„ -Urethan . .	1 g	30
	10 g	2,40
Aethylum bromatum .	1 g	5
	10 g	30
„ chloratum .	1 Röhrch.	1,00
Agaricinum.	0,1 g	5
Agathinum	1 g	70
Alumin. acetico-tartaric.	10 g	20
Alumnolum.	1 g	15
	10 g	1,20
Ammon. sulfoichthyolic.	1 g	10
	10 g	60
Amylen. hydratum . .	1 g	10
Amylum nitros.(tertiäres)	1 g	25
Analgenum	1 g	35
	10 g	3,00
Anilinum camphoricum .	1 g	10

		Pf.
Anissäure-Phenylester .	1 g	25
Anthrarobinum . . .	1 g	10
	10 g	70
Antifebrinum	10 g	15
Antipyrinum	1 g	25
	10 g	2,00
Antisepsinum	1 g	10
Antiseptolum	1 g	20
	10 g	1,50
Antispasminum . . .	1 g	1,20
	10 g	10,00
Antitherminum . . .	1 g	50
	10 g	4,00
Apiol. album cryst. . .	1 g	50
	10 g	3,00
Arbutinum	0,1 g	5
Aristolum	0,1 g	5
	1 g	40
	10 g	3,30
Asaprolum		
Benzanilidum	1 g	15
	10 g	1,20
Benzonaphtholum . .	1 g	10
	10 g	80
Benzoparakresolum . .		
Betolum	1 g	10
	10 g	80
Bismutum benzoicum .	1 g	10
	10 g	80
„ meta-kresolic.		
„ naphtholic.(β)		
„ oxyjodatum .	1 g	10
„ phenolicum .	1 g	10
„ pyrogallicum	1 g	10
„ salicylicum .	1 g	10
„ subgallicum .	1 g	10
	10 g	.85
„ tribromphenol.	1 g	15
Calcium salicylicum . .	1 g	5
	10 g	40
Camphora formylica. .		

		Pf.
Cannabinonum . . .	1 g	50
Cannabin. tannicum . . {	0,1 g	5
	1 g	25
Carvacroljodid		
Chinolinum	1 g	5
„ salicylicum .	1 g	5
„ tartaricum .	1 g	5
Chloral-ammonium . .	1 g	10
„ cyanhydratum .	1 g	10
„ formamidatum . {	1 g	10
	10 g	65
„ imidum . . .	1 g	50
„ Urethanum . . {	1 g	15
	10 g	1,20
Chloralose		
Cocaïnum hydrobromic. {	0,01 g	5
	0,1 g	20
	1 g	1,65
„ hydrochloric. {	0,01 g	5
	0,1 g	20
	1 g	1,65
„ nitricum . . {	0,01 g	5
	0,1 g	20
	1 g	1,65
„ salicylicum . {	0,01 g	5
	0,1 g	20
	1 g	1,65
Coffeïn. trijodatum . .	1 g	15
Cytisinum nitricum . . {	0,01 g	10
	0,1 g	80
Diaphtherinum . . . {	1 g	10
	10 g	80
Dijodsalol . . . . . {	1 g	25
	10 g	2,00
Dithionum . . . . . {	1 g	10
	10 g	80
Diuretinum . . . . . {	1 g	30
	10 g	2,25
Eucalyptolum	10 g	50
Eugenolacetamidum . .		
Europhenum	1 g	45
Exalginum	1 g	25

		Pf.
Formalinum (40 proc.) .	10 g	15
Formanilidum . . . . {	1 g	15
	10 g	1,10
Formyl-Phenetidin . .		
Gallacetophenonum . .	1 g	10
Gallanilidum	1 g	15
Guajacolum . . . . . {	1 g	15
	10 g	1,10
„ benzoicum . {	1 g	30
	10 g	2,50
„ carbonicum {	1 g	35
	10 g	2,80
„ cinnamylic. {	1 g	35
(Styrakol)	10 g	2,80
Guajacolsalol . . . . {	1 g	40
	10 g	3,50
Haemogallolum . . . {	1 g	20
	10 g	1,60
Haemolum . . . . . {	1 g	15
	10 g	1,00
Haschisch	1 g	30
Heleninum	1 g	50
Hydracetinum	1 g	20
Hydrarg. benzoïcum . . {	1 g	10
	10 g	60
„ bichlorat. carb- amid. sol. .	10 g	10
„ carbolicum . {	1 g	10
	10 g	60
„ formamid. sol.	10 g	10
„ imidosuccinic. {	1 g	15
	10 g	1,20
„ oleïnicum . .	10 g	15
„ peptonat. sol.	10 g	35
„ pyroboricum .	1 g	5
„ resorcino-acet.	1 g	15
„ salicylicum .	1 g	10
„ tannic. oxydul.	1 g	10
„ thymicum . .	1 g	25
„ thymic. acetic.	1 g	15
„ tribromphenol. aceticum .	1 g	20

		Pf.
Hydrarg. Zinco-cyanat.	1 g	10
	10 g	70
Hydrastinin. hydrochlor.	0,01 g	5
	0,1 g	40
Hydrochinonum . . .	1 g	10
Hydroxylamin. hydrochl.	1 g	10
Hypnalum	1 g	25
Hypnonum	1 g	20
Jodolum	1 g	25
	10 g	2,10
Jodopheninum . . .	1 g	20
	10 g	1,60
Jodopyrinum	1 g	30
	10 g	2,40
Jodum tibromatum . .	1 g	15
	10 g	1,20
„ trichloratum . .	1 g	15
	10 g	1,35
Kairinum	1 g	40
Kalium camphoricum .	1 g	10
„ cantharidinicum	0,01 g	10
	0,1 g	60
„ osmicum . . .	0,1 g	80
	1 g	6,00
Kreosotum carbonicum .	1 g	20
	10 g	1,50
„ oleïnicum .		
Kresalolum (meta) . .	1 g	20
	10 g	1,60
„ (para) . .	1 g	20
	10 g	1,60
Laevulose	10 g	20
	100 g	1,70
Lanolinum	10 g	15
	100 g	1,30
„ anhydricum .	10 g	20
Lithium sulfoichthyolic.	1 g	10
Losophanum	1 g	40
Magnesium salicylicum .	1 g	10
	10 g	80
Mentholum	1 g	10
	10 g	70

		Pf.
Methacetinum	1 g	20
	10 g	1,60
Methyläthyläther . . .		
Methylalum	1 g	15
	10 g	1,00
Methylphenacetinum . .		
Methylenblau	1 g	15
	10 g	1,20
Methylenum chloratum .	1 g	15
	10 g	1,00
Methylum chloratum .		
Myrrtolum	1 g	15
Naphthalinum	10 g	10
Naphtholum (β) . . .	10 g	15
„ carbonicum		
Natrium anisicum . .	1 g	20
	10 g	1,60
„ dijodosalicylic.	1 g	25
	10 g	2,00
„ dithiosalicylic. .	1 g	15
	10 g	1,30
„ guajacolo-carb.	1 g	30·
	10 g	2,50
„ parakresotinic.	1 g	10
	10 g	80
„ sulfoichthyolic.	1 g	10
	10 g	85
„ sulfosalicylic. .		
„ sulfothiophenic.		
„ telluricum . .	1 g	3,00
Nitroglycerinum . . .	1 g	10
Orexin. hydrochloricum	0,1 g	5
	1 g	45
Orthinum		
Paraldehydum	1 g	5
	10 g	35
Pentalum	1 g	15
	10 g	1,20
Phenacetinum	1 g	15
	10 g	1,00
Phenocollum aceticum .	1 g	25
„ carbonic. .	1 g	25

		Pf.
Phenocollum hydrochl.	1 g	25
„　　salicylicum	1 g	25
Phenylurethanum . . .	1 g	20
	10 g	1,60
Pikrolum		
Piperazinum	1 g	1,20
Pyoktanin. aureum . .	1 g	15
„　　coeruleum .	1 g	10
Pyridinum	1 g	5
	10 g	35
Resorcinum	1 g	10
	10 g	70
Rubid. Ammon. bromat.	0,1 g	5
	1 g	35
Saccharinum	1 g	25
	10 g	2,10
Salacetolum		
Salicylamidum	1 g	15
	10 g	1,20
Salicylessigsäure . . .		
Salipyrinum	1 g	20
Salocollum	1 g	25
Salolum	1 g	10
	10 g	75
Salophenum	1 g	30
	10 g	2,70
Solutolum rein . .	100 g	35
Solveolum	10 g	10
	100 g	70
Sozàlum	1 g	10
	10 g	70
Sozojodol-Aluminium .	1 g	20
„　　Ammonium .	1 g	20
„　　Blei	1 g	25
„　　Kalium . . .	1 g	20
„　　Natrium . .	1 g	20
„　　Magnesium .	1 g	20
„　　Quecksilber .	1 g	30
„　　Silber . . .	1 g	30
„　　Zink . . .	1 g	25
Sparteïn. sulfuricum . .	0,1 g	5
Strontium bromatum .	1 g	5
	10 g	25

		Pf.
Strontium lacticum . .	1 g	5
	10 g	40
Sucrolum	10 g	2,00
Sulfaminolum	1 g	15
	10 g	1,20
Sulfonalum	1 g	10
	10 g	70
Terebenum	10 g	15
Terpinum hydratum . .	1 g	5
	10 g	40
Terpinolum	1 g	10
	10 g	60
Tetronalum	1 g	70
Thallin. sulfuricum . .	0,1 g	5
„　　tartaricum . .	0,1 g	5
Therminum		
Thilaninum	10 g	30
	100 g	2,00
Thiolum liquidum . .	10 g	50
„　　siccum . . .	10 g	1,00
Thiophenum bijodatum .	1 g	60
Thioresorcinum . . .	1 g	15
	10 g	1,20
Thiosinaminum . . .	1 g	25
Thiuretum		
Thymacetinum		
Tolypyrinum	1 g	25
	10 g	2,00
Tolysalum	1 g	20
Tribromphenolum . .	1 g	15
	10 g	1,00
Trionalum	1 g	25
	10 g	2,00
Tropacocaïn. hydrochl. .	0,1 g	1,60
	1 g	13
Tumenolsulfonum . .	1 g	10
	10 g	80
Tumenolum venale . .	1 g	10
	10 g	70
Urethanum	1 g	10
Valeryl-Phenetidinum .		
Zincum permanganicum	1 g	20
„　　sulfoichthyolic.	1 g	10
„　　sulfurosum . .	10 g	30

M.

Mac Lagan's Probe 287.
Magnesium salicylicum 23.
Mélange de Gregory 98.
Menthol 304.
— carbonat 307.
Menthen 305.
Menthon 306.
Mercaptal 99.
Mercaptol 99.
Mercuribenzoat 48.
— borat 34.
Mercurotannat 54.
Methacetin 184.
Methoxysalicylsäure 151.
Methylal 96.
Methylacetanilid 172.
— äthyläther 80.
— phenacetin 178.
— saccharin 204.
— salol 192.
— Urethan 123.
— Violett 212.
Methylum chloratum 65.
Methylenblau 213.
— chlorid engl. 70.
— — Richardson 70.
— dimethyläther 96.
Methylenum chloratum 68.
Microcidin 220.
Milchsaures Strontium 22.
Monochloralantipyrin 264.
Monochlormethan 65.
Morphinum saccharinicum 203.
Myrtol 309.

N.

Naphthalin 213.
Naphthalol 221.
Naphthol 216.
— Campher 220.
— carbonat 220.
— carbonsäure (α) 224.

Naphtholdisulfosaures (R) Aluminium
61.
— (β) Wismuth 28.
Naphthopyrin 264.
Naphthylbenzoat 220.
Narcein. Natrio-salicylic. 296.
Natrium anisicum 205.
— dijodosalicylicum 194.
— dithiosalicylicum 195.
— guajacolo-carbonic. 152.
— oxynaphthoïc. (α) 225.
— parakresotinicum 207.
— sulfoichthyolicum 343.
— sulfosalicylicum 194.
— telluricum 19.
Nitroglycerin 104.
— salol 192.

O.

Oelsaures Quecksilber 40.
Oesypus 117.
Oleokreosot 150.
Orexinum basicum 257.
— hydrochloricum 255.
Orthinum 268.
Osmigsaures Kalium 19.
Osmiumsäure 16.
Oxyäthylacetanilid 173.
— — formanilid 179.
— chinaseptol 250.
— dimethylchinizin 257.

P.

Parabromacetanilid 169.
Parachloralose 86.
Paraldehyd 84.
Parodyn 257.
Pental 64.
Peptonquecksilberlösung 56.
Petersilien-Campher 310.
Pfefferminz-Campher 304.
Phenacetin 173.
Phenazon 257.

Phenetol 174.
— carbamid (p) 128.
Phenocollum acetic. 184.
— carbonic. 184.
— hydrochloric. 181.
— salicylic. 184.
Phenolquecksilber 41.
— sulfosaures Aluminium (p) 63.
— Wismuth 28.
Phenosalyl 192.
Phenylhydrazin 258.
— — Laevulinsäure 269.
Phenylon 257.
Phenylsalicylat 189.
Phenylurethan 127.
Pikrol 157.
Piperazin 228.
Pip-Menthol 304.
Pyoktanin. aureum 211.
— coeruleum 211.
Pyridinum 232.
Pyrodin 266.
Pyrogallol-Wismuth 28.

Q.

Quecksilberchlorid-Harnstofflösung 38.
— formamidlösung 36.
— oleat 40.
— salicylat 50.
— Zinkcyanid 35.

R.

Rechts-Cocaïn 285. 289.
Resopyrin 157.
Resorcin 154.
— Quecksilberacetat 47.
Resorcinol 157.
Rhodallin 136.
Rubidium-Ammon. bromat. 20.

S.

Saccharin 198.
Salacetol 188.

Salicylphenetidin 180.
Salicylaldehyd - Methylphenylhydrazin 271.
Salicylamid ·193.
Salicylessigsäure 187.
— saure Magnesia 23.
— saures Quecksilber 50.
— saures Wismuth 29.
Salinaphthol 221.
Saliphen 180.
Salipyrin 262.
Salol 189.
— Mundwasser 192.
— Streupulver 192.
Salophen 196.
Saprol 221.
Schmelzpunkt 2.
Schwefligsaures Zink 33.
Sedatin 180, 257.
Siedepunkt 5.
Solutol 350.
Solveol 349.
Somnal 127.
Sozal 63.
Sozojodol-Präparate 139.
Sozolsäure 138.
Sparteïnsulfat 293.
Spermin 228.
Strontium bromatum 21.
— jodatum 22.
— lacticum 22.
Strychnin. saccharinic. 203.
Stypage 67.
Styrakol 148.
Succinimid-Quecksilber 38.
Sucrol 128.
Sulfaminol 143.
Sulfonal 98.

T.

Tellursaures Natrium 19.
Tereben 298.
Terpinhydrat 299.